国外城市规划与设计理论译丛

高密度城市设计
——实现社会与环境的可持续发展

吴恩融　编著

叶齐茂　倪晓晖　译

中国建筑工业出版社

著作权合同登记图字：01-2012-3615号

图书在版编目（CIP）数据

高密度城市设计——实现社会与环境的可持续发展/吴恩融编著.—北京：中国建筑工业出版社，2013.10

（国外城市规划与设计理论译丛）

ISBN 978-7-112-15734-1

Ⅰ.①高…　Ⅱ.①吴…　Ⅲ.①城市规划-建筑设计　Ⅳ.①TU984

中国版本图书馆 CIP 数据核字（2013）第 191963 号

责任编辑：程素荣　率　琦　　责任设计：董建平　　责任校对：王雪竹　刘梦然

国外城市规划与设计理论译丛

高密度城市设计
——实现社会与环境的可持续发展

吴恩融　编著
叶齐茂　倪晓晖　译
＊
中国建筑工业出版社出版、发行（北京西郊百万庄）
各地新华书店、建筑书店经销
北京嘉泰利德公司制版
北京中科印刷有限公司印刷
＊
开本：787×1092毫米　1/16　印张：24　字数：540千字
2014年6月第一版　2014年6月第一次印刷
定价：**68.00**元
ISBN 978-7-112-15734-1
　　　（24200）

目　录

第四部分　高密度空间和生活

撰写人员名单

主编

吴恩融（Edward Ng，主编，第 10 章和第 13 章作者）是香港中文大学建筑系教授和注册建筑师。吴恩融教授的专业特长是环境和可持续建筑设计。他在香港中文大学主持可持续和环境设计理学硕士课程，在世界许多大学任教。作为香港特区政府环境顾问，吴恩融教授编制了建筑天然采光能效的建筑规范和空气流通评估准则及其技术性方法。目前他正在编制香港地区"规划使用的城市气候图"。吴恩融教授是中国政府聘任的天然采光和建筑能效专家顾问。作为西安交通大学的访问学者，他现在正在设计生态学校和参与中国内地的可持续性建设项目。

香港新界沙田香港中文大学建筑学院；电子邮箱：edwardng@cuhk.edu.hk；网页：www.edwardng.com

撰稿人

弗朗西斯·阿拉德（Francis Allard，第 11 章作者）是法国拉罗谢尔大学教授，欧洲供暖、通风和空调协会联盟（REHVA）主席。阿拉德教授是法国著名专业实验室——LEPTIAB 实验室的负责人，这个实验室涉及建筑物理、建筑中的交通现象和建筑能量效率等。阿拉德教授还为多个国家和欧洲科学技术委员会工作，穿梭于许多国际专业会议之间。

通信地址：LEPTIAB，Pôle Sciences et Technologie，Bâtiment Fourier，Université de La Rochelle，Avenue Michel Crépeau，F–17042 La Rochelle Cedex 1，France

电子邮箱：francis.allard@univ–lr.fr

陈羽（Yu Chen，第 16 章作者）曾经是新加坡国立大学建筑系研究员。他的专业特长和研究是建筑周边植被的热效应和建成环境。现在，他在加拿大科博尔特工程公司工作，从事建筑能量模拟和建筑的相关科学分析。

通信地址：Cobalt Engineering，Suite 305– 625，Howe Street，Vancouver，BC，V6C 2T6，Canada。

电子邮箱：ychen@cobaltengineering.com

程玉萍（Vicky Cheng，第 1 章作者）过去 6 年以来一直从事环境建筑和城市设计领域的研究工作，获得建筑服务工程的学位。在进入英国剑桥大学建筑系从事博士研究之前，程玉萍曾经在香港中文大学从事与城市通风和室外热舒适相关的研究。现在，程玉萍博士在英国剑桥大学和剑桥建筑研究有限公司从事研究和项目咨询工作。

通信地址：Department of Architecture，University of Cambridge，1–5 Scroope Terrace，

Cambridge CB2 1PX，UK。

　　电子邮箱：bkc25@cam.ac.uk

　　赖秋·马龙李（Lai Choo Malone-Lee，第 4 章作者）在新加坡国立大学设计与环境学院房地产系承担城市规划和环境规划方面的课程。马龙李女士现在主持环境管理课程。她在国际许多重要杂志，如《土地使用政策》、《国际人居》、《城镇规划评论和城市》上发表过有关土地使用和城市规划领域的论文。在进入学术领域之前，马龙李女士积累了丰富的公共部门工作经验，现在，她参加了新加坡政府多个专门委员会的工作，为私人企业提供咨询服务。

　　通信地址：Department of Real Estate，School of Design and Environment，National University of Singapore，4 Architecture Drive，Singapore 117566

　　电子邮箱：rstmalon@nus.edu.sg

　　周万文（Wan-Ki Chow，第 15 章作者）是香港理工大学建筑科学和消防工程领域的讲座教授，是消防安全工程的学科带头人，消防工程研究中心主任。周万文教授的学术专长是建筑科学、消防和安全工程。他已经在学术杂志和学术会议上发表了 600 多篇论文。自 2002 年以来，周万文教授一直担任防火工程协会香港分会的主席，2007 年被选举为亚太地区消防科学和技术协会的主席。周万文教授在远东地区积极从事基于性能的设计工作，为内地和香港特区政府消防安全、通风与照明等专业委员会和职业机构提供服务。

　　通信地址：香港九龙红磡香港理工大学

　　电子邮箱：bewkchow@polyu.edu.hk

　　雷蒙德·J·科尔（Raymond J. Cole，第 18 章作者）是加拿大不列颠哥伦比亚大学建筑和景观建筑学院教授。过去 30 年来，科尔教授一直在建筑专业里教授建筑设计环境问题方面的课程。科尔教授是建筑和景观建筑学院可持续性设计中心的学术指导——这个中心专门从事可持续性研究。科尔教授是"绿色建筑挑战"的创建者之一，这个国际合作组织致力于推行绿色建筑和环境评估，它为多个与建筑和环境相关的国家和国际专业委员会提供服务。2001 年，科尔教授被选为北美建筑学院协会杰出教授，理由是他"持续从事建筑环境研究和教学的承诺"。2003 年，他接受了"不列颠哥伦比亚建筑学会达尔林普尔社区服务纪念奖"和"美国绿色建筑委员会绿色公共服务先锋奖"。现在，科尔教授是加拿大绿色建筑协会的领导成员，加拿大太阳能建筑研究网的领导成员，拥有不列颠哥伦比亚大学杰出学者称号。

　　通信地址：School of Architecture and Landscape Architecture，University of British Columbia，402-6333 Memorial Road，Vancouver，BC V6T 1Z2，Canada

　　电子邮箱：raycole@arch.ubc.ca

克雷斯蒂安·吉亚斯（Christian Ghiaus，第 11 章作者）是法国里昂国家应用科学研究所建筑物理学教授,研究领域是建筑能量和物质转移控制。吉亚斯教授在建筑能量绩效估计、错误辨识和诊断，供热、通风和空调系统和建筑模糊和内部模式控制等方面卓有建树。

通信地址：INSA，Lyon，9，Rue de la Physique，69621 Villeurbanne，France

电子邮箱：christian.ghiaus@insa-lyon.fr

巴鲁克·吉沃尼（Baruch Givoni，第 8 章作者）是美国加利福尼亚州立大学（洛杉矶）建筑和城市规划研究生院建筑专业荣誉退休教授。吉沃尼教授曾经多年与位于以色列海法的以色列技术学院和位于以色列贝尔谢巴（Beer Sheba）的本古里安大学合作。吉沃尼教授的《人、气候和建筑》（应用科学出版社，1969）一书被公认为是建筑气候学领域最权威的经典著作。他曾经在若干大学里从事教学工作,发表了大量的论文,举办过许多讲座和论坛。他一直在炎热气候条件下的被动能量和太阳能设计方面，为世界卫生组织、世界气象组织、以色列住房部和许多国家的政府部门提供服务。

通信地址：Department of Architecture，School of Arts and Architecture，UCLA，Los Angeles，CA，US

电子邮箱：bgivoni@bezeqint.net

王才强（Chye Kiang Heng，第 4 章作者）是新加坡国立大学建筑系教授，专业方向为城市设计。王才强教授现在是设计与环境学院院长；亚洲研究所可持续发展城市小组的负责人；新加坡市区重建局和宜居城市中心的理事。他在城市史、城市设计和遗产方面发表诸多论述，包括《贵族与官僚的城市》（新加坡大学出版社／夏威夷大学出版社，1999),《陈旭年宅第：国家纪念物的保护》《新加坡温平克投资公司,2003）和《唐长安城的数字重建》（中国建筑工业出版社，2006）。王才强教授还为城市设计和规划提供咨询，在中国举办的国际城市设计与规划竞赛中获奖。

通信地址：Department of Architecture，School of Design and Environment，National University of Singapore，4 Architecture Drive，Singapore 117566

电子邮箱：akihck@nus.edu；hengck@yahoo.com

拉腊·雅永（Lara Jaillon，第 14 章作者）在法国（巴黎大学）和加拿大（麦吉尔大学）完成的建筑专业本科，在香港获得她的理学硕士。作为一名建筑师，她对如何在设计阶段减少建筑垃圾进行了研究,合作撰写了相关的指南《在设计阶段最小化施工和拆除垃圾指南》（香港理工大学，2002），帮助设计师通过设计理论、材料选取和施工方法来减少建筑垃圾。现在，她正在香港理工大学市政和结构工程系完成她的博士学位，博士论文有关香港高层建筑使用预制技术的发展，如施工技术、材料、设计理论和建筑性能。她已经在多家地方和国际杂志和会议上发表过论文。

通信地址：Department of Civil and Structural Engineering, Hong Kong Polytechnic University, Hung Hom, Kowloon, Hong Kong

电子邮箱：lara.jaillon@polyu.edu.hk

康钧（Jian Kang，第 12 章作者）是英国设菲尔德大学建筑学院教授，建筑声学为他的技术专长。他在清华大学获得了他的本科和硕士学位，在剑桥大学获得博士学位，在德国弗劳恩霍夫建筑物理研究所从事过博士后研究。他的主要研究领域包括环境声学、建筑声学、建设声学和声学材料。他是英国声学学会成员，美国声学学会成员，欧洲声学杂志环境噪声方面的编辑，已经发表过超过 300 篇论文。康钧博士曾经主持过 40 多个资助研究项目，在世界范围内，对 40 个以上的声学和噪声控制项目进行过咨询。他在 2008 年获得过英国声学学会廷德尔奖。

通信地址：School of Architecture, University of Sheffield, Western Bank, Sheffield, S10 2TN, UK, Tel: +44 114 2220325, Fax: +44 114 2220315

电子邮箱：j.kang@sheffield.ac.uk

卢茨·卡茨奇纳（Lutz Katzschner，第 7 章作者）是一位气象学家，德国卡塞尔大学建筑和城市规划学院教授，专长为环境气象学。卡茨奇纳教授集中研究了如何编制微观尺度上的城市气候图，以及如何在城市规划中使用城市气候图。他是德国气候和规划指导委员会的主席。目前，卡茨奇纳教授承担着全球变暖以及全球变暖对不同国家城市气候影响方面的研究。

通信地址：University Kassel, Faculty of Architecture and Urban Planning, Department of Environmental Meteorology, Henschelstr. 2, 34127 Kassel, Germany

电子邮箱：katzschn@uni–kassel.de

林超英（Chiu-Ying Lam，第 5 章作者）是香港天文台前台长，是气象预报和气象学应用方面具有极其丰富经验的气象学家。他在伦敦帝国学院学习气象学，从 1974 年开始，一直在香港天文台工作。在 2003~2008 年期间，林超英先生担任世界气象组织区域协会 II（亚洲）的副主席。最近这些年来，林超英先生致力于香港气候倾向和未来发展趋势的研究。他是联合国政府间气候变化小组《气候变化 2007：第四次评估报告》（剑桥大学出版社，2007）执笔者之一。

通信地址：Hong Kong Observatory, 134A Nathan Road, Tsim Sha Tsui, Kowloon, Hong Kong

电子邮箱：lamchiuying@gmail.com

布赖恩·劳森（Bryan Lawson，第 19 章作者）既是建筑师，也是心理学家。劳森教授的研究集中在设计过程的性质和建成环境对我们生活质量的影响。他是英国设菲尔德大学建筑研究学院的院长和建筑系的系主任，新加坡国立大学和马来西亚工艺大学的荣誉客座教授，澳大利亚悉尼大学的客座教授。他是公共部门和私人部门的建筑师，现在，还为英国、爱尔兰、澳大利亚和美国的政府部门、建筑企业和开发商提供咨询服务。

通信地址：The Arts Tower，Western Bank，University of Sheffield，Sheffield，S10 2TN，UK
电子邮箱：b.lawson@sheffield.ac.uk

李慈祥（Tsz-Cheung Lee，第 6 章作者）是香港天文台气候服务部高级科学主任，从 1993 年以来，他一直在香港天文台工作。李慈祥博士长期从事气象预测、热带台风研究、气候信息服务和气候研究。目前负责气候变化监测与研究、城市气候研究、气候变化普及推广活动。

通信地址：Hong Kong Observatory，134A Nathan Road，Tsim Sha Tsui，Kowloon，Hong Kong
电子邮箱：tclee@hko.gov.hk

梁荣武（Wing-Mo Leung，第 6 章作者）是通信和热带风暴学会高级科学主任，技术专长是通信与热带风暴。过去 20 多年来，梁荣武先生对多个领域的问题进行了研究，包括气象预测、环境放射性检测、应急准备、气象观测网络运行以及气象学培训。最近几年来，梁荣武先生主要的研究领域集中到了通信、热带风暴、气候学，特别是气候变化和大众教育等方面。他现在是世界气象组织气候学委员会的成员，世界气象组织气候与健康专业小组的成员。

通信地址：Hong Kong Observatory，134A Nathan Road，Tsim Sha Tsui，Kowloon，Hong Kong
电子邮箱：wmleung@hko.gov.hk

约翰·C·Y·吴（John C. Y. Ng，第 21 章作者）是一位建筑师和城市规划师。吴教授曾经是香港特区屋宇署的首席建筑师；多年以来，他一直是香港城市大学建设科学与技术部顾问委员会的成员，现在是香港大学建筑系名誉教授，在高密度住宅和相关设施的规划、设计、施工和项目管理方面积累了 30 多年的经验。许多在建筑、规划、城市设计、绿色建筑和研究方面的项目获得了各类奖项。吴教授一直致力于追逐创新设计和可持续发展，他认为规划和建筑必须为社区服务，提高建成环境质量和水平。

通信地址：Housing Department，Hong Kong Housing Authority Headquarters，33 Fat Kwong Street，Kowloon，Hong Kong

电子邮箱：johnng@me.com

阿德里安·皮茨（Adrian Pitts，第 17 章作者）是英国设菲尔德哈勒姆大学教授，学术专长是可持续性建筑。过去 20 多年来，皮茨教授一直在与建成环境相关的环境敏感设计和能量效率领域里从事教学和研究工作。他已经在杂志和会议上发表了 80 多篇文章，是三本书的作者。他的研究活动得到了英国和欧盟研究机构、商业组织和政府部门的资助。

通信地址：Architecture Group，Sheffield Hallam University，City Campus，Howard Street，Sheffield，S1 1WB，UK，Tel: +44 114 225 3608

电子邮箱：a.pitts@shu.ac.uk

潘智生（Chi-Sun Poon，第 14 章作者）获英国伦敦大学帝国学院环境工程博士学位，现在是香港理工大学土木工程系环境技术和管理研究中心的教授和主任。潘教授的学术专长是环境友好的建筑材料研究和开发、建筑垃圾管理和回收技术，可持续性施工等。他在国际杂志和会议上发表了 220 多篇论文。他是香港工程学会的成员，曾经担任过香港工程学会环境部的主席。他一直担任香港垃圾管理协会的主席。

通信地址：Department of Civil and Structural Engineering，Hong Kong Polytechnic University，Hung Hom，Hong Kong

电子邮箱：cecspoon@polyu.edu.hk

马林斯·拉莫斯（Marylis Ramos，第 9 章作者）过去五年一直从事环境可持续性研究，现在，她在英国 PRP 建筑事务所担任可持续性高级咨询顾问。

通信地址：PRP Architects Ltd，10 Lindsey Street，Smithfield，London，EC1A 9HP，UK

电子邮箱：mcr29@cam.ac.uk

苏珊·罗阿夫（Susan Roaf，第 3 章作者）是苏格兰爱丁堡赫瑞瓦特大学建筑工程学教授，英国公开大学的客座教授。罗阿夫教授在中东地区居住了 10 年。她的博士论文是关于亚兹德的风捕捉研究。她发表过关于伊朗游牧建筑的专著，她在伊拉克挖掘这些建筑长达七年，当时，她是伊拉克和海湾地区的景观顾问。过去 20 年来，罗阿夫教授的研究重点是热舒适、生态建筑设计、建筑综合可再生能源系统，建成环境应对气候变化的适应性、碳计量、中东地区的传统营造技术。最近，罗阿夫教授主持了若干国际会议，这些会议涉及太阳能城、碳计量、建筑教育、热舒适和居住后评估。罗阿夫教授写作和编辑了大量出版物，包括 10 本专著。

通信地址：Heriot Watt University，Edinburgh，Scotland，EH14 4AS

电子邮箱：s.roaf@sbe.hw.ac.uk

科恩·斯特门斯（Koen Steemers，第 9 章作者）是剑桥大学建筑系的教授，系主任，学术专长为可持续设计，对建筑和城市的环境性能进行了长期研究，特别集中研究了人在环境性能等方面的作用。作为马丁建筑和城市研究中心的主任，他协调了各个系的研究力量，让这个中心在 2008 年被评为英国这个领域的顶级研究中心。斯特门斯教授已经发表了超过 120 本书和文章，包括《建筑中的能量和环境》（Taylor & Francis，2000），《建筑采光设计》（Earthscan，2002），《选择的环境》（Taylor & Francis，2002）和《建筑的环境多样性》（Routledge，2004）。

通信地址：Department of Architecture，University of Cambridge，1 Scroope Terrace，Cambridge，CB2 1PX，UK，Tel: +44 1223 332950

电子邮箱：kas11@cam.ac.uk

星宇善（Sung Woo Shin，第 20 章作者）是韩国汉阳大学教授和院长，自 2001 年以来，星宇善教授一直担任韩国超高层建筑论坛主席，2005 年以来，他担任了可持续性建筑研究中心主任。他还是首尔 SB07 的共同发起人，iiSBE 的成员，韩国建筑学会的副主席，是韩国国家工程学会成员。星宇善博士集中开展了可持续性高层建筑的研究、实践和教育。他是《超高层建筑设计和技术》（Kimoondang，2007）和《可持续性建设技术》（Kimoondang，2007）的主编以及 20 多本专著的作者。他从美国和韩国水泥学会接受过研究奖。他还接受了韩国国会颁发的杰出科学家和工程师奖。

通信地址：Sustainable Building Research Centre，School of Architecture and Architectural Engineering，Hanyang University，1271 Sa 1–dong，Sangnok–gu，Ansan–si，Gyeonggi–do，426–791，Korea

电子邮箱：swshin@hanyang.ac.kr

阿戈塔·苏奇（Agota Szucs，第 11 章作者）是一位毕业于匈牙利布达佩斯技术和经济大学的建筑师和建筑工程师。苏奇博士的博士论文涉及开放运动场观众舒适、气候参数和运动场建筑之间的关系问题，她获得法国拉罗谢尔大学的博士学位。现在，她在拉罗谢尔大学的 LEPTIAB 实验室做博士后研究，研究内容涉及法国教育建筑的室内空气质量和通风问题。

通信地址：LEPTIAB，Pôle Sciences et Technologie，Bâtiment Fourier，Université de La Rochelle，Avenue Michel Crépeau，F–17042 La Rochelle Cedex 1，France

电子邮箱：agota.szucs@univ–lr.fr

布伦达·韦尔和罗伯特·韦尔（Brenda Vale 和 Robert Vale，第 2 章作者）均为新西兰惠灵顿维多利亚大学建筑学院的专业研究员。他们的《自给自足式住宅》（Thames & Hudson，1975）被广泛认为是绿色建筑领域的基本教科书。在 20 世纪 80 年代，他们在英格兰设计了许多非常低能耗的商业建筑。在 20 世纪 90 年代，他们撰写《绿色建筑》（Thames & Hudson，1991），在英国建设了第一幢自给自足式住宅，为此，他们接受了联合国全球 500 奖。他们还设计了获奖的零排放"霍克通住宅项目"（Hockerton Housing Project）。他们开发了澳大利亚国家建成环境评分体系（NABERS）。他们的最近的一本著作是，《真有吃狗的时候？可持续生活实用指南》（Thames & Hudson，2009）。

通信地址：School of Architecture，Victoria University，Wellington，139 Vivian Street，PO Box 600，Wellington，New Zealand

电子邮箱：brenda.vale@vuw.ac.nz; robert.vale@vuw.ac.nz

黄锦星（Kam-Sing Wong，第 22 章作者）是一位把高密度城市背景和潮湿的亚热带气候条件下的研究与实际的可持续设计原则结合起来的建筑师。他在多个地方建筑学院里任教，参与合作研究项目，包括空气流通评估和城市气候图。他在香港大学学习建筑，在加拿大不列颠哥伦比亚大学研究深造。他从事的项目包括茵怡花园，这是获奖的香港高层公共住宅项目。带着他在建筑行业里积累了 20 年的实践经验，现在他是罗纳德卢合伙事务所中的可持续性设计部的主任，在多个规模上从事建筑和城市设计项目，从设计医院顶部的健康生活中心，到编制香港旧城中多个地区的旧城改造规划。香港特区政府最近委托的一个咨询项目是，研究支撑香港地区高密度背景条件下的可持续性生活空间的建筑设计，形成一个自愿或强制实施的设计指南。他现在担任专业绿色建筑协会的主席，以及香港建筑学会的副主席。

通信地址：Ronald Lu & Partners（Hong Kong）Ltd，33/F Wu Chung House，Wanchai，Hong Kong

电子邮箱：kswong@rlphk.com

皇轩纽克（Nyuk-Hien Wong，第 16 章作者）是新加坡国立大学建筑系的副教授和副系主任。他是政府委托的若干研究项目的负责人，这些项目涉及新加坡的热岛效应研究，对多项缓解措施进行探讨，如对城市绿化和屋顶降温材料效率的研究。皇轩纽克博士担任了新加坡若干政府部门顾问委员会的工作。他已经发表了与这些研究领域相关的 4 本专著和超过 150 篇杂志论文和会议论文。

通信地址 National University of Singapore，School of Design and Environment，Department of Building，4 Architecture Drive，Singapore 117566

电子邮箱：bdgwnh@nus.edu.sg

序

    这本书是适时的；当然，我倒是希望在太平洋战争结束和香港重建开始的时候就有这本书。

    太平洋战争前，杉木杆的长度影响了香港大部分建成区的建设，沿着狭窄街道一字排开的商铺使用杉木做房屋的大梁，更重要的是，这些商铺老板也是这个房地产的所有者。实际上，在香港的一些地方的高层建筑之间，我们至今还能看到这些奇怪的笔式建筑。太平洋战争之后的几十年里，由于缺乏对电梯的了解和开支，我们对爬楼梯的容忍高度决定了我们的建筑高度——9 层，大约就是限度。

    当时，处在城市中心的启德机场新跑道对周边建筑的高度做出了限制，九龙地区任何建筑的主水平基准面以上部分不得超出 60 米。这就导致了一个和谐平缓的城市，没有高度或视觉上的丑陋的竞争。1997 年，随着这个城市机场的关闭，除开容积率，不存在对建筑高度的限制，在房地产商如何把握住这个黄金机会上也没有什么想法，于是，导致了那里大规模的环境破坏。怪兽般的建筑拔地而起，它们几乎遮掩了那些环绕这座城市和构成这座城市景观特征的美丽山峦，它们也挡住了海港景色。

    除开这些蹂躏之外，没有人考虑到交通增长或珠江三角洲高速工业化对我们呼吸的空气会产生什么影响。急功近利影响了政策和规划。如果土地供应短缺，我们也许能够做得更好一些。我们的确有了一些精彩绝伦的高层建筑；然而，我们也失去了很多。现在，我们有了紧密联结起来形成墙壁效应的成排建筑，我们有了一缕阳光都不能照射到的公寓单元，我们还有可以用"密不透风的峡谷"来形容的街道。

    这本书把不同学科的专家的观点、许多国家的经验教训以及有关这些问题的建议，集合在一起；这本书将会是一个有价值的指南，一本供所有在城市建设工作的人们使用的参考书，当然这本书不只是为香港人写的，它可以供全世界从事城市建设工作的人们参考。我应当对这些作者表达我最诚挚的谢意。

    最后一句话：我们还没有完成香港的建设。我期待着我们从现在起就能做出一些改变。

钟逸杰爵士

前香港政务司司长（1985~1987 年）和代理总督（1986~1987 年）

前　言

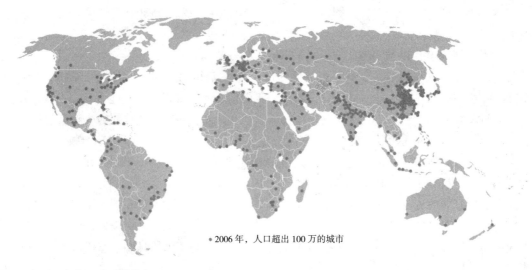

图1　人口超出 100 万人的城市
资料来源：世界上的主要聚居区，Thomas Brinkhoff；www.citypopulation.de。

2006 年是一个值得纪念的一年。从 2006 年开始，50% 的世界人口会生活在城市（图 1）。城市和特大城市的数目还在持续增加。在世界范围内，目前有 20 个以上城市可以称之为特大城市（人口超过 1000 万的城市），这份特大城市的名单还在增加。在世界范围内，目前有 400 个以上城市的人口超过 100 万。城市化和较高密度的生活是人类不可避免的发展途径。

世界人口在地球上并非均匀分布。以每个国家的土地面积为基数来计算的话，按照每平方公里 300~1000 人为序，欧洲、中国和亚洲次大陆的人口密度比较高。然而，按照国家计算出来的人口密度排序可能并不反映城市人口密度。实际上，我们谈论得比较多的还是建成区的人口密度，有时，称之为城市人口密度（表 1）。例如，纽约的城市人口密度为每平方公里 1750 人；伦敦城市人口密度为每平方公里 5100 人；亚洲城市，如新德里和德黑兰的城市人口密度比较高，约分别为每平方公里 10700 人和 12300 人。有些城市，如香港和孟买，具有非常高的城市人口密度，每平方公里超出 20000 人。

日本和欧洲那些比较富裕城市的人口密度大约在每平方公里 2000~5000 人。美国的城市蔓延导致了它的城市密度比较低，大约在每平方公里 1000 人或更少。除中国香港外，一般来讲，高人口密度城市意味着它们是比较贫穷的城市。世界上城市人口密度最高的 20 个城市中，印度占了 16 个，中国、孟加拉国和朝鲜占剩下的 4 个。所以，寻找高密度城市的设计方式一定是我们人道主义的目标之一（Jenson，1966）。

观察城市密度还有另外一种方法，即注意城市的开发密度（表 1 和表 2）。最有趣的观

	城市密度	表1
城　市	城市面积（平方公里）	城市密度（人／平方公里）
香港，中国	220	29400
澳门，中国	23	23350
北京，中国	4300	4300
上海，中国	2396	5700
新加坡	479	8350
马尼拉，菲律宾	1425	13450
孟买，印度	777	21900
新德里，印度	1425	10700
东京－横滨，日本	7835	4350
悉尼，澳大利亚	1788	2050
德黑兰，伊朗	635	12300
开罗，埃及	1269	12800
圣保罗，巴西	2590	7200
巴黎，法国	3043	3400
伦敦，英国	1623	5100
柏林，德国	984	3750
纽约，美国	11264	1750
旧金山－圣何塞，美国	2497	2150
多伦多，加拿大	2500	2500
蒙巴萨，肯尼亚	57	14050

资料来源：www.demographia.com。

	城市密度——新开发	表2
城　市	城市密度（人／平方公里）	
香港，中国	54305	
洛杉矶，美国	7744	
新加坡	18622	
马尼拉，菲律宾	55686	
东京－横滨，日本	16640	
悉尼，澳大利亚	2960	
萨克拉门托，美国	5700	
旧金山－圣何塞，美国	6721	
温哥华，加拿大	5054	
巴黎，法国	4516	

资料来源：www.demographia.com。

察是，大部分城市现在都在向高密度开发方向转变。例如，在加拿大，比较新近的开发项目通常采用了每平方公里 5000~7000 人的密度。高密度生活还将持续下去，不久的将来，高密度生活将成为一种司空见惯的事情了。

高密度生活有时也有商业原因或政治原因（Walker，2003）。较高的和比较紧凑的城市设计保护了非常具有价值的土地资源，减少出行距离，减少能源需要，密度使公共交通更具有活力（Smith，1984；Betanzo，2007）。高密度城市的倡导者们提出，高密度城市在经济上更有效率（图 2）。当然，高密度城市还有弱点。2003 年 11 月 18 日《卫报》有这样一个新闻标题，"专家对高密度住宅发出警告"；私密性和噪声是高密度城市的两大主要弱点。当然还有其他一些问题（Phoon，1975）。因为居住拥挤而产生的紧张就是问题之一（Freedman，1975；Travers，1977）；"高密度和低多样性"也是问题之一。毋庸置疑，许多问题都是基于过去那些令人不愉快的贫民窟和供贫困人口居住的政府高层住宅单元。然而，《卫报》传递的这个信息是清晰的。我们能够使用我们的传统方式去设计高密度的城市和住宅吗？回答是非也。

- 比较紧密地生活在一起有利于更多的社区交流，减少弱势社会群体的孤独，如年轻的家庭；
- 紧凑的居住地需要比较少的交通，减少私家车的使用，有利于健康和环境；
- 高密度开发具有环境效益，减少碳排放；
- 在乡村地区，比较紧凑的村庄能够阻止乡村服务业的衰退，如商店、邮局和公交服务。

图 2　高密度生活的理由
资料来源：Willis（2008）。

本书集中讨论了这个问题的社会—环境方面的问题。它试图把与高密度城市设计相关的学者、专家和实际工作者集合在一起，分享有关这个主题的经验和知识。当然，我们必须看到，这只是一个开始。我们不过是到了这个领域，我们还有很长的路要走。

精确地定义什么是高密度生活还是很困难的。在英国，高密度生活可能意味着每英亩从 10 个住宅增长到 20 个住宅。在澳大利亚，高密度生活可能意味着把每平方公里的人口从 1000 人增加到 3000 人。对于中国香港来讲，高密度生活意味着把 40 层的高层住宅楼增加到 60 层。因此，当我们讨论高密度生活时，我们的讨论很有可能是南辕北辙的。所以，保持清醒的头脑，记住此论题具有多样性是非常重要的。我们需要从更为广泛的意义上去理解"高密度"这个术语。在本书的第一部分，程玉萍首先利用第一章解释了考察密度问题的多种方式。她提出一种不同的方式即感觉密度，毕竟，看不见的密度是无法引人注意的。在第 2 章里，布伦达·韦尔和罗伯特·韦尔从比较宽泛的也许更为整体的基础上来讨论高密度生活。高密度城市依旧需要它的腹地来支持它所需要的资源。所以，效益方程可能不像我们第一次看到那样直接。高密度可能未必是唯一的选择。苏珊·罗阿夫认为,高密度(不是高层)是一个不可避免的未来前景(第3章),我们需要找到处理高密度城市的诸种办法。罗阿夫从健康、弱势、保险和平等等角度来讨论高密度生活。她认为,高密度存在一个限度,所以,我们必须努力从背景上和适应性上去评估这个限度。王才强和马龙李也提出了如何慎重地讨论和理解密度概念。他们认为,密度是与建筑和城市形式以及如何混合使用相联系的。他们讨论了多样性和弹性,复杂性和规模,还讨论了用来解析争议的方式本身所产生的问题。罗阿夫、王才强和马龙李强调了我们在寻求高密度上所面临的挑战。我们一定不要把潜在的复杂性和研究者、设计师和规划师所面对的那些未知的问题看得过于简单了。第一部分的四个章节一起为第二部分作者所要讨论的问题设置了背景。

在第二部分里,林超英(第5章)、梁荣武和李慈祥(第6章)的主要论题是高密度生活的气候问题。城市气候和宜居性是设计高密度城市的重要因素。总而言之,我们为城市居民在设计城市,如果我们不能给城市居民提供适宜的气候条件,高密度城市是没有价值的和没有什么意义的。高密度生活本身是存在环境问题的。热岛和炎热的夜晚都是问题。林超英特别地提出,我们在设计高密度城市时,贫穷的人们和那些弱势群体最需要我们的关注。对高密度城市的环境问题,特别是地处热带和亚热带气候区中的那些城市的环境问题,做出正确的决策是十分重要的。卢茨·卡茨奇纳在第7章中提出,城市气候是一个很重要的因素。使用城市气候图可以让规划师和决策者们在城市设计上有一个比较好的和战略性考虑。

这本书的第三部分涉及了在做高密度城市设计时应该考虑的多方面环境问题。我们为了城市居民而做城市设计。巴鲁克·吉沃尼在第8章中提出,居民的热舒适应当成为一个从环境上给予关注的关键问题。他强调了能够让我们更好地了解高密度城市热舒适问题的研究是很重要的。设计师能够得到他们设计所需要的信息才有可能做出适当的城市设计。科恩·斯特门斯和马林斯·拉莫斯在第9章中进一步推进了这个论题,当然,他们强调,我们需要确保城市设计的多样性。我们都是不同的。人口众多的城市需要提供多种空间去满足不同的需要。"选择"这个概念是很有意义的。

吴恩融在有关通风(第10章)和采光(第13章)的两章中强调了高密度城市设计中的通风和照明问题。光线和空气是人的最基本的需要。在高密度城市中,光线和空气的供应能够成为一个困难的问题。吴提出,当我们设计高密度城市时,需要完全地重新思考问题。需要在方法论上做出一种范式的转变。弗朗西斯·阿拉德、克雷斯蒂安·吉亚斯和阿戈塔·苏奇在第11章中对环境衰退的问题做出了反应。他们解释了高密度城市室内或室外针对舒适的通风和通风的降温潜力问题。

除开空气和光线外,噪声问题也是高密度城市的一个重要问题。公寓单元紧密相邻让这个问题雪上加霜。在第12章中,康钧从城市形态的角度上解释了研究噪声问题的方法。"声景"的概念可能有助于我们认识这个问题。垃圾是高密度城市的另外一个环境问题。在第14章中,潘智生和L·雅永提出了减少开发中垃圾生产的若干方式。低垃圾建筑技术可能是解决这种问题的一种方法。中国香港特区政府还应当出台相应的政策。周万文在第 15 章中集中讨论了因为居住太近而引起的火灾风险。基于性能的消防工程是值得推荐的，周详细阐述了整体消防安全的概念。

在第 16 章中，皇轩纽克和陈羽讨论了消除高密度城市不利后果和城市热岛效应的城市绿化问题。绿化和绿色开放空间不仅仅涉及热舒适的问题，它们还给城市居民寻找室外绿洲提供了可供选择的方案。

在第 17 章中，阿德里安·皮茨讨论了高密度城市的能量问题，如可再生能源如何对高密度城市设计具有意义。雷蒙德·J·科尔在第 18 章中进一步提出了基于环境评估的整体观。当我们在处理高密度生活问题时，需要超出建筑去看待高密度生活，这一点是非常重要的。建筑之内那个空间也许对于高密度生活并非如此重要，真正重要的是建筑之间的空间，它在检验着高密度城市的设计。

除开环境问题之外，本书的第四部分讨论了高密度城市生活的社会问题，它们分别由布赖恩·劳森（第 19 章），星宇善（第 20 章），约翰·C·Y·吴（第 21 章）和黄锦星（第 22 章）撰写。劳森从理论上说明了高密度城市中开放空间的感觉和标志在给居民提供归属感方面的特殊重要性。

高密度城市能否同时也是生态城市呢？星宇善认为，我们需要进一步对此做研究。具有可持续性的高层建筑是一种解决办法吗？星宇善所提出的问题已经超出了我们能够简单回答的问题。另一方面，约翰·吴采取了非常乐观的态度。他之所以如此是因为，他用香港高层和高密度住宅证明，高密度生活一定是可能的。当然，我们应当注意，这并非一帆风顺。吴提出，通过参与，社会的认可与接受可能是我们走出困境的一条出路。劳森提出了以证据为基础的创新。最后，当然不是全部，黄锦星撰写的第 22 章重新梳理了一些关键观点。高密度背景下的高质量城市生活意味着需要协调。高密度并非一条单向的道路，不可能一条路走到黑，它存在限度。他使用香港产生了墙壁效应的建筑为例，推论出了生态密度的观点。我们需要革新。

实际上，一个文集难以包容高密度城市和高密度生活如此之多的社会经济问题。当然，这 22 个章节已经描绘了一个多样的和综合的情景。事实上，设计高密度生活并非我们已有智慧和知识的简单延伸。这种探索需要思维和操作范式的转变。所以，这本有关高密度生活和城市密度的著作仅仅是揭示了一组我们自己创造的问题，我们需要努力去解决它们。有一件事是确定的：这个主题还会萦绕着我们。没有平坦的大路可走，探索才刚刚开始。

吴恩融
2009 年 11 月

参考文献

Betanzo, M. (2007) 'Pros and cons of high density urban environments', *Build*, April/May, pp39–40

Freedman, J. L. (1975) 'Crowding and behaviour', *The Psychology of High-Density Living*, Viking Press, New York City

Jenson, R. (1966) *High Density Living*, TBS, The Book Service Ltd, Praeger, Leonard Hill, London

Phoon, W. O. (1975) 'The medical aspect of high-rise and high-density living', *The Nursing Journal of Singapore*, November, vol 15, no 2, pp69–75

Smith, W. S. (1984) 'Mass transport for high-rise high-density living', *Journal of Transportation Engineering*, vol 110, no 6, pp521–535

Travers, L. H. (1977) 'Perception of high density living in Hong Kong', in Heisler, G. M. and Herrington, L. P. (eds) *Proceedings of the Conference on Metropolitan Physical Environment, General Technical Report*, NE-25, US Department of Agriculture, Forest Service, Northeastern Forest Experiment Station, Upper Darby, PA, pp408–414

Walker, B. (2003) *Making Density Desirable*, www.forumforthefuture.org/greenfutures/articles/601476, accessed January 2009

Willis, R. (2008) *The Proximity Principle*, Campaign to Protect Rural England, Green Building Press, www.cpre.org.uk/library/3524

致　谢

在希腊"建成环境的被动和低能降温国际会议"（PALENC05）上，我遇到了地球瞭望出版社（Earthscan）的编辑 G·鲁宾逊。在做完有关香港城市通风设计的演讲之后，我产生了汇集有关高密度城市设计专业知识和意见编辑一本专著的想法。除开生活、工作和帮助香港特区政府设计世界上密度最高的城市之一，我把所有的周末和假期时间都用到了这本书上，没有同事、朋友和家里人的帮助，这几年不会如此顺利。

我必须感谢所有的撰稿人。没有他们的支持、努力和学术成就，这本书一定还在网络里。我对一次又一次给他们传送提醒信息表示歉意。

我要感谢我的助手们，波莉·曾、马克斯·李、贾斯汀·何、艾利斯·曾和赵媛，他们承担了大部分行政琐事，帮助汇集了所有作者的手稿。

我要提到我的两位最重要的导师。他们现在都退休了，他们在学术上对我的帮助超出了任何一个人。P·特里格尼扎教授是我在英国诺丁汉大学一年级时的老师，我是从他那里知道了有关采光设计的所有事情，更重要的是，我从他那里知道了学术以及如何成为一名学者。D.霍克斯教授是我的博士导师。他教我如何超出方程式和数字去研究问题。如果我们积极进取，包括生活在高密度的城市里，我们能够发现那里的诗情画意。霍克斯教授的著作《环境畅想》（Taylor and Francis，2007）是我失去方向时的坐标。

最后，但并非不重要，我要感谢我的两个儿子——迈克和西蒙，他们总是提醒我，我们需要一个我们赖以生存的比较好的地球。可持续性并非是为了我们自己。我的妻子依文这些年来一直对我如此宽容，不仅仅是晚饭迟到，而且太多的致力于工作而忽略了她。我要把这本书奉献给她，我最心爱的妻子。

第一部分
理解高密度

第1章
理解密度和高密度

程玉萍

　　"密度"这个词乍看来并不生疏，仔细思考，却还是比较复杂。这种复杂性主要源于不同学科以及它们的背景。这一章试图从形体密度（Physical density）和感觉密度（Perceived density）两个角度对密度概念做一个梳理。全面理解这两个密度概念的区别将成为理解高密度意义的一个基础。期待这一章将为讨论与现实社会和环境问题相关的高密度城市设计问题提供一个基础。

形体密度

　　形体密度是，在一个设定地理单元内，人或建筑物集中程度的定量描述。形体密度是一个客观的、定量的和中性的空间指标。当然，形体密度实际上只有在与一个专门的参考系相联系时才具有实际意义。

　　例如，表达人口与土地面积比例的密度会随着不同地理区域的规模而发生重大变化。以中国香港为例，如果考虑整个香港特区的土地面积，香港的人口密度大约为6300人/平方公里。然而，整个香港特区的建成区面积仅仅为全部行政辖区土地面积的24%。所以，如果仅仅拿建成区来计算，那么香港的人口密度大约在25900人/平方公里，这样计算的人口密度是以整个行政辖区计算的人口密度的4倍。所以，在计算密度时，严格确定地理规模十分重要，否则，很难比较密度指标。

　　当然，并没有标准的密度衡量方式，只有使用多寡之分。在城镇规划中，形体密度的衡量一般分为人口密度和建筑密度两类。人口密度等于人口或户数与设定面积之比，而建筑密度等于建筑物与单位面积之比。以下简述人口密度和建筑密度的一般计算方法。

图 1.1　人口密度
资料来源：程玉萍。

人口密度的计算

区域密度

区域密度是人口与区域土地面积之比。区域土地面积通常就是行政辖区，包括建成区和非建成区。区域密度常常用来作为国家人口政策中人口分布的一项指标。

居住密度

居住密度是人口和居住区面积之比。居住密度可以进一步根据相关地区而再划分为总居住密度和纯居住密度。当然，有关总居住面积和纯居住面积还没有统一的定义；不同国家和城市对此有不同的看法。在英国，村居住面积仅仅涉及那些由居住开发所覆盖的面积，同时包括花园及其他空间，通常还把相邻道路的一半面积计算其中（TCPA，2003）。在中国香港和美国的一些州，纯居住面积仅仅包括居住地块，而居住区内部的道路、公园和其他公共土地空间不包括在纯居住面积之中（Churchman，1999；香港规划部，2003）。

总居住密度的计算从整体上看待居住面积。除开分配给居民使用的土地面积外，总居住密度的计算把非居住空间，如内部道路、公园、学校、社区中心等等为地方社区提供服务的空间都一并计算在内。当然，实际上很难精确地确定这些与居住相关的空间面积。有些开发可能考虑到了对更为广大的街区提供服务，而非仅限于某一个街区，有些开发场地中可能包括了没有开发的空间如斜坡。这些不一致性导致了毛密度计算的模糊性，进而导致了做比较时的困难。

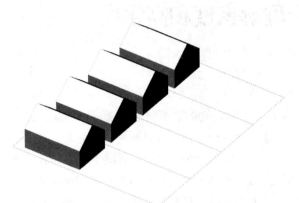

图 1.2　建筑密度
资料来源：程玉萍。

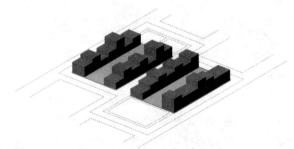

图 1.3　纯居住面积
资料来源：程玉萍绘，改编自大伦敦当局（2003，p11）。

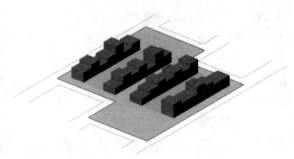

图 1.4　总居住面积
资料来源：程玉萍绘，改编自大伦敦当局（2003，p11）。

使用密度

　　使用密度涉及使用者与该建筑单元建筑面积之间的比例。这里所说的建筑可能是任何私人的或公共的建筑空间，如住宅、办公室、剧院等等。当然，这里所说的建筑空间通常只是那些封闭的空间。在建筑设计中，使用密度是一个重要指标，以此估算所要求提供的服务。例如，电力需要、空间降温、供暖、消防安全设施的供应等等都是以使用密度作为基础来估算的。

　　使用率是使用密度的逆运算（即建筑单元的建筑空间与使用者之比），它通常是可以向使用者提供多少建筑空间的指标。较高的使用率意味着比较多的建筑空间已经为使用者使用了。最小使用率的规定在建筑设计中常常用来保障建筑空间的卫生与健康条件。

建筑密度的计算

容积率

　　容积率是总建筑面积与建筑场地之比。总建筑面积通常把建筑外墙内的所有面积计算在内，包括内墙和外墙的厚度、楼梯、建筑物的工程设施、电梯、所有的通行空间等等。

　　场地面积涉及整个开发地块，在大多数情况下，整个开发地块都在规划文件中精确地确定下来。由于建筑面积和场地面积在计算时都是相对清晰的，所以，容积率通常被认为是最精确的密度衡量指标之一。

　　在规划实践中，容积率被广泛地用来作为一个土地使用分区和开发控制规则的标准指标。在作为混合土地使用规则的城市总体规划中，常常规定了不同类型土地使用功能的不同容积率。进一步讲，为了控制住建筑规模和防止过度开发，总体规划常常控制着最大容积率。

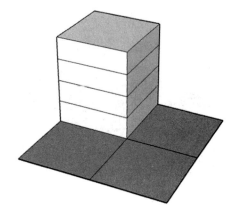

图1.5　容积率 = 1
资料来源：程玉萍。

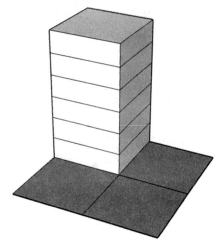

图1.6　容积率 = 1.5
资料来源：程玉萍。

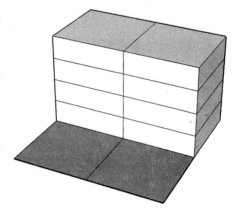

图1.7　容积率 = 2
资料来源：程玉萍。

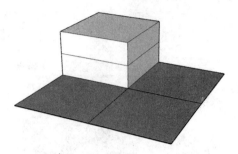

图 1.8 场地覆盖率 =25%
资料来源：程玉萍。

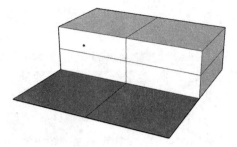

图 1.9 场地覆盖率 =50%
资料来源：程玉萍。

在建筑设计中，设计意向和开发预算都广泛使用容积率来定量反映旨在完成的建筑面积，所以，容积率能够定量地说明需要完成的建筑任务；因此，容积率能够预测投资和回报的资金平衡。

场地覆盖率

场地覆盖率说明了建筑覆盖面积与场地面积之间的比率。这样，场地覆盖率就成为被建筑物覆盖的场地面积的一个比例指标。与控制容积率相类似，为了防止建筑过度和保护绿色与景观空间，城市总体规划常常控制着开发项目的场地覆盖率。

开放空间的比例是场地覆盖率的逆运算，它表明了开放场地上的开放空间数量。当然，开放空间比例这个术语有时也表示人均开放空间的面积，规划部门使用这个指标来保证合理户外空间的供应。

除开容积率和场地覆盖率外，还有其他一些密度指标，如区域密度和居住密度等，它们也能用来表示建筑密度。与每个土地单位上住宅数目相关的居住密度也是制定规划政策的重要指标。例如，英国政府把每公顷土地上建设 30 所住宅作为国家新住宅开发最低指标（英国副首相办公室，2006）。

密度梯度和密度分布

到目前为止，我们讨论的密度计算都是以土地覆盖为基础的。如果人或建筑果真是在一个区域内均匀分布的话，这些计算的确能够反映现实。然而，在许多情况下，特别是在相关地理单元的规模巨大时，人或建筑的分布会有很大的差异。

以香港为例：整个香港特区的平均人口密度大约为 6300 人 / 平方公里。但是，整个香港特区的人口分布非常不均衡，从零星岛屿上 780 人 / 平方公里，到城市地区的 52000 人 / 平方公里（香港人口统计和统计部，2006）。

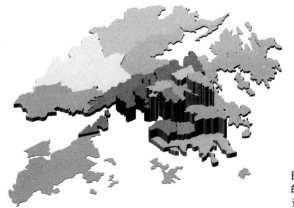

图1.10 香港人口密度图（以高度表达）：高人口密度
的中心城区和低人口密度的岛屿
资料来源：程玉萍。

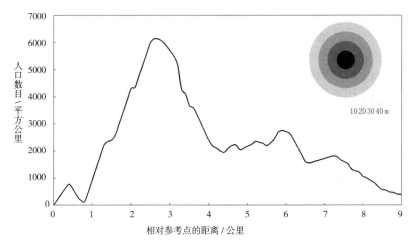

图1.11 从城镇中心向周边乡村地区的人口密度梯度
资料来源：程玉萍绘，改编自 Longley and Mesev（2002, p20）。

为了说明人口密度在空间上的变化，又出现了其他一些密度计算方式，如密度梯度和密度分布。

密度梯度

密度梯度是，密度随相对一个参照空间的距离而降低的比率；这样，正密度梯度表示，密度随着与参照空间的距离增加而减少。密度梯度通常按照一系列同心圆的方式分布，如距离参照空间 10 公里或 20 公里的放射同心圆（Longley and Mesev，2002）。

密度梯度是对密度的综合性计算方式。对密度梯度随时间变化的模式进行比较，我们就能够看到空间发展过程。图 1.12 揭示了两种密度梯度的变化模式。图 1.12（a）展示出了分散化的过程，城市中心人口密度减少，而城市郊区人口密度增加。与之相比，图 1.12（b）表示，在城市中心和郊区，人口密度同时增加和城市边界向外推移的过程。1800~1945 年之间，

(a)

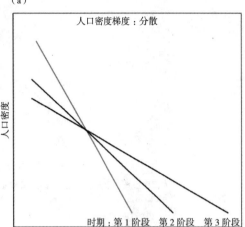

(b)

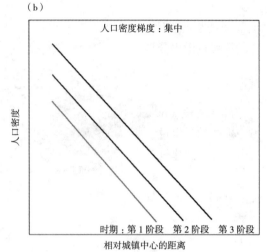

图 1.12 历史上的密度梯度：从第一阶段到第三阶段的发展——（a）城市中心的人口密度衰减和郊区人口增加的分散化过程；（b）城市中心和郊区人口密度增加和城市规模扩大的集中化过程
资料来源：Vicky Cheng 绘，改编自 Muller（2004，p62）。

北美城市显示出前一种模式，而欧洲城市则显示出后一种集中化的过程（Muller，2004）。

密度分布

　　密度分布涉及以一个参照点为基础的一系列密度计算，当然，它是以不同的空间规模来做计算的。与密度梯度相似，密度分布是对距离参照空间的密度变化率所做的计算，使用它作为居民点结构的指标。

　　英国使用分布密度作为乡村的定义。在英国的乡村分类系统中，密度分布是以 200 米、400 米、800 米和 1600 米等一系列同心圆封闭的区域为基础来计算的。使用这些在连续规模上的密度变化来表达不同居民点的空间结构。例如，在这个分类系统中，村庄具有如下属性：

- 在 800 米规模下，人口密度大于 0.18 人 / 公顷；
- 在 400 米规模下，人口密度至少是 0.18 × 2 人 / 公顷；
- 在 200 米规模下，人口密度至少是（0.18 × 2）× 1.5 人 / 公 顷（Bibby and Shepherd，2004）。

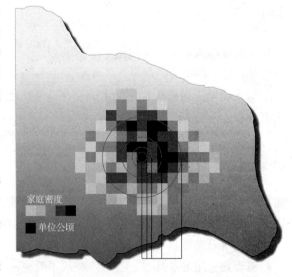

图 1.13 以 200 米、400 米、800 米和 1600 米等一系列同心圆封闭的区域为基础所计算的密度分布
资料来源：程玉萍。

通过拿这些计算出来的密度分布与预先设定的密度分布相比较，便能够对不同空间结构的居民点做出分类。

建筑密度和城市形态

建筑密度（building density）与城市形态（urban morphology）具有错综复杂的关系；在城市形式的产生过程中，建筑密度发挥着重要作用。例如，不同的容积率和场地覆盖率显示出各式各样的建筑形式。如图1.14所显示，当场地覆盖比例减少时，建筑从单层变成了多层。

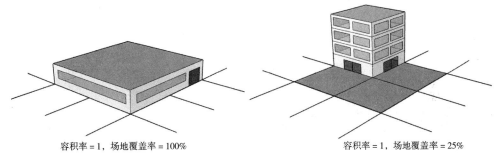

容积率＝1，场地覆盖率＝100%　　　　　　　容积率＝1，场地覆盖率＝25%

图1.14　容积率相同而场地覆盖率不同的两种建筑形式
资料来源：Vicky Cheng。

相类似，同样密度的开发能够表现出千差万别的城市形式。图1.15展示了每公顷76幢住宅的居住密度条件下的三种居民点形态，当然它们具有不同的城市形式：多层居民楼、具有中心庭院的中高层建筑、成排的单层建筑。这三种布局存在多方面的差异；然而，就城市土地使用而言，表面开放空间的比例和布局意义重大。

采用高层建筑的布局能够产生大规模的开放空间，适合于如图书馆、运动场和社区中心这类成规模人群流动的设施。然而，如果没有有效的土地使用规划，这些空间可能会闲置起来，得不到适当的管理，最终发生问题。

在中层庭院形式所产生的开放空间比例比起高层建筑的布局要少。然而，不同于高层建筑布局，庭院空间是封闭的和界限清晰的。它能够成为社区的中心，得到完全的利用。

单层的建筑分布一方面把开放空间划分成为零星的碎块，供人们独立使用。在这种布局情况下，公共设施的面积受到限制，当然，人们能够享受他们自己的私密开放空间。

面对迅速的城市化，建筑密度和城市形式之间的关系已经得到广泛的重视。日益增加的城市人口使得土地受到越来越大的压力，所以，人们对多层建筑的空间意义做了大量研究。为了说明这个问题，人们使用了数学的和几何学的分析，特别关注建筑高度、容积率、场地覆盖和采光等方面的问题。

对于在一定容积率条件下的成排连续的庭院形式而言，增加建筑高度通常会导致采光问题，如图1.17。换句话说，不改变采光角度，增加建筑高度会提高容积率。进一步讲，减少场地覆盖率，将会产生更多的开放空间。

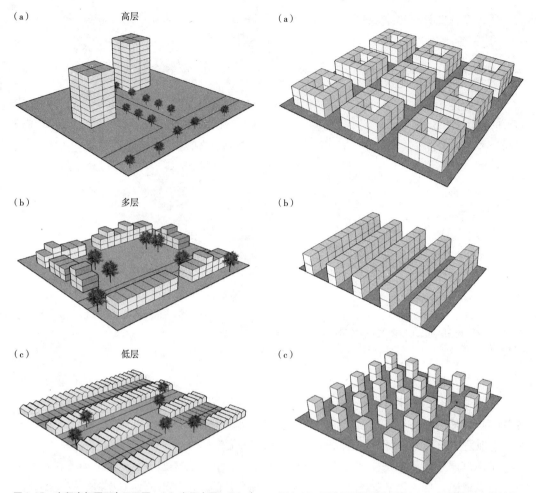

图 1.15　容积率相同而布局不同：(a) 高层大厦；(b) 中间有庭院的多层建筑；(c) 成排的单层建筑
资料来源：程玉萍绘，改编自 Rogers（1999，p62）。

图 1.16　三种不同的城市形式：(a) 庭院；(b) 相等地块；(c) 大厦
资料来源：Vicky Cheng 绘，改编自 Martin and March（1972，p36）。

　　对于具有无限成排的相似地块的城市形式来讲，尽管在几何形式上不同于庭院形式，但建筑高度、容积率、场地覆盖率和采光之间的关系维持相同。所以，用于庭院形式的观点也适用于相同地块的形式。

　　对于具有无限成排大厦且具有低采光障碍角度（低于 45°）的城市形式来讲，增加建筑高度将会减少容积率。对于具有高采光障碍角度（超出 55°），增加建筑高度可能会增加容积率，但是，进一步增加建筑高度，将会导致减少容积率。

　　当然，在两种情况下，增加建筑高度都会减少场地覆盖率。最后，在确定的采光障碍角度和建筑高度条件下，比较庭院形式和相同地块形式，我们会发现，大厦形式都会导致较低的容积率和较低的场地覆盖率。

实际上,场地面积总是有限的,预先确定下来的开发密度常常决定了城市形式。图1.18说明了目前存在的若干种城市形式的居住密度。

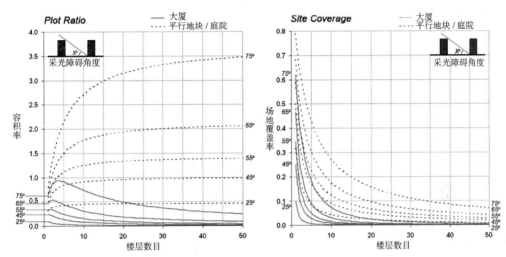

图1.17 建筑高度、容积率、场地覆盖率和采光障碍之间的关系
资料来源:程玉萍。

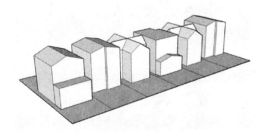

独立家庭住宅,25~40单元/公顷

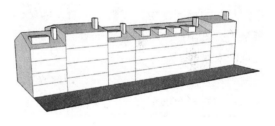

多层联排住宅,50~100单元/公顷

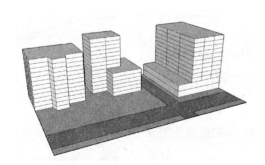

多层公寓式住宅区,120~250单元/公顷

图1.18 四种不同城市形式的居住密度
资料来源:程玉萍。

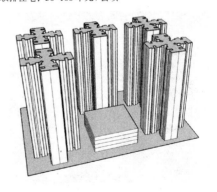

高层公寓住宅区,1000单元/公顷

感觉密度

感觉密度亦即感觉到的密度，可以定义为个人对一个地区的人数、有效空间和布局的感觉和估计（Rapoport，1975）。空间特征本身对于密度的感觉是有重要影响的；当然，个人和作为整体的环境之间的相互作用对于产生有关密度的感觉甚至更重要。个人的认识和社会—文化规范也是影响这种相互作用的因素（Alexander，1993）。

进一步讲，感觉密度不仅仅涉及了个人和空间之间的相对关系，也涉及在这个空间中人与人之间的相对关系。例如，假定有两个空间，同样具有人均 3 平方米的使用率；其中一个是一群朋友聚会的俱乐部房间，另一个是由若干不期而遇的人们使用的走道。尽管形体的密度相同，然而就社会的和感觉上的意义而言，显而易见，这是两种非常不同的情形（Chan，1999）。为了对这感觉密度的两个不同方面做出区别，于是出现了空间密度和社会密度的概念。

空间密度是相对空间因素如高度、间距和对比之间的关系来讲的密度感觉。高空间密度与环境属性有联系，如高度封闭、空间复杂和高活动状态，这些属性倾向于导致环境本身具有较高的信息量。

社会密度说明的是人与人之间的相互关系。社会密度包括多种感觉方式、控制相互作用水平的机制，如间距、形体因素、领地边界、层次、参与群体的规模和性质，以及它们行为的相同性质和规则，所有这些属性都会影响到社会相互作用（Chan，1999）。一般来讲，高空间密度的基本问题是空间太小，而高社会密度的基本问题是一个人要与之交往的人太多。

所以，感觉密度是主观的，是建立在个人意识的基础之上的；然而，在不包括任何个人评价或判断的情况下，感觉密度也是中性的。另一方面，拥挤涉及心理压力的状态，与负面的评价密度有关（Churchman，1999）。虽然密度是产生拥挤感觉的必要条件，然而，并非产生拥挤感觉的充分条件（Stokols，1972）。除开形体的条件之外，拥挤还包括情形的可变性，个人特征和应对能力等等（Baum and Paulus，1987）。有研究提出，当人们关注拥挤时，社会密度的影响要大于空间密度（McClelland and Auslander，1978）。当然，由于一个人与另一个人相碰的自由度的确减少了，所以，限制空间会增加拥挤的感觉。

感觉密度和建筑特征

感觉密度强调了人与环境之间的相互关系；这样，感觉密度不是实际的形体密度，而是通过人与环境相互作用而

图1.19 感觉密度涉及一个人与他所处的空间之间的相互作用，是这个特定空间中的人与人之间的相互作用
资料来源：程玉萍。

产生的对密度的感觉。过去一些涉及室内环境的研究曾经说明，通过一些建筑特性有可能改变密度和拥挤的感觉，如色彩、照明、房间形状、窗户尺寸、房顶高度、采光、隔断和分区，家具的布置等。

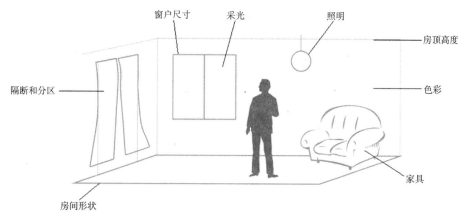

图 1.20　影响密度感觉的建筑特征
资料来源：Vicky Cheng。

人们已经发现，在城市环境中，密度的感觉是与城市的建筑形式和一定的城市特征相关的。拉波波特（Rapoport）概括了一组重要的环境暗示因素，认为它们对密度感觉产生影响；这些设定的因素包括，建筑高度对空间的比率，建筑高度、空间开放性、空间复杂性、人的数目、街道标志数目、交通状况、光照水平、环境的自然状态，活动的节奏等。

在库珀—马库斯（Cooper –Marcus）和扎尔基西安（Sarkissian）撰写的住宅开发指南中，作者提出了影响密度感觉产生的设计因素，如建筑的整体规模、建筑之间的空间、建筑立面的变化和通往开放空间和绿色空间的视线。另一方面，博内斯（Bonnes）等提出，街道宽度、建筑高度、建筑规模、建成空间和空置空间之间的协调等空间特性都能影响到人们的密度感觉。

弗拉克斯巴特（Flachsbart）指导了一项实证研究，考察若干种建筑形式对感觉密度的影响。依据弗拉克斯巴特的发现，比较短的地块长度和更多的交叉路口能够降低感觉密度。当然，街道宽度对密度感觉没有什么影响；另外一些属性，如街道形状、坡度和建筑地块的多样性也没有展示出明显的影响。

扎卡里斯（Zacharias）和斯坦普斯（Stamps）认为，感觉密度与建筑布局密切相关。以他们模拟实验的发现作为依据，他们认为建筑高度、建筑数目、间隔和建筑物覆盖范围，都对感觉密度产生影响。但是，建筑细部和景观没有显示出对感觉密度有什么重要的影响。

一般来讲，直到目前为止的研究显示，密度的感觉是与一定的环境暗示相联系的；当然，特别是涉及高密度的感觉时，除开形体特征之外，个人认识和社会—文化因素同样是影响感觉密度的关键因素，记住这一点是十分重要的。我们还没有给高密度下一个精确的定义，不同的文化，不同的人都会对高密度提出有差别的看法。下面我们还要进一步在涉及高密度的情况下讨论密度问题。

高密度

1950 年以来的迅速城市化对许多城市的开发构成了巨大的压力，迅速城市化已经导致了城市开发面临城市土地供应的短缺；在世界范围内，增加密度逐步成为一个最重要的规划政策方略。高密度开发亦已成为全球关注的问题之一；不同的国家、不同的文化和不同的人对此会有不同的看法。

高密度的意义是一个感觉问题；它是主观的，依赖于相对它的社会规范或个人判断。所以，不同背景的社会或个人，不同的社会背景，会让人们产生不同的有关高密度的定义。例如，在英国，每公顷少于 20 幢住宅的居住开发就认为是低密度居住开发；每公顷在 30 幢至 40 幢住宅的居住开发被认为是中密度居住开发；而每公顷高于 60 幢住宅的居住开发被认为是高密度居住开发（TCPA，2003）。在美国，低密度是指每公顷开发 25 幢至 40 幢住宅的居住开发；中密度是指每公顷开发 40 幢至 60 幢住宅的居住开发；高密度是指每公顷开发 110 幢以上住宅的居住开发（Ellis，2004）。在以色列，每公顷少于 20 幢至 40 幢住宅的居住开发被认为是低密度居住开发，而每公顷多于 290 幢住宅的居住开发被认为是高密度居住开发。

"高密度"这个术语通常与拥挤相关；然而，在建筑密度范畴内所说的高密度与拥挤没有什么联系。例如，以容积率衡量的高建筑密度涉及高比例的建筑空间。在较大住宅规模和较少家庭规模的情况下，较高的容积率可能导致较低的使用密度，所以，每一个人有更多的生活面积，因此而减少了产生拥挤的条件。例如，香港政府住宅开发的容积率从 20 世纪 70 年代的 3，提高到 20 世纪 80 年代的 5；与这种容积率增加相伴而生的是建筑密度的提高，特别应当注意到，香港人的生活空间也从人均 3.2 平方米增加到人均 5 平方米（Sullivan and Chen，1997；Ng and Wong，2004）。这样，较高的建筑密度实际上有助于减少住宅里居住过分拥挤的问题。

过分拥挤的现象源于个人缺少空间；这样，过分拥挤更多涉及高人口密度。当然，正如以上例子所说明的那样，建筑密度和人口密度之间的关系并非直接的，它在很大程度上依赖于如何衡量人口密度。我们可以拿香

图 1.21　高密度的香港
资料来源：Vicky Cheng。

港为例。在 20 世纪 70 年代完成的政府住宅项目的平均居住密度约为每公顷土地 2300 人；到了 20 世纪 80 年代，这一数字上涨到每公顷土地 2500 人（Lai，1993）。所以，虽然较高的建筑密度减少了住宅中的使用密度，然而，它却增加了这个场地上的整个人口密度。

概括起来讲，高建筑密度的现象和高人口密度的现象表示了非常不同的问题；如果把这个问题进一步复杂化，那么，由于人口密度存在不同的衡量标准，建筑密度的增加能够对人口密度产生的效果可能截然相反。然而，这个关键概念在高密度开发的争论中十分含糊其辞。

有关高密度的争议

人们对高密度开发的态度呈现多样性。有些人承认高密度的原则，倡导紧凑型城市发展模式，而另外一些人则强烈反对高密度开发。以下几节概括了有关高密度城市开发利弊得失的争论焦点，在理解进一步讨论的基础上，特别是理解有关建筑密度和人口密度之间区别的基础上，笔者将尽力对此做些评论。

城市土地和基础设施

土地对于城市开发而言总是稀缺资源；通过在一个场地上生产出更多的建筑空间，高建筑密度能够最大限度地利用稀缺的城市土地。所以，高建筑密度有助于减少开发开放的空间，释放出更多的土地用于公共设施的建设和服务，从而改善城市生活质量。当然，有些人提出的与此相反的命题也是有道理的。为了实现高建筑密度，建设规模巨大的高层建筑不可避免，这些建设在小场地上的大规模建筑物能够留下的开放空间非常有限，形成一个看上去拥挤不堪的城市景观。在没有规划约束的前提下，实施高密度开发可能导致这种情况发生。所以，为了避免高密度的负面影响，必须制定规划和适当的密度控制。

道路、供水排水设施、电力设施、通信设施和网络设施等公共工程设施都是支撑城市发展的基础。当然，这些基础设施的建设和维护成本相当昂贵；在许多情况下，为了让这些公共工程设施有效地运转起来，需要保持一个最小使用量。把人口集中在一个不大区域里的高人口密度，能够比较高程度地发挥出基础设施的供应能力，更经济地使用这些基础设施。但是，一旦人口超出了一个基础设施系统的承载能力，再增加人口密度，就会导致那里的基础设施超载，进而降低它们的服务质量。为了实现前一种情况，高密度规划和基础设施的建设需要相互协调起来。

交通系统

公共交通系统的建设费用和运行费用都很高昂；如同大部分基础设施一样，为了有收益和有效率地使用公交系统，使用者的人数众多，使得高人口密度将维系公交系统的运行，改善公交系统的效率和可靠性。进一步讲，高密度建筑和高人口密度意味着场所和人都集中了,相互之间甚为接近。这就产生了更多采用步行、骑自行车出行方式的机会,从而减少了使用小汽车出行的数目和每次出行的距离。便利性的增加以及公共交通使用率的提高都将有助于减少城市中心地区的交通拥堵。当然,只有交通系统规划得当,这些效益才会显现出来。否则,在公共交通承载力不足的情况下,高密度能够导致交通拥堵和拥挤的发生。

环境和保护

高建筑密度能够有助于保护乡村和农业用地免遭城市化的侵害。正如前面提到的那样,例如,香港特区仅有 24% 的土地为建成区;剩下的地区依然基本上保留着乡村特征,为城市居民提供了农家式的娱乐场所。

高人口密度能够提高使用公共交通的机会,有助于减少私人小汽车的使用。减少私家车辆的使用能够减少汽油消费和减少交通引起的污染。高人口密度还能够有力地推进应用集中的能源系统,如供热和电厂相结合的能源系统,从而更有效率地使用能源和减少电力生产所产生的污染排放。

另一方面,通常采用高层建筑簇团形式下的高建筑密度有可能妨碍采用综合可再生能源系统。而且,高建筑密度可能减少净化空气和降低内城地区温度的绿色树木。城市热岛效应的发生源于建成区在整个区域里所占比例和绿地的丧失。

个人和社会因素

由高建筑密度和人口密度引起的人和场所的接近给工作、服务和娱乐提供了很高程度的便利。然而,这种接近性,特别是这种人与人之间的接近性,可能会迫使人们去做一些他们并非想要去做的社会联系,从而引起他们在心理上的某种压力。高人口密度也可能导致公用设施和空间使用上的竞争,从而产生社会冲突。而且,高人口密度可能导致私密性的减少,感觉到失去了控制,甚至出现心理上的焦虑。当然,经过适当的组织和管理,高人口密度引起的接近性能够容纳社会交往,推进良好的邻里关系。

由过分拥挤而引起的不愉快比较多地与人口高密度相联系,而不一定与建筑高密度相关联。正如我们已经说明的那样,事实上,作为增加平均使用面积的措施,增加建筑密度能够解决一些居家过分拥挤的问题。不仅如此,高建筑密度可能会增加用于娱乐休闲和公众使用的开放空间,也能让人们之间有更多的社会互动,提高社区意识。

图1.22　高密度有助于保护香港的乡村
资料来源:Vicky Cheng。

结论

从基本的定量计算到人类感觉的这一复杂概念，这一章试图解释人们对"密度"问题的多方面考虑。从形体定量计算方面讲，密度包括了广泛的定义；所以，无论何时使用密度这个术语，都必须对此做出精确的定义，以便避免不必要的混乱。就人类的感觉而言，密度并非形体密度本身，而是个人之间的相互作用和形体环境。当然，个人的认识和社会—文化因素也对感觉密度的概念有影响。

高密度这个概念涉及感觉，是一个非常主观的概念，对于不同的国家、不同的文化和不同的个人，高密度代表着不同的概念。所以，对高密度开发做出评估前，理解其背景是必不可少的。在思考高密度的利弊得失时，必须区别建筑密度和人口密度。就这里所研究的一些意见而言，思考高密度的利弊得失基本上是有关规划问题的。为了让高密度产生出最大的效益，必须建立起综合的和完整的规划战略；否则，高密度开发将产生严重的社会和环境问题。

做出一个好的规划十分重要，而如何做出一个高密度城市的好规划却是另一个问题。本书将在后续篇章里提出多种社会、环境的问题，以及与这类问题相关的设计战略。期待我的这一章能够为后续章节所讨论高密度问题奠定基础，也期待这本书能够引起人们更深入地思考高密度开发的潜力。

参考文献

Alexander, E. R. (1993) 'Density measures: A review and analysis', *Journal of Architectural and Planning Research*, vol 10, no 3, pp181–202

Baum, A. and Davis, G. E. (1976) 'Spatial and social aspects of crowding perception', *Environment and Behavior*, vol 8, no 4, pp527–544

Baum, A. and Paulus, P. B. (1987) 'Crowding', in D. Stokols and I. Altman (eds) *Handbook of Environmental Psychology, vol I*, John Wiley, New York, NY

Beckett, H. E. (1942) 'Population densities and the heights of buildings', *Illuminating Engineering Society Transactions*, vol 7, no 7, pp75–80

Bell, P. A., Greene, T. C., Fisher, J. D. and Baum, A. (2001) 'High density and crowding', in *Environmental Psychology*, Wadsworth, Thomson Learning, Belmont, CA

Bibby, R. and Shepherd, J. (2004) *Rural Urban Methodology Report*, Department for Environment Food and Rural Affairs, London

Bonnes, M., Bonaiuto, M. and Ercolani, A. P. (1991) 'Crowding and residential satisfaction in the urban environment: A contextual approach', *Environment and Behavior*, vol 23, no 5, pp531–552

Breheny, M. (2001) 'Densities and sustainable cities: The UK experience', in M. Echenique and A. Saint (eds) *Cities for the New Millennium*, Spon Press, London, New York

Campoli, J. and MacLean, A. S. (2007) *Visualizing Density*, Lincoln Institute of Land Policy, Cambridge, MA

Chan, Y. K. (1999) 'Density, crowding and factors intervening in their relationship: Evidence from a hyper-dense metropolis', *Social Indicators Research*, vol 48, pp103–124

Churchman, A. (1999) 'Disentangling the concept of density', *Journal of Planning Literature*, vol 13, no 4, pp389–411

Cooper-Marcus, C. and Sarkissian, W. (1988) *Housing as if People Mattered: Site Design Guidelines for Medium-Density Family Housing*, University of California Press, Berkeley, CA

Davidovich, V. G. (1968) 'Interdependence between height of buildings, density of population and size of towns and settlements', in *Town Planning in Industrial Districts: Engineering and Economics*, Israel Programme for Scientific Translations, Jerusalem

Desor, J. A. (1972) 'Toward a psychological theory of crowding', *Journal of Personality and Social Psychology*, vol 21, pp79–83

Ellis, J. G. (2004) 'Explaining residential density', *Places*, vol 16, no 2, pp34–43

Evans, P. (1973) *Housing Layout and Density*, Land Use and

Built Form Studies, Working Paper 75, University of Cambridge, Department of Architecture, Cambridge, UK

Flachsbart, P. G. (1979) 'Residential site planning and perceived densities', *Journal of the Urban Planning and Development Division,* vol 105, no 2, pp103–117

Greater London Authority (2003) Housing for a Compact City, GLA, London

Gropius, W. (1935) *The New Architecture and The Bauhaus,* Faber and Faber Limited, London

Hong Kong Census and Statistics Department (2006) *Population By-Census: Main Report,* vol 1, Hong Kong, Census and Statistics Department, Hong Kong

Hong Kong Planning Department (2003) *Hong Kong Planning Standards and Guidelines,* Planning Department, Hong Kong

Lai, L. W. C. (1993) 'Density policy towards public housing: A Hong Kong theoretical and empirical review', *Habitat International,* vol 17, no 1, pp45–67

Longley, P. A. and Mesev, C. (2002) 'Measurement of density gradients and space-filling in urban systems', *Regional Science,* vol 81, pp1–28

Mackintosh, E., West, S. and Saegert, S. (1975) 'Two studies of crowding in urban public spaces', *Environment and Behavior,* vol 7, no 2, pp159–184

Martin, L. and March, L. (1972) (eds) *Urban Space and Structures,* Cambridge University Press, Cambridge, UK

McClelland, L. and Auslander, N. (1978) 'Perceptions of crowding and pleasantness in public settings', *Environment and Behavior,* vol 10, no 4, pp535–552

Muller, P. O. (2004) 'Transportation and urban form: Stages in the spatial evolution of the American metropolis', in S. Hanson and G. Giuliano (eds) *The Geography of Urban Transportation,* 3rd ed. Guilford Press, New York, NY

Ng, E. and Wong, K. S. (2004) 'Efficiency and livability: Towards sustainable habitation in Hong Kong', in *International Housing Conference Hong Kong,* Hong Kong

Pun, P. K. S. (1994) 'Advantages and disadvantages of high-density urban development', in V. Fouchier and P. Merlin (eds) *High Urban Densities: A Solution for Our Cities?,* Consulate General of France in Hong Kong, Hong Kong

Pun, P. K. S. (1996) 'High density development: The Hong Kong experience', in *Hong Kong: City of Tomorrow – An Exhibition about the Challenge of High Density Living,* Hong Kong Government, City of Edinburgh Museums and Art Galleries

Rapoport, A. (1975) 'Toward a redefinition of density', *Environment and Behavior,* vol 7, no 2, pp133–158

Rogers, R. G. (1999) *Towards an Urban Renaissance: Final Report of the Urban Task Force,* Department of the Environment, Transport and the Regions, London

Saegert, S. (1979) 'A systematic approach to high density settings: Psychological, social, and physical environmental factors', in M. R. Gurkaynak and W. A. LeCompte (eds) *Human Consequences of Crowding,* Plenum Press, New York, NY

Schiffenbauer, A. I., Brown, J. E., Perry, P. L., Shulack, L. K. and Zanzola, A. M. (1977) 'The relationship between density and crowding: Some architectural modifiers', *Environment and Behavior,* vol 9, no 1, pp3–14

Segal, W. (1964) 'The use of land: In relation to building height, coverage and housing density', *Journal of the Architectural Association,* March, pp253–258

Stokols, D. (1972) 'On the distinction between density and crowding: Some implications for future research', *Psychological Review,* vol 79, no 3, pp275–277

Sullivan, B. and Chen, K. (1997) 'Design for tenant fitout: A critical review of public housing flat design in Hong Kong', *Habitat International,* vol 21, no 3, pp291–303

TCPA (Town and Country Planning Association) (2003) *TCPA Policy Statement: Residential Densities,* TCPA, London

UK Office of the Deputy Prime Minister (2006) *Planning Policy Statement 3: Housing,* Department for Communities and Local Government, London

Zacharias, J. and Stamps, A. (2004) 'Perceived building density as a function of layout', *Perceptual and Motor Skills,* vol 98, pp777–784

第2章

高密度城市是唯一的选择吗？

布伦达·韦尔和罗伯特·韦尔

我们把高密度确定为，在小规模土地上居住着大量的人口，而在决定高密度是否是一件好事情和可能具有可持续性的时候，最重要的应当是康芒纳（Commoner）的生态学第四法则（Commoner, 1971）。"没有免费的午餐"，即人类在涉及建成环境问题上所做出的所有决定都会产生生态后果。这一章将开始考察什么样的有关高密度和低密度的城市开发决定能够产生出何种重要的环境效益。

后石油时代的前景

许多资料显示，我们正处在石油时代的顶峰（石油和天然气使用顶峰研究协会），未来依赖石油资源的发展将面临石油稀缺日益加剧所引起的竞争。地球上人类人口总数的不断扩大也意味着，越来越多的人会处在因土地面积一定而引起的竞争中，而发展一般表现为，人们期待占用更多的土地，不仅期待更大面积的公寓或住宅，还期待更为完整的相关基础设施，如交通、医疗卫生、教育、休闲等设施。对传统石油能源和土地日益增加的需要已经显示出多种非常严重的问题，然而，人们在展开有关密度和紧凑型城市的争论时，常常忽视了这类问题。土地是支撑人类发展的关键资源。土地能够用来生产食品，生产燃料，用于居住和基础设施建设。长期以来，人类在土地使用的这三个方面都始终维持着某种平衡。获得可持续的水资源供应对于维系人类居住也是须臾不可或缺的，这也同样需要使用土地，特别是，为了抵御干旱，我们必须放弃对土地的使用，转而建设水库，以便储备水资源。由于我们能够获得便宜和丰富的石油产品，所以，最近出现的规划理论忽视了食品、能源、水和土地之间的相关性。这就意味着，农产品生产远离居民点，通过运输的方式送至居民点，城市居民所产生的垃圾送至远离居民点的地区去填埋处理。现在，人们通过计算碳排放，有可能考虑到所有这些运输所产生的生态后果，当然，很长时间以来，我们并没有把这类生态后果作为一种敏感因素纳入经济计算中。

考察这些生态后果的方式之一是，正视这类问题，探讨什么样的居民点能够在后石油时代的社会中持续下去。可持续性意味着能够适应那些不依人的意志为转移的变化中的情形。欧洲城市能够看成维持可持续性发展的一个很好的例子。中世纪的欧洲城镇都是以步行运动和抵御外患为基础而设计建设起来的，如承受外敌的围困。为了抵御围困，居民点需要有水和食品的供应；有能力储备充分的食品；在城市中有地方生产食品。这些城市的建筑物都是低层的，而空间使用强度很高。这样，街道用于商贸、行走、娱乐和庆典。住宅兼顾生产和生活。这些住宅背后的庭院用于生产食品和休闲，它们在整个城市中形成绿色的空间。通过堆肥和使用的方式，这些庭院成为吸收了有机垃圾和使用过的水的场所。战时，面对街道的阳台式建筑还能够成为屏障用于防御城市，而那些住宅庭院也成为城市防御部队的运动路径，直到第二次世界大战，它们依然发挥着作用（Levy，1941）。建筑形式的多重使用意味着最大化了形体资源的使用。对卡尼尔（Garnie）和柯布西耶功能分离的现代城市进行改造还有很长的路要走。在这个资源供应不足的世界里，采用功能分离方式而建设起来的现代城市没有有效地使用资源，一种资源要支撑许多功能，如同那些传统的居民点。有效地使用资源这件事很大程度上涉及在城市的同一个地方增加活动强度，不仅仅人口密度，还涉及其他，中世纪的城市很好地说明了如何增加一个地方的活动强度。

低矮且步行导向的欧洲城市可能与中世纪城市有着血缘关系，然而，我们也不能否认欧洲城市同时也吸收了工业化社会的精神。虽然那些城市的内城地区常常规定仅用于公共交通，因为道路非常狭窄，不可能允许每一个人都开着他们自己的车在那里招摇，但是，那些欧洲城市街道毕竟已经承载了汽车交通。那些小洋楼的使用也很具弹性，除开居住外，也常常根据需要用于办公、办学、仓储等。也就是说，这些住宅所使用的资源可以继续沿用下去，不是几十年，而是几个世纪，这样，建设它们时所消耗掉的能源几乎可以忽略不计。对于欧洲城市来讲，伯纳姆（Banham）提出，欧洲城市那些砖石建筑的质量符合于当地的气候条件，否则人们难以在那里居住。如同人类的祖先以山洞作为栖息地一样，足够质量的建筑将使建筑内部的温度在年度或月度平均水平上得到稳定。同时，大型建筑能够抵御暴雨和洪水之类的自然灾害。这类建筑还具有声学特性，它们可以允许各式各样的人去做不同的事情，却又保证他们之间互不干扰。同一种建成环境具有多种功能，我们可以把这种特性看成是可持续性的。尽管密度相对低下，资源的使用强度还是很高的。

正如欧洲城市适应了过去的变化一样，欧洲城市也能够在后石油时代得到改变。城市里能够生产更多的食品，步行和自行车将会成为那里的主要交通方式。在后石油时代，还有两种城市形式同样值得考虑：许多北美城市所反映出来的蔓延的郊区和本书所涉及的那种非常高密度的城市。那种以蔓延郊区为特征的城市留下了大量可以用于生产食品的土地。道路能够用来收集太阳能或用来种植树木，20世纪70年代，伦敦的那个"街头农民"团体就做过这类设想（Boyle and Harper，1976）。从住宅的房顶上，可以收集雨水，因为人们不再疲于奔命地去做上下班旅行，而是留在家里，于是，他们以自己周边的环境为基础，形成某种社区精神。当重大灾难发生时，高密度的城市不再适合于居住，至少在一个短时间内是这样，最可能的前景是，许多人会向周边地区撤退，以便满足自己的基本生活需求。任何称之为城市中心周边的"蔓延"地区将意味着，一些土地能够用来支撑撤出来的城市居民。在后石油时代的世界里，高密度的城市仍然需要输出和输入每种东西，然而，那里没有实现这种输入和输出的能源，所以，高密度城市的一切都将是昂贵的。

食品方程

　　许多人会提出，不会出现这种灭顶之灾，人类一定会找到克服石油短缺、涨价、全球变暖和其他一些环境问题的方式。然而，建筑是一种耐用品，现在所建设的建筑将会在资源短缺的情况下使用，这就产生了这样一个问题，到了后石油时代，如香港这类非常高密度的城市是否还能正常运转？为了探索这个问题，我们将对食品这样一个须臾不可或缺的问题做比较详细的讨论。

养活香港

　　1998 年，香港用于农业生产的土地为总面积的 3%，而香港所需要全部新鲜蔬菜的 13.9% 由它自己生产（环境保护署，2006）。小规模新鲜蔬菜的生产最容易在地方上实现。在获得这个资料的时期和发展阶段，香港地方生产食品的总量正在减少。像香港这样的高密度城市，究竟需要多大的土地面积来满足其正常需要，对此做出判断需要采取更为一般的方式。

　　使用生态印记的数据，我们可以估计出能够提供给一个城市全部人口食品所需要的土地面积。食品生产的生态印记可以让我们在可持续发展的基础上生产食品，所以，生态印记是目前计算"后石油"时代最适当的方法。根据"加拿大不列颠哥伦比亚大学规划健康和可持续发展社区工作小组"（Wackernagel，1997）的计算，以典型的西方食品消耗量进行估算的生态印记为，人均土地面积 1.3 公顷到 1.63 公顷不等，后者以英格兰西南部地区居民的食品消耗计算（SWEET，2005）。这个估算数据十分接近"公正地球份额"所提出的人均 1.8 公顷土地需求的结论（Wackernagel and Rees，1996），当然，没有包括住宅、交通、服装或娱乐活动所需要的土地。1997 年，"地球朋友"计算出来的香港的食品生态印记约为人均 1.6 公顷土地，尽管这个数据十分例外地低于"公正地球份额"所提出的人均 1.8 公顷土地需求，但是，香港人口造成的海洋食品生态印记超出了公正份额的 200%。虽然食品可能有差异，但是生态印记相似。以这些数据为基础，采用人均 1.5 公顷的平均食品生态印记，我们有可能大致计算出支撑城市所需要的土地面积。表 2.1 就是这种计算的结果。

满足不同规模城市食品需要的土地面积　　　　　　　　　　　　　表 2.1

城市人口	300 人／公顷的人口密度条件下所占用的公顷数目	食品供应所要求的公顷数目	生产食品的土地（平方公里）
100000	333	150000	1500
1000000	3333	1500000	15000
10000000	33333	15000000	150000

资料来源：作者。

按照这个计算，人口 1000 万的城市需要直径为 440 公里大小的农业生产用地。人口 100 万的城市需要直径为 140 公里大小的农业生产用地，而人口 10 万的城市必须拥有直径 44 公里大小的农业生产用地．

香港的人口为 700 万，辖区土地面积为 1076 平方公里，75% 为开放空间，所以，建成区仅为 270 平方公里（Wikipedia，2007）。按照以上计算方法，用来给香港提供农产品的土地面积需要 10.5 万平方公里，此数目为香港目前建成区的 400 倍，整个特区面积的 100 倍，相当于一个直径为 360 公里的圆。

可持续发展的城市还需要可持续下去的能源支撑。1999 年，香港的能源消费量相当于 17866 千吨油或 750 千万亿焦耳（PJ）（WRI，2007）。1 兆瓦（MW）的风力涡轮机每年将产生 3.9 千兆瓦小时（GWh）电能，0.014 千万亿焦耳（新西兰的风能源协会，2005），因此，如果在香港全部采用可更新能源的话，每一台风力涡轮机为 1 兆瓦，那么香港需要 54000 台风力涡轮机（或每一台风力涡轮机为 3 兆瓦，则需要 18000 台）。由于风力的不稳定性，有时几乎没有风，有时风力过大，需要关闭发电设备，所以，不可能完全依赖风能去维持一座城市的运转。也就是说，风能发电系统最好能够与水力发电系统一起使用。当然，我们这里只是假定所有的能源来自风力。纽约州能源研究和开发局估计，一个风力发电场所需要使用的土地面积约为每兆瓦 17.8~39 英亩（即 7.2~15.8 公顷）不等（风能发电场地和土地需求，2005）。假定生产每兆瓦电力需要 15 公顷土地，那么，提供给香港的风能电力将需要 81 万公顷土地（8100 平方公里）。

这种以电力为基础的能源计算方法也忽略了这样一个事实，现在城市交通所使用的能源大部分源于石油。在土地面积狭小和人口众多的香港，火车和有轨电车已经使用了电力，未来的公交汽车和小汽车也将使用电力。当然，如果城市周边的土地用来生产农产品，那么还需要有交通运送这些农产品。这就可能要求有替代石油的资源来驱动这类运输。

现在，我们有了两种用于车辆的替代动力资源，用乙醇替代石油，用植物油替代柴油。乙醇和植物油都能够用于通用的发动机上，当然，发动机需要做出转换。例如，如果燃烧乙醇而不是汽油，需要改变气嘴的尺寸；如果用更为浓稠的植物油代替柴油则需要增加相应的加热装置。当然，假定这些发动机可以通过转换使用替代燃料，这些替代燃料意味着什么？究竟需要多少土地来生产足以把农产品运送到城市里来的运输需要？

按照一个称之为"永续"（Journey to Forever）组织的看法，在不同气候条件下，存在大量可以生产油性燃料的植物。这些植物的产量不一；一般每公顷坚果类植物可以生产 176 升油，而每公顷巴西坚果可以生产 2392 升油，每公顷棉花的棉籽可以生产 325~1190 升油不等（Journey to Forever，未注明日期）。水果也能生产油，例如，每公顷鳄梨可以生产 2638 升油。最高油产量的植物是油棕，每公顷油棕可以生产 5950 升油。

假定在不同气候条件下，每公顷土地平均可以生产 1000 升油，那么，我们就有可能计算出运送食品所需要的土地面积。香港（或任何一个 700 万人口的城市）需要 10 万平方公里的土地提供城市全部人口所需要的食品。假定所有食品运送的平均距离为相应城市圈的半径，那么，我们可以使用这个半径作为运输距离。整个城市圈一半的面积为 52500 平方公里，所以，这个区域一半的半径为 129 公里。按照英国西南部研究的成果，一个人平均年消费的食品重达 700 公斤，所以，有 700 万人口的香港，每年约消耗 490 万吨食品。1999 年，欧洲货运每吨 / 公里的耗油量为 0.067 公斤（EEA，2002）。1 公斤汽油相当于 41.868 兆焦耳（MJ）[1]，这样，道路货运每吨·公里使用 2.8 兆焦耳。也就是说，香港每年从它周边地区运送食品所消耗的能源约为 1.77PJ。这个数字需要再乘上 2，因为车辆还必须回到出发地，即每年 3.5PJ。

1 升柴油的能量相当于 30 兆焦耳（清洁能源教育基金），为了方便计算，我们假定植物油具有相等的能量值，每公顷菜籽可以生产的能量约为 30000 兆焦耳。这样，生产出运输所需要的燃料要求 117000 公顷土地（1170 平方公里），不包括生产农产品的土地。与生产农产品的 10.5 万平方公里的面积相比，生产运输燃料的土地面积要小一些，即 1170 平方公里。

像香港这样最高密度的城市实际上没有多少可以用来生产食品的未开垦的土地，研究食品进口到这类高密度城市的情况，一定是很有意义的。新西兰是一个人少且气候适合于农业生产的国家，它能够向那些不能食品自足的城市供应食品。从奥克兰到香港的距离为 9357 公里[2]，实际上，海运比起道路运输更能节约能源，一个集装箱船的每吨·公里的能源消耗为 0.12 兆焦耳（IMO，2005）；如果香港的全部食品都从新西兰经海上进口的话，整个能源消耗仅为 5.6 千万亿焦耳。

以上讨论的结果显示，大问题还是用于生产粮食以供应城市居民的土地问题，而非把食品运送到城市所需要的能源问题，或者生产可再生能源所需要的土地问题。图 2.1 定量地总结了这个观点。当然，这个粗略计算所要说明的是，在后石油时代或者说不再有便宜石油的时代，那些依赖外国进口的城市将会发生什么。

垃圾和肥料

对于高密度城市来讲，把食品运送到消费者手中所需要的能源可能不是一个问题，这一点似乎已经清楚的。但是，后石油时代可能还有一个比较大的问题，那就是生产食品的肥料。现在，我们一般利用天然气中的

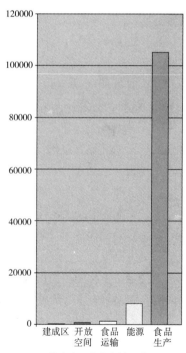

图 2.1 以地方食品生产支撑香港所要求的土地面积
资料来源：作者。

---

[1] 100 万吨油等于 41.868PJ，参见 http://astro.berkeley.edu/~weight/fuel_energy.html，2008.1.2。

[2] 参见世界港口距离计算网，参见 www.distances.com/，2008.1.3。

氢制造氮肥，使用水电动力，把游离在气体中的氮固定起来。[①] 我们有可能使用可再生能源去制造氮肥；但是，所有肥料中都有的另外两个关键成分：磷（P）和钾（K）是从天然矿物中抽取出来的，这些资源的供应将会耗尽。地处华盛顿特区的一个称之为"肥料研究所"的工业机构提出：

> 肥料中的磷资源以古代海洋生物化石的形式存在，在北美和北非的石头中，中国的火山中，均有这类物质。这些海洋蒸发时自然出现的矿物质产生矿物质钾或钾肥。

罗伯特和斯图尔特（Stewart）认为，北美的磷矿还可以维持 25 年，如果使用较高成本的矿石的话，北美的磷矿还可以维持 25 年或 100 年，也就是说，磷也会在未来变得昂贵起来，增加了肥料的成本，当然，也提高了食品生产的成本。对比而言，他们提出，地球上尚存足够使用若干世纪的钾。这些假定是以目前的消费速度为基础的，而随着人口增加和生活水平的提高，这个消费速度还会加快。也就是说，目前建立在人工化肥基础上的农业是不可持续的。

过去，有些城市把下水道看成是一种肥料来源，用那里积累起来的肥料来生产供应城市的食品。然而，当城市规模使下水道的水流走向不再通往田野时，情况就发生了根本变化。19 世纪上半叶的伦敦就发生过这种情况，当时，伦敦的人口从 100 万猛增到 250 万（Cadbury，2004）。梅休（Mayhew）在"伦敦的劳工和伦敦的穷人"中说，在这个城市向外发展之前，夜晚有人进城掏粪，随着城市的扩展，距离的增加使掏粪费用越来越高，于是，人们把收集到的垃圾与其他有机物，如酿造啤酒剩下的垃圾，混合起来，堆放在院落里，从而产生比较平衡的肥料，这些堆肥的 75% 用船沿泰晤士河运送到距离很远的农场，有些甚至装到桶里，运送到海外，用作甘蔗田的肥料。剩下的 25% 肥料用马车运送到距离伦敦 5~6 英里的地方，供地方食品生产使用。尽管这并不意味着当时人们就有了生态实践的意识，然而，事实上，它的确保证了一种封闭的自然循环，而非开放的，从而让最基本的土壤营养物质不至于走失掉。

这类老工业化城市使用水运、马车等作为运输工具，逐步打破了这种简单的平衡，当然，当时的交通工具使用的是可更新能源，而现代高密度城市抛弃了这类肥料，依靠使用化肥的现代农业体系，生产供应城市的食品。事实上，抛弃掉这类肥料已经导致了与污水处理方面的问题和相关费用。现代高密度城市的下水道可能难以用来收集用于农业生产的肥料，即使农业生产地区与城市相邻。当然，对于那些较小的高密度居民点，或者那些蔓延开来的低密度城市，沿用这类生态实践还是相对容易的。徐阳在研究了中国清末时期江南地区的情况，城市人口越富足，周边地区的乡村人口也富足，这些农民收集城镇地区产生的肥料，用于他

---

① The World Greatest Fix: a history of nitrogen and agriculture，Leigh，G.H.（2004），牛津大学出版社 p136.

们的农业生产，进而生产出比较好的食品。同时，因为解决了污水处理问题，城市人口的健康得到了保障。只有在高密度城市的规模相对小的情况下，才有可能做到这一点。

低密度或高密度？

当霍华德把田园城市看作能够提供适当生活标准的地方时，他的规划中包括了为生活在田园城市中心较高人口密度地区的人们生产食品的土地。他也承认，有些人需要生活在人口密度非常低的地区，以便生产食品。按照这种方式，他得到了 32000 人的理想数字：30000 人生活在田园城市人口密度每英亩 30 人的地区，剩下 2000 人生活在农业地区，其人口密度为每 5 英亩 2 人（Osborn，1946）。这是一个健康的规划，因为这个规划考虑到了食品和供水的来源；但是，霍华德是以非资本的方式在看待这个世界。他虽然讨论了开发如何提高了地价，进而为田园城市的建设提供资金这类问题，但赢利并非霍华德的目标。他的观点是，这些收入返回到地方社区，地方社区会独立自主地处理它们的事务（Howard，1965）。当然，在资本主义世界里，每件东西都是有价格的，资本主义社会最好与生活在高密度状态下人一起存在，以致最大量的人口需要购买他们所需要的每一件东西，几乎没有任何机会给自己提供基本服务，如种植农作物。高密度的城市一定是消费城市；正如康芒纳所说，世界上没有免费的午餐，所有的商品都将使用土地和人力。不像田园城市模式所描绘的那样，对城市居民的供应并非由居住在城里的人们控制。

在后石油时代，田园城市的模式可能会运行良好。与住宅相邻的园地能够用来生产食品，这种情况在第二次世界大战期间的英国就出现过，当时，英国的私人庭院里生产了英国食品总量的 10%（伦敦的萨顿市，2006）。另外，人们通过步行就可以到达农业地区，进而维持了一个完整的食品供应链。还需要有足够的土地去种植油料作物，有充分的土地去实现田园城市每英亩 12 幢住宅的低密度居住状况，让每一幢住宅都能够收集到太阳能，或用于生产热水，或用于生产电力，供住宅本身消费。非常高密度意味着，大部分能源的供应都必须集中起来，即使它们产生于可再生能源。低密度还提供了收集下水和把污泥用于发展有机农业的机会。归根结底，只有有机生产才是可以持续下去的生产。

现在，那些已经发生了城市向郊区蔓延现象的国家，如美国和澳大利亚，都在努力提高城市中心地区的人口密度，它们这样做似乎基本上是与更有效地使用公共交通和减少小汽车使用相联系的。当然，这种努力依然是建立在资本主义城市模式基础之上的，人们将会购买他们需要的一切，家庭自身几乎不生产任何东西。没有任何一个提高人口密度的方案考虑了食品供应问题，那里的土地用于生产食品，有机食品生产的问题以及把地下水道里的污泥返回到土壤中去。在后石油时代，低密度的郊区蔓延式开发可能还会存在，它容易适应没有能源或能源昂贵的情形，因为那里的居民手中有可以使用的土地。一旦私人汽车的使用面临价格问题，在低密度地区，采用步行和自行车出行，都是很好的交通选择。

结论

对于城市设计，没有神话而言。在廉价石油不再存在的时候，我们需要制定有关未来的区域规划。现在令人忧虑的是，当人们认为高密度是一件好事时，没有考虑高密度如何与资源的流动模式相适应，以至于保证让生活在这样高密度居民点中人们的基本需要得到满足，包括食品。非常高密度城市在土地使用效率方面、在一些资源的使用方面，如交通，都表现出非常高的效率；但是，低密度城市也存在其优势，这些城市的居民能够收集到足够的能源供他们自己使用，能够生产食品。历史的模式揭示出，人们总是考虑基本资源供应稳定条件下的规划，资本主义的全球化社会似乎已经遗忘了某件事。当全世界都盯住石油时，谁拥有资源正在成为一个难以回答的政治问题。控制城市的那些人们不要急于进一步提高城市密度，而应该考虑这些城市如何能够在未来发展中获得资源供应的保障。13 世纪，爱德华一世在法国建立了有规划的居民点以及如英格兰北部伯威克 - 特维德（Berwick-on-Tweed）那样的城镇（Osborn，1946），如果爱德华一世那时就考虑到资源供应的保障问题，那么，20 世纪的市议员和规划师们可能同样做到这一点。

参考文献

Association for the Study of Peak Oil and Gas (undated) www.peakoil.net/, accessed 10 December 2007

Banham, R. (1969) *The Architecture of the Well-Tempered Environment*, Architectural Press, London

Boyle, G. and Harper, P. (eds) (1976) *Radical Technology*, Wildwood House, London, pp170–171

Cadbury, D. (2004) *Seven Wonders of the Industrial World*, Harper Perennial, New York, NY

Clean Energy Educational Trust (undated) 'Hydrogen produced using UK offshore wind-generated electricity and development of hydrogen-fuelled buses and cars in the UK', www.hydrogen.co.uk/h2/offshore_windpower.htm, accessed 3 January 2008

Commoner, B. (1971) *The Closing Circle*, Knopf, New York, NY

Le Corbusier (1929) *The City of Tomorrow*, John Rodker, London

EEA (European Environment Agency) (2002) *Indicator Fact Sheet TERM 2002 27 EU – Overall Energy Efficiency and Specific CO$_2$ Emissions for Passenger and Freight Transport (per passenger-km and per tonne-km and by mode)*, EEA, Brussels, Figure 2, p1

Environmental Protection Department (2006) *EA and Planning Strategic Environmental Assessment*, www.epd.gov.hk/epd/english/environmentinhk/, accessed 9 January 2008

Fertilizer Institute (undated) www.tfi.org/factsandstats/fertilizer.cfm, accessed 6 January 2007

Friends of the Earth (undated) 'EcoCity Hong Kong', www.foe.org.hk/welcome/eco_1997ef.asp, accessed 9 January 2008

Howard, E. (1965) (ed) *Garden Cities of Tomorrow*, Faber and Faber, London

IMO (International Maritime Organization) (2005) *International Shipping: Carrier of World Trade*, IMO, London, p3

Journey to Forever (undated) 'Vegetable oil yields', http://journeytoforever.org/biodiesel_yield.html, accessed 3 January 2008

Levy, Y. (1941) *Guerrilla Warfare*, Penguin Books, Middlesex, UK, p86–88

London Borough of Sutton (2006) 'What is an allotment?', www.sutton.gov.uk/leisure/allotments/whatallotments.htm, accessed 6 January 2008

Mayhew, H. (1851) *London Labour and the London Poor*, http://old.perseus.tufts.edu/cgi-bin/ptext?doc=Perseus%3Atext%3A2000.01.0027%3Aid%3Dc.9.179, accessed 9 January 2008

New Zealand Wind Energy Association (2005) *Wind Farm Basics Fact Sheet 1*, August, NZWEA, Wellington, New Zealand

Osborn, F. J. (1946) *Green-Belt Cities*, Faber and Faber, London

Roberts, T. L. and Stewart, W. M. (2002) 'Inorganic phosphorus and potassium production and reserves', *Better Crops*, vol 86, no 2, p6

SWEET (South West England Environment Trust) (2005) 'Food footprint', Table 7, www.steppingforward.org.uk/ef/food.htm, accessed 17 December 2007

Wackernagel, M. (1997) 'How big is our ecological

footprint?', Table 1, www.iisd.ca/consume/mwfoot.html, accessed December 2007

Wackernagel, M. and Rees, W. (1996) *Our Ecological Footprint*, New Society Publishers, British Columbia, Canada

Wiebenson, D. (no date) *Tony Garnier: The Cite Industrielle*, Studio Vista, London

Wikipedia (2007) http://en.wikipedia.org/wiki/Ecology_of_Hong_Kong, accessed 10 December 2007

Wind Power Project Site Identification and Land Requirements (2005) NYSERDA Wind Power Toolkit June 2005, Prepared for New York State Energy Research and Development Authority, 17 Columbia Circle, Albany, NY

WRI (World Resources Institute) (2007) *Earth Trends: Environmental Information*, WRI, Washington, DC, http://earthtrends.wri.org/pdf_library/country_profiles/ene_cou_344.pdf, accessed 17 December 2007

Yong Xue (2005) 'Treasure night soil as if it were gold: Economic and ecological links between urban and rural areas in late imperial Jiangnan', *Late Imperial China*, vol 26, no 1, p63

第3章

高密度的可持续性

苏珊·罗阿夫

自从人们第一次聚居而形成村庄以来，过去10000年中，世界范围内的城市生生死死。在伊朗的宝山地区（Gange Dareh），我们发现了有实际建筑物的最早期的居民点（Roaf et al，2009），时间可以回溯到公元前7000年，那里地处扎格罗斯山脉，可以一览美索不达米亚平原（伊拉克）直到乌尔、巴比伦和尼尼微，那里是人类文明的摇篮——曾经的高密度城市，现在除了残垣断壁，什么也没有，那些城市在穆罕默德、耶稣和佛家诞生之时，就已经消失了。如果你曾经探索过阿尔及尔的喀士巴、18世纪爱丁堡的街巷，还有耶路撒冷的小巷，或其他任何伟大的中世纪城市，你就会知道，城市的密度一直会延续到那个城市的倒塌。

当然，我们生活在充满危险的时代，我们这个时代的城市面临三个巨大的挑战：

1. 人口和人的问题；
2. 资源枯竭；
3. 污染和污染了的环境影响，包括气候变化。

人口和人的问题

城市化

现在，有两股力量正在影响着我们的城市：人口增长和日益加快的城市化率。到2030年，发展中国家人口的56%都将生活在城市，而发达国家84%以上的人口将生活在城市；与这个过程并行的是，大量的城市人口已经生活在亚标准的状况之中。联合国教科文组织（UNESCO）的一份有关116个城市水和卫生状况的报告揭示，对于非洲、亚洲、拉丁美洲和大洋洲，仅有40%~80%的家庭拥有与他们的住宅或院落相连接的自来水管线，而卫生设施的状况更为糟糕，大约仅有18%~40%的家庭拥有卫生设施（UNDESA，2004）。这些数字意味着，简单地使用当地土著的方式做开发不能够实现所要求的住宅密度、服务和基础设施，从而容纳迅速发展城市中劳动人口（Meir and Roaf，2005）。

建筑的寿命

欧洲和北美的出生率都比较低，以较低密度建设起来的新住宅基本上可以解决行政人口的需要。然而，在欧洲和北美的许多国家中，大部分存量住宅都被期待能够覆盖今后50年的住宅需求。最近一份提交给苏格兰政府有关住宅的报告证明，为了解决苏格兰地区全部人口中目前尚存的20%的燃料贫困户（家庭使用超过10%的收入去购买燃料），防止这个数字继续增至50%，大量的资金都用来对苏格兰的住宅进行翻修和做外层保暖处理。特别是，翻修大厦的费用相当高。在苏格兰，这些大厦过去都是社会住宅（地方议会负责承担它们的维修费用，当然，最终还是出自纳税人之手），这些大厦通常10~18层楼高，每座大厦的维修改造费用约在200万~250万英镑之间，以解决保暖问题。这些建筑的使用一般还不到40年，然而建筑状况已经很糟糕了（Roaf and Baker，2008）。为了创造可以承载社会和自然可持续发展的城市，城市政府必须保证，它们所在城市的建筑物都是能够修缮、翻新和以可以承受的价格去重建的。要做到这一点的唯一方式是，要有一个牢固的法规制度，这是可持续发展城市的最重要的组成部分。

人们正在离开他们耕种的土地和住宅进入城市。这种倾向在新兴经济体国家，如中国、拉丁美洲国家和印度表现得最清楚不过了。当然，这些文化在如何对待城市移民方面还是存在很大的差异。印度在这方面处于劣势，它从未成功地控制住人口的增长速度，而中国成功地做到这一点，并承诺向进入城市的移民提供住宅、食品和交通，建立一个更为平等的社会。

密度和健康

在21世纪，需要高密度的生活是不可避免的，同时也会出现一系列的后果。首先，简单地把许多人聚集在一起会增加卫生方面的风险，这就如同渔场或鸡场一样，疾病很容易在密集的人群中迅速传播。2003年发生的非典（SARS）显示出，传染病能够通过建筑物，包括电梯的扶手，在人们之间迅速传播，也能在香港淘大花园的建筑之间通过空气迅速传播（Li et al，2007）。

在2007年的一篇有关疾病在建成环境中传播证据的评论文章中，作者指出，15个来自各国的作者得到这样的结论，有力的和充分的证据证明，建筑物的通风与空气流动方向控制和传染病如麻疹、肺结核、水痘、炭疽热、流感、天花和非典等的传播有联系。

疾病的传染性和传播速度预计会随着气候变化而增加，气候变化影响了鸟类、动物、昆虫、鱼类、病原体和植物的栖息地，而且还将因为地表污染和大气污染，极端气候条件进一步加剧，如洪水和暴雨提高了空气和水传播疾病的可能性（Kovats，2008）。在那些疾病正在形成的地方，人群总数越多，那么，每一个人更容易感染疾病，甚至死亡；所以，从这个角度出发，高密度的城市存在任何疾病传播的较高风险。这一直是导致富裕人口迁移至城市郊区的重要因素，从欧洲瘟疫流行至今一直是这样。

规模和脆弱性

一个建筑越大，为建筑提供的服务越集中，这个建筑越容易受到大规模故障的伤害，例如，恐怖主义袭击。我们都能够理解 2001 年 9 月 11 日纽约双塔建筑遭到攻击的事件；但是，故障远比这种恐怖攻击事件微妙。在一个具有固定窗户和空调系统的建筑中，受到生物制品攻击的危险正在增加，通风口已经证明是一个感染途径。2001 年，美国五角大楼的空调管道中，就发现了 31 处炭疽孢子（Staff and Agencies，2011）。这里的问题是，建筑越大，风险越大。许多高层建筑都有中央通风循环系统，这就使得它非常易于受到来自不同方面的攻击。

在世界的许多地区，人们还是推崇以房间为单位的空调设备，它将减少那些集中空调系统易于受到感染的风险。对公共卫生发生影响的不仅仅有密度，还包括建筑形式的弹性、设计和服务等。

夏威夷的希尔顿夏威夷度假村在关闭了 14 个月之后，在 2003 年 9 月重新开放，整个修缮费用约为 5500 万美元。这次维修的原因是一座大厦受到霉菌的感染。这种称之为曲霉菌（Eurotium aspergillus）的霉菌在中央空调系统中被找到了，同样的曲霉菌也在面包或奶酪里找到了。大部分人并没有受到影响，有些人的鼻子有轻微反应，很少几个人因此而发生了综合征，对生命产生威胁则是罕见的。这种问题并非仅限于热带地区，实际上，与希尔顿相似的事件也在加拿大的医院里发生过。

希尔顿已经对与建设这幢大厦相关的每个合同方提起了诉讼，包括建筑师，所有与该工程相关的工程师和其他专业人员，甚至包括给这个项目提供凉台玻璃窗的那家公司。希尔顿提出，这个建筑的设计和建设本身就造成了可以生长这种霉菌的"温室"。整个供暖、通风和空调系统完全重新建设了，主要是保证干燥的空气可以更频繁地进行交换。保险公司随后撤销了许多有关"发霉"的赔偿政策，声称在偿付保险金时，发霉将是一种"新的石棉"案。这个问题的严重性可以从一个家庭发霉案的赔偿数额中略见一斑。2001 年 6 月，得克萨斯州的陪审团要求"农民保险集团"就一项有毒的发霉物向一个家庭赔偿 400 万美元（Scott，2003；Cooper，2004）。随着气候变化、全球变暖和潮湿的气候，这种案例可能变得普遍起来，因为气候变化、全球变暖和潮湿的气候等都更容易让建筑物遭受系统的侵蚀，从而在大规模空气处理系统中产生出有毒物质来。建筑物的弹性需求是明显的。在夏威夷，气候条件好的情况下，人们只需要适当地打开窗户，让空气对流起来。在那里减少或完全不使用空调的好处是明显的，这个经验应该得到广泛的传播。

密度和安全

高密度城市能够增加安全风险。19 世纪期间，尽管欧洲工业城市密集、拥挤和肮脏的小巷比比皆是，城镇规划之所以时兴起来，是因为人们建设了更为宽阔的街道。这些大道不仅仅把新鲜的空气带到城镇的核心地区，而且它们也使得那里更为安全。在 1849 年到

1891年期间[①]，在拿破仑三世的支持下，奥斯曼推倒了巴黎旧城的核心，在那里重新建设起宽阔的大道和公园。他设计的街道是为了"通过创造大道来保证公众的和平，因为这些大道不仅仅是用来流通空气和采光，还允许军队借此进行调动"。当更多的人挤进城市，这些人们也提出了安全问题（Gideon，1976）。

如同巴黎的邦柳地区（Bon Lieu）2003年和2004年发生骚乱一样，拉丁美洲人口最密集的城市圣保罗同样也有着很高的犯罪率。克拉克（Clark）和麦克格雷斯（McGrath）（2007）最近使用时空分析资料说明，20世纪最后20年间，圣保罗都市区暴力犯罪的体制性决定因素并不与对犯罪的体制性解释相关，即不与如社会解体、社会剥夺和社会威胁等模式相关。暴力犯罪率也不与经济水平、经济条件或房地产犯罪率相关。他们发现，暴力活动集中在城市的边缘地区，那里的警力呈现出不堪重负的状态。

圣保罗的条件对警察来讲是极端困难的，至少因为这个城市的有些部分一天内有若干个时段难以通行，当然不仅仅如此。为了避免犯罪、污染和延迟，许多富裕的人开发了新的公路，使用私人的飞机，完成他的日常出行。在1999~2008年期间，直升飞机的数目从374架上升到469架，从而使得圣保罗成为比纽约和香港直升飞机还多的都市（Gideon，1976，p746）。圣保罗大约有600万辆小汽车，820名直升飞机驾驶员，他们的年平均工资约为10万美元，共有420架飞机，占全部巴西直升机保有量的75%，比整个英国还多出了50%。而天空之下的那些街道常常拥挤成一团，形成了富裕与贫穷的两个世界。

不平等性

过去20来年，世界许多部分的贫富悬殊正在扩大，从印度到中国，从欧洲到美国，都是这样。这是一个与迅速变化的城市的密度相关的问题。

理查德·G·威尔金森（Richard G.Wilkinson）（2005）在他的《不平等的影响》中指出，无论一个国家如何富裕，如果社会阶层之间的差异在扩大，那么，这个国家依然功能失调，充满着暴力、疾病和悲伤。比较贫穷的国家如果有一个公正的分配制度，那么，它们一定比富裕国家及更不平等的国家更健康、更幸福。谋杀率和其他类型的犯罪，包括恐怖主义，与一个国家的不平等水平相一致，而不与它的绝对富裕程度相关。最公正的国家有最高程度的信任和社会资本。

威尔金森所传递的信息是，社会环境比任何污染物更具有危害性。低下的社会身份和缺少对自己的生活进行管理是人类富裕和幸福的摧毁者。富裕国家的贫穷并非一个数字或缺少一件必不可少的生活必需品。一个穷人可以很好地把孩子培养成人。但是，对于大多数人来讲，尊重是以货币来衡量的。

威尔金森还提出，解决社会所面临的挑战的一种方式就是减少社会不平等的水平。所以，在战争年代，英国政府明确地去创造和推行一种更大程度的社会平等，从而使社会比较好

---

① 原文为1809年到1891年期间。——编者

地和有更大的意愿去面对挑战。

类似的例子在欧洲也能找到。第二次世界大战期间，英国的收入差距明显缩小。当然，战争对经济的影响在一定程度上导致了收入差距的缩小，如失业率降低，减少不同职位间的收入差距，同时，政府推行一种深思熟虑的政策，以期获得民众在战争中的合作。理查德·蒂·特马斯（Richard Titmuss）在他1955年一篇有关战争和社会政策的论文中指出，"必须减少不平等，必须抹平社会分层的金字塔"（Titmuss，1976）。为了保证公平地分担战争负担，明显增加了对富裕人群的征税，对奢侈品的征税，同时增加了对生活必需品的补贴，对大量食品和其他一些商品的征税做出调整，以保证公平分配。

1941年英国的贝弗里奇报告（Beveridge Report）具有同样的目的："描绘一个公正的未来，以便获得人民对战争的支持"。这份贝弗里奇报告对战后福利国家的发展做出了计划，包括建立"国家卫生服务"的机构。如果人们感觉到战争的负担不成比例地降临到劳动人群头上，而富裕人群没有受到影响，友情和合作必将转换成为怨恨，进而发展成为内乱。

密度：人们将偿付什么？

大约在2008年早期，美国和欧洲的房地产市场就已经面临巨大的困难，至少办公空间如此，而英国的金斯勒报告（Genster Report）已经对此有过预测，这份报告讨论的是2005~2006年非常脆弱的房地产市场。2006年7月出版的《出现故障的大厦》（Johnson et al，2006）及其作者们对商业房地产投资者发出警告，75%的房地产开发商认为，给建筑能效评级的立法，由欧盟的"欧洲建筑指导委员会"给建筑物颁发证书的做法，会给那些低能效建筑的价值和转让产生负面影响。2007年起，欧盟已经执行了给建筑物颁发能效证书的制度。欧盟的这个委员会声称：

> 房地产基金管理者们有效地建立起投资的时间表。引入能效证书将会缩短新法规执行之前就建成的那些建筑物的寿命，我们期待能效低下建筑物的价值下滑。我们期待房地产市场的结构性调整，投资者放弃对那些能效低下的建筑做投资，而向那些可以更新的建筑物投资，对新建筑的能效提出更高的要求。

这个报告还揭示出，72%的公司房地产董事认为，企业正在为那些低能效建筑物付出代价，26%的人提出，不良的商务办公空间实际上损害了英国的生产力。当然，开发商之间的感觉是，没有对可持续发展建筑的需求。

我们可以这样认为，目光短浅的和贪婪的开发商已经表现出，他们并不了解较高能效建筑的推动力量，而把短期利益放到企业长期可持续性之前。自从《出现故障的大厦》发表以来，英国的房地产价值下降了50%，但是，这个推理是否实际上揭示了整个画面？

自2000年以来，我一直关注着一个日益增长的现象，即"死亡建筑综合征"。当我们路过世界许多城市的火车站时，我们会从车窗里看到越来越多的"死亡建筑"。在英国，这些"死亡建筑"通常最少也有 10 层楼高，建于 20 世纪 60 年代和 70 年代，当时，商业生活依然围绕着老的市镇中心展开。现在，它们空置起来，建筑状况通常很差。在英国，过去一二年间还出现了另外一类死亡建筑综合征，空置起来的城市单元楼地块，这些建筑通常使用了框架结构，以便宜的方式建设起来，它们的内部装修成本相当低廉，而外墙采用玻璃装饰。我们可能在曼彻斯特、利兹和其他一些城市看到这类建筑。许多这样的建筑因为 2006~2007 年期间的供过于求而闲置至今。这些设计所针对的群体事实上无法承担房屋的价格，但当时他们很容易就获得了低利率的贷款，而现在他们不再能够获得贷款。

开发商的财富被夸大了，这类建筑所构成的新城市实际上是建立在世界的石油经济基础之上的。阿斯塔纳是富油国哈萨克斯坦的新首都。在前苏联时代建设起来的城市街区的状况很差，那些建筑层高都在 4~6 层，包括商店、办公室和公寓单元，这些公寓楼沿着街道方格式布置，背后形成一个地方街区的广场，那里有儿童游乐场和小公园。人们在这个由社区拥有的公共场所相会、呼吸新鲜空气和晒太阳，避免西伯利亚刮来的寒风。这些住宅单元的价格在 4.5 万 ~15 万美元。

老阿斯塔纳城之外是新阿斯塔纳，它是现任总统的一个梦。纵横交错的道路和建筑已经把西伯利亚大草原中的这片土地变成为一座座独立大厦的中心，环绕这块土地的是冬季无情的西伯利亚寒风和散落其中的停车场。这些新大厦中住宅单元的价格从 25 万 ~100 万美元不等。哈萨克斯坦家庭的平均年纯收入仅为 1.5 万 ~3 万美元。那里已经建设了成千的这类住宅单元，许多都卖给了海湾地区的投资者。然而，谁住在那里？ 98% 的哈萨克斯坦人在经济上不能承担如此的价格。这是一个滋生不平等的社会。

迪拜更是如此，升起在无限的干旱沙漠里的玻璃大厦海洋，幻想成为超级富裕的国际社区，使用飞机出入，在 25 万美元的公寓单元里消磨时光。什么人会买这些公寓单元？穷人住在哪里，他们处在怎样的生活状况之中？这是世界城市中最不平等的水平吗？

紧随那个"美好的十年"之后，现在许多国家都发生了"自大萧条以来最糟糕的经济衰退"，身居其中的人们和企业不再能够承受得了"有信誉"的租金，不再能够负担得起在商业或居住建筑中全年运转空调设备的高昂成本。20% 的苏格兰人处在燃料贫困线上（那些在取暖或降温上花销家庭收入 10% 的家庭）。在城镇边缘地区建设起来的许多玻璃的办公楼现在都空置了起来，人们正在迁回到市中心那些比较适当的办公室里，那里有公共交通相衔接，上下班出行比较便宜。

我们能够看到"北美铁锈地带"几十年萧条的影响，那里的工业，如钢铁业、汽车业、铁路、隧道建设、打字机、洗衣机、农业机械或本身倒闭了，或搬到中国台湾或中国大陆去了。在那些曾经辉煌过的城市的中心，那些建筑设计精良，采用砖石结构建设起来的高层建筑，现在也处于空闲状态。在克里夫兰的 18 个城镇中，有 8 个完全闲置了，其余的也只是部分得到利用；有些建筑是由洛克菲勒和柯达公司建设起来的世界级的优秀建筑。简而言之，这些建筑失去了它们存在的经济理由。

然而，在那些现代的、充满活力的、高密度的、高层建筑为主体的城市中，究竟是什么使得一个公寓或建筑比别的公寓或建筑更能够获得市场？最近，郭和谢（2006）对2005~2006 年香港房地产市场所做的研究发现，在此期间的 7 个月中，经济的平均月增长率为 1.5%。作者对交易量对公寓价格、成交率的影响做了研究，他们发现，在人们的购房过程中，公寓规模（比较大的，价格比较合理）、新旧程度、相关开放空间的大小均对购房者产生影响。购房者乐于在公寓周边的街区里具有比较多的公共服务设施，如俱乐部等。这项研究发现，与传统的想法相反，人们并不青睐大型开发项目，倒是热衷于比较小的开发项目，这类项目的特征是容易买卖（卖得快，且价格好）。人们表现出对混合型建筑的青睐，而不太倾向于单一性开发。这项研究所提出的是，市场是由住宅单元的品质决定的，正式住宅的品质决定着溢价或相对价格。正如人们期待的那样，地段的年代十分重要，比较老的地段相对难于出售，当然，考虑品质因素还是明显的。

一个单元所在的楼层越高，价格越高。郭和谢（2006）揭示，价格和楼层是正相关的，在香港地区，对于超出 30 层楼高的住宅单元，其市场价中有 6% 是因为楼层所致。

当然，还有许多因素可能会影响到一个地段的价值，包括区位、历史和视线。余等人的研究（2007）说明，沿新加坡岛的东海岸地区，购房者多偿付了市场价格的 15%。这项研究提出了另外一个问题，在一项正在建设中的新开发项目可能阻碍现存视线的情况下，购房者需要确认，他们是否会最终失去他们所偿付的东西（Yu et al，2007）。

当然，麻省理工学院（MIT）经济系教授和世界房地产评估领域专家之一的威廉·C·沃顿（William C.Wharton）教授在 2002 年提出这样的警告，视线并不是必然控制着有吸引力的溢价或相对价格。甚至在"9·11"之前，下曼哈顿的租金仅仅是中曼哈顿可比房地产租金的 60%。威廉·C·沃顿教授估计，下曼哈顿地区租金有所丢失的原因是，下曼哈顿的交通状况要比中曼哈顿差。在曼哈顿地区，相对最近地铁站口的距离，房地产租金每英里下降 30%，相对中央火车站的距离，每英里还要再下降 9%。最后，在曼哈顿中心地带最高 60 层建筑空间的租金与 10 层高建筑空间的租金仅增加了 30%。这种视线的溢价或相对价格并不与所要求的附加建筑成本相匹配——对建设较高建筑的经济合理性存在质疑（Wharton，2002）。

谁决定一个建筑的高度？

在控制建筑高度方面，除开专门的规划指导外，最有力的法规是消防法规。在英国这样一个一般采用低层建筑的国家，始终存在保持建筑适当低矮的强大力量。对 6 层以上建筑来讲，消防系统的附加费用相当高，而 10 层以上建筑，需要提高消防逃生设施，这意味着，如果楼层提高到 15 层，消防系统的附加费用仅仅能够得到补偿。大约建筑高度上升至18 层左右时，使用者的电梯需要升级，这种电梯系统的升级使得高层建筑（甚至在伦敦的昂贵地区）已经在经济上处于不可行的状况之下。因为伦敦的前市长肯·利文斯顿（Ken Livingston）要把伦敦建设成为一个高层建筑的城市，所以，他实际上推动开发商把规划的建筑建设得高于这个高度，当然，这样做的确严重减少了开发商的利润。高层建筑的有效成本根据建筑的成本和质量而变；如果开发商以比较低的标准建设，建筑高层越高，开发商将获得较高的收益。

中国香港的空间极其狭小，所以，在建筑规范中，对建筑热性能绩效的要求并非很严格，但是，对建筑消防的管理则甚为严格。英国的建筑热性能法规要求，通过浮动的建筑外围护结构替代外围护结构的冷桥，从而打破消防分割，阻止火势在高层建筑外围迅速蔓延。香港地区并不要求这样做，允许通过每个楼层的建设来减低结构的热性能，但是，消除火势沿建筑内墙蔓延的可能性。香港的居住建筑发生过火灾，所以，严格要求在建筑顶部安装消防设备（Cheung，1992）（参见表3.1）。

<table>
<tr><td colspan="2" style="text-align:center">香港的消防安全要求　　　　　　　　　　　　　　　　　表 3.1</td></tr>
<tr><th>楼层建筑面积</th><th>要求的蓄水量</th></tr>
<tr><td>小于 230 平方米</td><td>9000 升</td></tr>
<tr><td>230~460 平方米</td><td>18000 升</td></tr>
<tr><td>460~920 平方米</td><td>27000 升</td></tr>
<tr><td>大于 920 平方米</td><td>36000 升</td></tr>
</table>

资料来源：Cheung（1992）。

更新蓄水量的高昂费用意味着，开发商倾向于在最少蓄水量条件下可以实现的最大建筑高度。

在开发商推动下的城市，主要消防法规与消火栓的建设、规模和位置相关。如果从街上对建筑进行灭火，消防梯的最大高度为30米，约合10层楼高。全副武装的消防员最高能够登上10层楼的高度，并在那里实施灭火，但是，他们不能超出这个高度。在香港，高层建筑消防的主要方式或者是通过建筑内部的自来水消防系统来进行（理想的是每层楼都有），或者消防员使用可以延伸的消防水管和可以移动的消防水泵，从街上对临街建筑立面实施灭火。

在美国，建筑高度与城市和／或组织认为合适相关，与不鼓励限制个人的自由相联系，从根本上讲，消防法规与开发商的利益相一致。在"9·11"之前，高层建筑的消防法规是按照这样的观念规定的，楼层疏散有序分阶段进行。而在"9·11"之后，人们不再采用这种观念，认识到在大火之上的人们不可能生存。美国国家标准和技术研究所（NIST）在进行了3年的研究之后提出，140米（相当于40层）以上建筑需要建设附加的楼梯，要求所有新建的40米高的建筑（相当于12层建筑）要建设一个专用消防电梯，要求所有25米高（相当于6~8层）的建筑，在建筑内部安装发光标志灯，显示逃生路径，这些规定在很大程度上有悖于开发商的愿望（NIST，2007）。开发商并不反对安装发光标志灯。这些规定将会导致美国建设更多的较低的高层建筑。

与消防、电梯设备、施工过程中起重机的高度和供水设施管理相关的费用，施工的质量和费用等，影响着建筑高度的经济合理性，从而影响着建筑的建设高度。这些限制也是地方社会文化的反映。自大驱使个人和资金充足的公司以及州超出这些敏感的高度。

资源枯竭

围绕资源枯竭而出现的问题正在日益产生出对我们今天和未来设计、建设和生活的巨大限制。日益增长的建筑需求、地球资源的稀缺和成本，对建筑产生了三个直接的约束：

1. 降低建筑物每平方米的建筑费用。
2. 降低建筑物每平方米的运转费用。
3. 在维持生活质量的同时，改变生活方式以降低生活费用。

以下部分涉及建筑材料、水和石油等基本资源。

建筑材料

2001 年，特雷洛尔（Treloar）和他的同事发表了他们的一份经典研究，他们研究了墨尔本 5 个不同高层办公建筑的下部结构、上部结构和建筑表面中所包含的能量：3 层、7 层、15 层、42 层和 52 层。研究发现，两幢高层建筑每平方米建筑面积（GFA）所使用材料所包含的能量要比低层建筑每平方米建筑面积所使用材料所包含的能量多 60%。建筑构件，如上部楼层、柱子、内墙、外墙和楼梯，建设过程，以及那些不包括在定量指标中的其他项目，如配套项目、咨询活动、财务服务和政府服务，增加是明显的。

其他因素的变化，如下部结构、房顶、窗户和装饰，没有表现出受到建筑高度的影响。案例研究分析提出，比较 212 幢办公建筑，高层建筑要求能量强度更高的建筑材料，以满足高层建筑建筑结构的要求。两种结果结合在一起：

1. 材料包含更大的能量强度。
2. 高层建筑使用更多的建筑材料。

表 3.2 对特雷洛尔等人的发现（2001）做了一个总结，5 个不同高层办公建筑在能源使

按照元素分类的建筑包括的能源案例研究（十亿焦耳／平方米建筑面积）					表 3.2
建筑楼层	3	7	15	42	52
上部结构类	5	7	9.9	11.7	11.6
建筑表面类	0.6	0.4	0.5	0.4	0.7
下部结构类	0.9	0.4	1.2	0.5	0.7
屋顶	1	0.8	0.1	0.2	0.4
窗户	0.3	0.2	0	0.2	0.1
非材料类	2.9	3.2	4.4	4.9	5
合计	10.7	11.9	16.1	18	18.4

资料来源：改编自 Treloar 等（2001）。

用方面的差别是相当明显的。与可能的 30% 视线溢价相关，附加的 60% 的建筑材料成本和这些建筑中所包含的能源正好印证了沃顿教授的假定，实现成本并没有包括它的建筑成本。

　　建筑中包含的能源成本的重要性对于今天的市场是十分重要的，因为建筑材料成本，如钢铁和水泥，正在因为中国和印度的经济繁荣和国际石油价格的飙升而急剧上涨。建筑材料的成本正在开始减少许多建筑项目的可行性。2008 年 8 月美国钢铁价格 12 个月上升了 60%~70%（Scott，2008），这就意味着许多项目不能再进行了。仅拉斯韦加斯一地，自 2005 年以来，30 个大型高层建筑开发项目，在已经得到规划批准的情况下，还是放弃了，因为这些项目一定不会获利[①]。

　　这些项目中最高的建筑也许是"拉斯韦加斯皇冠"的超高建筑，建筑设计高度为 575 米，2007 年 6 月得到规划批准，2008 年 7 月放弃；如果建成的话，它将是西半球最高的建筑，成为这个娱乐城北部的焦点。奥斯汀的开发商克里斯托弗·麦尔马（Christopher Milam）计划投资 48 亿美元，在撒哈拉酒店以南，建设 5000 个房间，45 万平方米的建筑面积，142 层楼高的酒店和赌场，这个项目由世界著名高层建筑设计公司 SOM 公司设计，采用了最有效的三脚架式高层建筑结构形式，期待实现最大高度时又把结构重量的不利后果减至最小。与全部采用混凝土的迪拜的世界第一高楼哈里发塔不同，从建设速度和成本上考虑，"拉斯韦加斯皇冠"设计使用劲性混凝土。迪拜的哈里发塔顶部 80 层是非常没有效率的，从来不把商业性看成唯一的目标。迪拜的哈里发塔的所有者有足够的资金，有一个"伟大的区域目标"，那就是建设一座世界上最高的建筑。当然，"拉斯韦加斯皇冠"的设计不同，它在设计上明显追求"拉斯韦加斯皇冠"的成本 – 效益（Milham，2006）。超高层建筑没有一个是商业可行的，英国的开发商如果希望盈利的话，一般都并不关注 18 层以上的建筑项目。

水

　　拉斯韦加斯是一个麻烦不断的城市，尽管它已经放弃了许多计划中的高层建筑，然而还有 10 幢新的高层建筑将在 2013 年完成，届时将会给这座城市的生存本身带来可能的灾难性后果。因为拉斯韦加斯的发展超出了它的腹地对它的支撑能力，所以，拉斯韦加斯是处在"悬崖边缘的城市"之一，可能最终崩溃。

　　拉斯韦加斯是世界上能耗最大的城市之一，它所使用的全部电力都来自水电。拉斯韦加斯不仅地处干旱的沙漠，非常炎热和干燥，以致没有空调，不服水土的西方人难以在那种条件下生活，而且它的"全景式窗户"式的建筑类型也堪称世界上能源挥霍之最。在美国干旱的西南部地区，正处在能源和水资源短缺加剧的时期，而拉斯韦加斯现在计划完成 300 亿的新开发项目，其中第一位的是计划 2010 年底完成的新的市中心开发。这个新的市中心地处原米高梅（MGM）场地，计划投入 80 亿美元建设七座高层建筑，合计建筑面积约

---

① 有关 2005 年以来，拉斯韦加斯放弃 30 个大型高层建筑开发项目的资料，可以参见 www.vegastodayandtomorrow. com/dreams3.htm; 还可以参见 http://forum.skyscraperpage.com/forumdisplay.php?f =342，2008.7。

180万平方米，包括酒店、赌场和居住。他们将容纳 8000 位新的旅客，需要再增加 12000名工作人员。这座城市的就业率很高，住宅价格飞涨，没有空余的中小学位置，电力和供水系统均处于危机之中。

每一个新的居民一年将需要大约 2 万千瓦小时（kWh）的电力。所以，仅新的市中心开发一项一年就需要新增 40 万兆瓦小时（MWh）供电能力，其生产成本约 100 万美元，年度产生 1.6 亿吨二氧化碳（CO_2），所有这些电力均由内华达州的胡佛水库、帕克水库和戴维水库供应，实际上，这三座水库的最大发电能力仅为 20 万兆瓦。这个州正在建设两座依靠煤发电的火力发电厂，计划在内华达的沙漠地区建设 64 兆瓦的"一号太阳能"发电厂。然而，即使这样，也不能满足拉斯韦加斯这项新开发项目的要求。

拉斯韦加斯发展的真正问题还是水资源。不仅需要水库的水来发电，而且新的开发还需要新增年度 10 亿加仑水的供应能力。这个推算还是很保守的，假定因为新的开发，新增 1 万人，乘上拉斯韦加斯人均年度 11.5 万加仑的水消耗量。气候变暖已经导致落基山（Rockies）积雪的减少，正是这些积雪养育了科罗拉多河流域和水库。加利福尼亚大学（圣迭戈）海洋研究所的研究人员巴尼特（Barnett）和皮尔斯（Pierce）经过计算提出，米德湖（胡佛水库）有 10% 的可能在 6 年中干涸，有 50% 的可能在 2021 年消失（Barnett and Pierce，2008）。内华达大学（拉斯韦加斯）的哈尔·罗斯曼教授可能为那些发现难以应对气候变化的美国人说了一句话："只要拉斯韦加斯这座城市延续它的成功，水不可能成为一个主要问题。水在美国西部流上了山，变成了钱"（Krieger，2006）。

当拉斯韦加斯所在的内华达州试图抽取其北部地区如蛇谷的地下水时，内华达州已经与相邻的犹他州开始了一场围绕水的战争。尽管缺少对未来水资源的解决办法，拉斯韦加斯却越来越贪婪地占有水和能源，掠夺相邻地区的资源，以满足其日益扩大的需求（DJ，2008）。

油

能源费用改变着每一件事。2005 年 4 月，全球油价上涨至每桶 60 美元的水平。2006 年，在墨西哥湾"卡特里娜"飓风造成摧毁性灾难的时候，全球油价继续攀升至每桶 80 美元的水平，而在 2008 年 7 月，全球油价上升至每桶 147 美元。没有人真正知道，油价会升至何方和涨价的速度有多快，然而，油价的变化改变了我们城市的建设方式和生活方式。

在世界上那些比较温暖的国家里生活的中产阶级的人们开始不能承担随心所欲地使用降温系统的开支，因为他们不再能够承受急剧上升的电价。在许多城市的高层建筑中，包括香港、圣保罗，不仅仅最基本的食品、汽油和服务的价格上涨了，而且电梯使用的能源价格也上涨了。电梯是需要大量能源维持其运转的。对于那些依靠电梯的建筑来讲，维持建筑运行的费用大约因此而上涨了 5%~15%。尼普科（Nipkow）和沙尔茨尔（Schalcher，2006）揭示，电梯在建筑能源消耗中占有很大比例，约占整个建筑能源消耗的 25% ~83% 不等（参见表 3.3）。

典型的牵引升降电梯的能源消耗 表 3.3

建筑类型／目的	能力（公斤）	速度（米／秒）	每次循环（瓦／小时）	停车数目	年度运载人数	年度电耗（千瓦／小时）包括待机	待机状态（%）
小公寓	630	1	6	4	40000	950	83
办公楼，中等规模公寓楼	1000	1.5	8	13	200000	4350	40
医院，大型办公楼	2000	2	12	19	700000	17700	25

资料来源：Nipkow and Schalcher（2006）。

这样，有两个电梯的 12 层的居住楼，可能年度使用 4 万千瓦时电。另外，比较高的建筑，其运行和维修费用都比较高，正如对苏格兰公共住宅楼群的研究中所发现的那样，对比较高的、人口比较密集的住宅楼群，具有十分高的"门槛"费用（Meir and Roaf，2005）。

对消防、热水和冷水供应、集中散热系统使用水的高层建筑群，提高水压同样需要很高的费用。也许使用迪拜世界第一高楼哈里发塔数据能够最好地说明问题。哈里发塔的建筑面积为 34.4 万平方米，有 160 层楼，45.7 兆瓦的冷却及其冷冻水系统和冷库系统，以减少冷冻水机组的能力，降低成本（Twickline，2008）。这个大楼使用了两座大型发电站来保障照明。

能量补贴问题

自 1913 年以来，科威特成为一个独立国家，现在是世界上人均收入最高的富裕国家之一。它也是贫富悬殊最大的国家之一，或者说非常非常富裕的和富裕的人之间存在很大差距的国家。几十年以来，科威特采用了电价补贴制度，现在，科威特居民所偿付的电价仅为 0.06 美元／千瓦时。当 10 年前每桶原油 10 美元时，这个电价可能是可以承受的；但是，在 2008 年，原油价格上升为每桶 147 美元时，这个电价就开始看上去站不住脚了。1995 年，科威特的人口为 180 万；2005 年，科威特的人口上升到 240 万；科威特政府预计，其人口在 2025 年将上升到 420 万，而 2050 年，其人口将达到 640 万。

因为能源便宜，科威特人一般都生活在有空调的住宅中。如果按照英国 2005 年的电价偿付的话，一个中等规模的科威特家庭一年所要支付的电费大约为 15000 英镑。科威特一个老师的年收入约为 40000~50000 英镑，那里住宅价格很高。科威特采取能源补贴政策的后果之一是缺少生产能力的投资。现在，中东地区有最大的人均电力使用量，因为那里采用了补贴政策。科威特的人均电力使用量超过了美国，而在迪拜这个关键区域经济发展地区，人均电力使用量接近美国的 2 倍。甚至那些目前在人均电力使用量上还低于美国的国家，需求正在快速上升。例如，沙特阿拉伯的电力消费过去 5 年的年平均增长幅度为 7%，是美国的 4 倍，同时，沙特阿拉伯的巨型海水淡化工厂扩大计划将大幅度增加电力消耗和成本（Reddy and Ghaffour，2005）。利用这个系统淡化 1000 立方米海水所需要的能量根据要求有所不同：对于多阶段蒸发系统，大约需要 3~6 兆瓦小时；采用蒸发压缩工艺，约合 8~12 兆瓦小时；而采用反渗透工艺，约需要 5~10 兆瓦小时。

那些把石油富足看得如此保险的科威特人也许正是这个受到石油问题和能源价格飞涨影响世界上的最大的受害者，在科威特，无人讨论取消电力补贴的可能性，担心这样做会引起革命。那里夏季的温度高达 54°，电力生产能力赶不上夏季的需求，所以，海湾地区的城市每年都出现停电。尽管如此，他们还在建设更多的玻璃大楼，2008 年 4 月，科威特的古城阿尔哈尔（al-Hareer）宣布，他们正在计划建设世界最高的大楼，摘取迪拜世界第一高楼的桂冠。另外，他们还计划建设一个世界级的铁路网络，把中东和中国连接起来。

但是，海湾地区存在现实的空白，预计海湾地区的电力消费将上升 50%，而电力生产能力仅仅增长 30%。已有的工业项目正在报废，医院病房正在关闭，因为电梯甚至照明不能得到足够的电力去运行，已经完成的住宅单元只有闲置起来。

污染

在这个背景下，我们听到了科学家们的意见，如美国国家航空航天局（NASA）和纽约戈达德空间研究所詹姆斯·汉森（James Hansen）。他们告诉我们，如果人类希望保留一个类似于人类文明发展以来所依赖的那个地球，地球生命所适应的那个地球，古气候的证据和正在发生的气候变化表明，我们需要把大气中的二氧化碳含量从 385ppm 减至 355ppm。实现这个目标的最大的不确定性产生于非二氧化碳因子的可能变化。除非能够收集二氧化碳，否则不再使用煤，发展农业和林业来封存二氧化碳，这些方式有可能把大气中二氧化碳含量保持在 350ppm 的水平。如果不能很快地实现这个目标的话，的确存在不可逆转的灾难性后果（Hansen et al，2007，2008）。高密度生活需要成为一种低能量生活，过去的城市密度证明了这一点；但是，在当今的机器时代，高密度城市生活不可避免地成为一种高能量消耗的生活。我们现在正处在 2100 年大气中二氧化碳含量达到 700ppm 的道路上。

为了让地球不要达到加速气候变化的灾难性临界点，我们必须减少我们今天碳排放量的 90%，这样才能避免气候变化政府间工作组（IPCC）第四次报告所提出的全球温度上升的倾向。气候变化会使以上所概括的许多问题进一步恶化（石油资源枯竭分析和后碳研究所，2008），在我们不再能够利用便宜的石油来解决我们的问题时，进一步恶化的问题所产生的影响可能会变得难以克服，而且，它们不只是影响高密度城市和充斥高层建筑的城市（IPCC，2007）。

结论：避免全面倒退综合征

随着全球人口的指数增长和城市化，我们能够发现，传统的地方建筑方式和城市形式不再能够实现支撑迅速发展的城市所要求的居住、服务和基础设施密度。

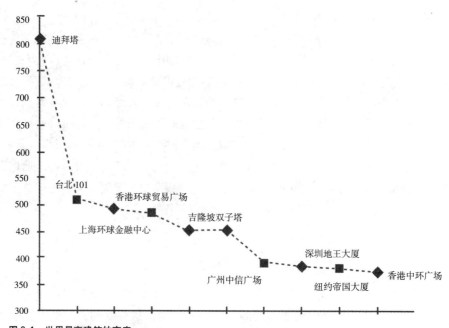

图 3.1　世界最高建筑的高度
资料来源:www.tallestbuildingintheworld.com/。

　　简单地讲，如果我们打算以一种殷实的生活标准生活，我们都必须对我们建设城市时采用的密度做出一个有效的计划。问题不是"高密度居民点是不是可持续的"；而是就地球上的任何地方和任何人而言，"什么是城市的最优密度"。答案依赖于支撑一座城市的社会、经济和生态系统的能力。欢迎进入能力计算的新时代。

　　对于每一座城市来讲，我们需要小心翼翼地计算出这个城市能够支撑的人口水平，即它的有效供应的水、能源和食品，以及下水道和垃圾处理系统，还有交通和社会基础设施以及现在的和未来的工作机会。

　　每一个计算都必须做出有关最低限度的和适当供应的必要资源和服务的假定。这个假定会因地因文化而异，另外，迅速变化的全球因素，如政治的和产生收益的需要，气候变化和石油枯竭本身的变化速度，都必须加以考虑。从能源费用和排放影响的角度讲，21 世纪的当务之急是，需要减少能源使用。

　　可以步行的城市和可以步行的建筑都能够降低能耗。提高能源使用效率和使用可再生能源也能够减少对不可再生能源的消耗。这个 21 世纪的基本目标把无度地挥霍能源的建筑看成是一种"定时炸弹"式的投资，随时会发生爆炸。那些拥有效率的公共交通和服务设施的城市和区域会发现它们比较容易在它们的边界内维持它们的安全、健康和文明的运行状态。我们现在能够提供的环境质量会在未来的社会的、经济的和环境的持续性上体现出来。

　　所有这些中最重要的问题是：我们能够建设一个可持续发展的社会吗？我们如何让这样的社会出现？也许在我们追求可持续发展的城市时，我们应当把社会公平放到我们的设计纲要中去。可持续发展的城市是公平的城市，是高品质的城市，而不是充满虚荣的城市。给未来投资，给人们的街头生活质量投资。最优的密度随之而来。

参考文献

Barnett, T. P. and Pierce, D. W. (2008) 'When will Lake Mead run dry?', *Journal of Water Resources Research*, vol 44, American Geophysical Union, Washington DC

Cheung, K. P. (1992) *Fire Safety in Tall Buildings*, Council on Tall Buildings, McGraw Hill, New York

Clark, T. W. and McGrath, S. (2007) 'Spatial temporal dimensions of violent crime in São Paulo, Brazil, Paper presented at the annual meeting of the American Society of Criminology, Atlanta Marriott Marquis, Atlanta, Georgia, www.allacademic.com/meta/p196287_index.html, accessed August 2008

Cooper, S. and Buettner, M. (2004) *The Truth about Mold*, Dearborn Real Estate Education, published by EPA, Washington State Department of Health, Washington DC

DJ (2008) 'Another battle in the NV–UT water war', blog posted August 2008, http://asymptoticlife.com/2008/08/08/another-battle-in-the-nvut-water-war.aspx, accessed September 2008

European Commission (2008) *EPBD Buildings Platform: Your Information Resource on the Energy Performance of Buildings Directive*, www.buildingsplatform.org/ cms/, accessed August 2008

Gensler (2006) Faulty towers: Is the British office Sustainable?, Gensler, London, www.gensler.com/uploads/documents/FaultyTowers_07_17_2008.pdf

Gideon, S. (1976) *Space, Time and Architecture*, 5th edition (1st edition published in 1941), Harvard University Press, Cambridge, US

Hansen, J., Sato, M. Ruedy, R., Kharecha, P., Lacis, A., Miller, R. L., Nazarenko, L., Lo, K., Schmidt, G. A., Russell, G., Aleinov, I., Bauer, S., Baum, E., Cairns, B., Canuto, V., Chandler, M., Cheng, Y., Cohen, A., Del Genio, A., Faluvegi, G., Fleming, E., Friend, A., Hall, T., Jackman, C., Jonas, J., Kelley, M., Kiang, N. Y., Koch, D., Labow, G., Lerner, J., Menon, S., Novakov, T., Oinas, V., Perlwitz, Ja., Perlwitz, Ju., Rind, D., Romanou, A., Schmunk, R., Shindell, D., Stone, P., Sun, S., Streets, D., Tausnev, N., Thresher, D., Unger, N., Yao, M., and Zhang, S. (2007) 'Dangerous human-made interference with climate: A GISS model E study', *Atmospheric Chemistry and Physics*, vol 7, pp2287–2312

Hansen, J., Sato, M., Kharecha, P., Beerling, D., Berner, R., Masson-Delmotte, V., Pagani, M., Raymo, M., Royer, D. L., and Zachos, J. C. (2008) 'Target atmospheric CO_2: Where should humanity aim?', *Science*, vol 310, pp1029–1031

IPCC (Intergovernmental Panel on Climate Change) (2007) *Fourth Report on Climate Change*, www.ipcc.ch/ipccreports/ar4-syr.htm, accessed September 2008

Johnson, C. et al (2006) 'Faulty towers: Is the British office sustainable?', Gensler, London, www.gensler.com/uploads/documents/FaultyTowers_07_17_2008.pdf

Kovats, S. (2008) *The Health Effects of Climate Change 2008*, UK Department of Health Protection Agency, UK

Krieger, S. (2006) 'Water shortage looms for Vegas', www.allbusiness.com/transportation-communications-electric-gas/4239405-1.html, assessed May 2006

Kwok, H. and Tse, C.-Y. (2006) *Estimating Liquidity Effects in the Housing Market*, University of Hong Kong, www.econ.hku.hk/~tsechung/Estimating%20Liquidity%20Premium%20in%20the%20Housing%20Market.pdf

Li, Y., Leung, G., Tang, J., Yang, X., Chao, C., Lin, J., Lu, J., Nielsen, P., Niu, J., Qian, H., Sleigh, A., Su, H-J., Sundell, J., Wong, T., and Yuen, P. (2007) 'Role of ventilation in airborne transmission of infectious agents in the built environment – a multidisciplinary systematic review', *Indoor Air*, vol 2007, no 17, pp2–18

Meir, S. and Roaf, S. (2005) 'The future of the vernacular: Towards new methodologies for the understanding and optimisation of the performance of vernacular buildings', in L. Asquith and M. Vellinga (eds) *Vernacular Architecture in the Twenty-First Century: Theory, Education and Practice*, Spon, London

Milham, C. (2006) 'Las Vegas Tower – 1888' tall', blog posted December 2006, http://forum.skyscraperpage.com/archive/index.php/t-121563.html, accessed September 2008

Nipkow, J. and Schalcher, M. (2006) *Energy Consumption and Efficiency Potentials of Lifts*, Report to the Swiss Agency for Efficient Energy Use (SAFE), http://mail.mtprog.com/CD_Layout/Poster_Session/ID131_Nipkow_Lifts_final.pdf , accessed September 2008

NIST (National Institute of Standard and Technology and the International) (2007) *High-Rise Safety, International Codes and all Buildings: Rising to Meet the Challenge*, www.buildings.com/articles/detail.aspx?contentID= 4931, accessed July 2007

Oil Depletion Analysis and the Post Carbon Institute (2008) *Preparing for Peak Oil: Local Authorities and the Energy Crisis*, www.odac-info.org/sites/odac.postcarbon.org/files/Preparing_for_Peak_Oil.pdf, accessed September 2008

Reddy, K. and Ghaffour, N. (2007) Overview of the Cost of Desalinated Water and Costing Methodologies, *Desalination*, vol 205, pp340–353

Roaf, S., Baker, K. and Peacock, A. (2008) *Experience of Refurbishment of Hard to Treat Housing in Scotland*, Report to the Scottish Government, July, Scotland

Roaf, S., Crichton, D. and Nicol, F. (2009) *Adapting Buildings and Cities for Climate Change*, 2nd edition,

Architectural Press, Oxford

Scott, B. (2003) '$32 million award in toxic mold suit slashed', www.mold-help.org/content/view/294/, accessed September 2008

Scott, M. (2008) 'Rising cost of steel stresses building projects', www.mlive.com/businessreview/tricities/index.ssf/2008/08/rising_cost_of_steel_stresses.html, accessed in August 2008

Shelley, P. B. (1818) 'Ozymandias', sonnet, widely reprinted and anthologized, e.g. http://en.wikipedia.org/wiki/Ozymandias

Staff and Agencies (2001) 'Anthrax found in Pentagon Complex', *The Guardian*, 5 November, www.guardian.co.uk/world/ 2001/nov/05/anthrax.uk, accessed September 2008

Titmuss, R. M. (1976) *Essays on the Welfare State*, George Allen & Unwin Ltd, Museum Street, London, Chapter 4

Treloar, G. J., Fay, R., Ilozor, B. and Love, P. E. D. (2001) 'An analysis of the embodied energy of office buildings by height', *Facilities*, vol 19, nos 5–6, pp204–214

Twickline (2008) 'Keeping Burj Dubai cool', http://dubai-tower.blogspot.com/2008/04/keeping-burj-dubai-cool.html, accessed September 2008

UNDESA (United Nations Department of Economic and Social Affairs) (2004) *World Urbanization Prospects: 2003 Revision*, www.un.org/esa/population/publications/wup2003/2003wup.htm/, accessed September 2008

Wharton, W. C. (2002) The Future of Manhattan: Signals from the marketplace, Conference on the Future of Lower Manhattan, Institute for Urban Design, New York City, 10 January 2002; data and analysis are courtesy of Torto-Wheaton Research, http://web.mit.edu/cre/news-archive/ncnyc.html, accessed 2002

Wilkinson, R. (2005) *The Impact of Inequality: How to Make Sick Societies Healthier*, Routledge, London

Yu, S.-M., Han, S.-S. and Chai, C.-H. (2007) 'Modeling the value of view in high-rise apartments: A 3D GIS approach', *Environment and Planning B: Planning and Design*, vol 34, pp139–153

第 4 章

密度和城市可持续性：探索一些重要问题

王才强和赖秋·马龙李

可持续性和规划

可持续性的问题已经深深地影响着社会生活的方方面面。在"世界保护战略"（IUCN，1980）中，"可持续性"这个口号第一次流行起来，它包含了这样一种观念，保护地球资源对未来人类的福利是必不可少的。此后，布伦特兰委员会把这个词汇的含义表达为，追求这样一种发展，它既满足现在的需要，又不损害未来人类满足他们需要的能力（WCED，1987），这种表达已经成为人们广泛接受的一般原则，指导着政府、公司和个人在社会、经济和政治生活中的所有方面。特别是，城市环境已经成为人们讨论和探索的核心，规划师很早以来就把"可持续性"多种表达用到有关城市和区域应当如何繁荣、在开发和改革的当代争论中。从 20 世纪 80 年代以来，几乎没有几个规划和城市政策文件会遗漏掉这个概念（Briassoulis，1999），"可持续性"或者被看成是城市发展要采用的适当方式，或者作为城市发展的目标。

当然，"可持续发展"依然还是为大家直观地理解的概念，依然非常难以以具体的和操作性的术语来表达（Briassoulis，1999）。普遍共识是，"可持续发展"囊括一切，必须包括经济可持续性，社会可持续性和环境可持续性三个方面。在从学术和实践两个角度所做出的比较专门的表述中，经济可持续性涉及一个城市"定性地达到一个社会 – 经济、人口和技术上的新水平，这些成果将成为城市长远发展的基础"；社会可持续性一般认为是包括未来性和公平，以及参与、赋权、无障碍、文化认同和体制稳定等方面；而环境可持续性意指，在城市发展中，把土地和资源利用与保护自然综合协调起来（Basiago，1999）。

从根本上讲，规划和可持续性是互补的，它们共享城市与社会的两个经典角度：时间和空间（Owens，1994）。在这样一种相互关系中，可持续性几乎不能与主流规划项目和行动相分离（See Healey and Shaw，1994），当然，人们还是承认执行包括在这个一般概念中的任务是巨大的。从实用的角度看，规划师不是陷入无休止的争论中，而是越过抽象的论题，寻求比较具体的方式，"向可持续性过渡"（Selman，2000），实现这个概念中蕴涵的崇高理性。

在城市这个层次上，争论的领域常常具体到城市密度、形式和可持续性之间的关系，如何能够探索出多种相互联系以实现比较好地利用地球资源和提高人类生活质量。城市密度就是这样一个在实践和研究中得到广泛关注的主题，通过容积率、人口密度或居住密度这样一些定量指标，城市密度表示城市地区人口和活动集中的水平。

这一章打算进一步澄清密度与可持续性争议的相关性，探索较高密度开发的性质，在目前城市研究和规划实践中，这些问题还没有得到适当地阐述。

历史评论

20 世纪的规划史"表现出一种对 19 世纪城市弊端的反应"（Hall，1988）。许多具有开创性的现代城市发展方案都对早期工业城市那种拥挤不堪和不适宜居住的城市环境做出的积极和具有建设性的反应。例如，乌托邦的花园城市概念是对高度有组织地建设人类栖息地的一种形式、一种高度确定的形式的经典反应，它表达了和谐的人与环境关系，坚持自我管理和实现个人价值的理想。花园城市是最早和也许是最具有理性去规划和建设可持续发展社区的一个没有桂冠的英雄。

然而，这种热衷于创造"较为宜居"的环境，特别是躲避城市而去创造"新城"的努力，过分强调了城市的弊端，拒绝解决内城生活 – 工作环境问题，规划师们面临"连同洗澡水一起，把孩子也倒掉"的风险。在城市更新和引入比较卫生城市生活环境的名义下，规划师不经意地忽略甚至摧毁了传统城市中城市生活的社会因素。同样，许多发达国家在战后的最初几十年中建设起来的毫无特色的低密度居住型郊区，集中展示了城市蔓延以及由此而产生的乏味的分散式人居环境，现在，这种发展的对城市环境和城市社会生活的负面影响已经得到了广泛关注。

城市蔓延所引起的问题，如高度依赖私家车，昂贵的基础设施建成成本，没有效率的城市结构，都是与城市可持续发展相关的隐含的和长期的问题。甚至在那些不是很发达国家，规划师也迷恋上这类"新城"的视觉特征和功能特征，倾向于继续在绿色场地上开发它们，以致丧失掉了大量的沃土粮田，让居民们担负起比较高昂的交通费用。

对现代主义规划的批判集中在土地使用分区规划上，这种分区规划人为地把城市划分成为若干个功能区，从而导致土地资源的浪费、在材料和能源使用上效率不高，增加了出行时间。现在，许多人把前工业时代的传统城镇看作城市发展的可行模式，易于步行的距离决定了城市规模，狭窄的街巷和公共空间形成的精致的网络构成城市形式，以有机方式相互交织的城市生活在相对高的密度和紧凑的城市结构中展开。

当越来越多的人在紧凑的和人口密集的城市形式中重新感受城市生活的活力时，这种引人注目的城市形象让人们回顾和重新思考高密度的生活。比较详尽地观察巴黎这类城市，我们会发现，城市中人口最稠密的地区恰恰是城市中最具活力的地方。

紧随"联合国的 21 世纪计划"，欧盟通过的 1990 年"城市环境绿皮书"提出了"返回"紧凑型城市的倡导。由此而展开的讨论最终还是赞赏，围绕公共交通节点的相对高密度的城市发展模式，它有着清晰的城市边界，从而控制城市蔓延和小汽车的使用。城市规划师和设计师正在积极地探索应该如何重建发展人口比较密集的城市环境的空间战略，怎样的设计能够比较好地处理日益复杂的城市活动（参见：Frey，1999）。紧凑型城市模式的主导思想是推进城市更新，振兴城镇中心，限制对乡村地区的开发，比较高的人口密度，空间混合使用的开发，公共交通和围绕公共交通节点的城市集中开发（Breheny，1997；McLaren，2000；Newman，2000）。甚至在人口已经密集的环境中，人们主张通过公共交通系统把核心地区之外的人口密集型居民点连成网络。

人口密度和可持续性

有关确定人口密度理想水平的观点和实现这种人口密度的详细战略各式各样，人们依然对高密度生活的负面后果耿耿于怀，如交通拥堵、噪声、局部污染、城市犯罪引起的负面的感觉和在个人隐私保护方面的倒退。当然，对于较高人口密度及其他对城市可持续发展的可能贡献，人们似乎有着共识。例如，巴斯亚哥（Basiago）（1999）对发展中国家三个人口最密集的城市中心做了分析，即巴西的库里蒂巴（Curitiba）、印度的喀拉拉邦（Kerala）、墨西哥的纳亚里特（Nayarit），他使用多种定性的可持续性评估，突出地说明了这三个城市中心在实现经济、社会和环境可持续性方面的成就。

在发达国家，英国的证据已经表明，较高的人口密度似乎与较低水平的出行和增加除小汽车之外的其他交通方式的使用联系紧密（参见表4.1）。

人口密度和每人每周按交通方式计算的出行距离（公里）：英国 1985~1986　　表 4.1

人口密度 （人／公顷）	全部交通方式	小汽车	地方公交汽车	火车	步行	其他
<1	206.3	159.3	5.2	8.9	4.0	28.8
1 ~ 4.99	190.5	146.7	7.7	9.1	4.9	21.9
5 ~ 14.99	176.2	131.7	8.6	12.3	4.3	18.2
15 ~ 29.99	152.6	105.4	9.6	10.2	6.6	20.6
30 ~ 49.99	143.2	100.4	9.9	10.8	6.4	15.5
50 和 >50	129.2	79.9	11.9	15.2	6.7	15.4
所有地区	159.6	113.8	9.3	11.3	5.9	19.1

资料来源：ECOTEC（1993，表6）。

通过城市设计，提高建筑和公共空间密度的其他成绩也已经记录在案。节约土地、基础设施和能量使用成本；减少出行时间的经济成本；在城市核心地区集中创新性活动；降低犯罪和提高安全性；在城市开发中保护绿色空间；减少道路油渍进入河流湖泊，减少道路车辆的二氧化碳排放；加大身体活动，提高身体健康；社会联系和活力等等，都是有据可查的提高建筑和公共空间密度的好处（新西兰环境部，2005）。

当然，如果把密度看作城市品质的唯一指标是有局限性的。正如图4.1所说明的那样，

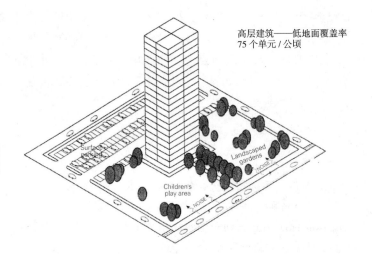

高层建筑——低地面覆盖率
75 个单元 / 公顷

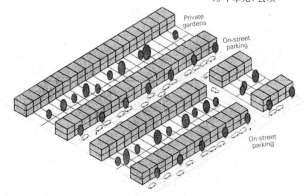

低层建筑——高地面覆盖率
75 个单元 / 公顷

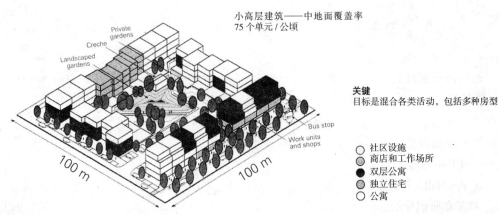

小高层建筑——中地面覆盖率
75 个单元 / 公顷

关键
目标是混合各类活动，包括多种房型

○ 社区设施
◐ 商店和工作场所
● 双层公寓
◉ 独立住宅
○ 公寓

图 4.1　不同形式下的相同人口密度
资料来源：Andrew Wright 设计事务所，Rogers 和城市工作组引用（1999）。

48　高密度城市设计

通过不同的城市形式能够在同样面积的地区产生相同的人口密度，然而，不同的城市形式的社会意义有所不同，对城市生活质量的影响也有所不同。除非同时提出其他关键设计问题，如混合使用土地和建筑，否则，人口密度的大小不能单独产生环境效益。混合使用区是指那些不同的活动在同一个建筑、街巷或街区里发生的地方。支持混合使用区的城市设计期待能够允许停车和交通设施使用起来更为有效率，降低家庭在交通方面的支出，增加地方零售商业和设施更具活力，鼓励步行和骑自行车出行，产生健康方面的收益，减少拥有私家车的需要，从而减少温室气体排放，提高社会公平性，增加个人安全，给人们带来更多的便利、选择和机会，进而产生个人的幸福感（新西兰环境部，2005）。

关键问题

我们可能有能力在人口密度和混合使用上达到一个较高水平；但是，我们是否忽略了我们期待的较高人口密度可能带来结果：我们是否在寻求"理想"土地使用规划模式或城市的最优人口密度的过程中简化了复杂的和连锁展开的一系列现象？当代城市生活的性质非常不同于传统城市的城市生活性质。当代城市生活是如此复杂，它既千差万别，又相互联系和处于动态发展中。所以，有必要考虑一下，我们是否够过分强调了人口密度的定量指标，而在设计时又使用了过分简化的公式，我们是否忽略了人口密度的定性方面的问题，对于城市设计的可持续性问题来讲，定性方面的问题可能与定量指标一样重要，甚至比定量指标更重要。

多样性和灵活性

许多研究者和实际工作者都钻研过人口密度和多样性的问题。简·雅各布（Jane Jocob）在她的《伟大的美国城市的生与死》（1961）中找出了培育一个重要城市的4个条件：

1. 需要提供不止一个基本功能，最好具有两个以上功能的区，从而鼓励不同的使用者按照不同的安排使用共同的设施；

2. 比较小的建筑地块，便利接近和运动；

3. 混合不同时代和状况的建筑物，以鼓励各式各样的企业；

4. 人口在一定密度下集中，以支撑多样性的活动。

纽约市稠密且混合使用的格林威治村也许最好地表达了雅各布所设想的那种生机勃勃的城市社区。森尼特（Sennet）确信，雅各布鼓励那些适应于或附加到现存建筑或公共空间使用上的非一致性的设计，它们的不一致表现出一种对冲突的欣赏，或者按照雅各布的说法，一种不平衡的感觉，它与决定性的、可以预期的和平衡的形式相对立，而决定性的、可以预期的和平衡的形式是大资本所推崇的形式。

霍尔（Hall）写道，"交通性街道上短小的地块是理想的鼓励社会交往和自主性的城市品质。"雅各布所倡导的这种设计方式也代表了一种城市模式，与布坎南（Buchanan）所提出的城市模式形成鲜明的对比（交通部、执行小组和工作组，1963），按照布坎南的城市模式，主

主要干道 ▬▬▬

地区干道 ━━━

地方干道 ───

环境分区界限 ▬▬▬

图4.2 布坎南报告的街道层次
资料来源：Hall（2004）。

干道、区与区相衔接的道路、地方道路组成一个有层次的交通系统，把这样一个道路系统叠加到一个地区，进而把这个地区划分成为若干个规模相似的环境分区（参见图4.2）。人们认为，布坎南的城市模式没有考虑到城市中人口和就业不断扩散的城市动态特征。这种固定的层次结构强调了以交通流为基础的功能性，从而导致许多城市形成了同样使用的分割的区，很难实现人与服务的沟通和相互作用。在美国郊区发展中，这种模式大量使用，而这种模式与巴黎和巴塞罗那等许多传统欧洲城市的不太具有层次的街道结构形成鲜明的对比，传统欧洲城市的不太具有层次的街道结构似乎在处理人口密度和多样性问题方面更好一些。就形体的和社会的意义讲，不太具有结构的街道网络提供了平等使用和道路两边平等交流的机会，这样，就创造了一种在人口相对密集的城市中增加空间混合使用的基础。这些例子表明，如果较高密度的开发旨在更好地服务于缓和使用和培育多样性的话，较高密度的开发一定意味着一定种类的城市形式和采用非层次性的交通组织。

复杂性和规模

其他一些学者也同样提出了城市设计中的复杂性和多样性问题，他们发现了许多当代城市项目中出现的一种令人不安的现象，伴随着城市活动和使用者混合程度的降低，规模和活动和使用者的单一性均在增加。本德尔（Bender，1993）把这类项目表述为"把大象放逐到了城市里"。他说，类似于因纽特人的狗拉的雪橇，我们需要一种城市战略去面对复杂性，这种复杂性涉及城市发展中人与人、机构与机构，使用与使用之间多种重叠和冲突的关系。正如他所说的那样，狗拉雪橇战略的优势在于，在一群狗之间分配动力，从而能够适应不均匀的冰面，在狗与狗之间偶然出现碰撞时，每一条狗都容易做出调整，以致一条狗对整个行进团队的影响很小，容易更新团队的能量，扩大团队。在最糟糕的情况下，可以牺牲掉个别狗，以保持整个队伍继续行进。另一方面，如果这个雪橇是由一头大象去拉动，就会出现许多问题。大象这种笨重的动物在横跨这种不均匀的领地时可能会跌倒，在任何时候都有可能面临破冰的危险。一头大象受伤或生病都将暂停或终止整个旅行,更不用说雪橇上承载的供动物食用的食物了。本德尔强调了许多现行城市大规模项目巨大印记所表现出来的问题,包括缺少灵活性,维持项目运行的巨大资源消费,对周边小气候的巨大影响。如果要把我们的水岸地区和城市中心地区设计成为一个有机的综合体,最好使用这种"狗拉雪橇"的方式,让这个丰富和复杂的综合体中各个部分相互作用以满足城市功能。逐步建设、逐步管理和逐步适应,这些项目能够包容广泛的功能和使用者,让它们的形式适应那里的结构,这样,把它们自己从巨大而笨拙的"大象"中区别出来,而巨大而笨拙的"大象"只能够把握住显存的城市结构。

还有一些学者也表达了对城市项目规模日益增加,而社会复杂性日趋减少这一现象的关切。森尼特(2007)倡导"绝不伤害"的希波克拉底誓言,提出了面对在恢复城市设计艺术时所面临挑战的三个观点。首先,他介绍了出现在上海的大城市项目所产生的影响,提出我们应当使用复杂性作为一项定性指标,特别是我们应当在建设城市时使用街道作为第一个参照点。第二,他批判了那种在目前城市开发中追求形式与功能完美匹配的愿望,目前进行的城市开发生产出来的都是非常固定的,没有灵活性的建筑物,它们妨碍城市的自我适应和未来增长。因此,他提出,我们应该寻求那些具有模糊特征的形式,这种模糊性意味着在形体结构上能够有变更的可能。第三,在说明若干城市中存在的社会分割状态时,他提出,我们可能需要改变我们的关注点,即把关注点从社区中心转变到不同身份的人们相互对峙的公共空间边缘。沿着这种公共空间边缘所做的城市开发和资源配置能够有助于从这种接近中让人们形成认同和产生互动。在这种情况下,在培育一座具有社会凝聚力的城市中,让人们接触也许比确定人们的身份更重要。

过度决定的问题

在以上这些学者观念中,的确存在某种共同的东西。他们都反对过度的去决定当代城市的视觉形式和它们的社会功能(Sennet,2006),他们都欣赏从相对高密度且具有一定弹性的城市开发中产生出来的多样性。过度决定将会产生出一个"脆弱的城市",森尼特(2006)使用"脆弱的城市"这个术语来表达对城市生活发展极为脆弱的城市。另一方面,允许多种功能并存,常常无特别约束的地方,都有"宽松 – 适应"的环境(Dovey and Fitzgerald,2000;Franck,2000;Rivlin,2000),与之对立的是那些秩序和控制为基础的精确规划的场所。从长远看,这些多功能并存和无特别约束的地方,更具有形体上的和社会意义上的可持续性。它们是"正在变成的"和"被找到的"空间,它们并非就一定没有规则,而是新的规则持续地被发明出来,它们允许没有预计到的使用出现,反对过度决定的目的是留有余地。在讨论这种城市开放空间中没有决定的地方的价值时,研究人员(如 Thompson,2002)提出,虽然这些非正式的空间似乎没有得到管理,似乎处于废弃状态,实际上,它们能够容纳没有被正式空间很好提供服务的各式各样的活动。多种多样的使用让这些地方成为具有弹性的空间,使城市在面对迅速的社会和技术变化中具有不陌生的品质。这些地方常常能够发现最好用于城市生态而非正式公园和游乐场所的植被，这样，它们具有了听其自然才能够产生出来的特征。

社会经验

　　许多亚洲城市都能够看到以上学者所倡导的有弹性的城市发展模式，城市的活力正是来源于这种具有弹性城市发展模式。这里，我们使用河内市的两个例子来加以说明。第一个例子是河内市的亭丛地区（Dinh Cong），两个相邻的居住区开发呈现出鲜明的对比（参见图4.3）。在这个案例中，道路的一边是典型的由"高密度"塔楼构成的居住小区，这些塔楼具有统一的立面设计和楼层布局。道路的另一侧是由低层"中密度"住宅构成的城市街区，每一幢住宅都有约6米宽的前立面，都与邻居共享院墙。这些四层楼高的居住建筑在设计上呈现出多种多样的风格，或是历史的或是传统的，与道路另一边的单调且整齐划一的建筑风格形成鲜明的对比。随着时间的推移，这些住宅的第一层出现了多种新的用途，如餐馆和商店，它们与街道沟通起来，以多种活动丰富了街头生活。与此相对比，高层建筑居住区内部呈现出步行不友善的特征，当人们进入居住区，就如同进入了一个堡垒群。这个案例所要说明的是，对应相似的人口密度，选择不同类型的建筑会产生出非常不同的街景和结构。道路的一面在建筑形式

图4.3　河内亭丛地区高层建筑居住区与低层住宅居住区的对比
资料来源：作者。

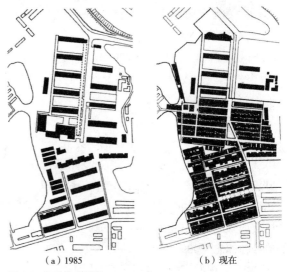

（a）1985　　　　　　　　（b）现在

图4.4　河内金连地区
资料来源：Francois Decoster。

上采用了无差异的一致性，而道路的另一面则通过灵活的城市住宅类型形成了丰富多彩的街景。后者是一种选择，允许存在差异，允许逐步适应，允许使用上的变化。

　　第二个例子是河内的金连地区（Kim Lien）。那里原先是由一系列南北朝向的低层建筑构成，它们线状排列，如同军营一样，成排建筑之间留有很大空间（参见图4.4a）。自1985年项目完成以来，地方居民在此之间填充了许多建筑，从而大大增加了那里的密度，使那

图4.5　河内金连的街景
资料来源：作者自摄。

里成了一个十分活跃的城区（参见图4.4b）。这些建筑的低层增加了许多商店和新的房间，它们沿街相互衔接起来。低层的每一个单元在门前形成了一个庭院，建设了储藏间之类的建筑。楼上的房间甚至建起了凉台，楼顶也被改造成为平台，形成了新的生活空间（参见图4.5）。亭丛地区的发展还是存在控制的，而与亭丛地区相比，金连地区的发展则是非正式的和自发的。新的扩展让居民有多种机会去满足自己的特殊需要。沿街发展起来的商店不仅照顾到了地方居民日常的多样性的需要，也为地方居民提供了多种工作机会。这些小规模的附属建筑物帮助重新组织了公共空间，以比较清晰的逐渐变化的方式重新把公共空间设置成为具有细腻层次的空间，即从公共空间、半公共空间、半私人空间到私人空间。这些附属建筑物把分散的现代主义的居住区的规模改造到一种亲密的和宜人的程度，重新把这些空间编织回到更为细腻的城市构造中。这些自发的发展以渐进的过程展开，始终不断调整它们自己，以适应相邻的形体和社会环境，这样，就使得这些发展更适应变化，进而更具有弹性。

这两个简单的例子说明了高密度城区，多样性是那里的一个明显特征。从外人的眼中看，那里似乎是无组织的，然而，这些地方展示了它们灵活性和弹性的特质，对于一个在社会和经济上可持续的城市来讲，必须具有这样的特质。规划师必须谨慎对待因这类自发行为的负面效果而生的偏见，不要忽略了来自日常生活环境的重要原则，这些原则是可持续性本身的标志。

向内和向外的提高密度

以上两个案例说明了一种向内的密度增长过程，罗德思格·佩雷斯阿尔塞（Rodrigo Pérez de Arce，1978）对此有过描述，与向外扩张的城市增长方式相反，以上两个案例集中表现了一种通过内部改造而发生的增长。向外扩张的城市增长方式需要占用供城市使用的新的土地，向外扩张的城市增长方式还包括完全摧毁和替换掉原先的城市元素而产生出来的增长。在理解两种方式的差别上，最重要的是，规划师对替代规模的敏感程度。许多情况下,特别是在城市迅速发展的情况下,有效的替代规模意味着整个城市的清除或完全拆除。在城市更新的名义下,把整个城市都拆除掉,然后以较高密度的方式重新建设起来,这种情况并非特例,它被认为更经济地使用了土地。

我们能够从欧洲历史古城的城市改造过程中得到许多经验,他们在建设中重新利用了那些古寺庙遗址、凯旋门、露天剧场、宫殿和公共空间。阿尔塞指出,许多传统城镇之所以在历史中展开恰恰是因为存在这种一般机制,而在当代城市发展实践中,这种机制常常被忽略掉了。他提出,这种转型过程展示了我们在理解城市品质中需要领会的许多重要经验:首先,逐步把部分合并到一个已经存在的核心里去,使得原先已经存在的结构继续得到长期使用;第二,以保留已经存在的东西为基础,新增的改造在社会意义上和物质意义上都是一种低成本的开发,通过保留,继续维持受到影响地区的正常生活节奏;第三,作为一种积淀过程,在城镇建设过程中,保留下已经存在的东西,能够产生一种连续性的感觉,从而形成历史意义上的和空间意义上的"场所的"感觉。在向内增加密度的方式中,建筑和场所储备了后续干预。在这个渐进过程中,真正复杂和有意义的变化可能来自那些确定和强化一个空间的那些逐步积累起来的元素。这就是时空上的连续性的感觉,时空连续性对可持续性来讲是至关重要的,当然,在寻求新的开发以支撑当代城市生活中,规划师和城市设计师的注意力常常背离了可持续性的时空连续性方面。

密度、形式和城市就业

在其他一些紧凑型亚洲城市也能找到具有多样性的高密度开发,例如首尔,高层建筑镶嵌在低层和小规模建筑之中(参见图4.6)。从上往下看,这些建筑起伏的屋顶似乎展示出一种相当混乱的生活和工作环境。事实上,在这个有着内在秩序和节奏的高密度环境中,

图4.6 韩国首尔
资料来源:作者自摄。

这些建筑物容纳了多样性的商务和活动。更为重要的是，这种城市形式与这个城市的经济结构是一致的，与其他城市相比，在首尔的总就业人口中，自我就业的人口占了相当大的比例（参见表 4.2）。高密度和精致的城市结构给中小规模自我就业的企业提供了一种易于适应的形体环境，这些中小规模自我就业的企业需要灵活的和低成本的商务平台，来承载他们时而变更的商务活动，而昂贵的高层建筑不能提供这种灵活的和低成本的商务平台。在这种情况下，城市形式所提供的适应性与地方经济活动要求的弹性和成本效率形成了一种共生关系。

就业和自我就业的比例   表 4.2

国家	就业	自我就业	自我就业 （批发、零售、旅馆、餐馆等）
美国	93.2	6.8	1.3
日本	85.4	14.6	2.4
德国	88.8	11.2	3.2
英国	87.4	12.6	3.8
意大利	75.5	24.5	9.1
墨西哥	70.9	29.1	12.6
韩国	66.4	33.6	14.6

资料来源：经济合作组织（OECD，2005），首尔大学的金圣香提供。

人们常常认为，为了实现支撑经济功能和效率的秩序，在城市规划中，做出精心布局和设计是必然的。这个假设的基础是，经济活动一般服从大规模生产和机械化生产系统的福特规律，高度构造的建成环境能够容纳这样的经济活动。为了创造反映地方文化和非正式部门的工作－生活环境，必须对地方生产过程、交易制度、服务功能和就业结构有着比较高的敏感性。更重要的是，必须认识到，城市间和城市内部，经济转换持续发生，在这样一种背景下的城市可持续性必须从发展的经济和社会景观上加以解释。在这个最后的分析中，增加密度一定是一个过程，它创造地方就业机会，更可持续地使用地方资源，提供社会交流和支持的氛围。

结论

增加密度并非灵丹妙药，过分以定量方式强调高密度会引起严重的环境和社会后果，这些都是清楚的。密度需要与其他条件和方式配合起来，如混合使用、建筑形式和设计、公共空间的布局等。对较高密度开发来讲，更重要的是要有一个允许自我调整的受到管理的灵活的框架。一组有区别的且相互联系的概念，如适应性、稳定性、弹性和选择，都包含着对变化做出持续反应的特征，包容选择和培育机会的品质，包容而不是排斥的品质，帮助防止、避免丧失活力和功能的品质。正是通过拥有这种弹性特征，较高密度的开发可以说与可持续性的目标靠得更近了。

规划师、设计师和决策者所面对的挑战是转变观念，把高密度环境中的复杂性当作一种定性指标，而不是试图去避免的负面因素。规划师常常通过简化、分割和划分的方式去实现效率。这些案例表明，我们需要更加注意非正式的和非规定的事物，学会欣赏在那些显得不那么有序的环境中的多样性。向可持续性过渡（Selman，2000）包括对现行的城市规划过程、政策，甚至法规做些改革，让城市也能够容纳建立良好的和多样的环境所需要的弹性。为了做到这一点，我们需要做更多的经验研究，以了解现存的高密度城区的动态机制。不仅为了实现高密度，而且还要在不同城市形式和特征下达到最优密度，实现城市整体上的可持续性，我们需要制定多方面的战略。在寻求社区能力范围内的和符合地方背景的解决方案以实现向可持续性过渡上，规划师发挥着重要作用。

致谢

本章撰写过程中的研究得到了张继博士的帮助。

参考文献

Basiago, A. D. (1999) 'Economic, social, and environmental sustainability in development theory and urban planning practice', *The Environmentalist*, vol 19, pp145–161

Bender, R. (1993) 'Where the city meets the shore', in R. Bruttomesso (ed) *Waterfronts: A New Frontier for Cities on Water*, International Centre Cities on Water, Venice, pp32–35

Breheny, M. (1997) 'Urban compaction: Feasible and acceptable?' *Cities*, vol 14, no 4, pp209–217

Briassoulis, H. (1999) 'Who plans whose sustainability? Alternative roles for planners', *Journal of Environmental Planning and Management*, vol 42, no 6, pp889–902

Dovey, K. and Fitzgerald, J. (2000) 'Spaces of "becoming"', in G. Moser, E. Pol, Y. Bernard, M. Bonnes, J. Corraliza and M. V. Giuliani (eds) *IAPS 16 Conference Proceedings: Metropolis 2000 – Which Perspectives? Cities, Social Life and Sustainable Development*, 4–7 July 2000, Paris

ECOTEC (1993) *Reducing Transport Emissions Through Planning*, HMSO, London

Franck, K. A. (2000) 'When are spaces loose?', in G. Moser, E. Pol, Y. Bernard, M. Bonnes, J. Corraliza and M. V. Giuliani (eds) *IAPS 16 Conference Proceedings: Metropolis 2000 – Which Perspectives? Cities, Social Life and Sustainable Development*, 4–7 July, Paris

Frey, H. (1999) *Designing the City: Towards a More Sustainable Urban Form*, Routledge, New York, NY

Hall, P. (1988) *Cities of Tomorrow: An Intellectual History of Urban Planning and Design in the Twentieth Century*, Blackwell, Oxford, UK and New York, NY

Hall, P. (2004) 'The Buchanan Report: 40 years on', *Transport*, vol 157, no 1, pp7–14

Healey, P. and Shaw, T. (1994) 'Changing meanings of "environment" in the British planning system', *Transactions of the Institute of British Geographers*, vol 19, no 4, pp425–438

IUCN (World Conservation Union) (1980) *World Conservation Strategy*, IUCN, Gland, Switzerland

Jacobs, J. (1961) *The Death and Life of Great American Cities*, Random House, New York, NY

McLaren, D. (2000) 'Compact or dispersed? Dilution is no solution', *Built Environment*, vol 18, no 4, pp268–284

Minister of Transport, and Steering Group and Working Group (1963) *Traffic in Towns: A Study of the Long Term Problems of Traffic in Urban Areas*, HMSO, London

Ministry for the Environment of New Zealand (2005) *Summary of the Value of Urban Design: The Economic, Environmental and Social Benefits of Urban Design*, www.mfe.govt.nz/publications/urban/value-urban-design-summary-jun05/value-of-urban-design-summary-jun05.pdf, accessed December 2008

Newman, P. (2000) 'The compact city: An Australian perspective', *Built Environment*, vol 18, no 4, pp285–300

Owens, S. (1994) 'Land limits and sustainability: A conceptual framework and some dilemmas for the planning system', *Transactions of the Institute of British Geographers*, Royal framework and some dilemmas for the planning system', *Transactions of the Institute of British Geographers*, Royal Geographical Society, vol 19, pp439–456

Pérez de Arce, R. (1978) 'Urban transformations and architecture of additions', *AD Profiles 12: Urban Transformations*, vol 49, no 4, pp237–266

Rivlin, L. G. (2000) 'The nature of found spaces', in G. Moser, E. Pol, Y. Bernard, M. Bonnes, J. Corraliza and M. V. Giuliani (eds) *IAPS 16 Conference Proceedings: Metropolis 2000 – Which Perspectives? Cities, Social Life and Sustainable Development*, 4–7 July, Paris

Rogers, R. G. and Urban Task Force (1999) 'Towards an Urban Renaissance' Final report of the Urban Task Force, Department for the Environment, Transport and the Regions, London

Selman, P. (2000) *Environmental Planning*, Sage, London

Sennett, R. (2006) 'The open city', Paper presented at the Urban Age: A Worldwide Series of Conferences Investigating the Future of Cities (Berlin), www.urbanage.net/0_downloads/archive/Berlin_Richard_Sennett_2006-The_Open_City.pdf, accessed December 2008

Sennett, R. (2007) 'Urban inequality', Lecture given at the Urban Age: A Worldwide Series of Conferences Investigating the Future of Cities (Mumbai), www.urbanage.net/10_cities/07_mumbai/_videos/UI/RS_video1.html accessed December 2008

Thomas, L. and Cousins, W. (1996) 'The compact city: A successful, desirable and achievable urban form? ', in M. Jenks, E. Burton and K. Williams (eds) *The Compact City: A Sustainable Urban Form?* E. & F. N. Spon, London, New York, pp53–65

Thompson, C. W. (2002) 'Urban open space in the 21st century', *Landscape and Urban Planning*, vol 60, no 2, pp59–72

WCED (World Commission on Environment and Development) (1987) *Our Common Future*, Oxford University Press, Oxford, New York

第二部分
气候和高密度设计

第5章

城市生活引起的气候变化

林超英

    过去半个世纪以来，中国香港经历了一个大规模城市化的时期。与以前相比，现在更多的土地被水泥所覆盖。高层建筑组团已经推进到了原先的乡村地区。同时，人口以及人均能源消费量的增加意味着这个富裕社会燃烧掉了更多的煤和石油，释放出更多的气体和微粒。香港上空的大气层不可能不受到这些变化的影响。在这个大规模城市化过程中，香港的气候已经变化了。通过直到2002年的多种观测参数，梁（Leung）等人（2004a）已经证明了这个长期变化。这一章把梁等人使用的数据延长至2005年，同时还关注原先没有涉及的若干方面的问题。

气温

    对所有人来讲，香港最明显的变化是，城市地区的气候越来越温暖。图5.1显示了1947年至2005年期间，在香港天文台总部所在地上记录下来的年度平均气温。这个天文台坐落在尖沙咀的核心地区，那里是过去半个世纪以来香港城市化最为活跃的地区。贯穿整个时期，每10年气温上升0.17℃。当然，在这个时期快要结束时，即1989年至2005年，每10年的气温上升率陡增到0.37℃。为了与那些受到城市化影响较小地段上的记录站对比，图5.2使

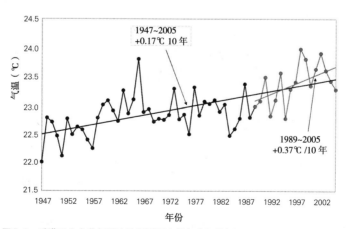

图5.1 香港天文台总部所在地记录下来的年度平均气温（1947～2005）
资料来源：香港天文台。

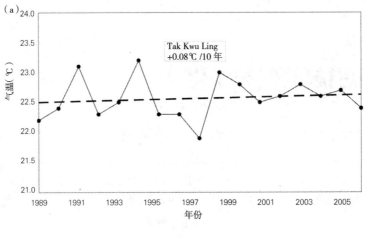

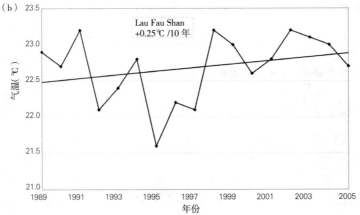

图 5.2 （a）打鼓岭（1989～2005）；（b）流浮山（1989～2005）年度平均气温
资料来源：香港天文台。

用了打鼓岭（Ta Kwu Ling）和流浮山（Lau Fau Shan）的气温系列数据，它们分别坐落在新界的东北和西北。同样在 1989 年至 2005 年时期，这两个站记录下来的每 10 年的气温上升率分别为 0.08℃ 和 0.25℃。这个对比说明，城市地区比乡村地区的气温上升要快很多。

城市生活引起的气候变化

在城市化对长期气温倾向产生影响的地区，城市化的影响更大程度地表现在日最低气温上，而不是日最高温度上（Karl et al，1993）。这与城市地区热容量的增加有关，城市地区的水泥储存白天吸收到的热量，晚上在把这些热量释放出来，这样，有水泥的地方比没有太多水泥的地方气温要高一些。图 5.3 描绘了 1947 年至 2005 年期间，即战后发展时期，香港天文台上记录下来的平均日最高气温和最低气温倾向。日最高气温变化倾向几乎持平，

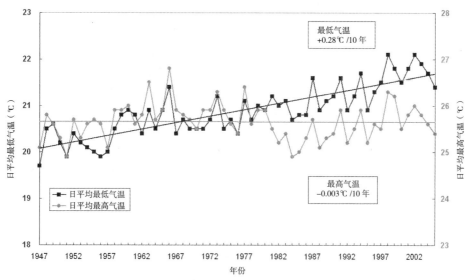

图 5.3　香港天文台总部所在地日平均最高气温和日平均最低气温（1947~2005）

资料来源：香港天文台。

而日益增加的浑浊的天空（我们回头专门说明的一个论点）掩盖了全球变暖的影响。相对比，平均日最低气温在整个时期表现出稳定上升的趋势，每 10 年上升 0.28℃。城市化在气温变化倾向上留下了明显的痕迹。

风

城市化的另外一个标志是日益增加的建筑数目。建筑增加了大气层以下的表面粗糙度，对低层风形成阻力。所以，长期看，接近地面的风速有降低的倾向。图 5.4 展示了京士柏（Kings' Park）和横澜岛（Waglan Zaland）1968 ~ 2005 年测量到的风速时间系列。出于技术上的原因，为了进行比较，数据点代表每日 2 次，早 8 点和晚 8 点，测量 10 分钟风速得到的年度平均数据。横澜岛在海上，所以，那里得到的观察数据纯粹来自背景气候，没有城市化的影响。那里没有明显的长期风速变化倾向。然而，京士柏坐落在油麻地、旺角、何文田和稍远一点的红磡包围起来的一个山丘上，那里风速稳定降低。由于京士柏气象站的风速表在¹1996年更换了地点，所以，在图上表现为两段时间系列。当然，风速始终都在减少还是明显的。对比两个时间系列，京士柏周边的城市化降低了气象站周边大气界面的风速，这一点是明显的。所以，城市地区的通风状态不及以前。

天空状态

气候变化的一个可见方面是浑浊的天空，这也是越来越多的地方居民关心的问题。城

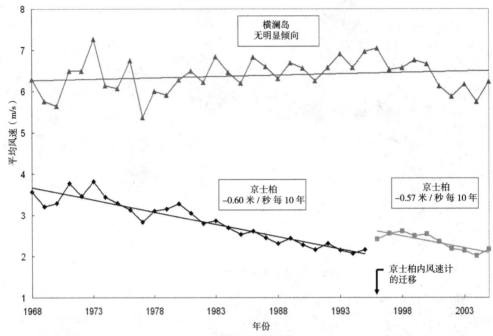

图 5.4 京士柏和横澜岛（1968～2005）年平均12小时10分钟平均风速
资料来源：香港天文台。

市里的人类活动掀起了这种或那种悬浮的颗粒物，从而导致天空浑浊起来。可能纯粹是灰尘和自然的（如来自中国北方的沙尘）。也有可能是通过光化学过程，燃烧物释放出来的微粒（如汽车尾气、厨房和发电站）。图5.5显示了从1968年至2005年期间，香港天文台总部8公里以下能见度的年小时数目。雨、雾、相对湿度过高的情况排除在外，因为这些属于"自然"的天象。在20世纪80年代末期以前，倾向不明显。但是，自那以后，能见度降低的情况明显上升。2005年，能见度低下的频率是20世纪70年代和80年代的5倍。人们有可能提出，这种大气浑浊的增加来自香港之外。但是，如果考虑到香港本身的大规模能源消费，毫无疑问，地方城市生活产生的颗粒物也构成了浑浊空气的一些部分，如这种或那种形式的燃烧所产生的颗粒物。梁等也提出，在1961年至2002年期间，在香港天文台总部观察到的年平均云量以每10年1.8%的速度增加。一个可能的原因是，空气中凝结核的浓度增加了（凝结核有助于形成云），而空气中凝结核的浓度被认为与城市化有关。浑浊度的增加，天空云量的增加，都会减少太阳辐射到达地面的数量。图5.6显示了1961年至2005年期间，在京士柏测量到的日太阳辐射量的年度平均值。日太阳辐射量有明显减少的趋势。随着到达地面的太阳能量的减少，白天的城市热岛效应受到压抑。这就给我们如何看待图5.3所说的日最高气温变化不大提供了一个背景。它也让我们思考，对建筑物的照射减少，灭杀对人体有害细菌的能力的降低，可能产生什么样的后果。

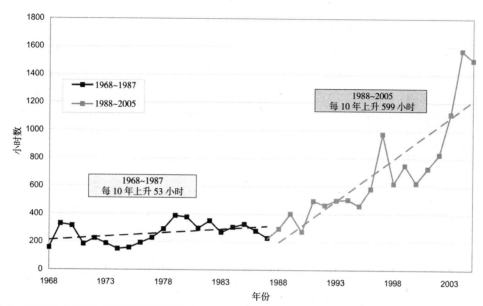

图 5.5　香港天文台总部 8 公里以下能见度的年小时数目（1968 ～ 2005）（不包括雨、雾、相对湿度过高的时间）
资料来源：香港天文台。

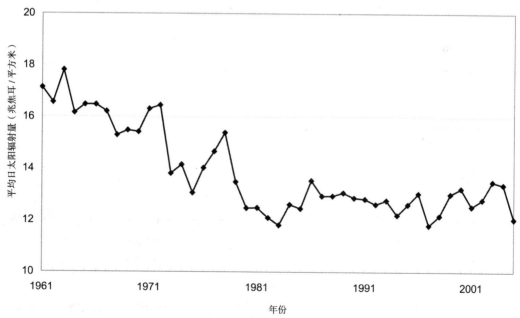

图 5.6　日太阳辐射量的年度平均值的长期倾向，1968 ～ 2005
资料来源：香港天文台。

蒸发

蒸发量减少的倾向是城市气候变化的一个方面，当然，人们对此关注要少些。气象学家使用一个容器盛上水，放置在户外地面上，让水暴露在风和阳光下。图 5.7 显示了 1961 年至 2005 年期间，在京士柏测量到的年度总蒸发量时序。蒸发量的大规模减少倾向是明显的。风速降低和白天到达地面的太阳辐射量减少都对蒸发量减少产生影响。所以，蒸发量减少也是城市化留下的痕迹。同样，我们会问，蒸发量减少是否意味着，潮湿的地方比以前更潮湿了，这样，潮湿的地方是否给细菌生存留下了有利环境。

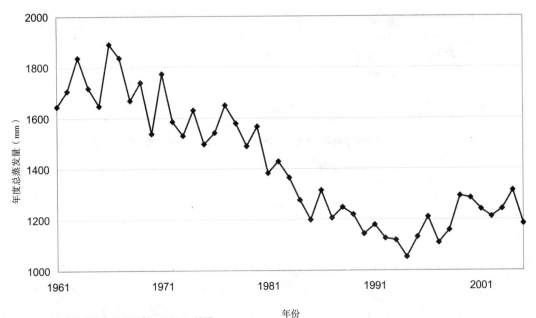

图 5.7　年度总蒸发量长期倾向，1968 ~ 2005
资料来源：香港天文台。

对人的思考

与香港城市化同时发生的变化有，城市气温比乡村地区上升的更快一些，风速在城市地区减慢，能见度在城市地区降低，到达地面的太阳辐射量在城市地区减少，蒸发量在城市地区降低，等等。这些变化与我们有关吗？对于富裕的人和社会精英们，这些变化也许的确对他们没有什么影响。他们能够全年使用空调，看高清电视，而不需要去看天，使用人工阳光把自己晒黑，使用电力设备去烘干衣物，等等。很不幸的是，就能量消费而言，这将提高城市生活水平，能量消费的增加将引起气候变化。对于那些不那么富裕的人来讲，特别是老人和弱者，增加能量消费能够成为一种正常生活受到威胁的问题。炎热夜晚数目的增加是气候变化的一个方面，而气候变化能够"杀了"慢性病患者和独居的老人。图 5.8

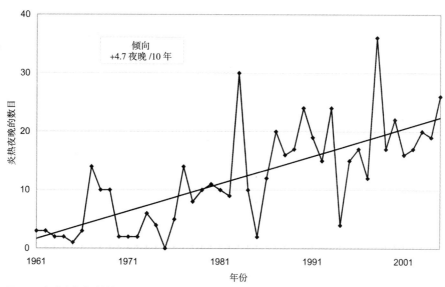

图 5.8　年度炎热夜晚的数目，1961 ~ 2005
资料来源：香港天文台。

显示了炎热夜晚数目的增加，晚上最低气温维持在 28℃以上被认为是炎热的夜晚，这些数据以香港天文台总部所在 1961 ~ 2005 年期间的数据为基础。在 20 世纪 60 年代，夜间最低气温维持在 28℃以上的炎热夜晚每年只有几天，而现在每年约有 20 天。

按照梁（2004b）的预测，到 20 世纪末，每年夜间最低气温维持在 28℃以上的炎热夜晚将达到 30 天。香港这座城市正在向闷热和炎热的状态发展。在未来的夏季里，生活在城市地区小房间里的老人和弱者必将面临日益增加的炎热夜晚数目，他们没有空调，因为几乎没有风、阳光和蒸发，从而导致潮湿程度的上升。他们必将更为担心比过去受到更多的细菌的感染，因为细菌的天敌在强度上均减少了，如新鲜的空气和阳光。很不幸的是，弱势群体还必须面临着在海岸沿线或城市的核心地区有更多的高层建筑，从而阻碍风的运动和阳光的射入。建筑本是让人受益的。但是，我们从以上气象学家的记录那里看到，建筑物已经以不利于健康生活的方向改变了城市气候。现在已经是我们重新思考城市生活基础应该是什么样的时候了。而建筑师和工程师的手中不乏答案。

参考文献

Karl, T. R., Jones, P. D., Knight, R. W., Kukla, G., Plummer, N., Razuvayev, V., Gallo, K. P., Lindseay, J., Charlson, R. J., and Peterson, T. C. (1993) 'A new perspective on recent global warming: Asymmetric trends of daily maximum and minimum temperature', *Bulletin of the American Meteorological Society*, vol 74, pp1007–1023

Leung, Y. K., Yeung, K. H., Ginn, E. W. L. and Leung, W. M. (2004) *Climate Change in Hong Kong, Technical Note,* no 107, Hong Kong Observatory, Hong Kong, p41

PGBC (2006) *PGBC Symposium 2006 on Urban Climate and Urban Greenery*, 2 December 2006

第6章

城市化和城市气候：昼夜和季节的角度

梁荣武和李慈祥

　　许多年以来，大量研究人员已经提出，作为人类历史上大规模土地使用变更的城市发展已经对城市的地方气候产生了重大影响（Landsberg，1981；Arnfield，2003）。城市热岛（UHI）效应是众所周知的一种城市化后果，当乡村降温率大于城市的降温率时，城市热岛效应发生了（Oke and Maxwell，1975）。可能引起城乡地区气温差异的因素包括（Kalande and Oke，1980；Oke，1982；Grimmond，2007）：

- 与城市周边乡村地区相比较，城市开发中使用建筑材料的热性质和反射性质有所不同，从而导致城市表面比乡村表面能够吸收和储存更多的太阳能；
- 在城市地区，建筑物的散热、空调、交通和工业，都对热岛效应的发展有所贡献；
- 城市地区不透水地表面积的增加导致蒸发量的减少和地面潜热能的丧失，从而使那里变热；
- 城市地区发展高密度建筑物的倾向妨碍了天空的视线，影响到作为长波辐射的热在晚上的释放；
- 城市地区密集开发降低了风速和抑制对流降温。

城市热岛　强度

　　城市热岛效应（Urben heat island，UHI）的强度一般使用"城市热岛强度"来计算，"城市热岛强度"描绘了在一个设定的时期内，城乡气温的差别（karl et al，1988；Arnfield，2003）。这里，我们把城乡气温差（T_{u-r}）定义为：

$$T_{u-r} = T_u - T_r \qquad [6.1]$$

　　T_u 和 T_r 分别对应城乡场地上的气温。这样，T_{u-r} 为正值表示，城市气温测量站所测量到的气温高于乡村气温测量站所测量到的气温。

　　有研究提出，一座城市的城市热岛强度能够表现出季节上的和昼夜更替上的变化（Haeger-Eugensson and Holmer，1999；Wilby，2003；Weng and Yang；2004；Sakakibara and Owa，2005；Chow and Roth，2006）。一般来讲，城乡之间的气温差别在晚上要比白天大，在冬天要比夏天大，当风不大且天气晴朗的时候，这种差别最明显。当然，每一个城市都

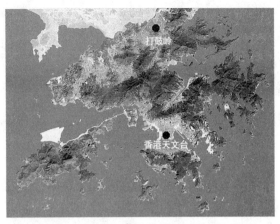

图 6.1　香港天文台总部气象站和打鼓岭气象站的相对位置
资料来源：香港天文台。

有它自己独特的城市热岛强度，这取决于城市的土地使用状况、建筑密度、人口规模、景观和自然环境气候，等等。

如同其他的大都市一样，香港的城区里有很高的开发密度，有许多高层建筑。香港还有很大的人口规模，每平方公里的平均人口密度达到 6000 人（HKSARG，2007），城市中心地区的人口密度要高很多。香港城市气候研究已经揭示出，最近几十年以来，迅速的城市发展已经对香港的气温和其他气象因素产生了重大影响（Leung et al，2004；Lam，2006）。

香港天文台总部地处香港九龙城区的核心，是一个有代表性的城市气象站。对于乡村气象站而言，新界以北的打鼓岭的气象站可以认为是一个典型的乡村气象站（Leung et al，2007）。之所以这样认为，是因为自从气象站 1989 年开始工作以来，那个气象站的相邻环境没有发生任何重大变化。香港天文台总部气象站的海拔高度只比打鼓岭气象站的海拔高度高出 17 米，这种高程上的差异不需要对气温做调整。图 6.1 显示了香港天文台总部气象站和打鼓岭气象站的相对位置。对香港来讲，城市热岛强度可以通过 $T_{u-r} = T_{HKO} - T_{TKL}$ 来估计，这里 T_{HKO} 和 T_{TKL} 分别是香港天文台总部气象站和打鼓岭气象站测到的气温。

用来研究城市热岛强度的数据都是香港天文台总部气象站和打鼓岭气象站从 1989 年至 2007 年记录下来的小时气温。以下讨论所采用的时间均为香港当地时间（h）。

城市热岛　强度的昼夜变化

图 6.2a 显示了 1989 年至 2007 年期间，香港天文台总部气象站和打鼓岭气象站测到的气温 T_{HKO} 和 T_{TKL} 的平均昼夜变化状况。图 6.2b 显示了平均城市热岛强度 T_{u-r} 的昼夜变化状况。香港的城市热岛强度有着很大的昼夜变化率，晚上为正值，而白天为负值。T_{u-r} 的正值表示，在晚上，城市地区的气温高于乡村地区，反之，在白天，T_{u-r} 为负值，一天中有 16 个小时 $T_{u-r} > 0$，所以全日平均 T_{u-r} 为正值（即平均而言，城市地区比乡村地区温暖）。

平均城市热岛强度在早上 6 点钟（约黎明时刻）达到最高，T_{u-r} 约为 2℃。在香港，夜晚的城市热岛效应主要源于建筑物的高热容量，城市地区人为的热排放，由于密集和高层开发而引起的比较小的天空视野。当然，早上 7 点以后，正值的城市热岛强度逐步耗散，在下午成为负值，导致"城市冷岛效应"（UCI），最低点约发生在下午 2 点。在对其他城市的观察中，同样发现过这种白天的"负城市热岛强度"或"城市冷岛效应"现象，如西班牙的萨拉曼卡（Salamanca）、伦敦、新加坡，等等（Alonso et al，2003；Mayor of London，2006；Chow and Roth，

2006）。这可能是因白天出现阴影的效果，阳光不能全部到达城市地区的地面。城市地区较高的热容量和热传导性也有可能是"城市冷岛效应"产生的原因。

为了分析城市热岛强度随时间的发展，研究人员还计算了 T_{HKO} 和 T_{TKL} 的变化率。正如图6.2c 显示的那样，城市和乡村地区的降温时间大约都在下午3点开始。在下午4点至午夜12点之间，乡村地区气温下降的速率比城市地区的区气温下降的速率要明显快很多，差别最大的时间约在下午6点（太阳落山），约0.5℃/小时。从图6.2b 和 6.2c 上可以看到，

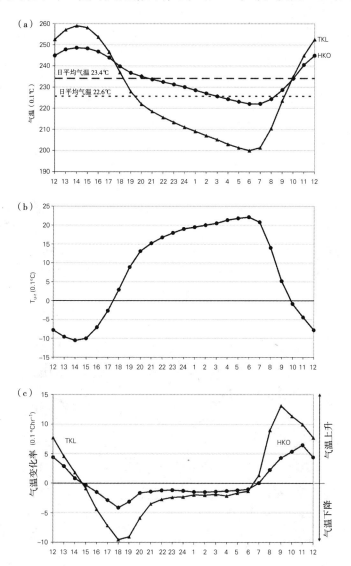

图6.2 平均城市热岛强度的昼夜变化
（a）香港天文台总部气象站和打鼓岭气象站测到的气温 T_{HKO} 和 T_{TKL} 的平均昼夜变化状况；（b）平均城市热岛强度 T_{u-r} 的昼夜变化状况；（c）T_{HKO} 和 T_{TKL} 的变化率（即1989～2007期间，$\frac{\partial}{\partial t}T_{HKO}$ 和 $\frac{\partial}{\partial t}T_{TKL}$）。
资料来源：香港天文台。

当城市和乡村温度下降率相等时，城市热岛强度 T_{u-r} 达到最大值。我们可以用数学方式做如下解释。因为 $T_{u-r} = T_{HKO} - T_{TKL}$，所以，$T_{u-r}$ 的变化率等于：

$$\frac{\partial}{\partial t}T_{u-r} \equiv \frac{\partial}{\partial t}T_{HKO} - \frac{\partial}{\partial t}T_{TKL}$$

[6.2]

城市热岛强度 Tu–r 达到最大值，在

$$\frac{\partial}{\partial t}T_{u-r} = 0，\quad 或者 \quad \frac{\partial}{\partial t}T_{HKO} = \frac{\partial}{\partial t}T_{TKL}.$$

[6.3]

总而言之，香港的晚上，城市地区要比乡村地区炎热，而香港的白天，情况正相反，城市地区要比乡村地区凉快。由于城市和乡村地区的降温速率有很大差别，所以，城市热岛强度约在黎明时达到最高值。

城市热岛强度的季节变化

图 6.3 显示了香港不同月份城市热岛强度平均日变化值 T_{u-r}。表 6.1 是 T_{u-r} 的季节性变化的统计数据。

如图 6.3 所示，虽然不同月份／季节城市热岛强度平均日变化值一般具有相同的模式（即晚上为正值，白天为负值），但是，在冬天，城市热岛强度每日显示为正值的时间要比夏季长。而且，城市热岛强度有明显的季节变化，冬天（12 月）城市热岛强度最大，而在春季（4月）城市热岛强度最小。城市热岛强度年度的日最大值为 2.9℃，是全年城市热岛强度平均值 0.8℃的 3 倍。在冬季，城市热岛强度 T_{u-r} 的绝对值能够达到 10℃或以上（参见表 6.1）。

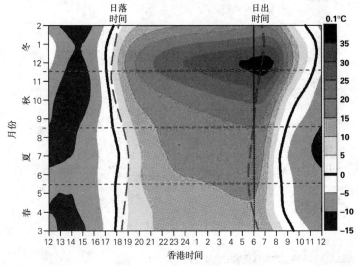

图 6.3　香港不同月份城市热岛强度平均日变化值 T_{u-r}（0.1℃为一个单元：实线为 +；虚线为 −；细虚线为 T_{u-r} = 0）
(1989 ～ 2007)
资料来源：香港天文台。

不同的 T_{u-r} 参数（℃）	月												年
	春			夏			秋			冬			
	3	4	5	6	7	8	9	10	11	12	1	2	
绝对日	8.9	6.8	7.2	4.7	4.9	4.7	6.5	7.9	11.0	11.5	11.0	9.1	11.5
最大平均日[1]	2.1	1.9	2.1	2.4	2.6	2.6	2.7	3.2	3.9	4.4	3.7	2.7	2.9
最大[2]（最频繁出现次数）[3]	(7)	(6)	(6)	(6)	(6)	(6)	(6)	(6)	(7)	(7)	(7)	(7)	(6)
早 6 点平均	1.3	1.2	1.6	1.8	1.9	1.9	2.1	2.6	3.2	3.7	2.8	1.9	2.2
日平均	0.4	0.3	0.4	0.6	0.5	0.6	0.7	1.0	1.4	1.8	1.4	0.7	0.8

注：括号内数字为早上的地方时间。
资料来源：香港天文台。
附注：
1. 仅仅考虑早上 5~7 点的数据，不包括雨天在内。
2. 计算中不包括负值。
3. 提出的是模式值。

在对中国大陆和韩国主要城市的城市热岛强度研究中，也发现了类似的特征（Kimand Baik，2002；Weng and Yang，2004；Hua et al，2997；Liu et al，2007）。罗特还指出，对那些在季节上乡村湿度存在很大差异的地方，城市热岛强度的季节差异可能最大（即香港的冬天呈现为旱季型的气候）。

　　城市热岛强度与不同季节的日出和日落时间明显相关。随着日出时间的变化（图 6.3 上的虚线），城市热岛强度差最大值出现的时间从夏季的早上 6 点改变到冬季的早上 7 点（参见表 6.1）。类似，城市热岛强度差在早上的变化时间（从正到负；图 6.3 中的实线）也从夏季的上午 9 点推迟到冬季的上午 11 点。

造成高城市热岛强度的气象条件

　　如表 6.1 所示，在香港的秋季和冬季，城市热岛强度的绝对最大值能够达到 10℃或以上。为了研究香港地区造成高城市热岛强度的有利条件，在 1989 年至 2007 年研究期间，有 11 个城市热岛强度差 T 的案例（参见表 6.2）。所有城市热岛强度 10℃的案例都出现在 12 月或 1 月的早上 5 点至 8 点期间。从 1989 年至 2007 年，最大的城市热岛强度值 11.5℃出现在 2001 年 12 月 24 日早上 6 点。在这个时间里，香港天文台总部气象站和打鼓岭气象站的气温分别为 12.8℃ 和 1.3℃。所有这些案例都是 T_{u-r}>10℃，其发生的气象条件如下：

• 影响华南地区的温和的东北季风；
• 天空晴朗，云量不大于 2 okta；
• 稳定的大气层且 K 低于 0;
• 微北风或东北风，风速约 2.5 米 / 秒或更低。

在这些案例中所观察到的高城市热岛强度主要是因为城市乡村的降温速度存在很大差异。在天空晴朗、微风和稳定的气候条件下，乡村地区的气温能够在晚上明显降下来。另一方面，在城市地区，人类活动产生的热和高层建筑所引起的有限的天空视野使得城市降温速率比乡村地区的降温速率低很多。

结论

从以上对香港天文台总部气象站和打鼓岭气象站所获得的 1989 ~ 2007 年间气温数据的分析中，我们能够看到：

1989~2007 年研究期间，11 个城市热岛强度差 *T* 的案例   表 6.2

时间	香港天文台总部气象站（HKO）					打鼓岭气象站				京士柏	
	气温（℃）	风向（°）	风速（ms⁻¹）	雨量（mm）	云量（okta）	气温（℃）	风向（°）	风速（ms⁻¹）	雨量（mm）	早 8 点 K- 指数	T_{u-r}（℃）
2001122406	12.8	70	0.5	0	1	1.3	可变	0.2	N/A	−43	11.5
1995123107	12.7	60	0.5	0	2	1.4	0	0	0	−21	11.3
1996010108	14.5	30	0.5	0	0	3.2	0	0	0	−38	11.3
1996010307	16	230	0.5	0	0	5	可变	0.1	0	−4.1	11
2007113007	15.1	80	2.4	0	1	4.1	可变	0.1	0	−44	11
1993122608	14.2	270	0.5	0	0	3.3	240	0.2	0	−69	10.9
1989120507	16.7	90	0.5	0	0	6.2	310	0.4	0	−30	10.5
2005122305	12.1	360	0.1	0	0	1.6	可变	0.1	0	−47	10.5
1993013106	12.9	110	2	0	0	2.5	360	0.1	N/A	−64	10.4
1996010207	15	60	0.5	0	1	4.6	0	0	0	−28	10.4
1999122606	12.4	70	2	0	0	2	可变	0.1	0	−64	10.4

说明：N/A——数据无法获取。
资料来源：香港天文台。

- 香港的城市热岛效应基本上是夜间的现象。最大的城市热岛强度通常发生在早上 6 点左右（黎明）。还有一个值得注意的现象，"城市冷岛"效应，它发生在白天，约在下午 2 点左右。
- 香港的城市热岛强度在季节上有明显的变化。冬季（旱季）观察到比较高的城市热岛强度，特别是 12 月份因为日落时间因季节变化而变化，所以，城市热岛强度最大值出现的时间也随之而变。
- 在香港的冬季，城市热岛强度的最大绝对值能够达到 10℃或以上。稳定的气象、微风和晴朗的天空都是导致高城市热岛强度的气象条件。

参考文献

Alonso, M. S., Labajo, J. L. and Fidalgo, M. R. (2003) 'Characteristics of the urban heat island in the city of Salamanca, Spain', *Atmosphere*, pp137–148

Arnfield, A. J. (2003) 'Two decades of urban climate research: a review of turbulence, exchanges of energy and water, and the urban heat island', *International Journal of Climatology*, vol 23, pp1–26

Bornstein, R. D. (1968) 'Observations of the urban heat island effect in New York City', *Journal of Applied Meteorology*, vol 7, pp575–582

Chow, W. T. L. and Roth, M. (2006) 'Temporal dynamics of the urban heat island of Singapore', *International Journal of Climatology*, vol 26, pp2243–2260

George, J. J. (1960) *Weather Forecasting for Aeronautics*, Academic Press, New York, p673

Grimmond, S. (2007) 'Urbanization and global environmental change: Local effects of urban warming', *The Geographical Journal*, vol 173, no 1, pp83–88

Haeger-Eugennsson, H. and Holmer, B. (1999) 'Advection caused by the urban heat island circulation as a regulating factor on the nocturnal urban heat island', *International Journal of Climatology*, vol 19, pp975–988

HKSARG (2007) *Hong Kong in Brief 2006*, www.info.gov.hk/info/hkbrief/eng/ahk.htm, accessed November 2008

Hua, L. J., Ma, Z. G. and Guo, W. D. (2007) 'The impact of urbanization on air temperature across China', *Theoretical and Applied Climatology*, vol 93 pp179–197

Kalande, B. D. and Oke, T. R. (1980) 'Suburban energy balance estimates for Vancouver, BC, using the Bowen ratio energy balance approach', *Journal of Applied Meteorology*, vol 19, pp791–802

Karl, T. R., Diaz, H. F. and Kukla, G. (1988) 'Urbanization: Its detection and effect in the United States climate record', *Journal of Climate*, vol 11, pp1099–1123

Kim, Y. H. and Baik, J. J. (2002) 'Maximum urban heat island intensity in Seoul', *Journal of Applied Meteorology*, vol 41, pp651–659

Lam, C. Y. (2006) 'On the climate changes brought about by urban living', *Bulletin of the Hong Kong Meteorology Society*, vol 16, pp15–27

Landsberg, H. E. (1981) *The Urban Climate*, Academic Press, New York, NY

Leung, Y. K., Yeung, K. H., Ginn, E. W. L. and Leung, W. M. (2004) 'Climate change in Hong Kong', *Hong Kong Observatory Technical Note*, vol 107, p41

Leung, Y. K., Wu, M. C., Yeung, K. K. and Leung, W. M. (2007) 'Temperature projections for Hong Kong in the 21st century – based on IPCC 2007 Assessment Report', *Bulletin of the Hong Kong Meteorology Society*, vol 17, pp13–22

Liu, W., Ji, C., Zhong, J., Jiang, X. and Zheng, Z. (2007) 'Temporal characteristics of Beijing urban heat island', *Theoretical and Applied Climatology*, vol 87, pp213–221

Mayor of London (2006) 'London's urban heat island: A summary for decision makers', Greater London Authority, www.london.gov.uk/mayor/environment/climate_change/, accessed November 2008

Oke, T. R. (1982) 'The energetic basis of the urban heat island', *Quarterly Journal of the Royal Meteorological Society*, vol 108, pp1–24

Oke, T. R. and Maxwell, G. B. (1975) 'Urban heat island dynamics in Montreal and Vancouver', *Atmospheric Environment*, vol 9, pp191–200

Roth, M., (2007) 'Review of urban climate research in (sub)tropical regions', *International Journal of Climatology*, vol 27, 1859–1873

Sakakibara, Y. and Owa, K. (2005) 'Urban–rural temperature differences in coastal cities: Influence of rural sites', *International Journal of Climatology*, vol 25, pp811–820

Weng, Q. and Yang, S. (2004) 'Managing the adverse thermal effects of urban development in a densely populated Chinese city', *Journal of Environmental Management*, vol 70, pp145–156

Wilby, R. (2003) 'Past and projected trends in London's urban heat island', *Weather*, vol 58, pp251–260

第 7 章

高密度城市的城市气候

卢茨·卡茨奇纳

引言

　　迅速的城市化和许多特大城市的出现引起了许多环境问题。我们必须把人们比较了解的城市热岛现象看作是一种城市舒适度的负面因素和一种空气污染。热的储存、辐射牢笼、粗糙度的增加和蒸发减少是产生特定城市气候的原因，我们可以在世界范围的城市里发现这些现象，当然，在高密度的特大城市里，这些现象表现得最为明显。城市建筑物在白天吸收太阳能，而在晚上再把这些能量释放到大气中，这就产生了城市热岛效应。城市化和开发改变了用于提高气温（升温过程）和用于蒸发（降温过程）的能量平衡。

　　在现在温和的气候条件下，我们只是在夏季感觉到城市热岛（UHI），在冬季感觉到因为减少通风的而引起的空气污染。城市热岛是一种城市气温总是高于周边乡村地区气温的现象，特别是在风不大和无云的夜晚，城市热岛现象表现更为明显。图 7.1 描绘了一个城市的理想化热岛，在乡村边远地区，气温开始上升，而在城市中心地区，气温达到顶峰。图 7.1

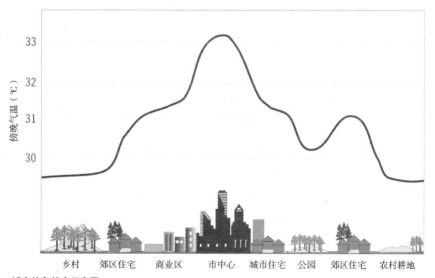

图 7.1　城市热岛效应示意图
资料来源：http://eande.lbl.gov/heartisland/HighTemps/，2008 年 7 月 23 日设定。

也证明横跨城市的气温变化取决于土地覆盖物的属性，如城市公园和湖泊地区的气温比起由建筑物覆盖相邻地区的气温要低。

按照兰兹伯格（Landskerg，1981）的观点，作为城市化最明显的气候表现，我们能够在每一个城镇看到城市热岛现象。高密度城市的城市热岛现象表现的比较极端；那些地处热带气候条件的城市，城市热岛现象的负面效果比其他气候区更为糟糕一些。

在北纬或南纬23度附近的城市，城市热岛在不长的冬季能够产生积极的效果，即产生热中心的城市气温条件，使人感觉舒适，减少取暖所消耗的能源。大部分特大城市地处亚热带地区，需要度过非常漫长、炎热和潮湿的夏季，所以，在这种情况下，热岛和空气大规模交换的效果是负面的。规划师、建筑师、城市设计师和开发商都应该记住，应当减少城市热岛强度，规划和建设都不应当让热状态恶化。

一般来讲，在密度和建筑高度上，高密度的热带城市都不能够与欧洲城市相比。但是，欧洲的研究已经揭示出，城市的气候变化有一定的模式，我们必须对此做出决策。城市热岛的空间分布比较表明，由于城市结构的原因，许多城市具有一定的相似性。图7.2说明，

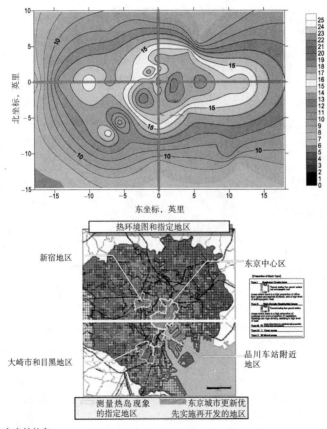

图7.2　伦敦和东京的热岛
资料来源：上图：Endlicher（2007）；下图：东京大都市区政府（2006）。

在伦敦和东京，城市中心的最大热岛对城市中心并非总是线性的，而是具有热点的，那里的热储备和低反射率产生主要效果，与建筑密度以及相关的高度存在直接的依赖关系。所以，在世界上，人们广泛使用高－宽比来表达城市热储备和城市热岛效用（Oke，1987）。图 7.3 揭示了欧洲城市的热岛效应。在德国的卡尔斯鲁厄（Karlsruhe），根据城市建成区的密度，我们能够看到两个分离的热岛。

对气候变化的模拟已经揭示出亚洲、拉丁美洲和非洲的极端的热负荷，几乎世界上所有的特大城市均在亚洲、拉丁美洲和非洲。这样，我们能够看到全球气候变化和城市化如何产生出同步效应，如何会在计算的应力因素之上增加热负荷。我们可以从图 7.4 看到，减少城市热负荷进而减少生理等效温度（PET）的城市气候研究的重要性和紧迫性。在日益增加的热负荷和死亡率之间存在着清晰的相关性，热负荷可以通过温度指标生理等效温度 PET 来表示。

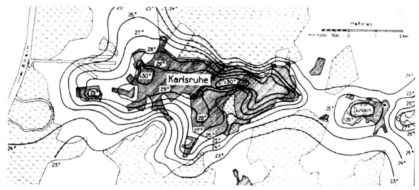

图 7.3　德国卡尔斯鲁厄市气温等值线
资料来源：Peppler（1979）。

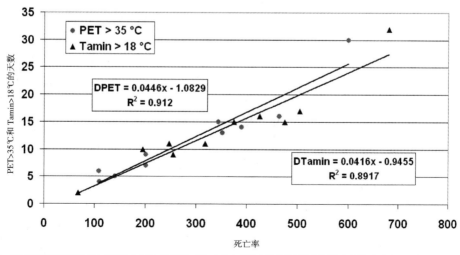

图 7.4　维也纳生理等效温度（PET）＞35℃和达明（Tamin）＞18℃以及死亡率之间的相关性（1996～2005）
资料来源：Rudel 等（2007）。

问题

一方面，城市气候受到日益增加的
热储备（热平衡）的影响，另一方面，
城市气候受到通风减少的影响，所以，
我们必须把城市气候看成一个与热应力
和空气污染相关的健康问题。由于热应
力与死亡率有着直接的依赖关系（参见
图 7.4 ; Rudel et al, 2007），所以，我们
必须通过通风或降温材料来解决和减少
城市热岛，特别对于香港（参见图 7.5）
或拉丁美洲和其他地方的这类大城市，
更需要这样做，这些地方的海风常常受
到阻碍，进而引起城市冠层内部的热应

图 7.5　香港的天际线
资料来源：Katzschner（2007）。

力得不到释放。这种效果会随着全球变暖而进一步扩大。对于香港来讲，一项把城区周边
长期温度变化与城市中的一个车站地区的温度变化进行比较的研究证明，这一现象的确存
在（参见图 7.6）。城市热岛是一种始终存在的因素，当然，它随季节变化。伦敦的情况已
经显示出，全球变暖将大大增加这座城市炎热天气的数目。日益增加的热岛效应和全球变
暖都对人体健康构成威胁。我们必须考虑与空气污染结合起来的热应力的增加，它是城市
地区正在变化的中观气候的一个结果。图 7.7 展示了炎热天数的发展倾向。这也再一次表
明了城市规划行动的重要性和紧迫性。我们必须进一步讨论与热负荷和全球气候变化相关
的城市气候问题。

热的组成部分

正如以上所说，城市热岛（UHI）并非热应力的基本指标；城市热岛是若干温度指数。
这些温度指数之一就是生理等效温度（PET），通过考虑所有环境因素，如温度、太阳辐射、
风速和湿度，我们使用生理等效温度来描述有效温度。生理等效温度就是规划师和建筑师
用来评估环境条件的一个有效温度指数。图 7.8 是 1 公里 ×1 公里精度条件下香港地区生理
等效温度分布状况。

对于在大街上和开放空间里行走的人来讲，这个精度的卫星影像还难以用来做规划，
规划需要更详尽的城市气候调查空间信息。当然，我们应该首先决定针对温度条件的规划
措施的小规模效果。例如，对阿尔及利亚盖尔达耶（Gardaiha）的炎热气候的环境计算揭示
出，街道树木对降低街道峡谷温度有着不可忽视的影响，在这个案例中，街道树木给街道
峡谷降低了 10℃以上（参见图 7.9）。

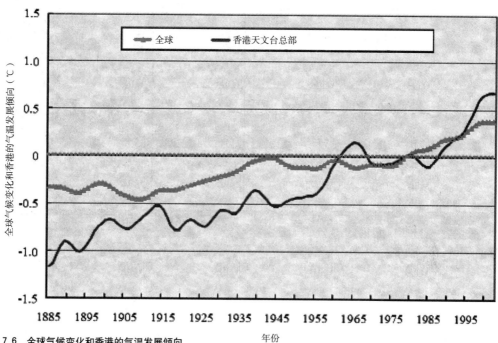

图 7.6　全球气候变化和香港的气温发展倾向
资料来源：Lam（2006）。

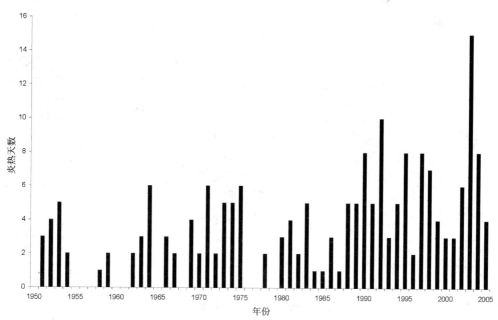

图 7.7　德国法兰克福炎热天数的增加
资料来源：Katzschner 等（2009）。

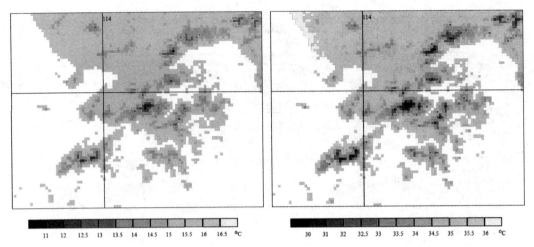

图 7.8　香港 1 月（左）和 7 月（右）生理等效温度（PET）分布
资料来源：A.Matzarakis 教授。

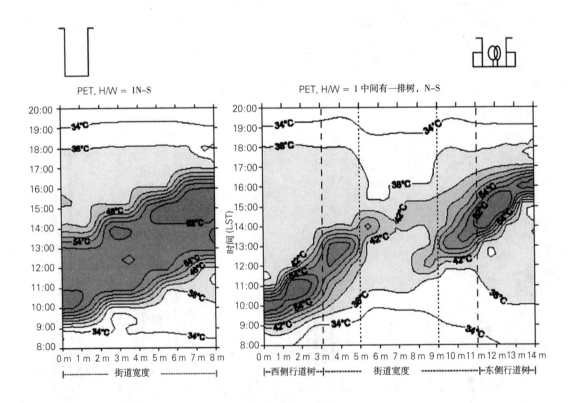

图 7.9　盖尔达耶的一条无树（左）和有树（右）街道峡谷的生理等效温度值
资料来源：Ail-Toudert and Mayer（2006）。

城市气候图

城市气候图是帮助规划师实现规划目标的一种科学工具。通常有两类图：城市气候分析图（UC-AnMap）和城市气候推荐图（UC-ReMap）。城市气候分析图科学地表达了一个城市的气候。它把城市热岛、城市通风和户外人类热舒适度三者协调起来理解。以城市气候分析图为基础，与规划师一道进一步开发城市气候推荐图。这张图把对气候问题的科学理解转变成为指南和规划推荐意见，用来指导规划行动和决策。

20世纪80年代初，德国就提出了城市气候图的概念。当时有很强大公众支持和政治愿望，以对自然环境负责任和敏感的态度规划未来。在德国，法律清楚地提出，任何新的开发都不得对自然环境产生不利影响。在这样一种思想的指导下，规划师、气象学家和科学家开始编制城市气候图，为了比较客观地指导规划决策过程，他们努力把气候、地形和城市参数综合起来。

与对城市环境影响因素所做的"分析"理解不同，城市气候分析图对城市环境影响因素做了综合的理解。也就是说，城市气候分析图努力平衡、排出次序和权衡需要做出的规划决定的综合效果。城市气候推荐图在帮助规划决策上也是很有用的，这种图的比例有1∶100000的区域尺度的图到1∶5000的城市尺度的图。它们以微观尺度的详尽研究为基础提供了对城市气候问题的整体的和战略的认识。

城市气候图是使用城市气候结果的重要工具：这些图所做的分析和形成的推荐意见都是很重要的。按照温度和通风标准做分类的系统中，规划依赖于高精度的空间气候信息，以找出城市气候特征。这个过程可以分成两个阶段：首先，做城市气候分析，然后，编制一个城市气候评估图（参见图7.10）。无论如何使用这些信息，比例是很重要的（参见表7.1）。就城市规划而言，城市发展规划（总体规划）使用1∶25000比例的图，而分区规划使用1∶5000为宜。

地理信息系统（GIS）的数据和土地使用数据被加以分类和转换来满足城市气候功能，如气温方面（升温率和降温率），与通风途径和地形影响相关的风分类。按照粗糙的长度和温度辐射过程对建筑结构进行分类。

他们当时使用了如下因素：

- 按照温度和辐射数据以及城市建筑、工业区、花园和公园、森林、绿地和农业区，对土地使用做分类；湖泊是当时唯一使用的水特征，而铁路轨道因为白天表面温度变化很大且存在辐射差异，所以作为一种专门分类；
- 地形和地理数据，它们影响地方空气流通模式；
- 通风，按照粗糙长度分析计算。

这样，城市气候图勾画了一个城市人类城市热舒适度的影响模式。使用人类城市热舒适度指标作为调整城市气候图数据的综合因素似乎是恰当的，它标志了温度热应力的可能

(a)

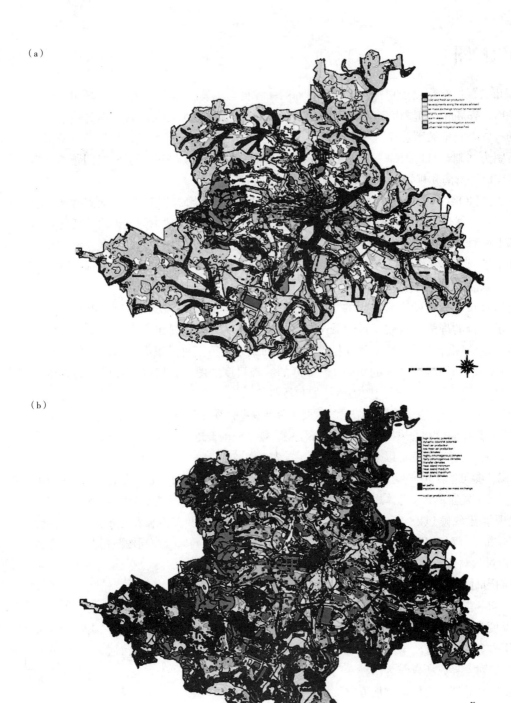

(b)

图 7.10　德国卡塞尔的（a）城市气候分析图（UC-AnMap）和（b）城市气候推荐图（UC-ReMap），图上包括热岛、通风和规划分类
资料来源：Bosch 等（1999）。

行政层次	比例	规划层次	城市气候问题	气候尺度
城市	1:25000	城市发展，总体规划	热岛效应；通风路径	中观
街区	1:5000	城市详细规划	热舒适，空气污染	中观
地块	1:2000	开发空间设计	热舒适	微观
单体建筑	1:500	建筑设计	辐射与通风	微观

城市气候和规划比例　　　　　　　　　　　　　　　表 7.1

资料来源：作者未发表的著作。

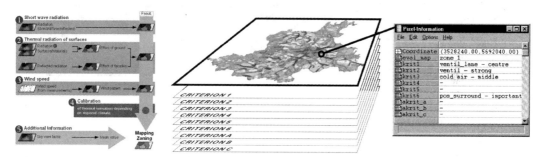

图 7.11　编制城市气候图的基本方法和使用地理信息系统分层详细分类信息
资料来源：Bosch 等（1999）。

高程。基于增加或减少人类城市热舒适度的参数幅度（土地使用、建筑体积或城市绿色空间），能够确定分类值。

在做出分析之后，使用 GIS，按照图 7.11 的模式计算加权的因素，在此种计算方法的基础上，做出评估；给每一个方格一个可能的温度和可能的发展结果。按照人类城市热舒适度值直接得到气候分类（参见图 7.12）。

这个研究过程最终形成城市气候图（参见图 7.13）。气候功能以空间形式表达出来。这张图成为推荐的规划意见的基础。

城市气候与规划

就人的福利而言，讨论任何规划都必须把城市气候结果转换成为一般的规划目标。多高程度的建筑场地密度会影响热岛和开放空间的温度状况，在什么可能的情况下必须改善温度状况和空气交换，例如，沿着道路和公园？

在讨论规划与城市气候之间的冲突之前，考察气候和空间使用之间的相互作用是很重要的。卡茨奇纳（Katzschner）通过访谈对以前的研究进行调查，结果非常清楚地揭示出，街区层次的确存在小气候。从德国卡塞尔的例子出发，从以下方面可以得到理想的温度状况：

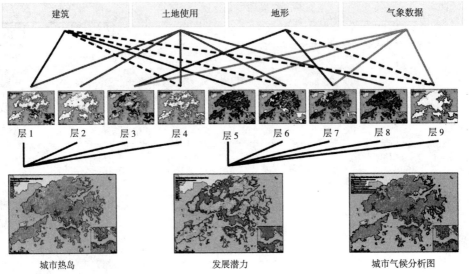

图 7.12　编制城市气候图的工作流程示意

资料来源：Ng 等（2008）。

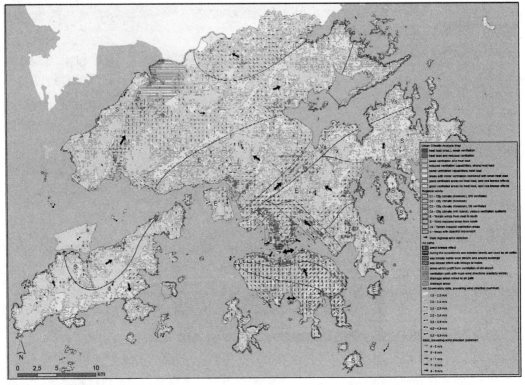

图 7.13　香港城市气候图的成果

资料来源：Ng 等（2008）。

- 在热岛的中心比较频繁地使用开放空间，提高热指数值。
- 存在阳光和荫凉选择的街道对步行者是比较舒服的。
- 为了对规划产生适当的影响，要在整个城市的结构中去评价通风区。

迈耶提出的理想城市气候的定义把时空看成重要的评价标准：

"理想的城市气候"是一种提供给150米范围内人的处于城市冠层中的大气状态，这种大气状态在高度变化的时空下形成不均匀的温度条件。它应当借助于更多的荫凉和通风（热带地区）或风防护（微冷和冷气候）等措施避免空气污染和热应力。

席勒给建筑师和规划师提出了一些有关如何在微观层次实现这种状态的建议。这些一般建议应当用到如表7.3概括的那些具体的城市场所。

城市气候的正负效应　　　　　　　　　　　　　　　　　　表7.2

正气候效应	负气候效应
通风路径	热岛（建筑整体）
降速的空气运动	人造的热
空气交换	减少通风
源自植被的生物气候效应	缺少空气流动效应
街区效应	
海拔和高程	

资料来源：Schiller 等（2001）。

开放空间的规划可能性及它们的温度效应　　　　　　　　表7.3

规划的可能性	温度效应
街道宽度	利用日变和年变的阳光和荫凉
棚和拱	夏季遮阳，使用冬季的辐射
植被	阳光和风的保护；长波辐射
色彩	反射和日光
材料	热储备；灰尘

资料来源：Schiller 等（2001）。

　　旨在缓和最极端的城市气候条件的政策可能需要平衡建筑、街区和城市规模的热需求，并考虑开发的性质（新的和现存的）和可实现性。重点也应当放到住宅的通风和反射率以便减少辐射。城市设计师和规划师需要承认这一点，把设计标准建立在任何城市的现状和未来气候预测的数据上，特别是了解人类热舒适、健康的最低温度要求和能源消费模式。
　　主要的问题是使用城市数据，如缓和城市热岛效应的通风路径、海风和山风。所以，需要分布于空中的信息。以香港为例，我们能够看到温度状态和温度的可能发展如何在一张

图 7.14　一些采用绿色屋顶和墙壁的建筑案例
资料来源：www.stadtentwicklung.berlin.de/umwelt/umweltatlas/。

图上结合起来，进而决定使用一般知识如绿色空间或陆地海风及其气候条件而形成的规划。

从这一点上讲，能够实施有关建筑材料使用的计划，如降温屋顶和墙壁，降温道路铺装或植树植草等。以这个推荐图为基础，城市几何因素，如天空视野因子（SVF）高宽比，能够用来影响城市气候状态的形成。最后，减少人造热的释放能够有利于减少困难。

从图 7.15 上，我们能够看到城市气候图专门标志出来的一些因素，如已经建成的高热应力的高密度建成区，又如那些受益于北部的海风和来自南部的降速空气运动。城市规划必须尊重这些因素存在的事实，寻找城市发展的路径，以便在一定的点留出空间来通风。现在，一些地方阻碍了风的流通，因此，街区需要较高的透气性。

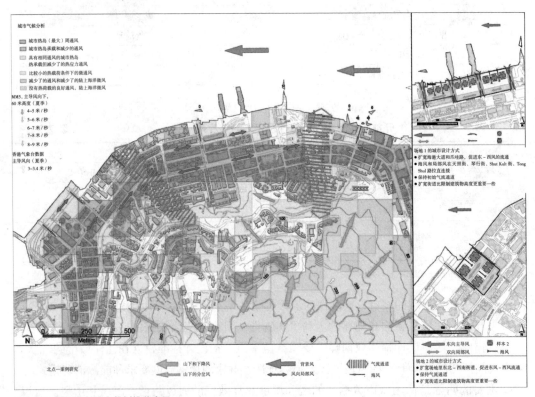

图 7.15　城市气候图和规划推荐意见
资料来源：Bosch 等（1999）。

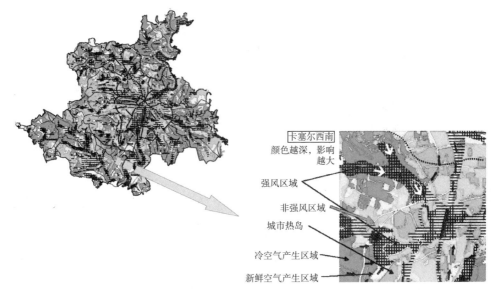

卡塞尔西南
颜色越深，影响
越大

强风区域

非强风区域

城市热岛

冷空气产生区域

新鲜空气产生区域

图 7.16　德国卡塞尔的城市气候图及其解释
资料来源：Bosch 等（1999）。

　　图 7.16 上卡塞尔的例子说明，在做城市更新或在某地插入新建筑的规划时，我们如何关注和放大这个地方开发场地，包括它周边的气候状态（如风的方向和热环境）。

参考文献

Ali-Toudert, F. and Mayer, H. (2006) 'Numerical study on the effects of aspect ratio and orientation of an urban street canyon on outdoor thermal comfort in hot and dry climate', *Building and Environment*, vol 41, pp94–108

Bosch, U., Katzschner, L., Reinhold, M. and Röttgen, M. (1999) *Urban Climatic Map*, Planning Institute for the Region of Kassel, Kassel, Germany

Bosch, U. Katzschner, L. Reinhold, M. Röttgen, M. (1999) Vertiefende Klimaanalyse und Klimabewertung für den Raum des Zweckverbandes Raum, Kassel, Germany

Endlicher, W. and Nickson, A. (2007) 'Hot places – cool spaces', Paper presented at the Symposium on Klimaatcentrum Vrije Universiteit/Fac. der Aard- en Levenswetenschappen, Amsterdam, 25 October 2007

Katzschner, L., Bosch, U. and Röttgen, M. (2002) *Analyse der thermischen Komponente des Stadtklimas für die Freiraumplanung, UVP Report*, vol 3, Hamm, Germany

Katzschner, L., Maas, T. and Schneider, A. (2009) Das Städtische Mikroklima: Analyse für die Stadt und Gebäudeplanung, *Bauphysik*, vol 31, no 1

Lam, C. Y. (2006) *Proceedings of PGBC Symposium 2006, Urban Climate and Urban Greenery*, 2 December 2006, Hong Kong, Published by the Professional Green Building Council, Hong Kong, pp14–17, www.hkpgbc.org

Landsberg, H. E. (1981) 'The urban climate', *International Geophysics Series*, vol 28, pp84–99

Mayer, H. (1990) *Die humanbiometeorologische Bewertung des Stadtklimas*, VDI-Reihe Umweltmeteorologie Bd, 15 Düsseldorf, Germany

Ng, E., Chao R. and Katzschner, L. (2008) 'Urban climate studies for hot and humid tropical coastal city of Hong Kong', *Berichte des Meteorologischen Instituts der Universität*, Freiburg, no 18, pp265–271

Oke, T. R. (1987) *Boundary Layer Climates*, 2nd edition, Methuen, US

Peppler, A. (1979) 'Modifikation der luftfeuche im Stadtgebiet', *Promet*, vol 9, no 4, pp14–20

Rudel, E., Matzarakis, A. and Koch, E. (2007) 'Bioclimate and mortality in Vienna', *Berichte des Meteorologischen Institutes der Universität Freiburg*, vol 16, Fachtagung Biomet, Freiburg, Germany

Schiller, S., Evans, M. and Katzschner, L. (2001) 'Isla de calor, microclima urbano y variables de diseno estudios en Buenos Aires', *Avances en Engerieas Renovables y Medio Ambiente*, Buenos Aires, vol 5, pp45–50

Tokyo Metropolitan Government (2006) www.metro.tokyo.jp/ENGLISH/TOPICS/2005/ftf56100.htm

第三部分
高密度设计的环境问题

第8章

高密度城市的环境舒适问题及其含义

巴鲁克·吉沃尼

热舒适

　　热舒适（thermal Comfort）是一个主观感觉，然而，它与我们的身体和周边环境之间热平衡的生理状态相联系。狭义地定义热舒适，我们可以说不冷或不热。广义的定义热舒适则包括与气候相关的一些因素，这些因素让我们享受温度环境。这一章不仅仅涉及维持舒适的条件，也涉及当户外或户内的状态超出舒适区间时使不舒适最小化的问题。

　　我们的身体通过代谢过程从摄取的食物中产生热量。为了把身体的热量保持在一个非常狭窄的范围内，我们身体内部产生的热应当与我们失散到周边环境中去的热达到平衡。这种代谢热生产率取决于我们身体的活动（Givoni and Goldman，1971）。通过热流的物理过程，身体与环境的热交换得以发生，这种热交换不仅依赖气候条件，也依赖于我们穿戴衣物的属性，除开身体的热丧失外，这种热交换也包括从外部获得热。当然，随着衣物材料的改变，人体既有若干个生理过程来调节流出和流入身体的热流速度和模式，从而使身体比较好地适应不同的气候条件。

　　因为，在不舒适的温度条件下，我们依然能维持热平衡，所以，维持热平衡是一个感觉热舒适的前提条件，但是并非充分条件。

舒适和人体的热交换

　　热流的物理过程（对流与辐射）和因为蒸发而造成的热丧失控制着人体与环境的热交换，这种交换通过皮肤表面来进行。覆盖我们身体的皮肤温度并不是恒定的。在炎热条件下，我们身体不同部分的温差最小，而在寒冷条件下，皮肤温差要大得多（以下将详细阐述）。在冷暴露条件下，特别是手和脚，以及鼻子，是身体最冷的部分，而身体的这些部分常常是冷得不舒服的起源。

对流

　　对流是皮肤与周围空气之间进行热交换的过程。对流可能是正的（获得热）也可能是负的（丧失热），对流是正还是负取决于皮肤与空气温度之间的关系。热流按照皮肤和空气之间温度差的比例进行交换，交换的速率依赖于身体周边的空气速度和衣物的热阻力。在舒适的状态下，皮肤温度约在 32 ～ 33℃。当然，在不同应力气温条件下，身体具有一种调整皮肤温度的生理过程，调整生理热的获得或丧失。这个过程与改变血流在身体内脏部分和皮肤层（血管收缩调节）之间的分布相伴而生。在炎热条件下，更多的血液流向皮肤，而比较少的血液流向内脏。这样，皮肤温度升高，降低通过转换（和通过辐射）获得的热。在寒冷条件下，血液主要流向身体的内脏部分，身体的内脏对于维持生命必不可少，而代价是血液较少地流向皮肤和身体的端点（手和脚）。结果，平均的皮肤温度和身体端点的温度降低了，生理热的丧失下降；这个过程伴随着冷的主观不舒适。

空气流动速度对于热交换和舒适的影响并非线性的。从静止空气（速度约在 0.2 米 / 秒）向 1 米 / 秒流动速度的空气变化影响对流最大，而且还直接影响到人体舒适的感觉，例如，从 2 米 / 秒流动速度的空气向 3 米 / 秒流动速度的空气变化影响对流就要相对小一些。在我们处理高密度城市舒适问题时，这个模式具有特殊的意义，高密度城市的户外风速通常非常低，从而导致室内空气以极低的速度流向户外以及给室内通风。

空气速度和蒸发性降温

围绕身体的空气速度也会影响到每个皮肤面积单位上汗液蒸发的速率。当然，空气速度对皮肤汗液蒸发整体速度的影响比较复杂。

蒸发掉每克水或汗液消耗大约 0.68 瓦 / 小时的功率。通过蒸发而进行的生理散热以两种方式发生：首先，通过肺中的水蒸发持续降温，然后通过汗液蒸发让皮肤降温。肺散热与给身体提供氧气的呼吸速率成比例，也就是与代谢速率成比例。当我们呼出 37℃ 接近饱和的空气，吸入周围包括水蒸气的空气，蒸发速率与肺部的蒸发压（约 42mmHg）和空气中的蒸发压之差成比例。肺部的蒸发冷却与周边气温无关。

另一方面，皮肤的蒸发降温则与周围气温紧密相关。甚至在热舒适条件下，汗腺没有活动的情况下，也有少量水从皮肤上扩散掉。汗腺的活动性和汗液分泌只有在纬度超过舒适区之上才会发生。

汗液分泌的速率不一定与皮肤湿润的主观感觉相关。例如，在沙漠里一个炎热的天气里，气温为 37℃，大风，湿度非常低，一个正在休息的人可能感到非常干燥，但是，测量到的汗液分泌和蒸发速率大约为 300 克 / 小时，也测量到蒸发。另一方面，在 27℃ 气温下，无风，非常潮湿，皮肤感觉到很湿润，身体的一些部分甚至有汗，然而，这种情况下测量到的汗液分泌和蒸发速率大约为 150 克 / 小时。当气温高于 30℃ 时，汗液蒸发是一个主要的降温因素，以便让身体维持热平衡。

辐射

当我们在城市背景下处理舒适问题时，必须考虑到两种类型的辐射：处理户外空间舒适问题时的太阳辐射，处理建筑内部舒适问题时的红外辐射（热辐射）。在建筑物中，我们的身体通过红外辐射与周围的物体表面交换热量。围绕一个空间的多种物体表面的温度可能不同于建筑内部的气温。例如，在夏季，一个房间没有使用隔热混凝土屋顶，它的顶棚温度可能比其他物体表面和室温高很多。在一个寒冷的冬天，窗户的表面温度比起室温可能要低很多。这样，当我们面对室内舒适问题时，一个空间即所有室内空间加权平均面积的平均辐射温度（MRT）是一个相对因素。通常情况下，我们假定温度计温度就是这个建筑物内部的辐射温度。

户外物体表面的温度比距该物体 1 米高度的气温要高很多，例如，在一个阳光充足的夏季，黑色的铺装地平的表面温度要比气温高出 10 ~ 20℃。所以，平均辐射温度可能也是室外舒适的一个因素。

高密度城市的舒适问题

与那些具有类似自然气候条件下的低密度城市相比，高密度城市影响热舒适的主要城市气候特征是，比较低的城市风速，较高的气温（城市热岛或城市热岛强度）和接受太阳能受到限制。这些特征对热舒适的实际影响可能在冬夏正相反。在夏季，较低的风速和较高的气温仍让人感觉到不舒适，特别是当人们在室外逗留时，更是如此。室外较低的风速也减少了通风速度，减少了依靠自然方式通风的建筑物室内空气的流动速度。较高的室外温度提高了建筑物的室内温度，所以，也增加了室内热不舒适的可能性和严重程度。那些地处热且潮湿气候条件下的高密度城市可能面临更为不舒适的情况。

面对室外舒适问题时，一个非常重要的因素是暴露在阳光辐射下。在冬季，暴露在阳光辐射下通常会大大提高舒适程度，而在夏季，暴露在阳光辐射下可能正是产生热不舒适的主要原因。对于城市设计来讲，热舒适问题常常是，如何提供在冬季可以暴露在阳光下，而在夏季又能遮阴的室外空间。

影响人们在街头、广场、游乐场、城市公园里做户外活动的因素之一是个人在户外逗留的热舒适。处在户外空间气候条件下个人感觉到的不舒适水平影响着人们户外活动的数量和强度。

例如，在炎热的夏天，人们在室外逗留时暴露在烈日下的热不舒适可能让他们不乐意去使用城市公园这类公共设施，这种热不舒适产生于若干条件的结合，如气温、周围物体的表面温度、风速和潮湿程度。公众可能会去使用那些遮阴的户外空间。与此相类似，在寒冷的区域，人们可能不愿意逗留在大风和阳光照射不到的户外空间里，而人们可能会乐意在阳光充沛且避风的户外空间里做户外活动。

直接暴露在阳光辐射下的效果并不限于热感觉。在冬季，直接暴露在阳光辐射下可能产生愉悦；而在炎热的夏季，直接暴露在阳光辐射下可能产生超出热感觉的不舒适。在没有遮蔽的地方，步行者可能暴露在夏季比周边温度高的表面温度下，而在冬季，步行者可能暴露在比周边温度低的表面温度下。户外风速要远远大于户内的空气速度。夏季的风在达到一定速度时，可能感觉很舒服，而在冬季，同样的风速可能让人感到非常不舒服。在评估人们对户外环境的主观反应时，我们必须考虑到这些因素。

最近对中国香港、新加坡、印度尼西亚和泰国热舒适的研究既涉及了户外舒适，也涉及了户内舒适。以下，我们对这些研究做了一个总结，我们还将讨论他们有关高密度城市的发现及其含义。出于作者个人经历的考虑，这一章的重点将放在处于热气候条件下高密度城市的舒适问题上。

舒适研究的方法

由于收集到的信息的性质、控制量、费用以及研究中使用的主题等方面的差异，舒适研究有若干不同的程序。

弄清特定地方和季节里一定人群的"舒适温度"可能是舒适研究的一个目标。这个目标意味着，最大比例的人群感觉到舒适的温度范围是什么？这种研究的补充发现是，在这个温度下，从"冷"、"中性"到"热"的热感觉统计分布。为了获得这个人口的具有代表性的信息，样本规模应当根据资金情况尽可能大一些，对每一个人的采访只能仅此一次。这类研究一般要对几百人进行访谈。

使用不同研究方式的不同目标可能直接找出人们如何对气候条件的变化，如太阳辐射、温度、湿度和风速，做出反应。同时还可以找出什么是一个气候因素（如风速）相对于另外一个气候因素（如温度）变化的相对效应。

以下是对有关城市舒适不同研究方法的优势和局限性的讨论和比较。这里的评估仅仅是作者个人的观点。

方法

有关城市舒适的不同研究方法包括：

- 包括一组具有相同被测试者的控制性扩张实验，实验可能进行几天、一周或更多天。整个被测试者是有限的，但是，每一个对象要在温度、湿度和空气流通速度的不同结合形式下进行测试。环境生理研究通常使用这种方法。

  这种研究只有在气候实验室存在的情况下才能进行。按照这个程序，每一个被测试者直接经历气候变化的结果，或其他变化，如服装变更，改变代谢速度等。与其他方法相比，测试的人数不多。另一方面，气候变化和其他变化的效果估计比较精确。

- 在一个不设置任何条件的房间中进行的半控制实验，室内温度和湿度随室外气候的变化而变化。被测试者在自然变化的室内温度条件下受到测试。有可能使用电扇改变室内空气流动速度，以调查改变室温和湿度条件下空气流动速度的效果。也有可能通过供暖设施，提高室内温度，以便观察不同温度条件下被测试者的反应。

  这种方法没有使用气候实验室，所以，在资金有限的情况下，也能够进行。有关空气流动速度的效果，有可能评估特定水平的空气速度下温度和湿度的效果。另一方面，温度和湿度条件不受控制。

- 在一个特定的室内或室外做使用者舒适调查，被调查者在调查期间待在这个地方。在调查时的气候条件下，对每个调查者做一次访谈。按照这种方法，没有任何人经历气候条件变化的影响。使用这种方法，定量评估气候因素变化的效果只能通过数据分布统计分析来进行评估，因为没有任何一个被测试者在调查中感觉到这种变化。

最近对舒适展开的研究

这一节，我们对最近对舒适展开的研究做一个述评，这些研究对高密度城市具有潜在的意义。这些研究分别由如下大学承担：

- 中国香港中文大学；
- 中国香港城市大学；
- 新加坡国立大学；
- 泰国曼谷莫库特国王技术大学。

香港中文大学的户外舒适研究

这项研究的目标是评估太阳辐射、气温和风速对室外逗留者舒适的影响。特别关注风速和太阳辐射的效果，因为风速和太阳辐射是能够通过城市设计加以调整的因素。同时，这项研究还观察了任何性别和年龄的人在不同户外暴露条件下对舒适的反应。这项舒适研究使用了"纵向"方法，若干组参与实验的被测试者在一天或一天以上的时间里，经历一些气候因素的自然变化或诱导变化，如气温、太阳辐射和风速，并对此做出反应。这个实验获得了同样被测试者在变化实验气候条件下的热舒适反应。

这个实验由坐落在开放区域里的四个露天设置组成，它们相互靠近。第一组被测试者坐在阳伞下，且暴露在风中。第二组被测试者坐在一扇由铝合金框架支撑的透明聚乙烯制成的垂直挡风板后，这个设施很大程度地减缓了风速，且暴露在阳光下。第三组被测试者坐在阳伞下，同时还坐在一扇由铝合金框架支撑的透明聚乙烯制成的垂直挡风板后。第四组被测试者直接坐在阳光下，同时暴露在风中（参见图8.1）。

图8.1 四个实验设置
资料来源：Cheng 等（2007）。

测试组由 8 个人组成：四个男性和四个女性。每个性别组中，2 个被测试者的年龄 20 多岁，而另外 2 个被测试者的年龄在 50 以上。8 个被测试者在调查中形成 4 对，分别穿着香港人的普通服装，短袖 T 恤和短裤，或薄长裤；这个研究测量的平均穿衣指数为 0.35。在一个实验单元里，每组坐在指定的气候条件下 15 分钟；然后，要求被测试者完成一个热舒适问卷。在完成这张问卷后，再进入下一个实验单元。随着这个安排，所有 8 个被测试者均在一小时内经历了相同的暴露条件，这样，在一般气候条件下，项目组能够获得被测试者的一般舒适反应。

项目组使用移动气象站设定每种实验设置的小气候条件。这个移动气象站包括测量气温、地球温度、风速、相对湿度和太阳辐射的设备。风速使用热丝风速仪来测量。问卷涉及被测试者对小气候环境的感觉和整体的舒适程度。选择包括主观感受或对热环境、太阳强度、风速、空气湿度、皮肤湿润和总体舒适的态度。最终分析使用了 190 份问卷。表 8.1 展示了问卷中使用的主观分类。

问卷中使用的主观分类   表 8.1

热感受：对热和冷的感受如何？						
非常热	热	暖和	中性	凉爽	冷	非常冷
3	2	1	0	−1	−2	−3

暴露于阳光下：对阳光的感受如何？		
阳光使我不舒服	还可以	我希望获得更多阳光
1	0	−1

风俗：对空气中的风感觉如何？						
风特别大	风太大	风有点大	还可以	风有点小	风太小	无风
3	2	1	0	−1	−2	−3

空气湿度：对空气感觉如何		
太湿	还可以	太干
1	0	−1

皮肤湿润度：皮肤的湿润度感觉如何？				
出汗	湿润	正常	干	太干燥
2	1	0	−1	−2

整体舒适度			
非常不舒服	不舒服	舒服	非常舒服
−2	−1	1	2

资料来源：Cheng（2008）。

这项研究的主要发现

被测试者的热反应

图 8.2 揭示了 4 个不同实验条件下被测试者的热反应。中心类 "0" (中性热感觉) 常常与舒适的感觉相关。

我们能够在图 8.2 中看到，第二组被测试者暴露在风速受到抑制的阳光下，他们在这种条件下给舒适投下了最低分，他们常常选择热和非常热；而坐在阳伞下和暴露在风中的第一组被测试者，给舒适投下了最高分，他们很少选择热。

第四组被测试者直接暴露在阳光下和风中，他们给中性感觉的选择从 38% 下降到 29%。然而，第三组被测试者保留了阳伞，而让风速受到抑制，他们给中性感觉的选择从 38% 下降到 19%。被测试者的这些选择表明，风是与被测试者热反应相关的最有影响的环境因素。

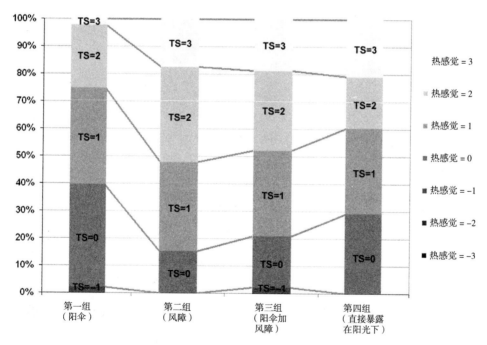

图 8.2 不同气候设置下被测试者的热反应百分比
资料来源：Cheng 等 (2007)。

改变风条件的效果

图 8.3 说明了改变风的条件对被测试者热反应的效果，而被测试者的热反应是气温的函数，具有对应的回归线。在设置了风障的情况下，平均风速大约为 0.3 米 / 秒，而没有设置风障的情况下，平均风速大约为 1 米 / 秒。对气温变化的热反应斜率等于 0.23 个单位 /℃。

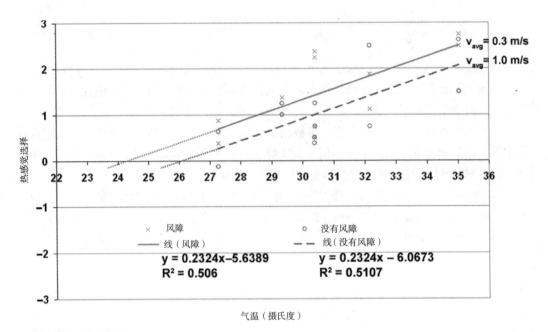

图 8.3　改变风条件对热反应的效果
资料来源：Cheng 等（2007）。

在有风障和无风障设置的热反应之间的差为 0.43 个单位。所以，把风速从 0.3 米／秒升到 1 米／秒的效果等于气温下降大约 1.9℃。这个风速的相对效果与香港城市大学和新加坡国立大学所做室内研究所得到的相对结果非常接近。泰国的研究也获得了类似结果。

　　这个研究中测量到的最大风速约为 1.5 米／秒，反映了香港高城市密度对区域风速的抑制。按照被测试者对风感觉的选择情况，这些被测试者一般不太满意 1.5 米／秒以下的风速。平均而言，有风障设置时，被测试者认为风太小了，而没有风障设置时，被测试者认为微微有点风。这就意味着，在香港的气候条件下，人们青睐大于 1.5 米／秒的风速，户外风速最好大于 2 米／秒。

　　遮阳的效果

　　图 8.4 揭示了改变遮阳条件对被测试者热反应的效果，这个效果是气温的函数，具有对应的回归线。有遮阳设置时，平均太阳辐射强度约为 136 瓦／平方米，而没有遮阳设置时，平均太阳辐射强度约为 300 瓦／平方米。随气温变化的热反应平均斜率是 0.23 单元 /℃。在设置遮阳和不设置遮阳情况下热反应之间的差约为 0.55 个单位。所以，我们可以推论，把太阳辐射强度从 130 瓦／平方米增加到 300 瓦／平方米的效果相当于气温升高了 2.4℃。

　　按照被测试者对阳光感觉的选择情况，在遮阳伞下的被测试者一般认为，这种阳光暴露条件可以接受。另一方面，没有遮阳伞的被测试者一般认为，阳光多了一点。

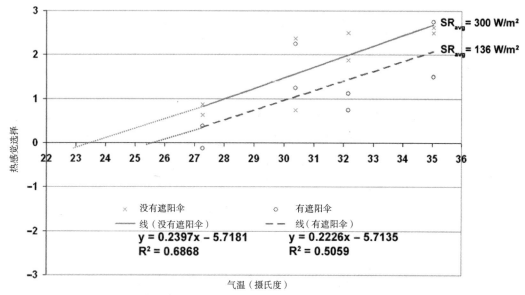

图 8.4 改变遮阳条件对热反应的效果
资料来源：Cheng 等（2007）。

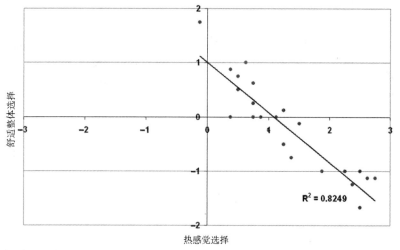

图 8.5 热感觉和舒适整体之间的关系
资料来源：Cheng 等（2007）。

热感觉和舒适整体

图 8.5 展示了这个研究观察到的热感觉（TS）和舒适整体之间的关系。研究者赋予舒适整体四个刻度，从 –2（非常不舒适）到 +2（非常舒适），而在这个衡量尺度中不再考虑中性点 0。由于这项研究是在夏季进行的，所以，图 8.5 所揭示的关系仅仅代表了炎热情况下的热感觉。

基于这项研究所获得数据，热感觉的选择与舒适整体紧密相关（$R^2 = 0.82$）。当热条件被认为比较凉爽（TS < 1），不舒适的感觉即消失了。当热条件接近中性感觉点（TS = 0）时，舒适水平增加。回归线在 y 轴舒适赋值等于 1 的地方与 y 轴相交；这就意味着被测试者在热中性条件下感觉到舒适。

热感觉选择的预测公式

这个项目的研究者对收集到的数据进行了多因子回归分析。基于这个分析结果，他们开发了一个预测被测试者热感觉选择的计算公式。这个计算公式是气温、风速、太阳辐射强度和绝对潮湿性的函数；这个计算公式如下：

$$TS = 0.1895×Ta - 0.7754×WS + 0.0028×SR + 0.1953×H - 8.23. \qquad [8.1]$$

TS 是预测的热感觉选择，共有 7 个点，从 –3（非常冷）到 +3（非常热），0 为热中性感觉点。Ta 是干球气温，以摄氏度为单位；WS 是风速，以米 / 秒计算；SR 是太阳辐射强度，以瓦 / 平方米计算；H 是绝对湿度，以克 / 公斤空气计算。

图 8.6 说明了被测试者提出的热反应和这个公式预测的热反应之间的相关性。测试的和预测的数据之间的相关系数是 0.87。这意味着在估计测试者热反应上这个预测性公式是有意义的。当然，应当指出，这个公式是在非常少的测试者基础上做出的；所以，我们应该只是把它看作被测试者热感觉的一个粗略迹象，而不要把它一般化地用于比较大的人口群体。

这个公式提供了一种手段，估算在不同环境条件下产生中性热感觉的风速。作为一个例子，假定在一个典型的香港夏日里，气温大约在 28℃，相对湿度 80%，一个人穿着薄薄的夏季服装，坐在阴凉下，他需要 1.8 米 / 秒的风速就可以获得中性热感觉。

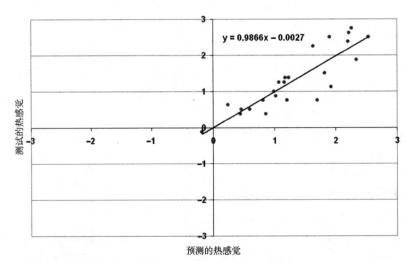

图 8.6 测试的热感觉和预测的热感觉的比较
资料来源：Cheng 等（2007）。

香港城市大学的室内舒适研究

香港城市大学这项研究的目标是，探索是否有可能在高于目前香港建筑空调温度和湿度的情况下，给那些对香港炎热且潮湿气候不太适应的人，维持一个舒适的室内环境（Fong et al, 2008）。他们的想法是，提供较高的风速，又不发生让人不舒适的干燥。在不过度降低室内温度的前提下，优化气温和气流以产生舒适感，从热舒适和节省能源的角度看，这是最重要的。

2007年8月，研究小组在香港城市大学的环境实验室里开展了这项研究。共有48个被测试者参加了这项研究，男女各一半，年龄从19至25岁。项目组要求所有的被测试者穿着香港地区一般的夏装，包括马球衬衫、长裤、内衣、袜子和鞋等。这是穿衣指数0.55。气温在25～30℃，空气速度从0.5米/秒到3米/秒，相对湿度50%、60%和80%。

环境实验室和设备安排

香港城市大学的这项热舒适调查使用一个隔热的环境实验室（7.9米×5.9米×2.4米），参见图8.7。房间里安装了两台风扇和室温调控器，用于一般空气调节目的。在这个实验室外有一个等候区，被测试者在进入调查前，先在这里等候。

每一个环节有4个被测试者同时参与进来。在调查期间，每一个被测试者都有一个办公桌，舒适地坐下，做些轻松的办公室工作，如读和写。每一个人旁边都有一个立扇，空气速度可以变化，0.5米/秒、1.5米/秒、2米/秒、2.5米/秒和3米/秒。每台电扇的实际位置在准备阶段就已经确定下来了。在这个实验室里，还安装了4台2000瓦的空气加热器及其温控器，它们的目的是把室内温度控制在25℃、26℃、27℃、28℃、29℃和30℃。

室内还安装了8台超声波加湿器，它们被分成2组，目的是根据不同温度，把室内湿度维持在50%、65%和80%，而不产生任何空间敏感的热获取。在每一组湿度下，使用一台附加的热风机以提高水蒸气。这个研究共测试了108种气温、空气速度和相对湿度的气候组合。在整个研究过程中，在这个环境实验室内0.6米高的水平上，记录下气温、空气速度、湿度、操作温度、辐射温度。

这项研究的每一个环节都按照一定温度和湿度设定了6种风速。整个调查进行3.5个小时。4个被测试者首先在环境实验室外的等待区里休息。项

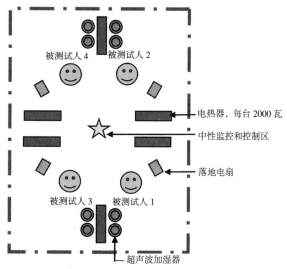

被测试人4　被测试人2

电热器，每台2000瓦

中性监控和控制区

落地电扇

被测试人3　被测试人1

超声波加湿器

图8.7 热舒适调查使用的环境实验室布局
资料来源：Fong 等（2008）。

目组向他们介绍这项热舒适调查的目标和程序，要求他们在问卷上填写他们的一般信息。要求他们对其健康状况做出说明。然后，安排这些测试者在环境实验室里舒适地坐下来，能够自然地长久坐着工作。

为了让热感觉稳定下来，每个空气速度环节运行 30 分钟。在这 30 分钟的时间里，要求被测试者按照"美国供热、冷冻和空调工程师协会"（ASHRAE）7 个点的衡量制度，每 5 分钟写下自己的热感觉。这样，每个空气速度可以得到 6 个热感觉反应；在整个 3 小时的调查中，6 个风速共计获得 36 个反应。被测试者独立地提供他们对每个子环节的反应，不受前面反应的影响。

多因子回归分析产生一个公式，它表达了一个环节中的 4 个被测试者小组的平均热感觉，它是气温、空气速度和湿度比例的函数：

$$TS = -9.3 + 0.3645 \times Ta - 0.6187 \times AS + 2.349 \times HR \qquad [8.2]$$

这里：

- TS = 热感觉
- Ta = 气温（摄氏度）
- AS = 空气速度（米 / 秒）
- HR = 湿度比例（克 / 克）

在观测到的热感觉和计算的热感觉之间的相关系数（CC）为 0.9018。

图 8.8 展示了观测到的热感觉和计算的热感觉。

图 8.9 展示了气温对热感觉的效果。正如我们在图 8.9 中看到的那样，随温度变化的热感觉平均每摄氏度提高 0.2245 个热感觉单元。

图 8.10 展示了空气速度对热感觉的效果。正如我们在图 8.10 中看到的那样，随空气速

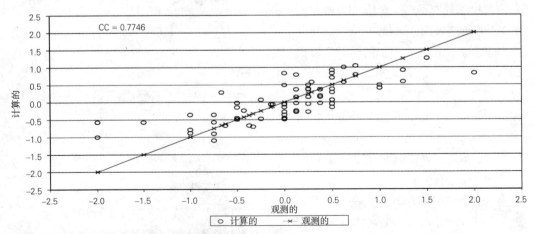

图 8.8 香港城市大学舒适研究观测的和计算的热感觉
资料来源：作者。

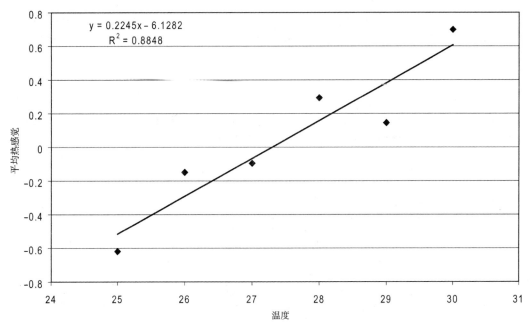

图 8.9　气温对热感觉的平均效果
资料来源：作者。

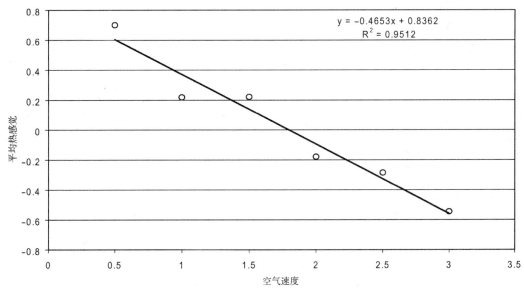

图 8.10　空气速度对热感觉的平均效果
资料来源：作者。

度变化的热感觉平均每个风速降低 0.4653 个热感觉单元。这样，空气速度对热感觉的相对效果与温度对热感觉的相对效果之比，0.4653/0.2245 = 2.1。这个相对结果与我们前边讨论的室外舒适的结果十分相近。

新加坡国立大学的舒适研究

新加坡国立大学进行了两项舒适研究。第一项是在气候实验室里做的控制性试验研究，第二项是在被调查者的住所里进行的"一次完成"的舒适调查。

新加坡的气候实验室研究

项目研究者在新加坡国立大学气候实验室里进行了一项半实验室性质的舒适研究（Wong and Tanamas，2002）。空调控制着气温和湿度条件。通过风洞电扇产生 0 米／秒、0.2 米／秒、0.5 米／秒、1 米／秒、2 米／秒、3 米／秒和 4 米／秒风速的风。同时还测量实验室的地球温度。整个实验在 2001 年 8 月 22 日至 9 月 1 日期间进行。研究中的气温范围从 22~29℃。相对湿度从 45% 到 75%，而对应的湿度比例从 7 克／公斤到 19 克／公斤。

参加实验的被测试者有 16 位男性和 16 位女性。他们被分成 8 组，每组男性女性各两人。要求每组参加本项研究的两个环节。第一个环节代表比较低的气温、平均辐射温度和相对潮湿条件的范围，而第二个环节代表比较高的气温、平均辐射温度和相对潮湿条件的范围。这样，每一个被测试者经历 28 种不同的实验条件。借助问卷调查收集被测试者变化的主观感受。被测试者按照以下 7 点的尺度选择热感觉：

- −3 = 冷
- −2 = 凉
- −1 = 有点凉
- 0 = 中性
- 1 = 有点热
- 2 = 热
- 3 = 炎热

从黄和塔纳马斯的数据中产生出一个多元回归公式：

$$TS = 0.2358 \times Ta - 0.6707 \times AS + 0.0164 \times HR - 6.33 \qquad [8.3]$$

这里：

- TS = 热感觉
- Ta = 气温（摄氏度）
- AS = 空气速度（米／秒）
- HR = 湿度比例（克／公斤）

图 8.11 揭示出，小组平均热感觉是公式计算值的函数。按照空气速度，测量的感觉明显不同。不同空气速度的数据之间没有分离。在计算的热感觉和被测试者的热感觉之间的相关系数（CC）为 0.9252。

我们利用方程 8.3 有可能评估空气速度的降温效果对温度的效果：0.5707/0.2358 = 2.8。这个结论意味着，空气速度每增加 1 米 / 秒，降温效果相当于温度下降 2.8℃。图 8.12 揭示了空气速度非常有力的效果，它说明热感觉是温度的函数，以不同的符号表示不同的空气

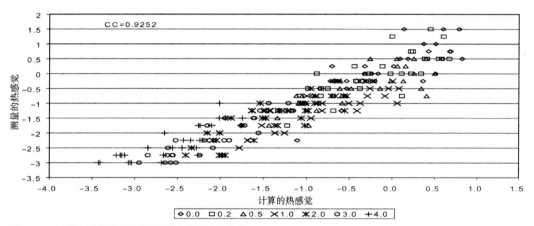

图 8.11　在新加坡实验室研究中测量的和计算的热感觉
资料来源：作者。

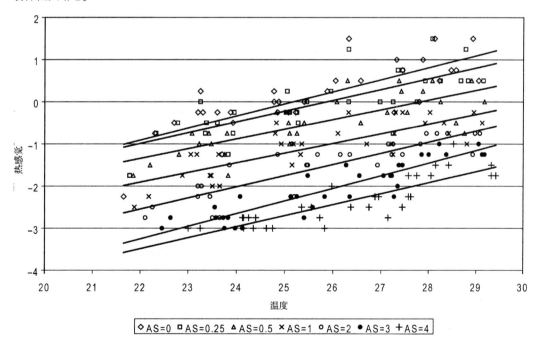

图 8.12　作为温度函数的热感觉，以不同的符号表示不同的空气速度
资料来源：作者。

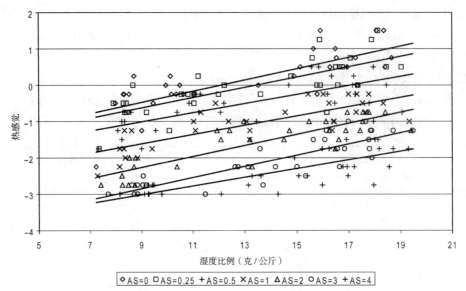

◇AS=0 □AS=0.25 +AS=0.5 ×AS=1 △AS=2 ○AS=3 +AS=4

图 8.13　作为湿度比例函数的热感觉，以不同的符号表示不同的空气速度
资料来源：作者。

速度。人们对 29℃的气温和 2 米 / 秒至 3 米 / 秒的空气速度的热感觉与人们对 22℃的气温和 0.2 米 / 秒的空气速度的热感觉一样。

对比新加坡研究中湿度的效果与空气速度的效果也有意义。图 8.13 揭示出，热感觉是湿度比例的函数，以不同的符号表示不同的空气速度。把湿度比例从 8 克 / 公斤提高到 19 克 / 公斤（一个很大的幅度）比起空气速度上减少 1 米 / 秒的效果要小。

新加坡的居住地舒适调查

新加坡还进行了一项舒适调查（Wong et al，2002）。这次调查旨在做横断面的资料收集（对多个被调查者的一次性抽样调查），调查在被调查者的居住地进行。共有 538 人参与了这次调查，被调查人穿着他们平日在家中穿戴的衣物。对每个居住场所的物理测量指标包括：气温、相对湿度、地球温度和风速。

在新加坡舒适调查中表达热感觉的公式是：

$$TS = 0.3253 \times Ta - 2.1116 \times AS^{0.5} + 0.1495 \times (Tg-Ta) + 0.0432\,HR - 0.3,$$

相关系数（CC）0.8360。　　　　　　　　　　　　　　　　　　　　　　　　[8.4]

为了更清晰地弄清空气速度和温度对被调查者舒适反应（感觉）的相对效果（参见图 8.14），首先还是把舒适反应作为温度的函数（参见图 8.15），然后，再把舒适反应作为空气速度的函数（参见图 8.16），每种情况都做回归线分析。

在图 8.15 的回归线中，舒适反应对温度的斜率是 0.4561。在图 8.16 的回归线中，舒适反应对空气速度的斜率是 –1.28。这样，空气速度的降温效果对温度的热效果之比是，1.28/0.4561 = 2.8。

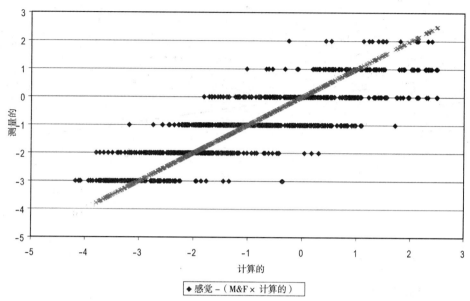

图8.14 新加坡调查中测量的和计算的热感觉
资料来源：作者。

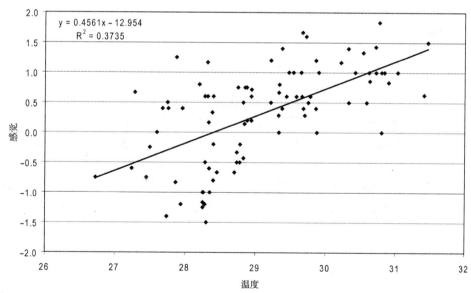

图8.15 作为温度函数的舒适反应（感觉）
资料来源：作者。

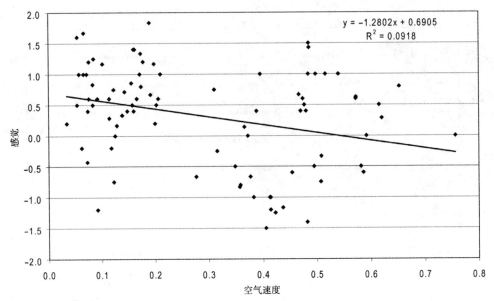

图 8.16 作为空气速度函数的舒适反应（感觉）
资料来源：作者。

值得注意的是，尽管新加坡国立大学的两项不同舒适研究采用了非常不同的研究方法，但是，空气速度的降温效果对温度的热效果之比在新加坡国立大学两项不同舒适研究中具有相同的值（2.8）。

泰国曼谷莫库特国王技术大学的研究

泰国的研究（Khedari et al，2003）是在教室里进行的。共有 288 位被测试者（183 位男性，105 位女性）参与了这项研究。每次实验中，每个小组 6 人。被测试者身着平常的服装（穿衣指数 0.54~0.55），在测试中，从事坐着的活动。按照自然变化的气候条件决定室内气温和湿度。使用 6 台台扇改变室内空气速度。速度控制装置调整每一位被测试者身处的空气速度：0.2 米／秒、0.5 米／秒、1 米／秒、1.5 米／秒、2 米／秒、3 米／秒。在每次测试中，所有 6 位被测试者身处同样的空气速度之中。被测试者按照以下尺度选择他们自己的热感受：

- −2 = 冷
- −1 = 凉快
- 0 = 中性
- 1 = 有点暖和
- 2 = 暖和

- 3 = 热
- 4 = 炎热

在泰国的这项研究中，每一位被测试者都直接经历了不同气温和湿度条件下风速变化的效果。研究者观察风速和温度效果间的相互作用：当风速增加时，对温度变化的影响减弱了（比较小的回归线斜率）。以下公式能够用来表达这种相互作用：

$$斜率 = 0.4441 - 0.0777 \times WS^{0.5} \times R^2 = 0.9973.$$ [8.5]

泰国被测试者热感觉（TS）公式表示出，热感觉是气温和风速的函数：

$$TS = (0.444 - 0.0777 \times WS^{0.5}) \times Temp（气候）- 11，相关系数为 0.9418$$ [8.6]

图 8.17 揭示出，在风速 0.5 米 / 秒下的中性温度（即 TS = 0）为 28℃；在风速 1 米 / 秒下的中性温度为 29.5℃；在风速 1.5 米 / 秒下的中性温度为 31.5℃；在风速 2 米 / 秒下的中性温度为 32.5℃。平均而言，风速增加 1 米 / 秒，降温效果大于在温度上降低 2℃ 的效果，类似于以上讨论过的其他舒适研究。

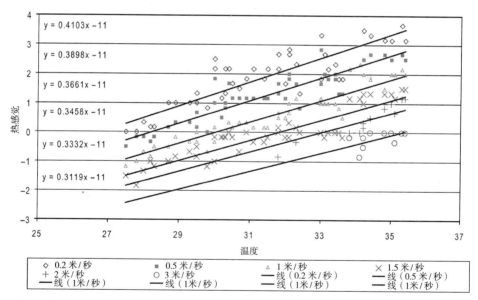

图 8.17 热感觉是温度的函数，不同符号表示不同风速
资料来源：Givoni 等（2004）。

图 8.18（Givoni et al，2004）揭示出，测量的热感觉是计算的热感觉的函数，不同的空气速度以不同符号标记。在测量值和计算值之间的相关系数为 0.9418。

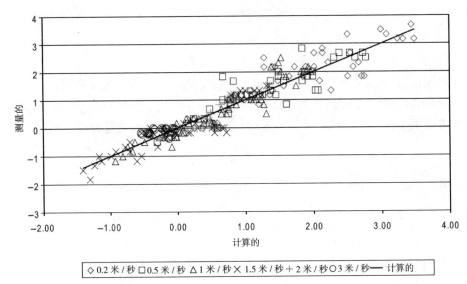

图 8.18　泰国研究中测量的和计算的热感觉
资料来源：Givoni 等（2004）。

结论：对建筑设计和城市规划的含义

正如我们以上讨论高密度城市舒适问题时所指出的那样，高密度城市那些影响热舒适的主要城市气候特征是，风速较低，温度较高——城市热岛（UHI），这些特征是相比较地处类似气候条件下的低密度城市的气候条件而言的。这一章所提到的所有舒适研究的共同发现是，室内和室外空气速度对舒适有着很大影响。所有这些研究都发现，把空气速度增加 1 米/秒，相当于超出 2℃ 的降温效果。就城市规划和建筑设计而言，这个发现对于所有类型气候条件下的高密度城市都是有意义的。当然，这个发现对处于炎热气候和寒冷气候条件下的城市具有不同的实际意义。

炎热气候下的意义

炎热干燥气候和炎热潮湿气候条件下的舒适问题有所不同。在炎热干燥气候下，夏季白天的气温常常在 40℃，所以，在炎热的几个小时里，房子不应该通风。在许多炎热干燥的地区，出现沙尘暴，特别是在下午的几个小时里，并非偶然，所以，即使户外热舒适，也有必要紧闭门窗。在紧闭的建筑里，无论处在什么温度条件下，通过房顶上的风扇或其他类型的风扇产生比较高的室内空气流动速度，能够有效地改善人们的舒适程度，或者减少他们不舒适的程度。在大部分炎热潮湿的地区，夏季的温度相对低一些，而潮湿程度高一些。在这种情况下，自然通风对于舒适而言更为重要。

从提高处在炎热潮湿气候条件下高密度城市舒适程度的角度看，这一章中介绍的这些舒适研究发现都主张，尽可能在区域风条件和高密度状态下，保证最好的城市通风状态。

街道布局和方位应该能够让区域的风进入建成区内部。建筑地块之间的开放空间应当考虑区域风的方向，以便让风能够在建筑之间和围绕建筑流动起来。这样，便有可能改善建筑的通风和建筑使用者的舒适程度。

提高炎热区域私人花园和公共公园的舒适程度

在炎热区域，特别是那些处在炎热潮湿的气候条件下的区域，景观设计的舒适目标应当如下：

- 最小化植物对风的阻碍。
- 为公园使用者提供阴凉。
- 较之于铺装地区要低的气温和地表温度。

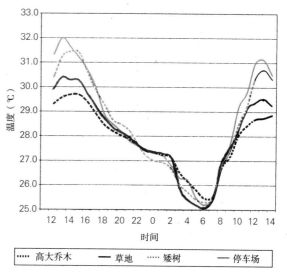

图 8.19　在特拉维夫一个小公园中不同类型植物区的温度
资料来源：Potchter 等（1999）。

在炎热干燥气候条件下的区域，公园的另外一个舒适目标是，最小化尘土水平。

我们会在第 16 章中讨论，在绿地区域内和围绕绿地的区域里，绿地对温度的影响，那里的重点是，植物对风条件的影响。植物对炎热地区人的舒适的影响是利弊兼有的。虽然树木产生阴影，然而，树木阻碍了风，植物的叶面水蒸气增加了地面湿度，这些都会增加人类的不舒适感，特别是在无风和高度潮湿的时间里，影响会更大。

高大的树木和宽阔的树冠在提供阴影上是最为有效率的植物。如果在一所住宅的风口上密集地种植这类树木，它们一定会阻碍风在那里的流通。所以，与树木相关的最好战略是把它们安排在那些不会阻碍风的流通的位置上，如靠近墙的地方，但是，又不在窗前。窗前和窗上的葡萄棚之类的设施也能在不阻碍风的流通的情况下提供阴影。树木在冬季会落叶，所以，它们会让人们在冬季获得日光和太阳能。当然，我们应该小心翼翼地阻止建筑迎风面窗前生长的低矮乔木或高灌木。这些植物能够起到挡风的作用，大大减少通风潜力。

高灌木和低矮乔木既挡风又不足以提供阴影，还增加潮湿程度。按照珀卡特等的研究，在以色列特拉维夫（Tel Aviv）的小型城市公园里，由低矮树木环绕的地区，风速减缓，温度和潮湿程度都比高大乔木地区或开放草坪地区高。图 8.19 揭示出，在这个小公园里，不同植物地区的温度情况（Potchter et al, 1999）。所以，应当尽量减少高灌木和低矮乔木，特别是在建筑物的迎风面部分，当然，把它们种植在那些没有窗户的墙根下还是可以的。所以，草坪、低矮的花圃和高大的遮阴树木的结合最适合于用来构造炎热潮湿气候下的景观。

在寒冷气候条件下高密度城市建筑设计的意义

这一章中所说的寒冷城市是指那些主要舒适问题在冬季的城市。按照这个定义，我们可以把寒冷城市按照它们的夏季气候分成两类：

1. 夏季凉爽或舒适区域的城市；
2. 夏季炎热（常常有炎热潮湿的夏季）区域的城市。

在这两种类型的城市中，对于城市和建筑设计来讲的，冬季的主要舒适问题是避风和获得阳光。寒冷城市的建筑通常都有很好的隔热保暖设计，所以，舒适问题主要涉及户外和街上的步行者，公园里的人们。

在两种类型夏季气候的城市里，夏季的舒适问题可能有所不同。对于那些凉爽或舒适夏季的城市，冬季舒适需要支配着主要的规划和设计考虑。另一方面，在那些具有炎热夏季的寒冷城市，特别是那些有着炎热潮湿夏季的寒冷城市，冬季避风的需要和夏季提高城市通风的需要之间似乎存在冲突。幸运的是，大部分冬季寒冷和夏季炎热的区域，两个季节的主要风向是明显不同的。在北半球，寒冷的冬季风主要来自北方，而炎热的夏季风主要来自南方。这种情况就让城市规划师和建筑设计师产生了避免北风和朝向南方的城市模式，以满足两个季节的需要。向南开放的 U 型建筑和城市地块形式是一种很有吸引力的设计方案。它们既避免了冬天的风，又向夏季的风开放，让建筑暴露在高度较低的冬季太阳下。

当高层建筑紧靠低矮建筑而建时，可能会出现特殊的舒适问题。在低矮建筑高度以上的冲击高层建筑的风能够形成向下的强气流，这种强气流会引起严重的不舒适问题，甚至在那些气候舒适的地方，也会产生不舒适的问题。

虽然寒冷区域的公众使用公园的主要季节是夏季，但是，他们也有可能冬季在那里做滑冰之类的户外活动。冬季公共公园设计的主要气候考虑是避风和暴露给阳光。围绕休息区和公众频繁使用的地区，种植 U 形的常绿灌木和低矮乔木，向南开口，能够给冬季和夏季都创造出舒适的条件。

参考文献

Cheng, V. (2008) *Urban Climatic Map and Standards for Wind Environment: Feasibility Study*, Technical Input Report No 1: Methodologies and Findings of User's Wind Comfort Level Survey, November, Chinese University, Hong Kong.

Cheng, V., Ng, E. and Givoni, B. (2007) 'Outdoor thermal comfort for Hong Kong people: A longitudinal study', in *Proceedings of the 24th Passive and Low Energy Architecture (PLEA 2007) Conference*, November 2007, Singapore

Fong, K. F., Chow, T. T. and Givoni, B. (2008) *Optimal Air Temperature and Air Speed for Built Environment in Hong Kong from Thermal Comfort and Energy Saving Perspectives*, World Sustainable Building Conference, Australia, September

Givoni, B. (1971) *Man, Climate and Architecture*, Elsevier Publishing Co, London (second enlarged edition) (French translation, 1978; paperback edition, 1981; Chinese translation, 1987)

Givoni, B. (1991) 'Impact of planted areas on urban environment quality: A review', *Atmospheric Environment*, vol 25B, no 3, pp289–299

Givoni, B. and R. F. Goldman. (1971) Predicting metabolic energy cost, *Journal of Applied Physiology*, vol 30, no 3, pp429–433

Givoni, B., Noguchi, M., Saaroni, H., Pochter, O., Yaacov, Y., Feller, N. and Becker, S. (2003) 'Outdoor comfort research issues', *Energy and Buildings*, vol 35, pp77–86

Givoni, B., Khedari, J. and Hirunlabh, J. (2004) *Comfort Formula for Thailand*, Proceedings, ASES 2004 Conference, July, Portland, OR, pp1113–1117

Khedari, J., Yamtraipat, N., Pratintong, N., and Hirunlabh, J. (2003) 'Thailand ventilation comfort chart', *Energy and Buildings*, vol 32, no 3, pp245–250.

Potchter, O., Yaacov Y. and Bitan A. 1999. 'Daily and seasonal climatic behavior of small urban parks in a Mediterranean climate: A case study of Gan-Meir Park, Tel-Aviv, Israel', in *Proceedings of the 15th International Congress of Biometeor and International Conference on Urban Climatology*,

Sydney, Australia, 8–12 November; ICUC 6.3

Wong, N. H. and Tanamas, J. (2002) 'The effect of wind on thermal comfort in naturally ventilated environment in the tropics', in T. H. Karyono, F. Nicol and S. Roaf (eds) *Proceedings of the International Symposium on Building Research and the Sustainability of the Built Environment in the Tropics*, Jakarta, Indonesia, 14 October, pp192, 206

Wong, N. H., Feriadi, H., Lim, P. Y., Tham, K. W., Sekhar, C. and Cheong, K. W. (2002) 'Thermal comfort evaluation of naturally ventilated public housing in Singapore', *Building and Environment*, vol 37, pp1267–1277

第 9 章

城市环境多样性和人类舒适

科恩・斯特门斯和马林斯.拉莫斯

引言

这一章探讨城市形式和人类舒适之间的关系。我们从弄清城市环境多样性和舒适这一研究领域在理论模型和现场的经验工作之间留下悬而未决问题的方式入手。我们提出的假定是，在现实的城市空间中的环境多样性是一个复杂城市形态的结果，这种多样性与自由选择和舒适的整体表达相互联系着。我们在监测、调查和模拟 14 个欧洲城市场地以及对近10000 人做户外舒适调查数据的基础上，测试我们的这个假定，讨论它的高密度城市的意义。使用与温度、阳光和风这些简单术语相关的参数，使用平面图和 CAD 等技术来定义环境多样性。我们的目标旨在揭示出，城市气候和城市居民户外空间舒适之间的可能关系。这些关系通过城市建筑形式得以实现。人们以多种方式描述城市形式，包括密度（即容积率）、高度－宽度比率、粗糙度，或成排的地块。这是典型的物理学的描绘方式。有人使用城市、城市街区或公共空间等案例研究来表达城市形式，也有人使用社会科学的理论探索城市形式。两种方式都提供了很有价值的视角：前者提出街道高度－宽度比例，最大的城市热岛温度等物理参数之间的一般相关性，后者拿出了与更为复杂和现实的城市小气候以及身在其中的人的信息。尽管两个领域依然处于分割的状态：一个讨论物理科学，一个关注社会和行为方面的问题，存在一定的风险，但是，两种方式对城市规划都是有用的。

皮尔马特举例说明了前一种方式，使用对规则城市组团的详细分析来预测街道中心的理论舒适度，这种理论舒适度是高宽比和方位的函数。然后，再使用这种方法去探讨不同城市形式对舒适的意义。例如，对于炎热干旱气候下的城市，理论上讲，南北向的街道比东西向的街道要好。

尼科洛普洛（Nikolopoulon）和雷科蒂斯（Lykoudis，2006）则使用对城市空间中人类舒适调查的经验证据，检测与热舒适相关的物理参数（气温和地球温度、风等等），来探讨另一种舒适研究方式。当然，这种研究方式下的工作对城市形式的讨论还是有限的。这个研究的关键发现是，城市环境所具有的综合的物理的和心理的条件决定着户外舒适程度。这个发现的意义是，城市的自然与社会环境综合体比起建筑物的内部环境更大程度地超越了舒适实验室的环境，而让舒适实验室的研究成果对城市自然与社会环境综合体只具有相对性，换句话说，人类舒适的生理学只能部分地解释城市环境的舒适感觉。

这一章强调了建成环境的物理学效果与舒适感觉之间的联系。对舒适物理参数之间相关性的比较有力地揭示出多样性和一般舒适选择之间的相关性。这表明城市安排上的环境多样性会引导更大程度的自由选择,进而导致更大程度的舒适。

背景

选择是对舒适发生重大影响的关键变量,我们有时把选择表达为"感觉到的控制"或"潜在的适应性"。到目前为止的大部分研究,包括以上提到的这些研究,都与内部环境相关,都被用来解释生理学模式和实际舒适之间的差别。这些案例中的典型"控制"与人和建筑(如打开窗户)以及这个建筑的环境系统(如电灯开关和温控器)的相互作用相联系。这个研究领域的整个发现表明,使用者的控制越大,即使这个控制只是感觉上的,并没有具体实施,那么,背离舒适理论的容忍度也越大,特别是期望支持背离舒适理论的地方,更是如此(Baker,2004)。

这样,在舒适实验室里的研究,给被测试者营造了一个人工环境,如果说还有某种选择的自由的话,这种选择的自由度也是极端有限的,所以,产生的也是非常不同于现实建成环境的研究结果。相对于户外环境,这种差别会更大一些。当然,相对于户外环境的差别会更大一些这种观点并非不证自明的:户外环境比室内环境存在更多的适应性机会或选择吗?尼科洛普洛和雷科蒂斯提出,"对小气候的实际控制是最小的,感觉到的控制有最大的权重"。的确是这样,对城市环境实施某种控制的机会(如遮阳伞或防风设施)比起适应性的室内设置要少。当然,通过外部的根本性选择,以及通过能够与室内选择相比较的空间安排,对城市环境实施的控制可能超出了补偿的性质。这种空间可变性可能意味着,为了改善舒适条件,人们能够选择走出阳光,进入风中或相反。人们在服装上的选择(如办公装束),在身体活动上的选择(如坐、走或所有影响代谢率的练习),在食品或饮料消费方面的选择(同样影响代谢率)都有着很大的自由。以上这些与选择相关的物理参数都能对生理舒适产生重大影响。巴克(Baker)和斯坦迪文(Standeven)的工作证明,甚至在温度、风速、服装和代谢率方面的微小的改变,都会对舒适产生很大的影响。

对炎热干燥气候条件下传统四合院住宅的研究进一步证明了影响舒适的空间选择的概念。米尔加尼(Merghani,2004)揭示出,居住者对四合院中可能范围内选择的温度明显倾向于那些比较接近舒适区的温度。他还进一步证明,因为空间适应性居住与一个区域已经建立起来的一组社会习惯紧密相关,所以,这种空间适应性居住特别值得注意。这并不是说,存在一个与空间设计和使用相关的气候决定论,而是说,社会文化和环境行为是紧密联系在一起的。

以上讨论的这些例子说明,提供适当范围的条件能够改善舒适,人们倾向于通过他们自己的自由选择来做到这一点。现实和复杂建筑形式中的城市小气候能够提供这种多样性吗?能够帮助解释为什么人们所说的舒适远远超过了生理学上的舒适?这一章采用两种方式来探索这个问题：

1. 舒适调查的详细数据；
2. 城市气候条件的简化模型。

监测室外舒适

这项研究采用的方式是，监测和调查那些选择生活在各式各样城市空间中的大量居民。这项研究的大部分工作来自欧洲的一个研究项目，重新发现城市和开放空间（RUROS），这项研究强调与室外空间使用相关的社会－经济和环境问题。除开温度方面的问题，这项研究对横跨欧洲的多种场地舒适评估中，还包括了视线和声音等方面的问题。这个为期 15 个月的研究，涉及 14 个场地，同时对大约 10000 人进行了调查。这项研究中包括的城市地处北纬 38~54℃ 之间，包括希腊的雅典和塞萨洛尼基（Thessaloniki）、意大利的米兰、瑞士的弗里堡（Fribourg）、德国的卡塞尔、英国的剑桥和设菲尔德。这些场地代表了从紧凑型的中世纪城市核心到大规模的当代开放式广场等多种城市形式和条件。

使用移动气象站监测小气候，如图 9.1 就是剑桥开发的一种移动气象监测设备。这种设备旨在取得快速反应，为了适合于移动，它的重量很轻，所以，可以带到访谈现场。所以，物理测量直接与每一个调查联系起来，直接表征了每一个被调查者所处的空间位置和他们可能的环境条件选择。步行者不是这项研究的核心，对环境条件的监测和瞬时效应来讲，步行者代表一种有意义的挑战。监测每 5 秒钟记录一次。研究发现，室内使用的标准黑球温度计反应时间太慢，这样，有可能出现监测数据落后于实际访谈时间的危险，特别值得注意的是，当把这种监控设备从阳光下移动到阴影下，然后再回到阳光下的时候，更有可能出现数据时间延迟的结果。我们在这项研究中使用的是反应时间较短且适合于室外使用的地球温度计。尼科洛普洛等在他们的论文中，对这方面的研究情况有过报告。

现场调查选择每一个季节的有代表性的时期，最少进行 1 个星期，每天分成 4 个段落，每个段落 2 个小时（早上、中午、下午和傍晚）。这就有可能观察到季节的和昼夜的变化情况，以及

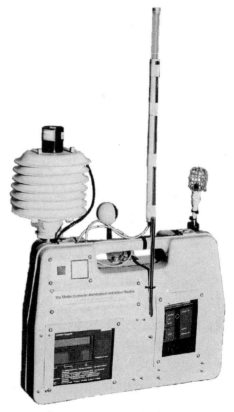

图 9.1 移动气象监测设备
资料来源：作者。

周变化模式（如工作日和周末的差异）。

现场调查由环境监测和对人的调查组成。监测的与热舒适相关的参数包括：气温、地球温度、太阳辐射、风速和湿度。另外，还收集了声音和照明数据，当然，我们在这一章里不打算讨论声音和照明问题。

调查由两个部分组成：问卷和观察记录。问卷以5点或3点的尺度记录了人们对环境多方面的感觉。问卷上把热的感觉分为非常冷、冷、不冷不热、热和非常热等5个尺度。问卷上的问题均与温度、太阳、风、湿度和整个热舒适相关。同那些与热舒适、视觉和声学舒适相关的结构性问题一起出现的问题还有一类半结构性问题，社会背景问题和与空间使用相关的问题（如处在这个空间的理由，在这个空间里有多长时间了等）。这个观察问卷允许访谈者记录位置、日期、时间、着装水平、活动、食品或饮料消费情况，等等。

人们要提出的一个问题是，能够进行访谈的人数在一定程度上是自我选择的。在北欧地区，冬季的人口数要远远低于夏季的人口数，在这种情况下，这个问题是值得注意的。例如，在德国的卡塞尔和英国的剑桥，访谈人数从夏季的321人下降到冬季的80人。但是，这种变化在瑞士的弗里堡就不存在，因为那里的人口在冬季达到顶峰，特别是在那些气候状态比较温和的时间里，人们通常乐于到户外滑雪。进一步讲，最容易进行访谈的人口是那些在一个空间中停留或坐在那里的人们，而不是那些途经那里的人们。这个结果表明，很大比例的被访谈者，就所有这些城市的平均数目看，约75%的被访谈者都声称他们是舒适的。而被访谈者中声称舒适最少的城市和季节是卡塞尔的冬季，在那里冬季的调查中，仅有43%的被访谈者声称他们是舒适的。

调查结果

尽管有以上局限性，这个项目还是展示了很有价值的信息，可能是这类调查中获得数据最多的，这些信息开始揭示出与室外舒适相关的新的看法。这个项目的概况已经发表（Nikolopoulou，2004），孔帕尼翁（Compagnon）和戈耶梯（Goyette，2005）讨论了视觉舒适的发现，许多出版物中都详细公布了被调查者所处的声学状态（Yang and Kang，2005a and 2005b；Kang，2006）。

这一章集中关注被调查者在热舒适问题上的反应，使用这些在访谈中记录下来的被调查者对热状态所做的"实际感觉选择"（ASVs）。与预计的选择（以生理参数为基础的理论舒适衡量）相反，"实际感觉选择"对真正的场地舒适进行了衡量。这个数据库被用来研究现实城市状况下的实际舒适问题。

值得注意的是，重大比例的反应处于冷热之间的舒适区内，这个比例反映了这样一个事实，75%的反应者说他们是舒适的。实际上，在访谈中所测量到的小气候条件十分宽泛，这是特别值得注意的现象。过去曾经做过的室外舒适研究已经提出，在室内舒适理论定义的生理舒适和对室外空间舒适的实际报告之间存在很大差距（Nikolopoulou and Steemers，2003）。这次研究再次确定了这一点，这次研究揭示出，被调查的实际感觉选择（actual sensation vote , ASV)和计算的预测平均选择（ISO7730 定义的 Predicted mean vote，PMV）或基于有效温度的热感觉选择（以 ET 为基础的 thermel sensation vote，TSV）之间的对应相关系数仅有 0.32 和 0.37。

这个研究使用向后逐步回归来决定，数据中的那些变量，包括温度、地球温度、风速、相对湿度、平均辐射温度、代谢率和穿衣值，能够用来预测实际感觉选择（ASV）。使用向后逐步回归方法，决定对实际感觉选择预测影响最大的参数是：

- 地球温度；
- 风速；
- 相对湿度；
- 平均辐射温度。

使用多元线性回归，获得以下方程，这个方程揭示了这些变量对实际感觉选择的关系：

$$ASV = -1.465 + (0.0332 \times tglobe) - (0.0761 \times vel) + (0.00256 \times rh) + (0.0233 \times mrt) \quad [9.1]$$

这里，

- tglobe = 地球温度（℃）
- vel = 风速（米 / 秒）
- rh = 相对湿度（%）
- mrt = 平均辐射温度（℃）（使用 ASRAE 公式计算）。

这个方程有 0.516 的相关系数（R）和 0.266 的确定系数（R^2）:相对低的相关系数表明，温度条件对舒适仅仅只有适度的影响（条件越极端，相关系数的值越高）。考虑到独立变量数目的 R^2_{adj}，也是 0.266。标准误差是 0.778。除开与实际感觉选择逆相关的风速外，所有这些变量都与实际感觉选择正相关。变量测试分析显示，F = 863.892。这个 F 测试统计规定了这个回归方程中包含的自变量能够预测因变量。如果 F 是一个大数目，如这里的这个数目，我们能够得到这样的结论，自变量能够对因变量的预测有所帮助。F = 1 意味着变量之间无关。

总之，所有这些场地的实际反应与地球温度的相互联系最好，而地球温度本身是辐射条件和气温的函数。风也是一个很重要的变量。尼科洛普洛和雷科蒂斯（2006）所做的类似数据分析确定了这一点，在他们的分析中，比较气温（R = 0.43）、太阳辐射（R = 0.23）和风速（R = 0.26）与实际感觉选择的相关性,实际感觉选择与地球温度的相关性（R = 0.53）比较好。

以上的实际感觉选择的理论方程与实际数据具有很好的合理相关性，其相关系数 R = 0.51,这个相关性比起对同样数据做的计算的预测平均选择（PMV）相关系数 0.32 有了改进。对与比较冷的气候而言（如瑞士和英国），这个方程产生更好的相关性（参见表 9.1 和表 9.2）。

所有实际感觉选择（ASV）方程的相关性指标总结　　　　　表 9.1

指标／国家	希腊	瑞士	意大利	英国	德国
R	0.511	0.696	0.568	0.691	0.502
R^2	0.261	0.484	0.322	0.477	0.253
R^2_{adj}	0.260	0.484	0.319	0.476	0.250
标准误差	0.808	0.607	0.558	0.763	0.544
F	191.877	900.475	110.994	355.957	66.827

资料来源：作者。

所有实际感觉选择（ASV）方程的 t– 值总结　　　　　表 9.2

变量	希腊	瑞士	意大利	英国	德国
气温	不重要	不重要	10.110	不重要	不重要
地球温度	10.398	42.332	不重要	17.068	3.312
风速	−6.854	−4.747	−8.670	−4.611	−3.318
相对湿度	7.271	不重要	不重要	−4.390	不重要
平均辐射温度	8.460	不重要	7.801	3.168	2.808

资料来源：作者。

如果使用这个方程的特定国家的版本，实际感觉选择的相关性进一步得到改善，R = 0.61。

　　表 9.2 的 t– 值总结了每个案例研究地区的重要参数。所有实际感觉选择方程的共同倾向是，风速与实际感觉选择成反比，这个现象有力地表明，当风速减小时，选择向"温暖"或"炎热"靠近，这的确是很有意义的。无论是地球温度、气温还是平均辐射温度，至少有一个热变量对实际感觉选择方程像风一样具有重大意义。

绘制城市多样性

　　以上概括的物理参数——特别是那些与辐射、温度和风有关的参数——能够以某种方式解释人们对室外舒适的报告，同时还保留着通常需要以适应过程解释的一些结果。人们可能期待在物理参数多样性的测量和感觉到多种可能选择的控制之间存在一种联系，我们打算对此做一些探讨。

　　我们期待在这一章剩下部分里实现的目标是：

• 从温度、辐射和风等条件的角度，定义城市环境多样性；
• 探索城市空间环境多样性和对这些空间做出舒适判断之间的相关性。

　　我们的目标是探索是否有可能绘制有关空间（城市空间）和时间（季节或年度）的环境多样性，以简单的术语说明这类原理。假定户外热舒适已经表现出基本上与地球温度

（与气温和辐射能量一起）和风相关，那么，我们有理由说，温度差别、阳光照射小时、风的模式可能是有用的简化了的指标。之所以选择这些指标的理由是，我们基本上对时空变化有兴趣，而不关心一个时刻的绝对值。如果对后者感兴趣的话，现存的模式，如 ENVI-met、CTTC、CFD 或辐射，都能够适当地详细模拟城市条件。这里的目的是为了证明一种定义多样性和探索其意义的简化方法：证明一个概念，而不是一种模拟工具。

使用温度差异、有效的阳光和风作为变量的优越性是，它们都相对容易与城市形式建立起联系。我们注意到，我们可以用高度－宽度比例（H/W）或天空可视因素（SVFs）来评价峰值温度差（Oke, 1987）。同样显明的是，阳光将产生作为一种城市形式功能的阴影，使用简单的太阳几何能够决定阳光与阴影。最后，城市环境中的风，尽管复杂，却能够以盛行风条件（随季节改变其方向和频率）为基础，能够用越来越多现成的软件来模拟。然而，在城市尺度上把三种简化的参数结合起来还是不多见的。

首先，模拟许多城市参数的方式曾经是使用城市形式的数字高程模型（DEMs）来完成的，使用图形加工技术来对它们进行分析。一系列涉及模拟理论（Ratti and Richens, 2004）、小气候参数（Steemers et al, 1997；Baker and Ratti, 1999）、能量和风（Ratti et al, 2006）的论文详细说明了这种方法。数字高程模型的分析一般使用 Matlab 软件，特别是 Matlab 软件的图形加工工具以及复杂图形输出，这种图形加工能够以像素－像素为基础描述城市地区。这种软件能够允许使用简单的算法来决定天空可视因素（SVFs）和小时基础上的阴影，但是，这种软件不适合于用来评估城市地区的风模式。所以，最近人们使用 CAD 和图形软件如 3D Studio 和 Maya，这些软件是建筑和其他设计专业使用的一般工具。Maya 有一个简化的风模拟器，适合于用来说明这里讨论的多样性战略观点，当然，更为复杂的计算流体动力学（CFD）模拟能够提供比较精确的和详细的模拟。输入数据以小时计的每个地方的风向和频率为基础，以风的阴影表示（这里定义为把风减少到不足示意风速数据 20% 的那些地方）。

我们的这项研究已经模拟了欧洲 14 个场地代表每一个季节和全年的那些天。为了减少这一章的图示，我们仅仅拿一个场地来说明这种方法；当然，对整个结果和相关性的说明还是包括全部 14 个场地的。这里，我们拿剑桥的一个场地为例，图 9.2 是，绘制的天空可视因素（SVFs）、每年每小时阳光被遮挡起来和每年每小时风的阴影。有一点明确起来，每一张图揭示了一年时间里的一个复杂的情况系列；尽管如此，在考虑每一天时，情况都是一样的。就天空可视因素（SVFs）来讲，有些室外空间遮挡严重，这样，那里的温度波动减少了，而另外一些地方，则更多地向天空开放，这样，那里的温度随着气象温度的波动而波动。相类似，一些地方的阳光被缜密的遮挡起来了，而持续的阳光距离这个阳光被遮挡起来的地区不过几米之遥。风的模式揭示出一些地区始终处在主导风之下，而另一些地区的风受到遮挡。

为了绘制一张三种参数结合起来的图，给每一个参数创造波段阈值是很有用的。按照这项研究的目的，我们将使用非此即彼的方式说明这个概念：如图 9.3，对天空开放或封闭，

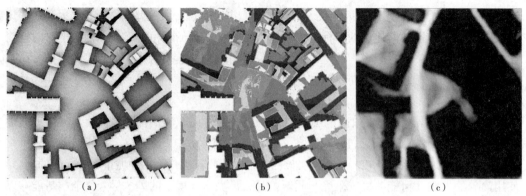

图 9.2 城市案例研究区之一的样本分析，200 米 × 200 米（剑桥），（a）天空可视因素（SVFs）；（b）阳光被遮挡起来；（c）风的阴影
资料来源：作者。

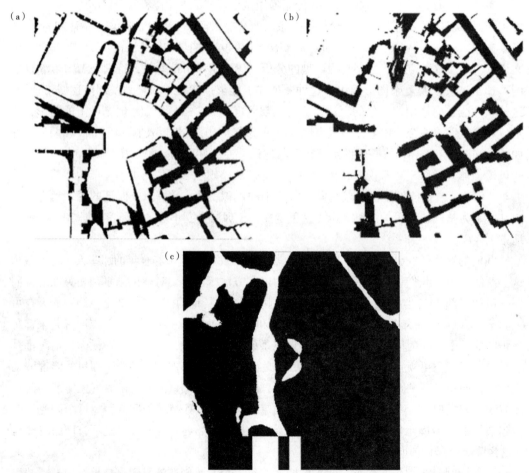

图 9.3 图 9.2 的简化的数据临界值图形
资料来源：作者。

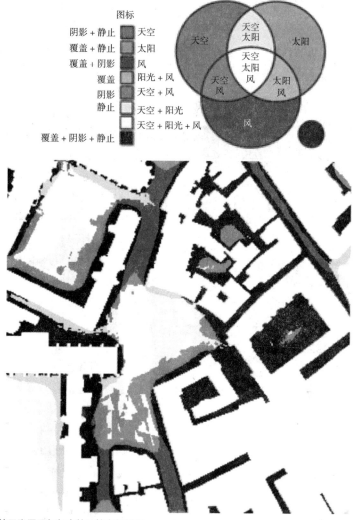

图标

阴影 + 静止	天空
覆盖 + 静止	太阳
覆盖 + 阴影	风
覆盖	阳光 + 风
阴影	天空 + 风
静止	天空 + 阳光
	天空 + 阳光 + 风
覆盖 + 阴影 + 静止	

图 9.4 由图 9.3 的三张图叠加起来的环境多样性图
资料来源：作者。

阳光或无阳光，有风或无风。这个测试的阈值按照每个参数范围的平均值（如 6 个小时的阳光）。有可能比较精确地确定阈值，理想的方式是把关键值与感觉联系起来（如低于 0.2 米 / 秒的风速是觉察不到的），并分开权衡，当然，我们这里的目标是，讨论多样性的简化定义的可能性。图 9.3 上的三个简化的图形被结合起来创造一个环境条件综合图，或者"环境多样性图"（参见图 9.4）。

我们能够在任何时间范围内去创造任何城市形式的环境多样性图（小时、天、季节或年度）。局限性是，现在的数字高程模型不能包括建筑物下面的拱廊或柱廊，当然，我们可以单独对它们进行研究（Sinou and Steemers，2004），也不能包括树的效果，实际上，树能

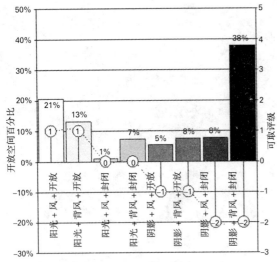

图 9.5　剑桥场地的多样性档案和权重因素
资料来源：作者。

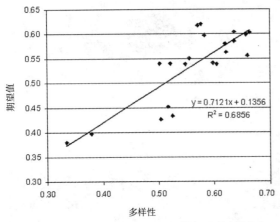

图 9.6　剑桥场地全年、每季、一天中四个时间段的多样性和
期望性
资料来源：作者。

大大地改变城市小气候。

使用图形加工技术，就可以简单地创造出环境多样性的图示表达，我们称这种图形为"多样性档案"。图 9.5 就是这种多样性档案的一例，它是从图 9.4 中提取出来的，揭示了一定环境特征在面积上的相对比例。在这个例子中，我们能够看到"封闭的－遮挡起来的－静止的"的结合是这个密集的中世纪城市中心的最大的部分。显而易见，这种情况可能特别适合于炎热干燥的气候，那里"封闭的"特征与冷岛相关，遮挡阳光明显受到青睐，热风理论上讲被排除掉了。然而，对于户外舒适而言，这样一种状况是人们所不希望的。每一种变量和变量的结合可能是期待的或不期待的，所以，人们的评价是按照主导气候结构决定的。布朗和戴考伊（2001）已经采用了这类"期望因素"值——从 0（不希望的）、1（稍微不希望的）、2（稍微希望的）到 3（期望的）——以此形成每一个城市状态和时期的"期望指标"（Des）。

我们还能够把多样性档案约减成为一个多样性因素，简单地把这个多样性因素定义为与多样性档案中纵向因素间标准差相关的因素。一个高度多样性的因素意味着，同等表达环境参数的所有种类的结合。反之，如果这个多样性档案具有一种支配性的环境参数结合，那么，这个指数是低的。图 9.6 揭示了剑桥一个场地的多样性和期望性之间的关系，图上的点表示每年、每季（春、夏、秋、冬）的一般的一天中四个时间段（早上、中午、下午和晚上）的每一个。这张图说明，多样性（Div）和期待（Des）之间存在一种具有紧密相关系数 R=0.83 的关系。多样性与期待相关，特别是在冬季，而在春季和秋季，这种相关性稍弱一些。这在某种程度上是因为这样一个事实，由于冬季的阳光照射角度比较低，所以，环境期待受到抑制（产生平均 Des = 0.48），相反，春秋（平均 Des = 0.70）倾向出现更多的多样性。当然，的确存在有趣的地方结果，最好与特殊例子一起讨论。

对剑桥市中心气候样本数据的研究揭示出，春秋数据给期待较高的评分，而冬季数据给期待较低的评分，两个最低点出现在冬天的早上（Des = 0.40）和晚上（Des = 0.38）。进一步讲，除开夏季的早上或下午，其他几个季节中午的期望值都一般比较高。最高的期望值是在秋季和春季的中午（0.62），随后是春秋的早上和下午（0.60）。按照从最高到最低期望值排列的次序，秋天（0.60），春天（0.58），夏天（0.55）和冬天（0.43），

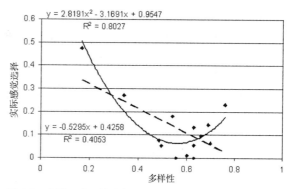

图 9.7 欧洲 14 个场地对应平均实际感觉选择的年度多样性（越接近 0，越舒适：不冷不热）
资料来源：作者。

冬天的期望值比较低。全年的期望值为 0.54，这个值在 14 个场地中属低端的，即从 0.53 至 0.74 的范围之内。这些研究是有价值的，它们提出，除开冬季外，这样一种城市形式能够比较好地应对大部分气候条件，这种结果具有规划战略上的意义。当然，所有场地、城市形式和数据的进一步详细分析和比较将在其他文献中进一步报告。

这个研究的下一个阶段是探索，作为多样性模拟的东西是否实际上与对研究场地实际感觉选择具有某种关系。最初的结果展示出，与一年的一般舒适选择相对应的每一个场地的年度环境多样性与实际感觉选择的绝对值相关，图 9.7 揭示了这一点。虽然不是紧密的，但是，一种相关性表明，增加的多样性改善舒适程度。相关系数的值可以与纯粹从温度和风这类物理参数中发现的那些相关系数值相比。用来产生多样性指数的最简单方式给了我们一些信心，值得追求和改善这种工作。

这个线性的线段（R = 0.64）揭示出，当多样性增加时，舒适程度得到改善（即实际感觉选择接近 0 或"不冷不热"）。比较适当的多项式线（R = 0.90）说明，最优的多样性接近 0.6。当多样性继续增加而超出 0.6（即在春季和秋季），多样性开始变得太大了，从而导致舒适度的减少。超出一定"最优"点的多样性意味着，更多的选择替代了环境条件的理想集合，这个事实可能解释了为什么多样性太大会导致舒适度的减少。当多样性减少到 0.6 以下（即典型的冬季条件），被减少的适当条件限制了自由选择。还需要注意的是，从较低点出发，多样性的一点点增加都会产生很大的效果；但是，随着多样性的增加，进一步的变化变的不那么重要了。这一点是可以理解的，例如，人们认为，在一个完全被阴影笼罩的地方，增加一点点阳光就特别令人愉悦，然而，同样还是这一点点阳光放到已经阳光灿烂的环境中，就不那么能够让人愉悦起来了。

一个城市的密度增加，那么它创造环境多样性的机会就会减少。创造多种类型和方位的开放空间，让步行者易于接近或看到，就更具有挑战性。那里的建筑一般都很高，甚至在那些空间方位也在增加的地方，还会影响到天空视野和接受阳光，或风的变化也极其微小。换句话说，垂直方向的发展减少了相对的水平空间变化。在密集的城市开发到达边缘

地区——例如，港湾、河边或大型城市公园（如纽约的中央公园）——在环境条件上存在非常清晰且突然的变化。当然，这种变化是突然的，一般不能改变。研究表明，甚至在高密度城市环境中，建筑形式的多样性会带来重大环境潜力。通过规划控制来实施这种建筑形式上的多样性是具有挑战的，然而，一旦这样做，建筑形式的多样性能够让我们城市获得环境性能方面的重大收益，如能量、卫生和福利。

结论

这一章从概述与城市小气候舒适相关的研究背景开始，指出这个部门或倾向于研究理论的建筑形式和模拟舒适，或者使用经验研究方法去监测和调查处于城市环境中的被调查者。这里，我们使用简化的现实城市形态环境分析，强调了建筑形式和实际舒适之间的联系。特别是，我们已经说明了了，环境多样性，甚至以简单的属于定义的环境多样性，都与被调查者所认为的舒适数据有着良好的相关性，在一些情况下，比起单一的物理参数，如气温和地球温度或风，环境多样性能够更好地改善人们的舒适程度。

适当的环境多样性能够增加人们的选择自由，从而增加人们对城市环境的满意程度。这项工作是有意义的，因为它提出了环境多样性与舒适的相关性。我们十分确信，环境多样性的城市空间在时间和空间上提供了一个比较丰富的和令人愉悦的环境。这一点对高密度城市更为重要，那里有一点点改善就会产生很大的进步。我们已经开始在许多总体规划中使用这里介绍的技术来实现可持续的城市发展，我们已经发现这种方法提供了很有价值的思路，例如，研究公共广场的季节性性能，提高公众的认识，提高讨论设计项目如何影响城市小气候和相反的水平。

致谢

我们要感谢欧盟对这个研究项目的财政支持，这个研究项目的成果构成了本章的大部分内容：欧盟研究联系单位：第五个框架项目，源自能源、环境和可持续发展的关键行动4：明天的城市和文化遗产；项目名称：重新发现城市和开放空间（RUROS）。

我们也要感谢参与这个项目的所有团队，特别是从事现场监测和调查工作的团队。这些团队的领导有：M·尼科洛普洛（英国巴斯大学），他协调了这个研究项目；N·克里斯玛丽多（希腊亚里士多德大学）；卡帕尼翁（瑞士弗雷堡建筑工程学院）；康钧（英国设菲尔德大学）；L·卡茨奇纳（德国卡塞尔大学）；E·科瓦尼（希腊国家社会研究中心）；G·斯库多（意大利米兰理工大学）。

参考文献

Baker, N. (2004) 'Human nature', in K. Steemers and M. A. Steane (eds) *Environmental Diversity in Architecture*, Spon, London, pp47–64

Baker, N. and Ratti, C. (1999) 'Simplified urban climate models from medium-scale morphological parameters', in *Proceedings of the International Conference on Urban Climatology, ICUC 1999*, Sydney, Australia

Baker, N. and Standeven, M. (1996) 'Thermal comfort in free-running buildings', *Energy and Buildings*, vol 23, no 3, pp175–182

Brown, G. Z. and DeKay, M. (2001) *Sun, Wind and Light: Architectural Design Strategies,* 2nd edition, John Wiley & Sons, New York, NY

Campbell, J. (1983) 'Ambient stressors', *Environment and Behavior,* vol 15, no 3, pp355–380

Cheng, V., Steemers, K., Montavon, M. and Compagnon, R. (2006) 'Urban form, density and solar potential', in *PLEA 2006: 23rd International Conference on Passive and Low Energy Architecture*, Geneva, Switzerland, 6–8 September, pp701–706

Compagnon, R. and Goyette, J. (2005) 'Il comfort visivo negli spazi urbani', in *Il comfort ambientale negli spazi aperti*, Edicom Edizioni, Monfalcone (Gorizia), pp63–73

de Dear, R., Brager, G. S. and Cooper, D. (1997) 'Developing an adaptive model of thermal comfort and preference', final report ASHRAE RP-884

Kang, J. (2006) *Urban Sound Environment*, Taylor & Francis, London

Merghani, A. (2004) 'Exploring thermal comfort and spatial diversity', in K. Steemers and M. A. Steane (eds) *Environmental Diversity in Architecture*, Spon, London, pp195–213

Nikolopoulou, M. (ed) (2004) *Designing Open Spaces in the Urban Environment: A Bioclimatic Approach*, CRES, Athens

Nikolopoulou, M. and Lykoudis, S. (2006) 'Thermal comfort in outdoor urban spaces: Analysis across different European countries', *Building and Environment*, vol 41, no 11, pp1455–1470

Nikolopoulou, M. and Steemers, K. (2003) 'Thermal comfort and psychological adaptation as a guide for designing urban spaces', *Energy and Building*, vol 35, no 1, pp95–101

Nikolopoulou, M., Baker, N. and Steemers, K. (1999) 'Improvements to the globe thermometer for outdoor use', *Architectural Science Review*, vol 42, no 1, pp27–34

Oke, T. (1987) *Boundary Layer Climates*, Routledge, London

Paciuc, M. (1990) 'The role of personal control of the environment in thermal comfort and satisfaction at the workplace', in R. I. Selby, K. H. Anthony, J. Choi and B. Orland (eds) *Coming of Age*, Environment Design Research Association 21, Oklahoma, USA

Pearlmutter, D., Berliner, P. and Shaviv, E. (2006) 'Physical modeling of pedestrian energy exchange within the urban canopy', *Building and Environment*, vol 41, no 6, pp783–795

Ratti, C. and Richens, P. (2004) 'Raster analysis of urban form', *Environment and Planning B: Planning and Design*, vol 31, no 2, pp297–309

Ratti, C., Baker, N. and Steemers, K. (2005) 'Energy consumption and urban texture', *Energy and Buildings*, vol 37, no 8, pp824–835

Ratti, C., Di Sabatino, R. and Britter, R. (2006) 'Urban texture analysis with image processing techniques: Winds and dispersion', *Theoretical and Applied Climatology*, vol 84, no 1–3, pp77–90

Sinou, M. and Steemers, K. (2004) 'Intermediate space and environmental diversity', *Urban Design International*, vol 9, no 2, pp61–71

Steemers, K., Baker, N., Crowther, D., Dubiel, J., Nikolopoulou, M. and Ratti, C. (1997) 'City texture and microclimate', *Urban Design Studies,* vol 3, pp25–50

Yang, W. and Kang, J. (2005a) 'Soundscape and sound preferences in urban squares', *Journal of Urban Design*, vol 10, no 1, pp61–80

Yang, W. and Kang, J. (2005b) 'Acoustic comfort evaluation in urban open public spaces', *Applied Acoustics*, vol 66, pp211–229

第 10 章

城市通风设计

吴恩融

引言

亚热带和热带地区的许多高密度城市，如新加坡、香港、东京等等，炎热的夏季能够引起热压力，危害城市居民的身体健康。当建筑增加热容量时，建筑会产生问题，加大城市热岛强度，减少反蒸发、增加粗糙度、减缓来风（Avissar，1996；Golany，1996；Tso，1996）。

除开明显的健康危害外，对于那些不能提供热舒适室外空间的城市，还有两个进一步的后果。第一，相对较少的人们会让自己的时间在户外度过，这样，减少了城市空间效率。第二，因为没有人们期待的室外环境，人们会尽力留在室内，更多地使用空调，进而大大增加能源消耗。

对于以下目的来讲，城市通风是重要的：

- 免除运行的建筑室内通风；
- 污染分散；
- 城市热舒适。

对于城市规划师来讲，减少污染源的污染排放是处理污染问题的最好办法，这样，夏季几个月解决热舒适问题的城市通风需要只能通过适当的城市设计和建筑布局来实现优化。

在炎热和潮湿的城市条件下，通过人体的城市通风增加散热和减少热应力。例如，在新加坡、香港、东京这类城市的夏季几个月里，夏季的平均温度能够达到 $26 \sim 30℃$。吉沃尼已经对日本的问题做过研究，提出了以下热感觉方程：

$$TS = 1.2 + 0.1115×T_a + 0.0019×S - 0.3185×u \tag{10.1}$$

这里：

- TS = 热感觉尺度，从 1（非常冷）到 7（非常热）；TS = 4 为中性；
- Ta = 气温（℃）；
- S = 太阳辐射（瓦 / 平方米）；
- u = 风速（米 / 秒）。

基于方程 10.1，对于一个一般人，气温 = 28℃，太阳辐射 = 150 瓦 / 平方米，那么，他的身体上需要 1.9 米 / 秒的风速，以维持中性的热感觉状态（Cheng and Ng，2006）。这个例子描述的情况在热带和亚热带地区城市的夏季几个月中实属正常。所以，风是设计城市热舒适的非常重要的环境参数。

高密度城市的城市通风

一般认为，地面以上 1000 米的大气层是城市的边界层面。在这个层中间的能量和物质交换决定着城市的气候条件。城市之上的城市大气层有一个城市边界层，在城市边界层之下，有一个城市冠层（urban canopy layer，UCL），通常认为城市的平均楼顶高度就是城市冠层。由于体积较大，城市冠层中的较高建筑，城市气温通常比较高，风场比较弱，气流比较不稳定。对于地处热带和亚热带地区的城市，这种情况意味着居民感觉到比较差的城市热舒适程度。为了消除高密度城市的负面效应，把自然因素（例如风）并入到城市中来，是非常有效的设计高密度城市的一种方式。基于动力学法则，表 10.1 在假定地面粗糙度一定的情况下，总结了步行水平（地面以上 2 米）梯度风的百分比。

基于动力学法则及其多种系数的梯度风高度和风速   表 10.1

α	描述	梯度风的高度（米）	梯度风的风速 %
0.10	开放的大海	200	63
0.15	开放的景观	300	47
0.3	郊区	400	20
0.4	有一些高层建筑的城市	500	11
0.5	高密度城市	500	6

资料来源：Landsberg，1981。

与郊区型的城镇相比，高密度城市的地面层次的有效风要少很多。例如，假定来风为 15 米 / 秒，这是很现实的风速，当这股风进入的城市中心部分时，它已经减少到不足 1 米 / 秒的风速了。也就是说，它已经低于我们在上面的例子里所说的满足热舒适需要的 1.9 米 / 秒的风速。实际上，由于建筑对来风的阻挡，步行水平的风速相当小，从而创造了地方上的停滞区。

长期以来，对城市地区围绕建筑物步行风环境的研究集中在强风对舒适的影响方面（Hunt et al，1976；Melbourne，1978；Murakami，1982；Bloeken and Carmeliet，2004）。这种考虑对若干塔楼地处风条件下的场地的确很重要。对具有一定相互关系的建筑物能够自然而然地产生风沟道效应，它放大了风的不舒适甚至对步行者不安全的效果。在对一个场地进行风环境评估的时候，风工程师主要集中在减轻阵风条件。这样，风工程师寻找可能产生阵风问题的地方，例如，在建筑物迎风面的拐角处，主要建筑立面迎风面的底部，建筑空白和隧道，等等，是很正常的。除开污染分散研究外，几乎没有多少风工程师为了弱风城市热舒适的目的去考察地面城市环境。对于弱风研究来讲，把研究中心放在城市冠中、放在街道上和紊流地区，设置适当的测试点，都是重要的。

城市通风的风速比

为了理解涉及城市通风的风概念，风速比（VRw）是一个有用且简单的模型。图10.1概括了怎样能够把风速比理论化。

假定对城市有效的风来自左边。使用以上提到的动力学法则以及适合于地形界面的系数，能够得出图示的风速剖面。在这个风速剖面的梯形高度上，假定风不受地面摩擦的影响，也就是通常假定的速度无限大，即 $V\infty$ 或 V（无限）。对于高密度城市，这个高度通常假定为地面以上500米，所以，V_{500}。假定地面以上2米为城市内部的步行者的高度，一般城市户外活动均在这个高度上发生。这个高度上的风速为 V_p 或 V_2。V_2 和 V_{500} 之间的比例即是我们所说的风速比（VRw）。这个比率表明，对这个城市多大的有效风可能让地面步行者感觉舒适。显而易见，2米和500米之间的建筑和建筑物控制了这个比例的大小。使用风速比（VRw）的大小，能够对与城市通风相关的建筑和规划设计是否适当进行评估；风速比越高，步行者获得的有效场地风越好。假定把城市形式简化为图10.2。按照左图的布局方式安排，空间的平均风速比为0.18，而按照右图的布局方式安排，空间平均风速比为0.28。在这种情况下，右图的城市布局对风而言是比较好的设计。

城市通风所要求的建筑和城市形态

在高密度城市，特别是在炎热的夏季，城市规划和城市设计的一个问题是风设计。如

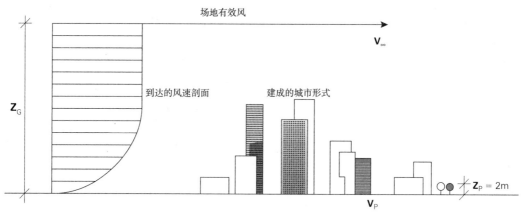

图10.1　风速比是 V_p 和 V_∞ 之间的关系
资料来源：作者。

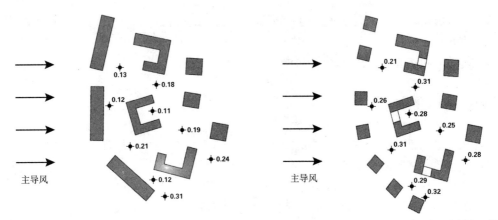

图 10.2　具有不同风速比的两种城市布局：（左）因为较高建筑的地块，风速比较低；（右）因为地面有更大的渗透性，风速比较高
资料来源：作者。

果一座城市的设计不适当，且不说不可能，至少对于那些建筑设计师来讲，要"创造"自己场地上的风，是非常困难的。

对于高密度设计来讲，以下设计参数是值得考虑的：

- 空气通道；
- 街道深谷；
- 街道的朝向；
- 地面覆盖比例；
- 建筑物的高度差别。

空气通道

高密度城市里有高层建筑是一个司空见惯的现象，新加坡的高层建筑在 60 ~ 100 米之间，香港的高层建筑在 100 ~ 150 米之间，规划师很难设计出足以让风贯穿屋顶至地面的宽阔的街道。对于孤立出来的粗糙气流或干扰流，建筑高度对街道宽度的比例必须小于0.7——也就是说，街道的宽度必须比建筑的高度还要宽，否则，滑行气流将起主导作用（Oke，1987）。所以，当高密度城市的建筑高度达到一定高度时，把风引入城市的比较有效的方式是通过建筑与建筑之间的空间以空气通道的形式实现的（Givoni，1998）。对于有效的空气通道来讲，迎风面的空气通道宽度至少或一般应该是，空气通道两边建筑合计宽度的 50%。当建筑高度增加时，空气通道的宽度还需要随之而增加。另外，还需要考虑空气通道的长度。基本假定是，当高度（H）>3W 和长度（L）>10W 时，宽度（W）将增加到 2W（图 10.3）。

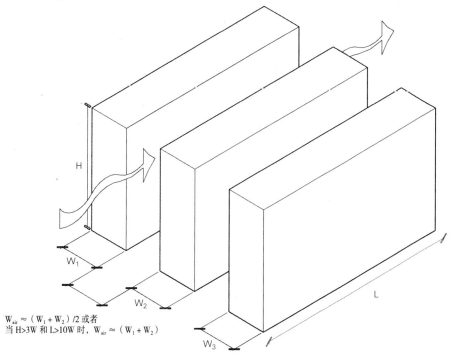

$W_{air} \approx (W_1 + W_2)/2$ 或者
当 H>3W 和 L>10W 时，$W_{air} \approx (W_1 + W_2)$

图 10.3　建筑和空气通道之间的几何关系
资料来源：作者。

街道深谷

　　许多学者已经研究过气流在街道峡谷中渗透（Plate，1995）。然而，大部分研究止步于高度和宽度比例 2 或小于 2 的情况下（Nakamura and Oke，1989; Santamouris et al，1999）；有些研究的确超出了高宽比 =2 的情况，如图 10.4 所总结的那样，这些研究发现，由于垂直于街道峡谷的环状风的出现，可以看到一级和二级涡旋（Kovar-Panskus et al，2002）。一旦第二级涡旋发展，地面风减弱（DePaul and Sheih，1986）。很明显，对于具有高层建筑的高密度城市来讲，高宽比可能已经超出了高宽比 = 3 的状态。例如，高宽比 5∶1 的情况并非偶然；甚至还存在 10∶1 的情况。

街道的朝向

　　基于以上对空气通道和峡谷风流解释的理解，在夏季几个月里，随主导风对街道实施调整对城市通风是极端重要的。简而言之，街道风速比的差异可能达到 10 倍。对于那些不能直接指向主导风的街道，把其偏差限制在 30° 以下是很有意义的。当然，现实中，街道的适当朝向必须考虑到其他一些因素 —— 例如，地形或采光。在最近的研究中，迈耶等证明，南北向的街道更有可能在热舒适上比东西向街道更好。迈耶等人的研究与阳光和阴影如何在夏季跨过街道相联系。

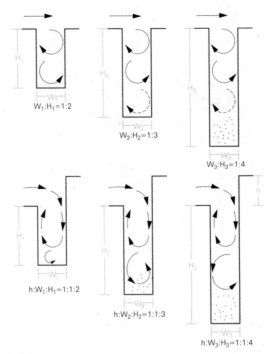

W$_1$:H$_1$=1:2

W$_2$:H$_2$=1:3

W$_3$:H$_3$=1:4

h:W$_1$:H$_1$=1:1:2

h:W$_2$:H$_2$=1:1:3

h:W$_3$:H$_3$=1:1:4

图10.4　不同的街道深谷和气流涡旋
资料来源：作者。

地面覆盖比例

　　对于高密度城市来讲，最有用的城市风环境指标之一是地面覆盖率。地面覆盖率基本上是地面面积百分比，例如，100 米 × 100 米，至少有几层高的建筑占据这个场地。风道试验发现，如果一个城市的地面覆盖百分比从 10% 增加到 30%，那么，这个城市的风速比将会减少一半。试验证据还提出，覆盖率与风速比的关系是线性的，也就是说，具有高地面覆盖率 60% 的高密度城市（这种情况在香港很平常），那么，风速比将再次降低一半（Kubota，2008）。地面覆盖率的概念粗略地与空气通道的观点相对应。另外，试验结果还指出，地面层次的空间多孔性和渗透性在改善城市通风方面是非常有效的。

建筑物的高度差别

　　与高密度城市相关的另一个重要的城市通风概念是，假定一个城市具有相同的建筑容积，如果这个城市的高层建筑和低层建筑之间的差别比较大的话，那么，这个城市可能会有比较好的城市通风（参见表 10.2）。比较高的建筑抓住通过这个城市的风，然后，让风向下进入城市。这种让风向下的效果不仅发生在建筑的迎风立面，也发生在背风面的立面上，让涡旋风朝地面流动。除此之外，具有不同高度的建筑诱导出平板状建筑两边的正负压力（参见图 10.5）。这就产生平行于建筑立面的气流，改善城市通风。

高度对比和每小时的空气变化   表 10.2

高度对比	高度差,最大:最小	空气变化,每小时
0	4：4	10.5
3	3：6	10.8
4	3：7	11.9
6	2：8	13.8
7	2：9	11.2
8	1：9	13.3
10	1：11	13.4
10	0：10	17.9
14	0：14	17.0

资料来源：作者的试验。

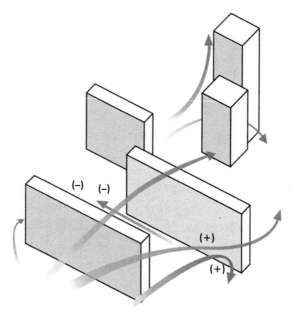

图 10.5 具有多种建筑高度的城市是值得推荐的
资料来源：作者的试验。

案例研究：香港

　　香港是世界上人口密度最高的城市之一。在土地使用、公共交通和基础设施效率以及比较接近日常公共服务设施等方面,高密度生活都具有优势。高密度生活的"成本"是,比较难以优化自然环境,阳光和自然的空气流通和通风,赐予我们好处的城市设计。良好的规划和建筑设计是特别重要的。香港独特的城市结构,香港的街道模式、建筑高度、开放空间、密度、特征、景观等等这些独特的城市结构决定着建筑内外的环境质量。

自 2003 年香港发生非典事件以来，香港社区已经提出了要求改善城市生活环境质量的要求。香港政府"清洁策划小组最终报告"的推荐意见中，有一条推荐意见是，对所有大型开发或再开发项目设计和未来规划均要对其规定的空气流通实施情况进行评估。

2004 年邀请到香港来的许多专家、B·吉沃尼教授、S·穆拉卡米教授、M·桑塔莫雷斯教授和 N·H·黄博士，对香港现存城市结构的定性评估可以总结如下：

- 缺少对主导风通风走廊和空气通道网络的认真考虑；
- 高且体积大的建筑簇团布置，给其后的城市结构形成不良风的屏蔽；
- 统一的建筑高度导致风只能在建筑顶端流动，而无法进入城市内部；
- 拥挤且狭窄的街道，两边耸立非常高的建筑，没有与主导风向对齐，形成非常深的城市峡谷；
- 缺少一般的城市渗透性：几乎没有开放空间、建筑之间没有（或很少有）缺口，或在大型且连续的建筑群中没有（或很少有）缺口，过度的平台结构减少了步行层的风量；
- 没有充分开放空间的大型建筑地块，在这些地块上的建筑物一般没有在设计时考虑风渗透，形成风障；
- 狭窄街道上的建筑物突出部分和障碍进一步入侵了通风廊道和空气通道；
- 城市地区总体上缺少绿色的、遮阳的和软景观。

专家的评审意见揭示出，城市中的城市通风还没有得到优化。常常出现静止的或缓慢的气流。这项研究的推荐意见是，采取步骤，逐步改善这种状况是很重要的。

针对热舒适的城市通风

当气温、风速、湿度、活动、着装和太阳辐射等因素达到平衡，就能够实现室外热舒适。在地处热带地区的香港，设计师有可能对炎热夏季几个月中的室外环境做出设计，最大化风速和最小化太阳辐射，以便实现舒适。如果步行者只是部分处在阴影下，那么，他需要比较大的风速；如果气温比较低，可能期待风速也比较低。例如，基于吴的研究，图 10.6 揭示出，在香港的夏季，当步行者处在阴影下时，步行水平上稳定的平均风速 1.5 米／秒就能够散热，形成一个舒适的室外城市环境。考虑到香港地区有可能出现大风，实现 1.5 米／秒的平均风速的概率约在 50%。

参考香港天文台所记录的大风数据，为了"在 50% 的时间里，达到 1.5 米／秒的平均风速"，期待有这样一种优化了的和能够截获有效来风的城市形式。适当的城市布局和街道宽度，小心翼翼地处理的建筑体积和高度，开放空间和开放空间的形式、通风走廊和空气通道等，都是重要的设计参数。如何在香港实现高质量的室外热环境是一个重要的规划问题。设计良好的城市风环境也会让单体建筑受益，让它们有可能实现室内舒适，同时产生其他的效益，如生活垃圾处理。

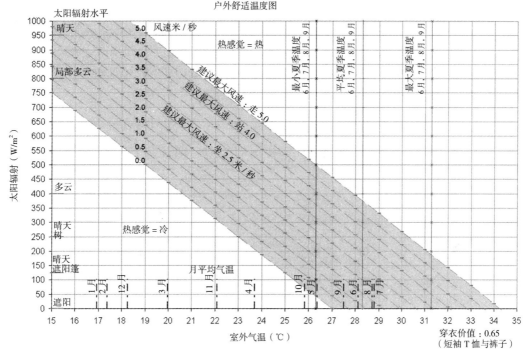

户外舒适温度图

太阳辐射水平

晴天 5.0 风速米/秒

热感觉 = 热

局部多云

建议最大风速：走 5.0

建议最大风速：站 4.0

建议最大风速：坐 2.5 米/秒

多云

晴天树

热感觉 = 冷

晴天遮阳篷

月平均气温

遮阳

太阳辐射（W/m²）

室外气温（℃）

穿衣价值：0.65
（短袖T恤与裤子）

图 10.6　基于热带城市调查数据编制的户外舒适温度图
资料来源：作者。

空气流通评估系统

　　空气流通评估（AVA）香港政府 2006 年颁布的一种设计方法，旨在处理香港地区不尽人意的步行条件。这种设计方法的目标是，客观地评价一项计划中的开发如何影响周边的风环境。考虑以上提出的"提高城市热舒适的风"，多种气候因素和城市因素，以及香港的高密度状态，从规划上讲，空气流通评估的重心应该放在优化或最大化贯穿城市结构的空气流通。一般来讲，"城市越通风越好" – 以解决孤立阵风的问题，这个问题在大部分情况下可以在地方上得到处理。

　　空气流通评估（AVA）方法提出，如果一个场地存在自然风，在步行水平上，出现 1.5 米/秒风速以上微风的概率有多大，是一项实用的"标准"。考虑到香港高密度城市形态和有可能出现的大风，这个方法的推荐意见是，城市结构一般应该尽可能具有渗透性和多孔性。这样，空气流通评估系统鼓励这种渗透性发生。

风速比指标

　　为了让来风比较好地渗透到城市中去（即城市的空气流通），特别是能够渗透到步行水平上，一项指标的关键目标是提出，需要用来指导设计和规划的最小风环境信息和什么形式下的风环境。香港特区政府推荐这种方法的重心是，在一项简单指标的基础上，提出有关比较好的开发布局设计和城市结构规划的信息。而风速比已经被用来作为这样一项指标。

由于风来自所有方向，所以，风速比的基本概念必须进一步详细展开（方程 10.2 和方程 10.3）。在风工程研究中，计算来自 16 个主要方向上的来风是一项很平常的实际工作（图 10.7）：

$$VRi = \frac{Vpi}{V\infty i}$$ [10.2]

$$VRw = \sum_{i=1}^{16} Fi \times VRi$$ [10.3]

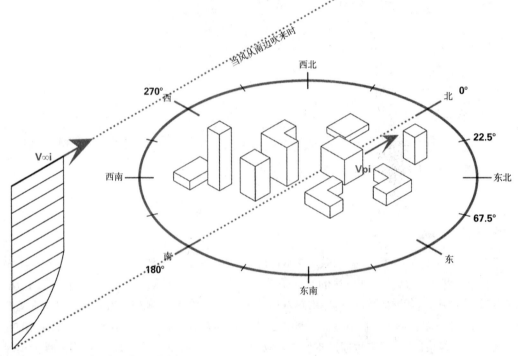

图 10.7 对基于 16 个方向风速比例的理解
资料来源：作者。

这里：

- Vpi 是，当风来自 i 方向时，步行者所面对的地方风速；
- V ∞ i 是，当风来自 i 方向时，场地的有效风速；
- VRi 是，当风来自 i 方向时，地方的风速比；
- Fi 是，自 i 方向（考虑 16 个方向）风出现的频率；
- VRw 是风速比。

风速比是来自 i 方向风速比乘以来自该方向风的概率（Fi）的总和。例如，假定，这个场地来自南方的风出现的概率为 60%，而来自东方的风的概率为 40%，来自南方的风的速率为 0.2，来自东方的风的速率为 0.4，于是，风速比（VRw）= 0.6 × 0.2 + 0.4 × 0.4 = 0.28。VRw 是一个说明开发对风环境影响的简单指标。一般来讲，比较高的风速比对香港比较好。较好的风速比意味着，建筑设计获得到达这个场地的风。

在一些情况下，需要减少强阵风对步行者安全的影响。对于坐落在暴露区位上的建筑物，对来风没有明显的屏障，如那些面对开放水面的建筑物，面对公园或低矮建筑物的那些建筑物，山坡或山坡顶上，强烈推荐对这些可能影响步行者安全的风条件进行评估。仔细考察个别测试点和它们相关的风速比是很有用的。

空气流通评估研究方法

空气流通评估（AVA）使用风速比作为一个指标。这个方法允许设计方案得到系统的评价，以及对此做出客观的评估。只要考虑到城市的风环境，具有较高组合风速比的设计是比较好的设计：

- 如图 10.8（灰色边界内），在城市中找到一个测试场地。许多建筑已经设计完毕，要求评估。这个场地中的最高建筑是 H（在一些情况下，有可能把 H 定义为测试场地高层建筑的平均高度）。建造一个（实物的或数字的）模型，以代表这个"周边地区"。这个模型的半径接近 2H（从最高建筑的墙根算起，或在许多高层建筑簇团时，从场地边界算起）。必须准确地模拟这个 2H 半径范围内的所有已经存在的建筑。

- 如图 10.8 所示，阴影圈（评估区）就是从那里最高的建筑出发，采用半径 H 而划定的，或从这个有着许多高层建筑的场地的测试边界出发而划定的。一般来讲，设计出来的建筑"很大程度地"影响着这个地区的风环境。设置若干测试点，它们的结果会说明这个设计对这个评估区风环境的影响。

- 把测试点设置在步行者可能集中的地方。对于一个详细研究来讲，在 2 公顷评估范围内，大约要布置 60~100 个测试点。评估场地越大，测试点越多，除非研究不需要如此详尽，或者场地状况比较简单。一般来讲，测试点越多，越能给出比较详尽的结果。

- 沿着这个场地的边界，设置了许多测试点。这些点大约相距 10 ~50 米，究竟距离多远，取决于场地条件，围绕测试场地，均衡分布。在通往测试场地的所有道路的交叉口、道路拐角以及测试场地的主要入口，都必须设置测试点。这一组测试点将被命名为周长测试点。它们将提供数据，用以计算这个场地的空间平均风速比（SVRw）。

- 其余的测试点均匀地分布在整个评估区。除非只是做一般研究或者场地情况比较简单，否则，对于一个详细研究来讲，评估区内每 200~300 平方米需要设置一个测试点。测试点布置在步行者常常接近的地方，可能包括人行道、开放空间、小广场、车站等繁忙地段，不包括背街或小胡同。对于街道而言，测试点应该布置在道路的中线上。有些测试点布

图10.8 空气流通评估（AVA）一例，图示了评估地区的边界、模型边界和测试点的位置
资料来源：作者。

置在主要入口以及那些被认为人口拥挤的地段。这一类测试点称之为整体测试点，它们与周长测试点一起，提供用以计算地方空间平均风速比的数据（LVRw）。

• 根据个案情况，风工程师可能提出增加特殊的测试点，以便就某项开发对这个地区特殊关注问题的影响进行评估（如滨水地区或暴露地区）。这些附加的特殊测试点并不包括在SVRw或LVRw空气流通评估计算中，因为这些测试结果可能用到进一步的详细研究中，或者揭示特殊关注问题的信息。

一旦确定下来这个模型和测试点，可以在风洞中进行测试。测试程序已经形成（ASCE，2001；AWES，2001）。图10.9描述了空气流通评估方法使用的基本步骤。

空气流通评估的实施

自2006年12月以来，在以下任何一种情况下，香港政府/准政府组织要求执行空气流通评估AVA：

• 在制定新城镇规划和对这类规划做重大修订时；
• 除开那些轻微变更外，要求对规划限制做出变更的开发；

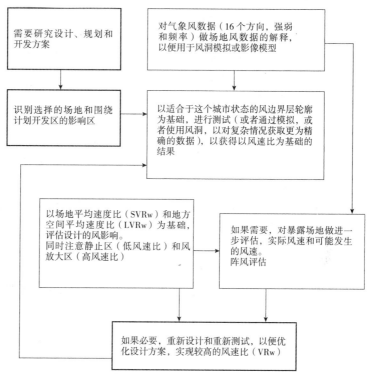

图 10.9　AVA 方法执行程序流程图
资料来源：作者。

- 在一个已经设计的通风走廊中开发建筑物；
- 对相邻和现存街道上建筑所在场地实施合并的城市更新开发；
- 对滨水地区产生遮蔽效果的开发，特别是在狭窄的空间中做开发；
- 具有高密度的大规模开发（如场地大于 2 公顷，整个容积率达到 5 和 5 以上；场地整体面积超出 10 万平方米）；
- 在高密度城区的道路之上开发大规模竖向建筑物；
- 在暴露地区所做的开发，那里对来风没有明显屏蔽存在，包括那些评估确认可能会出现大风情况，以致影响到步行者安全的地方。

　　执行空气流通评估 AVA 旨在寻求不同的设计选择，在以风速比为指标的基础上，找到比较好的设计前景，找到潜在的问题区域。具有较高风速比的设计被认为是比具有较低风速比的设计要好的设计。在 2006 年的执行阶段上，较高风速比被认为是比较好的设计选择；但是，由于缺少基准，一个设计究竟是否满足了一种标准还不得而知。空气流通评估 AVA 的目标是，"走向比较好的未来"，而不是追求精确性。

设计指南

对于最初的设计，给规划师和设计师某种定性的指南是有意义的。除开空气流通评估方法外，香港特区政府还在《香港规划标准和指南》（HKPSG）中提出了许多指导性意见。与风环境相关的意见主要包括如下：

通风走廊和空气通道

在一个密度很高的炎热的城市里，让更多的风渗入到城市中来，以实现比较好的城市通风，是很重要的。通风走廊能够以道路、开放空间和低层建筑走廊等形式出现，空气通过它们进入主要由高层建筑占据的城市化地区内部。应该避免通风走廊和空气通道之上的障碍，以最小化对城市通风的干扰。

街道网络的方位

主要街道，宽阔的主要大道和 / 或通风走廊的排列应当以平行或最大 30° 的角度对准主导风向，以便让主导风最大限度地进入城市内部。

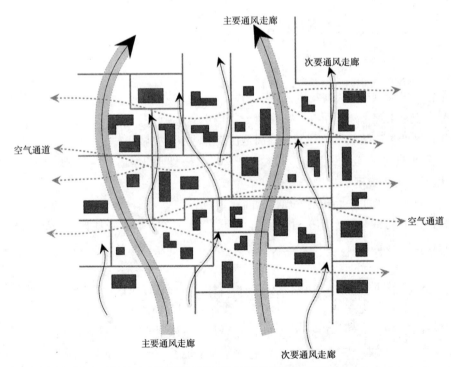

图 10.10　在规划一个城市时，通风走廊和空气通道是实现城市空气流通的比较好的选择
资料来源：作者。

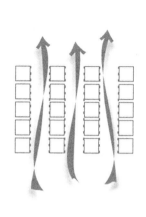

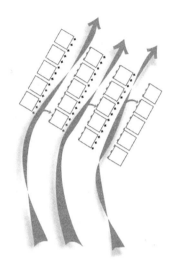

街道与主导风向平行。这样做能够保证风的进入能够吸收建筑立面上的压力。

垂直于风向的街道。基本气流几乎不能渗入，气流越过屋顶或从这个建筑簇团的侧面流失掉。

街道以一个比较小的角度斜对风向，引导气流通过街道。

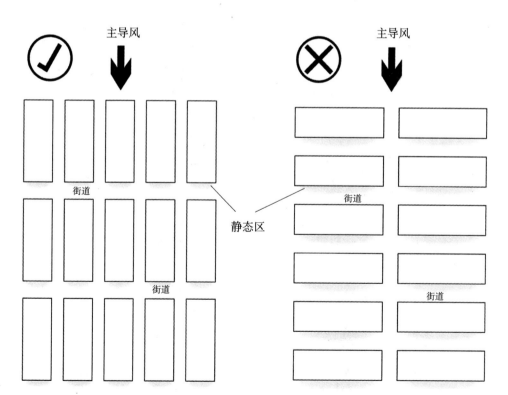

图10.11　当地调整街道朝向对城市通风比较好
资料来源：作者。

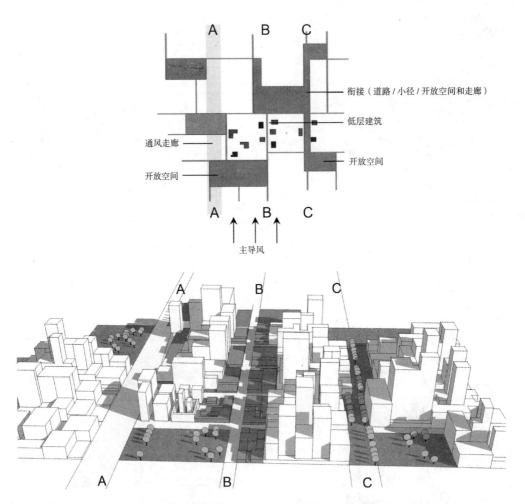

图中标注：
A　B　C
衔接（道路 / 小径 / 开放空间和走廊）
低层建筑
通风走廊
开放空间
开放空间
A　B　C
主导风

图 10.12　把开放空间与通风廊道（A–A）、低层建筑（B–B）、线状公园（C–C）衔接起来，有利于城市通风
资料来源：作者。

开放空间的连接

在那些可能的地方，把开放空间衔接起来，以形成通风走廊或空气流通通道。沿着通风走廊或空气流通通道的建筑物应当是低层的。

非建设区

许多开发寻求最大化它们的视角，最大化场地开发潜力，这些倾向常常导致拥挤的建筑簇团和最小的建筑间隔，以满足香港地区的建筑（规划）法规。紧凑型的大规模场地开发特别妨碍空气的流通。应当按照空气渗透最大化的方向和布局来安排开发地块，通过让建筑较长的立面与风的方向平行，通过引入非建设区和退红等可行的方式，让空气渗透到城市中来。

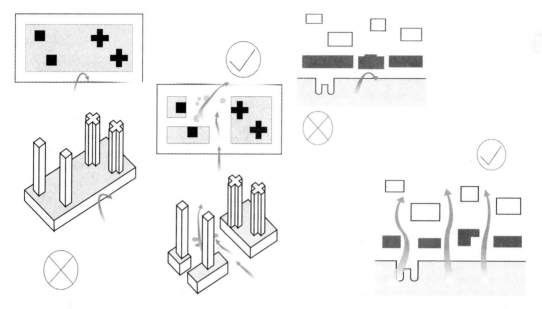

图 10.13 减少地面覆盖，隔断建筑平台，对城市通风有利
资料来源：作者。

图 10.14 滨河地区建筑间留有空间，对城市通风有利
资料来源：作者。

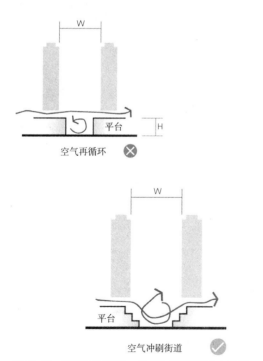

图 10.15 使用阶梯式平台，改善接近地面的空气总量，对城市通风有利
资料来源：作者。

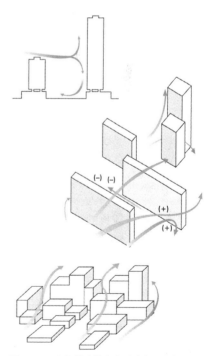

图 10.16 变化的建筑高度对城市通风有利
资料来源：作者。

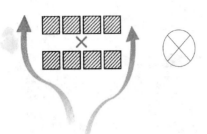

主导风

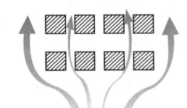

主导风

图 10.17   建筑之间有间隔空间对城市通风有利
资料来源：作者。

水平投射

垂直投射

图 10.18   垂直招牌对城市通风有利
资料来源：作者。

滨水场地

由于温度较低的海水和温度较高的阳光之类的效果，滨水场地是海风和陆地风的入口。沿着滨水地区的建筑应该避免阻挡海风、陆地的风和主导风。

平台尺度

按照香港建筑（规划）法规，允许非居住开发 15 米高度以下 100% 的场地覆盖率常常导致巨大的平台。对于大型开发和再开发场地，特别是现存的城市地区，通过提供一些通风走廊或与主导风平行的退红，以增加街道层次平台结构的渗透性，是十分重要的。在那些适当的地方，应当采用台阶式平台设计，以便形成向下的气流，这种向下的气流能够帮助提高空气在步行水平上的流动，驱散汽车排放的污染物。

建筑高度

建筑高度向着主导风进入的方向递减，在建筑高度变化上，应当尽可能考虑到这个原则。渐进高度的概念能够有利于优化获得风的潜力。

建筑布局

在那些实践上有可能的地方，建筑之间的空间应该让空气的渗透最大化，而减少对相邻开发获得风的潜力的影响。提高空气渗透的建筑之间的空间最好面对主导风的垂直方向。建筑的塔楼部分最好紧靠建筑平台的边缘，而平台边缘面对步行区域和街道，以便最大限度地让气流到达街道水平。

投射的障碍物

大规模的投射性障碍物，如高架人行道，可能对步行水平的风环境产生负面影响，如我们在香港旺角地区可以看到的那样。为了最大限度地减少对风的障碍，如新加坡，高密度地区街道上的店铺招牌采取垂直方向。

结论

《香港开发通风评估技术指南》允许在与科学和客观的通风效果进行比较的基础上对设计做出选择。2006 年 7 月，香港政府以这个技术指南为基础，发出了一个技术通告，对大型政府项目提出了申请通风评估的要求。另外，2006 年 8 月，《香港规划指南》中有关城市设计的第 11 章新增加了空气流通的指南。

改善空气流通以寻求比较好的风环境仅仅是香港地区可持续发展的考虑之一。当然，在规划上，我们还必须努力实现平衡，尽可能综合各种需要，进而优化设计。

致谢

这一章中有关空气流通评估的研究是由香港政府规划部资助的。除开香港中文大学的研究人员外，还要感谢 B·吉沃尼教授、L·卡茨奇纳教授、K·沃克教授、S·穆拉卡米教授、M·桑塔莫雷斯教授和 N·H·黄博士和 P·琼斯教授。

参考文献

ASCE (American Society of Civil Engineers) (2001) *Wind Tunnel Studies of Buildings and Structures* and *Australasian Wind Engineering Society*, ASCE, Virginia, USA

Avissar, R. (1996) 'Potential effects of vegetation on the urban thermal environment', *Atmospheric Environment*, vol 30, pp437–448

AWES (2001) *Wind Engineering Studies of Buildings*, AWES-QAM-1-2001, Published by the Australasian Wind Engineering Society, Australia

Bloeken, B. and Carmeliet, J. (2004) 'Pedestrian wind

environment around buildings: Literature review and practical examples', *Journal of Thermal Environment and Building Science*, vol 28, no 2, October, pp107–159

Cheng, V. and Ng, E. (2006) 'Thermal comfort in urban open spaces for Hong Kong', *Architectural Science Review*, vol 49, no 3, pp236–242

DePaul, F. T. and Sheih, C. M. (1986) 'Measurements of wind velocities in a street canyon', *Atmospheric Environment*, vol 20, issue 3, pp455–459

Givoni, B. (1998) *Climatic Considerations in Building and Urban Design*, John Wiley & Sons, Inc, New York, NY, p440

Givoni, B. and Noguchi, M. (2004) 'Outdoor comfort responses of Japanese persons', in *Proceedings of the American Solar Energy Society: National Solar Energy Conference 2004*, 9–14 July, Portland, OR

Golany, G. S. (1996) 'Urban design morphology and thermal performance', *Atmospheric Environment*, vol 30, pp455–465

Hunt, J. C. R., Poulton, E. C. and Mumford, J. C. (1976) 'The effects of wind on people: New criteria based upon wind tunnel experiments', *Building and Environment*, vol 11, pp15–28

Kovar-Panskus, A., Louika, P., Sini, J. F., Savory, E., Czech, M., Abdelqari, A., Mestayer, P. G. and Toy, N. (2002) 'Influence of geometry on the mean flow within urban street canyons – a comparison of wind tunnel experiments and numerical simulations', in *Water, Air and Soil Pollution*, Focus 2, Kluwer Academic Publishers, The Netherlands, pp365–380

Kubota, T. (2008) 'Wind tunnel tests on the relationship between building density and pedestrian-level wind velocity: Development of guidelines for realizing acceptable wind environment in residential neighbourhoods', *Building and Environment*, October, pp1699–1708

Landsberg, H. E. (1981) 'The urban climate', *International Geophysics Series*, vol 28, Academic Press, Harcourt Brace Jovanovich Publishers, New York, NY

Mayer, H., Holst, J., Dostal, P., Imbery, F. and Schindler, D. (2008) 'Human thermal comfort in summer within an urban street canyon in Central Europe', *Meteorologische Zeitschrift*, vol 17, no 3, pp241–250

Melbourne, W. H. (1978) 'Criteria for environmental wind conditions', *Journal of Industrial Aerodynamics*, vol 3, pp241–249

Murakami, S. (1982) 'Wind tunnel modelling applied to pedestrian comfort', in Timothy A. Reinhold (ed) *Wind Tunnel Modelling for Civil Engineering Applications*, Cambridge University Press, New York, NY, p688

Nakamura, Y. and Oke, T. R. (1989) 'Wind, temperature and stability conditions in an E–W oriented urban canyon', *Atmospheric Environment*, vol 22, issue 12, pp2691–2700

Ng, E. and Wong, N. H. (2005) 'Building heights and better ventilated design for high density cities', in *Proceedings of PLEA International Conference 2005*, Lebanon, 13–16 November 2005, pp607–612

Ng, E. and Wong, N. H. (2006) 'Permeability, porosity and better ventilated design for high density cities', in *Proceedings of PLEA International Conference 2006*, Geneva, Switzerland, 6–8 September 2006, vol 1, p329

Ng, E., Tam, I., Ng, A., Givoni, B., Katzschner, L., Kwok, K., Murakami, S., Wong, N. H., Wong, K. S., Cheng, V., Davis, A., Tsou, J. Y. and Chow, B. (2004) *Final Report – Feasibility Study for Establishment of Air Ventilation Assessment System*, Technical Report for Planning Department HKSAR, Hong Kong

Oke, T. R. (1987) *Boundary Layer Climates*, 2nd edition, Halsted Press, New York, NY

Plate, E. J. (1995) 'Urban climates and urban climate modelling: An introduction', in J. E. Cermak and A. D. Davenport (eds) *Wind Climate in Cities*, Kluwer Academic Publishers, The Netherlands, pp23–39

Santamouris M., Papanikolaou N., Koronakis I., Livada I. and Asimakopoulos D. (1999) 'Thermal and air flow characteristics in a deep pedestrian canyon under hot weather conditions', *Atmospheric Environment*, vol 33, issue 27, pp4503–4521

Tso, C. P. (1996) 'A survey of urban heat island studies in two tropical cities', *Atmospheric Environment*, vol 30, pp507–519

第 11 章

高密度城市的自然通风

弗朗西斯·阿拉德、克雷斯蒂·吉亚斯和阿戈塔·苏奇

引言

20 世纪下半叶,城市人口有了巨大的增加。在 20 世纪 50 年代,城市人口还不超过 2 亿,而到了 20 世纪末,城市人口接近 30 亿,到 2050 年,预计城市人口将达到 92 亿(UNFPA, 2006)。在那些欠发达国家,随着城市地区提供的经济和社会机会的增加以及乡村经济和社会的衰退,人口向城市转移,这种倾向还将继续下去。

城市人口的增长远远快于乡村人口的增长。在 1990 年至 2010 年期间,世界人口增长的 80% 出现在城市地区,特别是非洲、亚洲和拉丁美洲的城市地区(UNFPA, 1998)。换句话说,每年新增城市人口 6000 万,相当于每两个月新增一个巴黎、北京或开罗。

这种极端迅速的城市化已经导致世界城市规模奇迹般地增加。按照联合国的统计(UNFPA, 2001),全球共有 19 个人口 1000 万以上的城市,22 个人口 500 万至 1000 万的城市,370 个 100 万至 500 万的城市,433 个人口 50 万至 100 万的城市。这种现象已经导致高密度城市的建设。

非常迅速的城市化已经产生了极端重要的环境、社会、政治、经济、体制、人口和文化方面的问题。桑塔莫雷斯已经对这些问题做过详尽的讨论。在发达国家,对资源(主要是能源)的过度消费;日益增加的空气污染(主要是源于汽车);由于城市的正的热平衡,城市热岛效应和周边环境的温度增加;噪声污染和固体垃圾的管理,似乎都是相当重要的问题。另一方面,贫困、环境衰退、缺少卫生设施和其他城市服务,缺少土地和适当的住宅等等,是发展中国家所面临的严重问题。能源是改善生活质量和消除贫困的最重要的动力。到 2020 年,世界人口的 70% 将居住在城市,世界人口的 60% 将生活在贫困线以下,世界银行估计,他们中间许多人都将处于能源贫困状态。这样,今后几十年,人类必须新增成千兆瓦的电力。估计未来 30 年的新发电厂建设将耗费 2 万亿美元。当然,发展中国家已经在能源方面超支了。这些国家的居民把他们收入的 12% 用于能源服务之上(即高于经合组织国家居民能源平均支出的 5 倍)。同时,能源进口是外国赤字的主要来源之一。正如约翰内斯堡峰会报告所说,"30 个以上国家,能源进口超出了他们全部出口值的 10%","大约 20 个国家的石油进口支付超出了它们的偿还能力"。

十分明显,必须变更能源结构。使用可再生能源,同时结合使用能量有效技术,能够

给 2/3 世界人口提供能源，以改善他们的生活质量，而发达国家能够借此大大减少对资源的过度消费。通风，特别是自然通风，就是减少能源消费的技术之一。

在高密度城市气候条件下，自然通风的主要方式与开放地区场地相同：单面、跨越通风和叠加通风（Allard,1997）。这些方式的结合和相应措施使它们更适合于城市气候（Ghiaus and Allard, 2006）。

如果使用自然通风来降温，自然通风能够在一年的许多时间里替代空调系统。这样，自然通风有可能与节省降温所使用的能量联系起来了。当然，高密度的城市环境在应用自然通风方面存在弱势：比较低的风速、城市热岛、噪声和污染所引起的较高温度。

通风的作用

为了维持室内空气质量和热舒适,必然要做建筑通风。通过控制气流速度实现这些目标。气流速度应该大到能够保证，任何污染物质的最大浓度低于它的最小允许值。气流还影响着热舒适。通过气流速度来控制环境因素（如气温和风速,相对湿度）。热舒适是一种感觉，最近的研究已经证明，过度的刺激或不充分的适应机会，都会引起不满意。由于采用自然通风方式的建筑提供了更多种适应措施，所以，人们接收到比较宽幅度的温度波动，以及直接的能源消费效益。不适当的标准可能导致采用高能耗的空调设施。所以，在设计阶段，室内空气质量和舒适标准具有重要意义。一旦建筑工程完成，建筑使用者对空气质量和舒适程度进行评估，到那时，标准就不那么重要了。

室内空气质量

通风不足的第一组信号是气味（和其他污染物）以及热。随之而来的是，室内空气潮湿增加，墙上出现凝结的水蒸气，形成热桥，热桥可能导致霉菌增长，然后，出现氧气不足。

没有足够的通风引起"建筑病态"，20 世纪 70 年，人们第一次提出这个概念。在世界石油危机期间，考虑到节约能源，在设计上采用了避免室外空气进入的密封措施，室外的新鲜空气几乎难以进入高层办公建筑里。

自然通风建筑中的热舒适

热舒适是一种对环境满意与不满意的复杂感觉,它与体温的生理功能相联系。一般来讲,当体温处在一定范围内且皮肤湿度不大时，我们感觉舒适。

体温和皮肤湿度源于能量和质量的平衡。身体的代谢活动产生大约 70 瓦到 100 瓦的热量，这个热量必须通过皮肤散发出来：35% 通过对流，35% 通过辐射，24% 通过蒸发；剩下 1% 通过热传导转移（Liébard and De Herde，2006）。通过对流、平流、辐射和传导实现的热转移称之为感觉热，通过呼吸和出汗而产生的水蒸发转移出来的热称之为潜热。这两种形式的热，显示出热舒适的环境因素的重要性：气温和表面温度，空气湿度、气流速度。一般来讲，在温度 3℃、水蒸气气压 3KPa、气流速度 0.1 米 / 秒范围内，热舒适感觉不会改变。热舒适也受到个人因素的影响，如代谢速率和着装。随着人的活动类型的变化，代谢率也会有所改变；代谢率以 met 计算，1（met）= 58.1 瓦 / 平方米。服装决定一个人的隔热状态；它以穿衣指数（clo）[①]计算：1（clo）= 0.155m²K/W。

舒适指数（Comfort indices）

环境变化可以直接或间接地衡量出来，测量气温就很容易。相对湿度和湿度

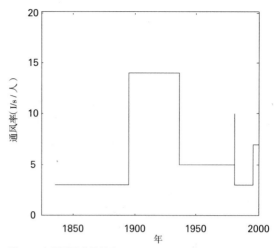

图 11.1 美国最小通风率
资料来源：Awbi（1998）。

率可以通过球温度和露水点温度来测量。通过流体力学理论，我们可以测量气流速度。当然，热辐射的估计需要表面温度和视角因素值。用来表征热辐射的值是平均辐射温度（mean radiant temperature）。平均辐射温度是指环境四周表面对人体辐射作用的平均温度。人体与围护结构内表面的辐射热交换取决于各表面的温度及人与表面间的相对位置关系。实际环境中围护结构的内表面温度各不相同也不均匀，因此辐射温度的平均值假定人作为黑体在一均匀的黑色内表面的空间内产生的热损失与在真实的内表面温度不均匀的环境的热损失相等时的温度，其数值以 15 厘米半径的黑球温度计算（ISO 7243，1982）。

2 个或 2 个以上环境变量可以叠加以获得环境指数。干球温度，T_a[K]，球温度，T_g[K]，以及空气速度，v[m/s]，能够结合起来估计平均辐射温度：

$$\overline{T}_r{}^4 = T_g{}^4 + Cv^{1/2}(T_g - T_a)$$ [11.1]

这里，$C=0.247 \times 10^9 s^{0.5}/m^{0.5}$。运行温度是一个均衡环境的温度，它产生与现实环境同样感觉的热交换。它可以用平均辐射温度的加权平均 $\overline{\theta}_r$，和空气温度 θ_a 来估计（Burglund，2001）：

$$\theta_O = \frac{h_r\overline{\theta}_O + h_c\theta_a}{h_r + h_c}$$ [11.2]

这里，h_r 和 h_c 分别为辐射传热和对流传热的相关系数。运行温度近似值为：

$$\theta_O = \frac{\overline{\theta}_r + \theta_a}{2}$$ [11.3]

这里，$\overline{\theta}_r$ 可能近似等于墙壁表面加权的平均墙壁温度。有效温度，ET* 是在相对湿度 50% 假定风速不变条件下，产生相同热感觉的温度，它是运行温度和现实环境相对湿度（RH）

[①] 保证静坐人体感觉热舒适所需穿衣量的热阻值 = 58.2 瓦 / 平方米，21℃，相对湿度 50%，气流速度 0.1 米 / 秒。

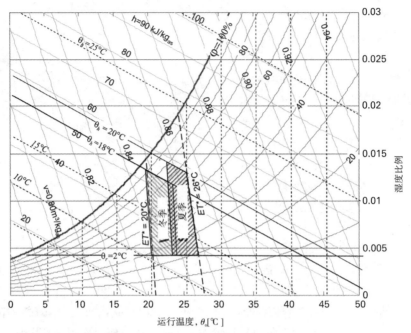

图 11.2　ASHRAE 穿着夏季和冬季服装下运行温度和湿度的范围
资料来源：ASHRAE（2001）。

的结合。

　　ASHRAE 标准 55 提供了在夏季服装（0.5clo = 0.078 m²K/W）和冬季服装（0.9clo = 0.14 m²K/W），代谢率在 1.0 met 和 1.3 met（58.15 W/ m² 到 75.6 W/ m²），空气流动速度小于 0.20 米/秒等条件下，人可以接受的运行温度和湿度范围（图 11.2）。由于假定夏季和冬季穿着不同的服装，所以，舒适区分开，对于那些全年穿着相似服装的地区，可能不需要有分离的舒适区。

　　世界办公建筑测量基础上的现场研究已经揭示出，在自然通风条件下，人们对比较大的温度范围内都感觉到舒适。对这种差异的解释似乎是，在自然通风情况下，这些建筑的使用者可以控制热条件，所以，这些建筑的使用者有了更多的"适应性机会"。

　　图 11.2 的舒适限制可能通过调整个人而得到改变：每 0.1clo，调整 0.6K，每 1.2met，调整 1.4K，通过对环境因素的调整，特别是平均空气流动速度的调整（ASHRAE，2001）。

通过通风控制空气质量和热舒适

　　空气流动速率可以用来控制室内空气质量和热舒适。室外空气流动速率应该足以稀释污染物。在稳定状态条件下，空气流动速率 V 是：

$$\dot{V} = \frac{I}{\rho_o \left(C_{\text{lim}} - C_o \right)}$$

[11.4]

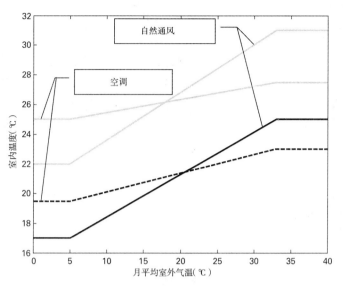

图 11.3　空调的建筑和自然通风的建筑舒适区比较
资料来源：作者。

这里，I 是污染源强度，C_{lim} 和 C_0 分别是污染物浓度的限制值和户外值，ρ_o 是外部污染物密度。污染物可能是水蒸气、气味、挥发性有机化合物（VOCs），等等。如果存在不止一种污染物，气流应当无一遗漏地稀释它们。

在炎热的季节里，建筑使用者是主要污染源（大部分的气味和湿度）。在这种情况下，气流速率应该在 6L/s 人和 15L/s 人之间（prEN13779，2004）。

户外空气可以用到建筑的热控制上。类似方程 11.4 和方程 11.5 可以用来表达用来降温的室外气流速率：

$$\dot{V} = \frac{Q}{c_p\,\rho_o\,(\theta_{lim} - \theta_o)}$$

[11.5]

这里，c_p 是在恒定压力下的空气热容量，Q 是可以感觉到的降温负荷。

高密度城市环境下通风的降温潜力

建筑隔热和密封已经消除了一定的热问题，但是，却留下了降温问题。所以，评估通风的降温潜力是具有实际意义的。城市环境具有较低的风速、较高的污染和噪声水平改变了通过通风降温的潜力。

自然通风的降温潜力

现在，我们使用稳态和动态两种类型的方法评估建筑的能量性能。当建筑运行和供暖、通风和空调系统（HVAC）恒定时，至少在某些时间段和（或）室外温度条件下，适合于使用稳态方法做建筑能量性能评估。使用建筑热模拟的动态分析需要详尽的建筑建设和运行的信息。其结果通常以时间序列的形式表达。以温度或冷/热曲线为基础的稳态方法可以通过考虑它们的频率或概率分布来表达动态行为。冷/热曲线和温度在分析建筑性能中可以分开使用。当然，冷/热曲线和自由运行的温度是等效的，这就使得建筑热、通风和降温分析有可能使用单一概念。这种方法的优势是，影响建筑能量消费的三种主要因素（建筑的热行为、热舒适范围和气候）能够分开（Ghiaus，2006b）。对户外温度整个变化范围而言的能量消费是：

$$\sum_{T_o} \left\lfloor q_h \right\rfloor = \boldsymbol{F}^T \times \overline{\boldsymbol{K}} * (\boldsymbol{T}_o - \overline{T}_b)$$

[11.6]

这里，$\boldsymbol{T}_o = [T_{o1} \quad T_{o2} \quad \dots \quad T_{ok}]^T$ 是矢量，代表户外温度箱的中心，$\boldsymbol{F} = [F(T_{o1}) \quad F(T_{o2}) \quad \dots \quad F(T_{ok})]^T$ 是 $\boldsymbol{T}_o$ 箱中户外温度发生频率的矢量，$\overline{\boldsymbol{K}} = [\overline{K}(T_{o1}) \quad \overline{K}(T_{o2}) \quad \dots \quad \overline{K}F(T_{ok})]^T$ 是对应户外温度箱 $\boldsymbol{T}_o$ 的平均全球导度值的矢量，运算符号 X 表示矩阵乘法，运算符号 * 表示数组乘法：

$$\overline{K} * \boldsymbol{T}_o = [\overline{K}(T_{o1}) \cdot T_{o1} \quad \overline{K}(T_{o2}) \cdot T_{o2} \quad \dots \quad \overline{K}(T_{ok}) \cdot T_{ok}]^T$$

[11.7]

$\lfloor \rfloor$ 表示这样的运算：

$$\lfloor f \rfloor = \begin{cases} f, \text{if } f < 0 \\ 0, \text{otherwise} \end{cases}$$

[11.8]

如果矢量 $\overline{K}$ 是常数，那么：

$$\overline{\boldsymbol{K}} * \boldsymbol{T}_o = \overline{K} \boldsymbol{T}_o$$

[11.9]

方程 11.6 转化为：

$$\sum_{T_o} \left\lfloor q_h \right\rfloor = \boldsymbol{F}^T \times \overline{K} (\boldsymbol{T}_o - \overline{T}_b)$$

[11.10]

这个公式简化地表达了供暖、通风和降温中的建筑性能。供暖、通风和降温的条件能够表达为：

$$\delta_h = \begin{cases} 1, \text{if } T_{fr} < T_{cl} \\ 0, \text{if } T_{fr} \geq T_{cl} \end{cases}$$

[11.11]

$$\delta_v = \begin{cases} 1, \text{if } T_{fr} > T_{cl} \text{ and } T_o < T_{cu} \\ 0, \text{if not.} \end{cases}$$

[11.12]

$$\delta_c = \begin{cases} 1, \text{if } T_{fr} > T_{cu} \\ 0, \text{if not.} \end{cases}$$

[11.13]

通过通风降温的条件是通风的一个子域：

$$\delta_{fc} = \begin{cases} 1, \text{if } T_{fr} > T_{cu} \text{ and } T_o < T_{cu} \\ 0, \text{if not.} \end{cases}$$

[11.14]

图 11.4 展示了这些域。图 11.5 是估计供暖、通风和降温的温度小时频率分布的原则。在室外温度确定条件下，自然通风下的温度和舒适限制之间差的乘积（参见图 11.5，上图），室外温度发生的数目（等于发生概率和价值数目的乘积——参见图 11.5，中图），得到供暖和降温的频率分布（参见图 11.5，下图）。如果室外温度 T_o 低于舒适 T_{cu} 的上限（参见图 11.5，上图），有可能通过通风来降温（Ghiaus，2003）。

以时间序列频率分布的方式来表达这些数据有两个优越性。第一，简化了表达这些数据的方式，因为像 10 年这类长时间的时间变量，要做解释是非常困难的。第二，可以比较简单地看到对舒适、建筑和气候的适应机会。容易把与环境因素（平均辐射温度、空气流动速度和湿度）和个人因素（服装和代谢率）相关的舒适限制变化数字化，如图 11.5 顶部的那张图所示。图 11.5 中部的那张图表示了溶胶温度[①]和它在城市环境下的变化。通过自然通风条件下的建筑室内温度和室外温度差，描述建筑的热痕迹（参见图 11.6）。我们可以看到自然通风条件下建筑的室内温度和室外温度差月变化（参见图 11.6b）和日变化（参见图 11.6c）不同效果的总和。建筑的热性能是这些变化之和（参见图 11.6a 和图 11.6d）。就建筑室外和室内温度差的减少而言，建筑的热痕迹可能综合表达建筑惯性和夜晚降温的效果。

不对温度实施人为控制情况下的温度可以通过三种方式获得：

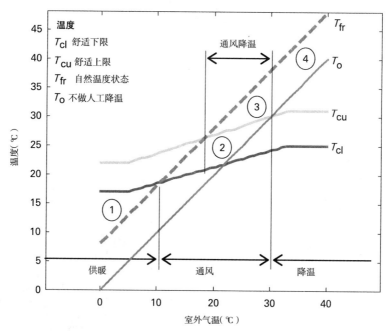

图 11.4　供暖、通风、空调分区：(1) 供暖；(2) 通风；(3) 通风降温；(4) 机械降温
资料来源：作者。

① 溶胶温度（Sol-air temperature）用来计算建筑的降温负荷，决定建筑通过外表面获得的全部热量，其表达式为：$T_{sol-air} = T_o + \frac{(a \cdot I - \Delta Q_{ir})}{h_o}$

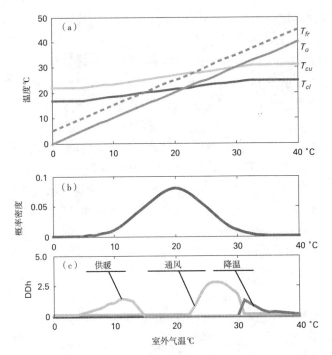

图 11.5　估计供暖、通风和降温的温度小时频率分布的原则
资料来源：作者。

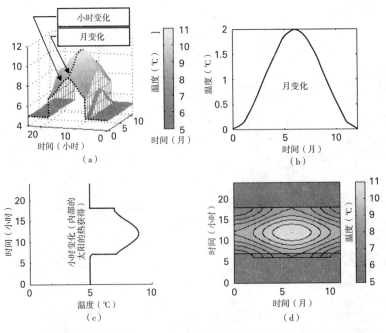

图 11.6　一个室内温度和相等的室外温度不同的建筑的表达：(a) 3D 表达；(b) 月变化；
(c) 小时变化；(d) 月和小时变化累积效果
资料来源：作者。

1.专家的估计；

2.模拟；

3.对建筑的实际测量。

样本数据揭示出，不对温度实施人为控制的地方依然有许多机械降温点，所以，不对降温实施人为控制的潜力还没有完全发挥出来。

基于这样的考虑，对降温潜力的估计可以在统计数据基础上完成（Ghiaus and Allard，2006）。图 11.7 提出了欧洲和北美地区降温潜力的估计。风速、温度、噪声和污染等城市环境因素修正了这种潜力。

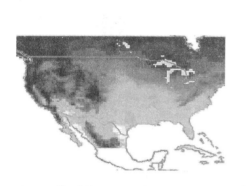

图 11.7　使用自然通风而不是空调情况下，节约能源的百分比
资料来源：作者。

街道峡谷的气流和温度

在城市环境中，尽管涡旋和紊流是重要的，建筑尺度对减少平均风速发挥着重要影响。所以，建筑表面的风压也减少了。为了对这种风速削减有一个大概的了解，让我们考虑一个高 20 米，立面很长的建筑，它暴露在垂直的风中，建筑 10 米高度以上的风速为 4 米／秒。对独立的或暴露在风中的建筑来讲，立面风压大约为 10 帕到 15 帕，而对于地处高密度城市环境中的建筑，其立面风压大约为 0 帕（图 11.8）。

街道峡谷的气流

进入城市环境中的风分成两个垂直的层：城市峡谷和城市边界。城市峡谷从地表延伸到建筑物的上层；城市边界在建筑之上（Oke，1987）。城市边界中的风影响城市峡谷中的气流，但城市峡谷中的气流也依赖于建筑和街道的几何形状，依赖于其他障碍物的存在（如树木），依赖于交通。一般来讲，峡谷层中气流的速度比城市边界层中气流的速度要慢。耶奥加卡斯（Georgakis）和桑塔莫雷斯在 URBVENT 项目指导下在雅典的街道峡谷中研究了街道峡谷中的气流和温度问题。我们在这一章中将进一步介绍他们的发现。

我们对围绕一个单体建筑周边的气流比较了解。与没有受到干扰的风相比较，表现为

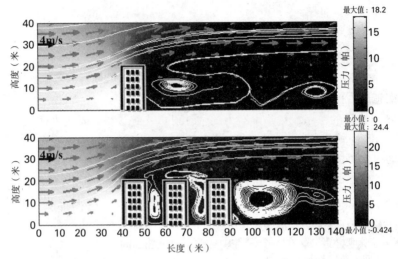

图 11.8　风速和风压均在城市环境下减少
资料来源：作者。

具有低速和高涡旋特征的背风涡旋和尾流。我们对城市峡谷中的气流，特别是对较低速的
没有受到干扰的气流和斜方向上的气流的了解不够。

　　街道峡谷中的建筑平均高度 H、峡谷宽度 W、峡谷长度 L 表达街道峡谷的几何特征。
基于这些值，采用建筑高宽比 H/W 和建筑的长宽比 L/H 表达街道峡谷的特征。

垂直于峡谷轴的风

　　当气流的主导方向相对于街道峡谷的长轴的角度约为正常（±15°）时，我们可以观察
到作为建筑（L/H）和峡谷（H/W）几何性状函数的三种气流类（Oke，1987）。当建筑之间
的间隔合理（H/W>0.05）时，它们的气流场之间没有相互作用。当这种间隔比较小时，街
道峡谷中的尾流受到干扰，强制空穴涡旋气流向下流动。在较高 H/W 和建筑密度的情况下，
由于跨过建筑顶部高度剪切层的动量转移，在街道峡谷中形成一个稳定的循环涡流。因为
在城市中高比例 H/W 是司空见惯的，所以人们十分关注飞掠气流。

　　涡流的速度取决于没有受到干扰的风的速度。如果没有受到干扰的风速高于 1.5 米 / 秒 ~ 2
米 / 秒，H/W = 1，1.5，那么，涡流的速度随这种未受干扰的风的速度增加而增加（DePaul
and Sheih，1986；Yamartion and Wiegand，1986；Arnfield and Mills，1994）。当长宽比 L/
H 比较大，在 H/W = 2 时，可以看到第二个涡流，甚至在 H/W = 3 时，可以看到第三个涡
流。由于较高涡流推动较低涡流，所以，较低涡流的速度低于较高涡流 5~10 倍。

　　对于大于 5 米 / 秒的风速，没有受到扰动的风 u_{out} 和街道峡谷中的气流速度 u_{in} 之间的
关系几乎是线性的：

$$u_{in} = p \cdot u_{out} \tag{11.15}$$

当 H/W = 1，相关系数 p 的值在 0.66 ~ 0.75 之间，空气速度 u_{in} 约在 0.06H，u_{out} 约在 1.2H。

平行于峡谷轴的风

在垂直风的情况下，街道峡谷中的气流被看作第二循环特征，由房顶以上气流推动（Nakamura and Oke，1988）。如果城市峡谷之外的风速低于一定临界值（约在 2 米 / 秒），房顶以上气流和第二气流之间失去耦合，屋顶以上的风速和街道峡谷中空气速度之间的关系由一个相关的散射图表示（Nunez and Oke，1988）。对于较高风速，目前已经完成研究的主要成果和结论是，平行的周边气流沿着街道峡谷轴产生一个平均的风（Wedding et al，1977；Nakamura and Oke，1988），当气流因建筑物墙壁和街道路面摩擦而延缓时，有可能让这个沿街道峡谷轴的气流上升（Nunez and Oke，1977）。阿尼菲尔德（Arnfield）和米尔斯（Mills）验证了这一点（1994），他们发现，对于沿着街道峡谷的下层风来讲，它垂直街道峡谷的风速接近 0。在一个深谷中的测量（Santamouris et al，1999）揭示出，一种具有同一个方向的沿着峡谷的风。

亚玛雷亭诺（Yamartino）和维甘德（Wiegand）的报告提出，在街道峡谷中，沿街道峡谷风的分量 v 通过一个比例常数直接与屋顶上沿街道峡谷分量成比例，这个比例常数是到达流方位的函数。亚玛雷亭诺和维甘德还发现，至少 $V=U \cdot \cos\theta$，这里 θ 是入射角，U 是流出街道峡谷的水平风速。对于达到 5 米 / 秒的风，两种风速之间表现为一种线性关系：$v=p \cdot U$。对于平行于街道峡谷轴的风和对称的具有 H/W = 1 的街道峡谷，他们发现，p 在 0.37~0.68 之间变化，测量的相应气流速度大约在 0.06H 和 1.2H 之间。由于一个侧面街道峡谷气流的偏斜，p 值很低。对 H/W = 2.5 深凹街道峡谷的测量没有显现任何清晰的临界值，那里的耦合不存在了。当风速低于 4 米 / 秒，平行于街道峡谷的风和沿着街道峡谷的空气速度之间的相关性并不清楚。当然，统计分析已经揭示出它们之间存在相关性。

$w=-H \cdot \partial v/\partial x$ 表达了街道峡谷顶部平均垂直气流速度 w，这种气流源于沿街道峡谷气流分量的质量聚散，这里，H 是较低街道峡谷壁的高度，x 是沿街道峡谷的轴，v 是街道峡谷内沿 x 轴分量的运动，时间和街道峡谷空间的平均（Arnfield and Mills，1994）。阿尼菲尔德和米尔斯发现了街道峡谷中风的斜率 $\partial v/\partial x$ 和沿街道峡谷风的速度之间的关系，$\partial v/\partial x$ 的值在 -6.8×10^{-2} 和 $1.7 \times 10^{-2} \mathrm{s}^{-1}$ 之间变化，而按照努内兹（Nunez）和欧克的意见，$\partial v/\partial x$ 的值是在 -7.1×10^{-2} 和 $0 \mathrm{s}^{-1}$ 之间变化的。

倾斜于峡谷轴的风

比较一般的情况是，风以相对于街道峡谷的长轴一个角度进入街道峡谷。当然，现在有关这个问题的研究比起垂直和沿街道峡谷气流的研究还有一定的差距。已经获得的信息来自有限的实地试验，主要还是通过风洞试验和计算获得的。现存研究所得到的主要结论是，当建筑顶部的气流以相对街道峡谷一定的角度进入街道峡谷时，沿着街道峡谷诱导出一种螺旋涡流，即一种螺旋状态的气流。

风洞研究也揭示出，在街道峡谷中产生出一种螺旋状的气流模式（Dabberdt et al，1973；Wedding et al，1977）。对于那些相对于街道峡谷长轴的中间角度来讲，街道峡谷中的气流是平行于和垂直于街道峡谷轴线分量之和，其中垂直于街道峡谷轴线的气流分量推动街道峡谷的涡流，而平行于街道峡谷轴线的气流分量决定沿街道峡谷的涡流的延伸（Yamartino and Wiegand，1986）。

考虑到街道峡谷中的风速，李等报告了 H/W = 1 和风速等于 5 米/秒，相对于街道峡谷长轴 45° 的气流定量研究结果。在街道峡谷中形成一个涡流，其强度低于建筑顶部的风速大约一个数量级。在街道峡谷中，街道峡谷最高处出现的气流速度为 0.6 米/秒。涡流处在这个凹穴的中上部分，大约相当于建筑物高度 0.65 的地方。沿街道峡谷的最大风速接近 0.8 米/秒。外墙下部与外墙上部的比较而言，沿街道峡谷的对应风速为 0.6 米/秒 ~0.8 米/秒和 0.2 米/秒。街道峡谷中的垂直风速接近 1 米/秒。垂直风速比起外墙下部风速（0.8 米/秒 ~1 米/秒）与外墙上部风速（0.6 米/秒）都要大很多。这些研究都发现，周围风速的增加几乎总是对应着沿街道峡谷风速的增加。

考虑当气流以相对街道峡谷轴线一定角度进入时的污染物浓度分布。霍伊迪希（Hoydysh）和达伯特（Dabberdt，1988）对他们的风洞研究做了报告。他们计算了最小污染浓度时风的角度。对于降阶形状而言，最少污染浓度出现在沿街道峡谷（相当于入射角 90°）风状态下。而对于对称状态而言，最小污染浓度出现在入射角 30° 的背风立面上，而在迎风面上，最小污染浓度出现在入射角 20°~70° 之间。最后，对于升阶形状而言，最小污染浓度出现在入射角 0°~40° 之间的背风立面上，而在迎风面上，最小污染浓度出现在入射角 0°~60° 之间。

非干扰低速风的实验值

在街道峡谷外的风速低于 4 米/秒且大于 0.5 米/秒，尽管街道峡谷中的气流呈现混沌特征，进一步的试验分析产生了林阁试验模型。在没有受到扰动的风沿着街道峡谷主轴时，能够使用表 11.1 的值。在没有受到扰动的风垂直于街道峡谷轴或与街道峡谷轴形成一定角度时，使用表 11.2 的值。

风沿着街道峡谷主轴时的街道峡谷内的风的速度值		表 11.1	
街道峡谷外的风速（U）	街道峡谷内的风速	街道峡谷内的分类值	
		最低部分	最高部分
0<U<1	0.3~0.7 米/秒	0.3 米/秒	0.7 米/秒
1<U<2	0.4~1.3 米/秒	0.4 米/秒	1.3 米/秒
2<U<3	0.4~1.5 米/秒	0.4 米/秒	1.5 米/秒
3<U<4	0.4~2.2 米/秒	0.4 米/秒	2.2 米/秒

资料来源：Georgakis and Santamouris（2003）。

街道峡谷外的风速（U）	街道峡谷内的风速		
	街道峡谷的迎风面		立面的迎风面
	最低部分	最高部分	
0<U<1	0.4 米／秒	0.7 米／秒	0.4 米／秒
1<U<2	0.4 米／秒	1.3 米／秒	0.4 米／秒
2<U<3	0.6 米／秒	1.5 米／秒	0.6 米／秒
3<U<4	0.7 米／秒	3 米／秒	0.7 米／秒

资料来源：Georgakis and Santamouris（2003）。

高密度城市的气流

涉及高密度城市预测局地风速问题的研究不多。大部分研究涉及结构方面，集中在高风速状态上。这样，弱风问题至今还没有得到解决。实际上，弱风是实现通风目的的关键问题。

从优化高密度城市自然环境效益方面，吴研究了弱风问题。他采用风洞试验的方式，研究了密度对自然通风潜力的影响。

建筑之间不同的垂直间隔或建筑高度的随机分布是否对自然通风的潜力会产生影响，针对这些问题，吴研究了 4 个案例。这项研究的第一个成果是，差异不大的建筑高度不会真正增加建筑底部的空气流通。建筑之间间隔的数目不会真正影响通风。相反，如果把建筑之间的间隔安排成为真正通过城市的"空气通道"，那么能够改善通风性能15% ~ 20%。

吴指出，有关香港城市空气通道的推荐意见已经被收入了《香港规划标准和指南》（HKSAR，2002）中。在香港的新镇将军澳镇的规划中可以清晰地看到这些指南的成果。

城市峡谷中的气温和表面温度

城市热岛效应随城市规模的增加而增加。当然，这种温度与在城市边界层内流动且没有受到扰动的风相联系。在城市边界层内的温度分布受辐射平衡的影响很大。射入地球表面的太阳辐射被吸收，然后再被转换成为可以感受到的热。大部分太阳辐射投射到建筑物的屋顶和垂直的墙面上；只有相当少的一部分到达地面。事实上，在街道峡谷中，气温比起边界层中的气温要低，边界层中的气温只有一部分成为热岛效应。

城市环境中所使用材料的光学和热力学特征，特别是对太阳能辐射的反射率和对长波辐射的释放，都对城市能量平衡影响巨大。使用高反射率材料能够减少建筑立面和建筑物本身所吸收的太阳辐射，让建筑物表面维持较低的温度。具有高释放性的材料能够很好地排放长波辐射，稳定地释放作为短波辐射吸收的能量。因为较低温度表面的热对流强度要低一些，所以，较低的表面温度减少周边的气温。

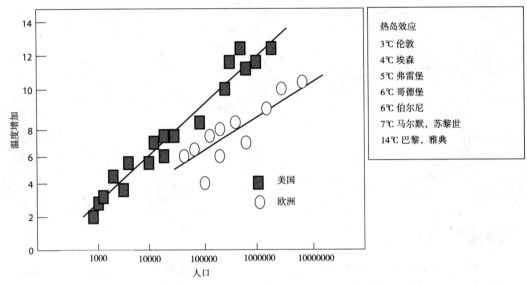

图 11.9　美国和欧洲城市城乡温度间的最大差别
资料来源：Oke（1982）。

　　表面温度试验测量揭示出，在街道峡谷的最高测量点上，两个立面的最大同时差达到 10~20℃，而在地面以上 20 米的位置，最高差值接近 7℃（Georgakis and Santamouris 2003）。对建筑立面的日温度和街道表面温度最大差做比较的结果是，街道层次上的温度比街道峡谷较低部分的温度要高 7.5℃。白天中，观测到东南墙的表面温度分层在 30~50℃之间，西北墙的表面温度分层在 27~41℃之间。白天中，相对表面的温度差比立面最高位置上比较大。

　　街道层次的气温比起街道峡谷较低部分的气温要高 3℃，但是，在这个街道峡谷高度上，没有发现特别的温度分布规律。街道峡谷中所有测量点表面温度具有几乎一致的平均值，这一点与街道峡谷中没有气温分层的观测结果一致。对建筑之间的空间中非常好的气温扩散观测结果可能的解释是高度对流。街道方向能够导致街道峡谷之外的气温比街道峡谷之内的气温高，因为这种街道方向让街道峡谷在若干小时里处在阴影下，由于较大的高宽比率（H/W = 3.3），街道峡谷中有非常好的气流。试验记录的街道峡谷中的气温比街道峡谷外的气温低 3.5℃。

街道峡谷中噪声水平和自然通风潜力

　　商业和居住建筑使用的空调常常用来解释那里巨大的外部噪声水平。在评估建筑自然通风潜力时，有一套估计城市峡谷中噪声水平的方法是必要的。建筑使用者在一定外部噪声水平下会产生关闭窗户以避免噪声的愿望，把他们对噪声的承受能力与城市峡谷中噪声水平的估计进行比较是有意义的，特别是对实施自然通风战略意义重大。尼科尔和威尔逊对街道峡谷噪声衰减进行了研究，这项研究也是在 URBVENT 项目的框架内进行的。以下就是他们研究发现的一个综述。

尼科尔和威尔逊对雅典具有 1.1 至 5.3 高宽比（H/W）街道峡谷做了一系列日间噪声测量。这些测量的主要目的是，考察街道峡谷中噪声的垂直变化，以便对自然通风潜力提出意见。他们使用线性回归分析方法对所获得数据进行分析，进而开发了一个简单的噪声水平模型。这个模型能够用来预测街道水平以上高度的噪声衰减。

他们发现，噪声衰减是街道宽度和街道以上高度的函数；但是，除开狭窄的街道外，噪声衰减的最高水平（街道峡谷的顶部）几乎完全是高宽比的函数。背景噪声（L_{90}）比起具有一定高度的前景噪声（L_{10}）衰减要少。

他们把噪声衰减结果与声学模拟结果进行比较。声学模拟提供了街道峡谷中噪声衰减的比较值。他们使用这个模拟来估计凉台在减少街道峡谷外部噪声水平方面的效率。在一个横跨欧洲的调查中，使用测量来估计南欧地区街道峡谷中实施自然通风的潜力。

他们使用这个调查和模拟的结果来评估噪声对具有峡谷特征的街道实施自然通风的潜力，他们提出了使用自然通风作为街道峡谷集合特征的函数的限制条件。

街道峡谷中的噪声

在雅典这样的城市里，具有峡谷特征的街道的宽度和建筑的高度变化很大。街道宽度（W）和建筑高度（H）之比即是众所周知的街道的"高宽比"（AR）。假定街道两边的建筑具有同样的高度，这种情况很少发生。尼科尔和威尔逊假定 $AR=(b_1+b_2)/2w$，取街道峡谷两侧建筑高度 h_1 和 h_2 的平均值。实际上，两侧建筑立面本身也有很大差异，有些平直，有些有凉台。大部分居住楼有凉台，甚至一些办公楼也有凉台。建筑底层的情况更为复杂。有些底层建有廊道。人行道上常常摆设小摊和堆砌其他一些物品。

街道峡谷中噪声的简单模型

尼科尔和威尔逊做这项调查（2003）的目的是，找到一种方法，估计街道峡谷高度内噪声水平的衰减。正如对这个街道峡谷多处测量的结果那样，交通噪声是街道峡谷内直接声音和准回音的混合。准回音这个术语是用来表示这样一种类型的回音：它不扩散，而基本上是由街道立面间回音波构成。这样，声压 p 等于：

$$p^2 \propto P(dc+rc) \qquad [11.16]$$

这里，p 是声功率，dc 是声音的直接分量，rc 是回音分量。

根据把交通看成线状声源（把交通流看作声源）还是点状声源（每一车辆分别构成噪声源），可以使用两种方式处理声音的直接分量。对于线状声源来讲，直接分量 dc 与生源距离成反比,对于点状声源而言,直接分量 dc 与生源距离的平方成反比。如果街道宽度为 W,地面以上建筑高度为 H,假定声源处在道理中间,声源与接受者之间的距离是：

$$d = \left((W/2)^2 + H^2 \right)^{1/2} \tag{11.17}$$

对于回音来讲，噪声与吸收面相关。这个定律严格应用于扩散性声源，对于这项研究而言，应用这个定律只是获得近似值。主要吸收面就是街道峡谷开放的顶部，假定街道峡谷开放的顶部是一个完满的噪声吸收者，每米街道的开放顶部面积为 W，街道的宽度。如果吸收系数为 0.05，那么，吸收面积是：

$$W' = W + 0.05W + 2 \times 0.05H \tag{11.18}$$

这个方程的三项分别对应，街道峡谷的顶部，街道峡谷的地面，街道峡谷的两侧立面。使用这个街道的高宽比（AR = W/H），方程 [11.18] 等于：

$$W' = W(1.05 + 0.1 \times AR) \tag{11.19}$$

假定声功率与每小时经过车辆的数目 n 成正比。对于线状声源来讲，声功率可以表达为：

$$p^2 = a\frac{n}{d} + b\frac{n}{W'} + c \tag{11.20}$$

对于点状声源而言，声功率可以表达为：

$$p^2 = a\frac{n}{d^2} + b\frac{n}{W'} + c \tag{11.21}$$

这里，a，b 和 c 分别是与直接分量、回音分量和进入街道峡谷的任何环境背景噪声相关的常数。一般来讲，环境背景噪声 c 很小。尼科尔和威尔逊在雅典中心供车辆行驶大街背后的一个步行区，对一个建筑物顶部的声音做过测量，结果是 $L_{Aeq}=55\mathrm{dB}$。在这条供车辆行驶大街上，几乎没有几个测量点的噪声水平低于 $L_{Aeq}=70\mathrm{dB}$。L_{90} 平均 66dB。这样，尼科尔和威尔逊得到了这样的公式：

$$L_P = 10\log_{10}\left(n\left(\frac{a}{d_1} + \frac{b}{W'} \right) + c \right) \tag{11.22}$$

这里，以分贝表达声音水平，L_P 是声压 p 水平的噪声水平，等于 $10\log_{10}p$，d_1 是 d 或者 d^2（见方程 11.20 和 11.21），取决于对声源形状的假定。

在方程 11.22 中，L_P 值与街道峡谷地面以上高度 H 通过变量 d_1 相联系，常数 a，b 和 c 的估计值将决定 L_P 随 H 的变化。常数 a，b 和 c 的值通过多元回归分析估计。

相关分析表明，线状声源模型比较适合于这些数据。对于线状声源假定来讲，测量到的 P^2 和计算出来的直接噪声水平（忽略回音分量）之间的相关性为 0.86，而对于点状声源假定来讲，测量到的 P^2 和计算出来的直接噪声水平之间的相关性为 0.68。进一步的测试表明，使用 W 还是使用 W'，相关性几乎没有什么变化。使用 W（街道宽度）的好处是它比较简单，而使用 W'（吸收面）将要计算立面吸收系数的任何增加。当然，没有任何用来评估任何吸收变化的测量数据。

回归分析得出了方程 11.20 中常数 a，b 和 c 的最优值，这样，方程 11.20 转换成：

$$p^2 = 17.4 \times 10^4 \times D_2 + 5.34 \times 10^4 \times RV - 411 \times 10^4 \tag{11.23}$$

因此 :

$$L_{eq} = 10 \log_{10} p^2 \qquad \text{[11.24]}$$

这里，L_{eq} 是街道以上 H 高度的噪声水平 ; D_2 是 H，W 和 n 三个变量的函数，n 是车辆总数（假定 n 与噪声成正比）。n 和 W 这两个变量也包括在 RV 以及街道峡谷的 AR 高宽比中。由于 p^2 的值不能为负值，所以，如果出现负值的 c，的确存在一个逻辑问题。出现负值可能是因为线性回归分析不能考虑曲面关系所致。在任何情况下，c 对 p^2 值的影响都是很小的。这说明，通过计算值（$R^2 = 0.75$）可以预测测量值。

为了直观地表达这个结果，他们做出了一个简化的假定，交通水平是街道宽度的函数。在这些数据中，交通强度，以每小时的测量数目 n 表示，和街道宽度 W（m）之间的相关系数，$R = 0.88$，其回归关系如下 :

$$n = 137W - 306 \qquad \text{[11.25]}$$

使用这个简化的假定，就可以计算出在一个特定街道宽度 W 下，不同高度的噪声水平。

假定在这个街道峡谷中的交通量遵循方程 11.25 的关系，那么，预测日间噪声水平的问题就变成了街道峡谷几何关系的函数。图 11.10 展示了雅典不同街道宽度和街道以上高度的噪声水平，以及它对于处在街道以上高度 H 的办公室采用自然通风可能性的意义。

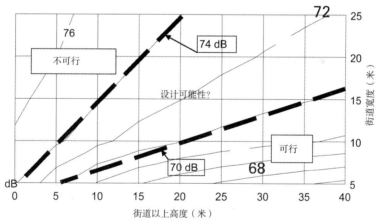

图 11.10　在街道以上不同高度和街道宽度下噪声水平轮廓线 : (可行) 表示有可能采用自然通风的配置，相反，(不可行) 表示不可能实行自然通风的配置——在此两端之间的区域可以通过设计实现自然通风。
资料来源 : Ghiaus 等（2006）。

从 SCATS 项目中得出的结论表明，在欧洲，办公空间的可以容忍的噪声水平大约在 60 分贝。同时，在开窗部位上，可以接受 10 分贝至 15 分贝的噪声衰减。这样，可能接受的室外噪声水平在 70 分贝以下。再使用特殊建筑处理办法和窗户设计，有可能进一步减少 3 分贝至 5 分贝的噪声。对于雅典的交通状况来讲，图 11.10 中标志"可行"，表示在街道以上不同高度位置给予可以接受噪声状态的街道宽度 ; 标志"不可行"，则表示，那些接近街道高程上开窗建筑不能接受噪声状态的街道宽度。在"可行"和"不可行"之间，存在经过适当设计而达到可以接受噪声状态的可能性。

这里所报告的噪声测量均在白天完成，所以，对于有关晚间自然通风的可能性仅仅具有参考意义，当然，我们应当记住，对于那些没有使用的办公空间，室外噪声水平与使用夜晚通风无关。对居住来讲，噪声对自然通风的限制在晚间更为重要。整个噪声水平的确会在晚间大大降低，然而，这种减低会因为晚间人们对噪声的敏感而被抵消。另外，尽管按照方程 11.21，随着街道以上距离的增加，点状噪声源会衰减，偶尔途经那里的车辆会显得噪声比白天大很多。注意，最大的日噪声衰减（如 L_{10} 的衰减所表示的那样）也比因同样理由而产生的 L_{eq} 的衰减要大。

室外－室内污染物转移

使用自然通风的另一个阻碍就是室外的空气污染，因为自然通风不能使用类似机械的或空调系统那样的过滤装置。然而，有两点是重要的：随着经济发展，室外空气质量会得到改善，室内和室外污染物的性质不同。

首先，在经过产生负面后果的初始阶段后，经济增长有改变户外空气质量的倾向（参见图 11.11a）。在物质上追求更大提升时，污染会随着经济增长而增加。但是，在资金和技术资源足够的时候，在评估生活质量时，计入了污染成本，强制推行减少污染的行动。不考虑收入，整个室外污染的减少也是值得注意的。

第二，室内室外的污染物的类型和浓度水平均有差别。世界卫生组织（WHO）颁布的有关空气质量的卫生指南提出了若干"关键"污染物：二氧化硫（SO_2）、二氧化氮（NO_2）、一氧化碳（CO）、甲烷（O_3）、悬浮颗粒物和铅（Pb）。世界卫生组织提出了这些污染物的指导值。室内污染物包括环境烟草烟雾、（生物和非生物的）颗粒、挥发性有机化合物、氮氧化物、铅、氡、一氧化碳、石棉、各种人工合成的化学物质，等等。室内空气污染与不舒适和过敏到慢性病和癌症等多种疾病有联系。为了节省能源，现代建筑设计更倾向于密封式结构以及较低的空气流通率（WHO，2000）。室内污染对健康的影响比起室外污染更显重要（参见图 11.11b）。发达国家和发展中国家的室内污染问题是不同的。对于发达国家来讲，室内污染问题是低通风率和多种合成建筑材料和产品，而对于发展中国家来讲，室内污染问题源于人类活动，特别是燃烧过程。

流行病研究揭示出卫生事件（如死亡和入院）和颗粒、臭氧、二氧化硫、空气中的酸度、二氧化氮和一氧化碳日常浓度之间的关系。尽管这些污染物中每一种未必在每一项研究中的相关性都那么重要，但是，作为整体，它们对人体健康的影响是明显的。对于颗粒和臭氧而言，许多人都接受了这样一种看法，目前的研究并没有提供任何临界影响指标，它们在确定接触－反应关系时采用的是线性假定（WHO，2000）。

室内空气质量通过空气交换率和污染物的反应率与室外污染浓度相联系。作为建筑的一个本质特征，因为建筑立面是室内室外环境的主要连接界面，所以，立面的空气密封在这种关系中构成了一个关键因素，也是建筑自然透气性的重要特征。

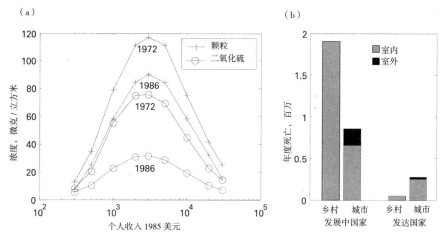

图 11.11　污染和发展之间的关系：（a）与收入相关的颗粒和二氧化硫污染；（b）全球因为室内和室外污染致死估计
资料来源：（a）Shafik（1994）；（b）世界卫生组织（1997）；Lomborg（2001）。

室外 - 室内污染物转移试验研究

室外的关键污染物 [二氧化硫（SO_2），二氧化氮（NO_2），一氧化碳（CO），甲烷（O_3）、悬浮颗粒物和铅（Pb）] 在大城市都检测到了。二氧化硫和铅的平均水平室内室外相等。当建筑密封起来时，臭氧和二氧化氮与建筑材料发生反应，导致室内浓度比室外浓度要低。颗粒物的转移取决于颗粒物的尺寸。试验结果显示，室内室外浓度比（I/O）也取决于污染物的室外浓度。

在 URBVENT 项目的框架下以及法国政府 PRIMEQUAL 项目中，人们研究了臭氧、二氧化氮和颗粒物的室内室外比。文献评论显示，室内臭氧浓度比室外低，这个比例随空气流动率的增加而增加（参见图 11.12a）。在窗户关闭的情况下（图 1.12a 中的 CW 段），这种

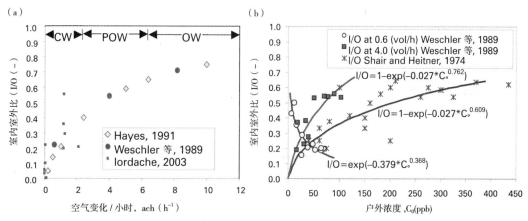

图 11.12　室内室外臭氧比的变化是（a）每小时空气变化的函数（CW ＝ 关闭窗户）；POW ＝ 部分窗户打开；OW ＝ 窗户打开）；（b）户外浓度

转移更为复杂。我们的试验结果确定，这种复杂性源于建筑立面的气密性。另外一些研究显示，室内室外比还取决于室外污染物的浓度（参见图11.12b）。这两个参数在预测 I/O 比时被认为是解释性变量。

室外 - 室内转移图

把室内室外浓度比（I/O）绘制到室外浓度、C_0 和建筑立面的三种主要气密性水平上："封闭" $Q_{4pa}=0m^3/b$；"通透" $Q_{4pa}=150m^3/b$；"非常通透" $Q_{4pa}=300m^3/b$，（参见图11.13）。对于关闭窗户的情况来讲，I/O 比是确定的（在晚间测量）。由于房间体积为 $150m^3$，所以，每小时最大空气变化大约为2ach。

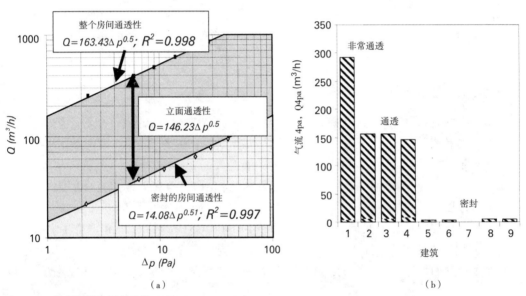

（a）   （b）

图11.13　按照通透性对建筑分类
资料来源：Lordache（2003）。

臭氧

因为封闭立面把室内和室外污染隔离开来，所以，I/O 比降低，而对于其他两种类型的建筑立面，I/O 比增加（参见图11.14）。研究发现了两组簇团：第一组簇团处于密封立面（$c_{Q4pa}=5m^3/b$）和中等户外臭氧浓度（$c_{co} \approx 28ppb$）区间；第二组簇团处于"最通透"立面（$c_{Q4pa}=292m^3/b$）和中等户外臭氧浓度（$c_{co} \approx 36ppb$）区间。这个模型的两个峰值处在"密封"立面和低户外 O_3 浓度区，"最通透"立面和高户外 O_3 浓度区（参见图11.14a）。图11.14b是使用数据库中散点表达的精度模型，它说明，最小的 I/O 值为0.18，而比较高的散点值为0.38。第三张图（参见图11.14c）表达了前两张图的置信度。那些测量点比较多的区域，置信度比较高（即两个簇团附近）。最高的置信区（CR>0.5）对应于中等户外 O_3 浓度区，

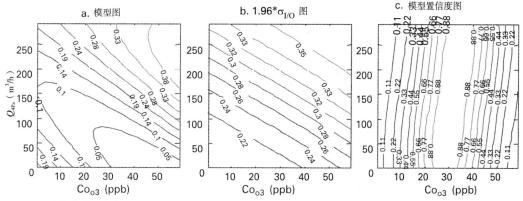

图 11.14　臭氧室外－室内传递：(a) I/O 比；(b) 精确；(c) 置信度
资料来源：Ghiaus 等（2005）。

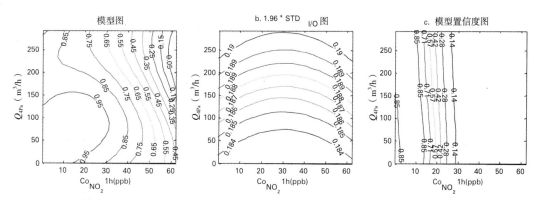

图 11.15　二氧化氮室外－室内传递：(a) I/O 比；(b) 精确；(c) 置信度
资料来源：Ghiaus 等（2005）。

在两类中心之间，而最低置信区（CR<0.25）分别对应具有低户外臭氧浓度的"最通透"立面和具有高户外臭氧浓度的"封闭"立面。

二氧化氮

　　对二氧化氮来讲，同样计算 3 个参数。不考虑立面的气密性，I/O 比随户外的二氧化氮浓度减少而减少。对应于密封立面建筑的 I/O 的比值比那些具有"通透的"或"非常通透的"立面建筑的 I/O 比值稍高（参见图 11.15a）。模型精度在所有区域几乎相同（参见图 11.15b）。那些测量点比较多的区域，置信度比较高（即两个簇团附近）。对于比较低的室外二氧化氮浓度（Co_{No2}<15ppb），有两个簇团：一个簇团对应"封闭的"建筑，第二个簇团对应"非常通透的"建筑。随着户外二氧化氮浓度的上升，置信度减少，就户外二氧化氮浓度低于 20ppb 的状态而言，置信度在 0 和 0.5 之间（参见图 11.15c）。

颗粒物

对于进入室内的 0.3~0.4 微米、0.8~1 微米、2~3 微米等 3 种不同尺寸颗粒物，同样有三个估计值。对所有 3 种尺寸颗粒物具有类似的结论。

不考虑立面的气密性或颗粒物的尺寸，I/O 随户外的二氧化氮浓度降低而减小。对于 0.3~0.4 微米的颗粒物（参见图 11.16a），因为模型表面相对平滑，所以，I/O 随室外颗粒物的浓度降低而线性减小。对于另外两种尺寸的颗粒物，模型图呈现了模型凸凹的表面，室外颗粒物浓度值不大，"通透的"的建筑立面（参见图 11.16d 和 11.16g）。与前两种尺寸的

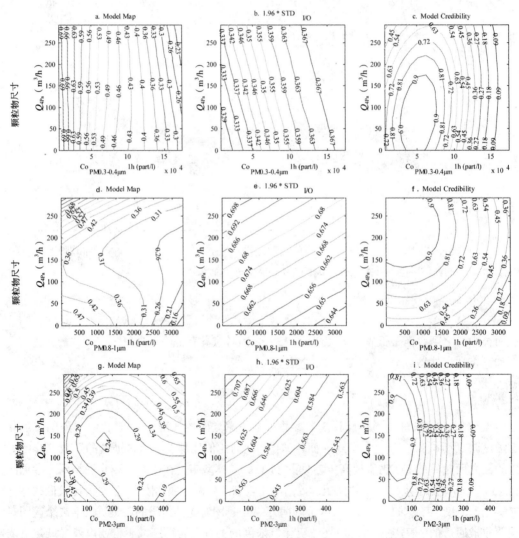

图 11.16　室外室内颗粒物转移：(a, d, g) I/O 比率；(b, e, h) 精确度；(c, f, i) 置信度
资料来源：Ghiaus 等（2005）。

颗粒物不同，对应室外高浓度的颗粒物和"非常通透的"建筑立面，2~3微米颗粒物模型表面呈现0.65的I/O比率。当然，这个区的预测置信度指数非常小。

I/O比率的散点对所有范围的户外污染和立面通透性呈现几乎相同的恒定值。对0.3~0.4微米规模的颗粒物而言，表征其散点特征的指数大约为0.33（参见图11.16b），它是表征0.8~1微米，2~3微米尺寸颗粒物散点特征指数的2倍（参见图11.16e和11.16h）。预测置信度表现出随室外颗粒物浓度递减的倾向（参见图11.16c，f，i）。

小结

室内室外污染具有不同的性质，通常涉及不同类型的污染物。在达到一定富裕程度之后，在资金和技术手段具备的时候，户外污染会随着经济发展而减小。

在URBVENT项目和法国PRIMEQUAL项目的联合框架下，9个学院共同进行了室内室外污染转移试验研究。这项试验研究所涉及的污染物质有臭氧、二氧化氮和15种规格的颗粒物。对每一种污染物，计算三种图：I/O比率、估计精确性、对I/O比率和精确性的置信度。作为通过建筑立面的气流和户外污染物浓度的一个函数，决定室内室外浓度比I/O。室内污染浓度比室外低。臭氧表现出最低的I/O比（0.1~0.4）。二氧化氮的I/O比最高，大约在0~0.95之间。颗粒物的I/O比依赖于颗粒物的尺寸。对小规格的颗粒物（0.3~0.4微米）而言，测量到最大的变化（0.25~0.70）；对于比较大的颗粒物（0.8~3微米），变化比较低，但是可以比较出来，I/O比的变化在0.3~0.7之间。

高密度城市环境下的自然通风方式

在高密度的城市环境中使用自然通风应该考虑到较低的风速以及噪声和污染这些因素。由于街道高程的室外空气可能被污染，所以通风系统不能依靠低高程的进气口，进气口将是避风的。

平衡烟道通风

现在，人们正在重新考虑广泛使用许多古代中东地区使用屋顶进气和排气的战略，包括传统的伊朗风塔，阿拉伯和东亚地区使用的捕风设施，并使其工艺更为精致。

在这些平衡的烟道通风模式中，冷烟道负责供应空气（即通过适当的烟道隔离设施维持与室外相近的温度），再通过热烟道排气（参见图11.17）。

例如，通过图11.17上的第二层次的回路。这个压力回路的方程在形式上类似于风和浮力推动的通风方程：

$$\Delta p_s + \Delta p_w = \Delta p_{inlet} + \Delta p_{internal} + \Delta p_{exhaust}$$ [11.26]

当冷烟道中的气温能够维持接近室外气温时，室内和室外空气密度差，排烟道的高层差和地平入口的位置，决定烟道压力，$\Delta p_s = (\rho_o - \rho_i) g \Delta z$。这样，当供应烟道（以及它的入

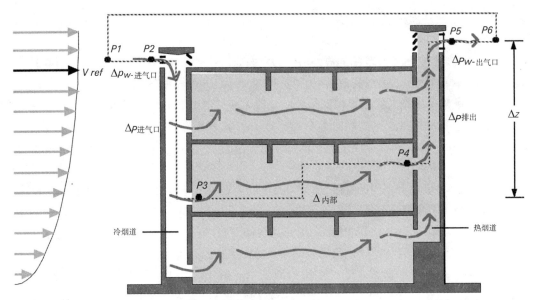

图 11.17 从上到下或平衡的烟道自然通风系统使用高程供应入口去获得污染较轻的空气，把入口和出口置于较高的风速中
资料来源：Axley（2001）。

气口和出气口）的气流阻力接近于似于入气口提供的气流的阻力时，通过每一层楼的气流将与这个比较简单的单一烟道模式所期待的结果一致。入口和出口的风压系数和来风速度的动能决定驱动风压，$\Delta p_w = (C_{p-inlet} - C_{p-exhaust})\rho v_{ref}^2/2$。当然，在这种情况下，把入口风设置在高端的位置上能够保证一个较高的入口风压，且对风向不敏感。与风向不敏感的排气烟道相结合，这种模式对城市环境具有特别的意义。虽然直到最近这些在商业上具有可行性的系统只是用到独立房间的设计上，而非整个建筑上，但是，在过去的一个世纪中，平衡烟道系统已经在英国成为具有商业可行性的系统（Axley，2001）。在建筑 10 米以上高度测量到的相对低风速（3 米／秒）的情况下，英国莫诺德劳特有限公司供应的风捕获自然通风系统能够产生的空气交换率达到了每小时 5 次空气交换（参见图 11.18）。这些系统可能同时使用联合轴流风扇，在极端气候条件下发挥机械辅助功能。

在寒冷条件下，有可能通过使用联合轴流风扇，在这个上下通风模式中实现通风热回收。

被动蒸发降温

对平衡烟道通风系统的改进，在供应烟道中增加蒸汽冷却设施，也是以古代中东和东亚传统的通风方式为基础的。传统的蒸汽冷却是通过在供应气流通道中安装的充水多孔器皿或在供应气流通道的底端设置一个水池实现的（Santamouris and Asimakopoulos，1996；Allard and Alvarez，1998）。在最近这些年的发展中，人们把水喷洒到气道的气流中，降低气流温度，增加供应的气流密度，从而增强浮力，诱导产生推动气流的压力差（Bowman et al，2000）。

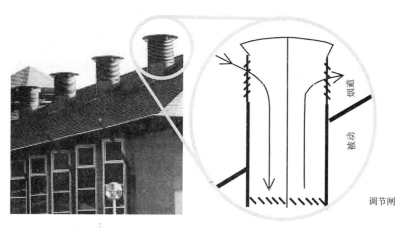

图 11.18 风捕获自然通风系统
资料来源：英国莫诺德劳特有限公司。

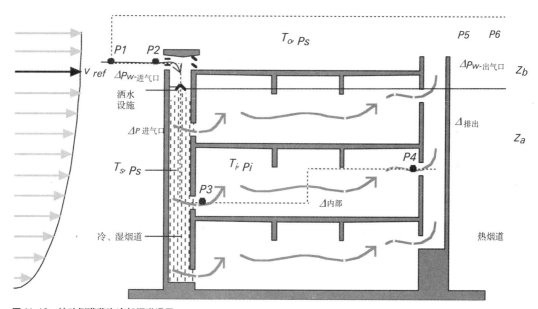

图 11.19 被动倒灌蒸汽冷却烟道通风
资料来源：Axley（2001）。

这种称之为被动倒灌蒸汽冷却的方式类似于平衡烟道模式；但是，必须考虑到增加水分含量后产生的浮力效果。图 11.19 就是对这种系统具有代表性的描绘。现在必须区分出两个高差：z_a，房间之上的供应烟道中湿气柱的入气口位置；z_b，在湿气柱之上的出气口的高度。

在湿气供应柱中的空气密度 ρ_s 将接近对应于户外空气湿球温度的饱和密度；试验更为特别地表明，这些供应的气体状态将在 2℃ 的湿球温度之内。这样，描述这个系统中通风气流的回路方程转换成为：

$$\left(\Delta p_{inlet} + \Delta p_{internal} + \Delta p_{exhaust}\right) = \Delta p_s + \Delta p_w \qquad [11.27]$$

这里，

$$\Delta p_s = \left[\rho_o z_b + \rho_s z_a - \rho_i (z_a + z_b)\right]g \qquad [11.28]$$

$$\Delta p_w = \left(C_{p-inlet} - C_{p-exhaust}\right)\frac{\rho v_r^2}{2} \qquad [11.29]$$

为了对这种方式的影响做出定量测定，让我们考虑一个案例，它类似于以上讨论的风引起的自然通风和浮力引起的自然通风，当然，这个案例有一个冷却湿柱，与 10 米高的烟道相等（即 z_a=0m 和 z_b=10m）。当室外气温为 25℃，湿度为 20% RH（即空气密度接近 1.18kg/m³），室外空气湿球温度降低 2℃（12.5℃），而干球温度将降低 14.5℃，这时，空气密度将增加到约 1.21 公斤 / 立方米，相对湿度达到 77%。如果在 28℃，湿度为 60% RH 的室外状态条件下，使用一个适当的通风气流率，把室内状态保持在热舒适区内，那么，内部的空气密度将接近 1.15 公斤 / 立方米。结果，浮力压力差将是：

$$\Delta p_s = \left(1.18 \ \frac{kg}{m^3}(0 \ m) + 1.21 \ \frac{kg}{m^3}(10 \ m) - 1.15 \ \frac{kg}{m^3}(0+10 \ m)\right)9.8 \ \frac{m}{s^2} = 6.4 \ Pa \qquad [11.30]$$

没有蒸汽冷却（即， $\Delta z_a \approx 10$ 和 $z_b \approx 0m$）：

$$\Delta p_s = \left(1.18 \ \frac{kg}{m^3}(10 \ m) + 1.21 \ \frac{kg}{m^3}(0 \ m) - 1.15 \ \frac{kg}{m^3}(10+0 \ m)\right)9.8 \ \frac{m}{s^2} = 2.9 \ Pa \qquad [11.31]$$

这样，在这个例子中，蒸汽降温使得浮力压力增加了 2 倍，同时，提供了隔热的冷却。

1994~1999 年期间，印度艾哈迈达巴德（Ahmedabad）的特仁特研究中心第一次把这个原理应用到大规模建筑上，项目设计师是阿比海科马（Abhikram）等人，B·福特提供了帮助。夏季，尽管室外温度达到 44℃，而室内温度低于 32℃，温度差达到 12℃。当室外温度变化 14℃到 17℃时，室内温度仅仅改变 3℃到 4℃。这套系统的投资比标准解决办法要高 13%。整个补充投资的返还期不到 15 年。

双幕墙

20 世纪 30 年代，双幕墙系统首先在法国提出来了。那个时期，柯布西耶设计了一个多层玻璃墙，称之为"中和墙"，作为一个空气通道，中和冷或太阳辐射的效果。

很不幸，这个观念因为初建费用太高而被搁置了起来，从未实施过。当然，许多现代建筑都是用了这个创新概念。20 世纪 80 年代，美国使用了双幕墙系统，现在，双幕墙系统在欧洲也很普遍。使用这种系统的建筑案例有，纽约的化学事故中心（1980），英国伦敦的劳埃德大楼（1986）；德国杜伊斯堡的商务促进中心（1993），德国埃森的 RWE AG 总部（1996）；德国法兰克福商业银行总部（1996）。甚至像温哥华的 BCT 通信大楼那样，一些已经建成的建筑把它们原先的外墙改造成为双层玻璃系统。

参考文献

Allard, F. and Alvarez, S. (1998) 'Fundamentals of Natural Ventilation' in F. Allard (ed.) *Natural Ventilation in Buildings*, James and James, London

Allard, F. (ed) (1997) *Natural Ventilation in Buildings: A Design Handbook*, James and James, London

Arnfield, A. J. and Mills, G. (1994) 'An analysis of the circulation characteristics and energy budget of a dry, asymmetric, east, west urban canyon: I. Circulation characteristics', *International Journal of Climatology*, vol 14, pp119–134

ASHRAE (2001) *ASHRAE Handbook Fundamentals*, ASHRAE, Atlanta, FL

Awbi, H. (1998) 'Ventilation', *Renewable and Sustainable Energy Reviews*, vol 2, pp157–188

Axley, J. (2001) *Application of Natural Ventilation for US Commercial Buildings, Climate Suitability and Design Strategies and Methods*, GCR-01-820, National Institute of Standards and Technology Gaithersburg, MD

Baker, N. and Standeven, M. (1996) 'Thermal comfort for free-running buildings', *Energy and Buildings*, vol 23, pp175–182

Berlund, L. B. (2001) *Thermal Comfort*, ASHRAE, Atlanta, GA

Bowman, N. T., Eppel, H., Lomas, K. J., Robinson, D. and Cook, M. J. (2000) 'Passive Downdraught Evaporative Cooling', *Indoor and Built Environment*, vol 9, no 5, pp284–290

Doya, M. and Bozonnet, E. (2007) Theoretical Evaluation of Energy Performance Achieved by 'Cool' Paints for Dense Urban Environment, CLIMAMED, Genova

Dabberdt, W. F., Ludwig, F. L. and Johnson, W. B. (1973) 'Validation and applications of an urban diffusion model for vehicular emissions', *Atmospheric Environment*, vol 7 pp603–618

de Dear, R. and Brager, G. (2002) 'Thermal comfort in naturally ventilated buildings: Revision of ASRHAE Standard 55', *Energy and Buildings*, vol 34, pp549–561

de Dear, R., Brager, G. and Cooper, D. (1997) *Developing an Adaptive Model of Thermal Comfort and Preference, Final Report, ASHRAE RP- 884*, American Society of Heating, Refrigerating and Air-Conditioning Engineers, Inc, and Macquarie Research, Ltd, Sydney

DePaul, F. T. and Sheih, C. M. (1986) 'Measurements of wind velocities in a street canyon', *Atmospheric Environment*, vol 20, pp445–459

Georgakis, G. and Santamouris, M. (2003) *Urban Environment*, Research report, URBVENT Project, European Commission Athens, Greece

Ghiaus, C. (2003) 'Free-running building temperature and HVAC climatic suitability', *Energy and Buildings*, vol 35, no 4, pp405–411

Ghiaus, C. (2006a) 'Experimental estimation of building energy performance by robust regression', *Energy and Buildings*, vol 38, pp582–587

Ghiaus, C. (2006b) 'Equivalence between the load curve and the free-running temperature in energy estimating methods', *Energy and Buildings*, vol 38, pp429–435

Ghiaus, C. and Allard, F. (2006) 'Potential for free-cooling by ventilation', *Energy and Buildings*, vol 80, pp402–413

Ghiaus, C., Iordache, V., Allard, F. and Blondeau, P. (2005) 'Outdoor–indoor pollutant transfer' in C. Ghiaus and F. Allard (eds) *Natural Ventilation in the Urban Environment*, Earthscan, London

Ghiaus, C., Allard, F., Santamouris, M., Georgakis, C. and Nichol, F. (2006) 'Urban Environment Influence on Natural Ventilation Potential, *Building and Environment*, vol 41, no 4, pp395–406

Hayes, S. R. (1991) 'Use of an Indoor Air Quality Model (IAQM) to estimate indoor ozone levels', *Journal of the Air and Waste Management Association*, vol 41, no 2, pp161–170

HKSAR (2002) Monthly Digest, Buildings Department, Hong Kong, January to December

Hoydysh, W. and Dabbert, W. F. (1988) 'Kinematics and dispersion characteristics of flows in asymmetric steet canyons', *Atmospheric Environment*, vol 22, no 12, pp2677–2689

Iordache, V. (2003) *Etude de l'impact de la pollution atmosphérique sur l'exposition des enfants en milieu scolaire – Recherche de moyens de prédiction et de protection*, PhD thesis, University of La Rochelle, France, pp138–139

ISO 7243 (1982) *Hot Environments – Estimation of the Heat Stress on Working Man, based on the WBGT Index (Wet Bulb Globe Temperature)*, International Organization for Standardization, Geneva

Lee, I. Y., Shannon, J. D. and Park, H. M. (1994) 'Evaluation of parameterizations for pollutant transport and dispersion in an urban street canyon using a three-dimensional dynamic flow model', in *Proceedings of the 87th Annual Meeting and Exhibition*, Cincinnati, Ohio, 19–24 June

Liébard, A. and De Herde, A. (2006) *Traité d'architecture et d'urbanisme bioclimatiques: Concevoir, édifier et aménager avec le développement durable*, Editions du Moniteur, France

Lomborg, B. (2001) *The Skeptical Environmentalist*, Cambridge University Press, Cambridge, MA

McCartney, K. and Nicol, F. (2002) 'Developing an adaptive control algorithm for Europe: Results of the SCATS project', *Energy and Building*, vol 34, no 6, pp623–635

Nakamura, Y. and Oke, T. R. (1988) 'Wind, temperature and stability conditions in an E–W oriented urban canyon', *Atmospheric Environment*, vol 22, no 12, pp2691–2700

Ng, E. (2009) 'Policies and Technical Guidelines for Urban Planning of High-density Cities – Air Ventilation

Assessment (AVA) of Hong Kong, *Building and Environment*, vol 44, no 7, pp1478–1488

Nicol, F. and Wilson, M. (2003) *Noise in Street Canyons*, Research report, URBVENT Project, European Commission London

Nunez, M. and Oke, T. R. (1977) 'The energy balance of an urban canyon', *Journal of Applied Meteorology*, vol 16, pp11–19

Oke, T. R. (1982) 'Overview of interactions between settlements and their environment', in *Proceedings of the WMO Experts Meeting on Urban and Building Climatology, WCP-37*, World Meteorological Organization (WMO), Geneva

Oke, T. R. (1987) 'Street design and urban canopy layer climate', *Energy and Buildings*, vol 11, pp103–113

prEN 13779 (2004) Ventilation for Buildings: Performance Requirements for Ventilation and Air-Conditioning Systems, CEN, Technical Committee 156, Brussels

Santamouris, M. (2001) *Energy and Climate in the Urban Built Environment*, James and James Science Publishers, London

Santamouris, M. and Asimakopoulos, D.N. (eds) (1996) *Passive Cooling of Buildings*, James and James, London

Santamouris, M., Papanikolaou, N., Koronakis, I., Livada, I. and Asimakopoulos, D. N. (1999) 'Thermal and airflow characteristics in a deep pedestrian canyon under hot weather conditions', *Atmospheric Environment*, vol 33, pp4503–4521

Santamouris, M. and Georgakis, C. (2003) 'Energy and Indoor Climate in Urban Environments: recent trends', Journal of Building Services Engineering Research and Technology, vol 24, no 2, pp69–81

Serageldim, I., Cohen, M. A. and Leitmann, J. (eds) (1995) *Enabling Sustainable Community Development*, Environmentally Sustainable Development Proceedings, Series no 8, World Bank, Washington DC

Shafik, N. (1994) 'Economic development and environmental quality: An econometric analysis', *Oxford Economic Papers*, vol 46, pp757–773

Shair, F. H. and Heitner, K. L. (1974) 'Theoretical model for relating indoor pollutant concentrations to those outside', *Environmental Science and Technology Journal*, vol 8, no 5, p444

United Nations Population Fund (UNFPA) (1998) Annual Report, UNFPA, New York

United Nations Population Fund (UNFPA) (2001) Annual Report, UNFPA, New York

United Nations Population Fund (UNFPA) (2006) *The State of World Population*, UNFPA, New York

Wedding, J. B., Lombardi, D. J. and Cermak, J. E. (1977) 'A wind tunnel study of gaseous pollutants in city street canyons', *Journal of Air Pollution Control Association*, vol 27, pp557–566

Weschler, C. J., Shields, H. C. and Naik, D. V. (1989) 'Indoor ozone exposures', *Journal of Air Pollution Control Association*, vol 39, pp1562–1568

WHO (World Health Organization) (1997) *Health and Environment in Sustainable Development: Five Years after the Earth Summit*, WHO, Geneva

WHO (2000) *Air Quality Guidelines*, WHO, Geneva

Yamartino, R. J. and Wiegand, G. (1986) 'Development and evaluation of simple models for the flow, turbulence and pollution concentration fields within an urban street canyon', *Atmospheric Environment*, vol 20, pp2137–2156

第 12 章

声环境：高密度与低密度城市

康钧

　　欧洲 30% 以上的人口处在交通声压高于世界卫生组织指南推荐声压 55 分贝的状态下，而对于高密度城市来讲，处在这种状态下的人口比例还要高很多。最近在香港特区开展的一次调查显示，1/6 的香港地方居民受到超过 70 分贝的交通噪声的影响（香港 EPD，2007）。环境噪声存在许多潜在的健康后果，进而导致社会障碍，降低生产率和增加事故。在这一章中，通过一系列案例研究和高密度城市和低密度城市的比较，考察高密度城市的声环境。声分布、声感觉和减少噪声是这一章要考虑的三个关键方面。

声分布

　　为了考察城市环境中的声分布，考虑两个尺度是很重要的，即微观尺度，如一个街道峡谷或一个广场，以及包括大量街区宏观尺度。

街道峡谷

　　高密度城市的重要特征之一是，建筑通常很高，这样，形成深凹的街道峡谷。为了分析街道峡谷中的声传播特征，我们使用了三种计算机模拟模型，图像源模型、光能传递模型和商业软件雷诺斯（Raynoise），对假设的英国和中国香港街道（Kang et al，2001）做一个比较，它们分别对应几何反射边界、散射边界和混合边界。

　　对于英国情况而言，基于低密度城市设菲尔德实际的街道数目，我们考虑了两类街道。一类街道是，街道两边均为两层楼的半独立住宅，每一个建筑地块均为 10 米幅宽，7 米进深，建筑之间的间隔为 5 米。建筑高度 8.5 米，街道宽度 20 米。另一类街道是，街道两边均为台阶式住宅。这些建筑连续性地沿街一字排开，每个地块均为 7 米进深，建筑高度 8.5 米。在这里，有 12 米和 20 米两种街道宽度需要考虑，以便比较。街道宽度 12 米。为了研究的便利，假定屋顶均为平顶。两类街道上建筑的墙壁是砖头或石头，瓦屋顶，地面为水泥铺装。两类街道的长度都设定为 160 米。图 12.1 描绘了它们的布局形式。

　　对于香港的情况来讲，我们以旺角地区的街道类型为基础，也考虑了两类街道。一类街道是，道路两边均为分立的建筑地块，相距 20 米，地块长 40 米，进深 20 米。建筑高度 65 米，

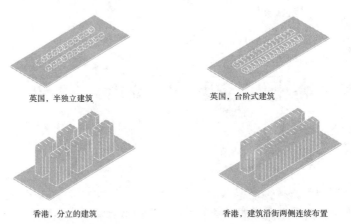

英国, 半独立建筑　　　　　　　　　英国, 台阶式建筑

香港, 分立的建筑　　　　　　　　　香港, 建筑沿街两侧连续布置

图 12.1　模拟中使用的典型街道峡谷布局形式
资料来源：作者。

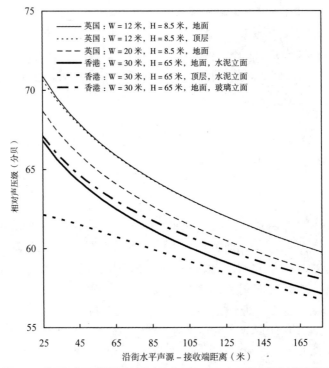

图 12.2　英国和中国香港街道峡谷中的声压级（SPLs）及其几何反射边界比较
资料来源：作者。

街道宽度 20 米。另外一类街道是，建筑沿街两侧连续布置，建筑进深 20 米，高度 65 米。在这里，有 20 米和 30 米两种街道宽度需要考虑，以便比较。街道宽度 30 米。两类街道的长度都设定为 160 米，建筑屋顶为平屋顶。建筑立面材料为水泥和玻璃，地面用水泥铺装。

图 12.2 对英国和中国香港街道峡谷中的声压级（SPLs）及其几何反射边界做了比较，

假定一个单一的声源,处在街道顶端之外 20 米且街道中心线延长的位置上,高度 0.5 米(参见图 12.5)。这个研究结果对于研究声场的基本特征是很有意义的,对一定类型的城市噪声是具有代表性的,如低密度交通量,特别是晚间。这些研究结果也对研究交叉路口噪声向街道的传播具有意义。除开特别指出外,我们假定所有边界的声音吸收系数均为 0.05。在这个比较中,我们能够看到,与英国的街道相比,香港街道上的声压级(traffic sound level,SPL)一般都比较低,这主要是因为香港的街道宽度较大。街道宽度的效果可以在对比英国 12 米和 20 米两类不同宽度的街道中看到,其声压级平均差值大约在 1.6 分贝左右。建筑顶部(距建筑立面 1 米处)的声压级比地面高程(地上 1.5 米高)要低,对于香港的街道,情况更是如此,当然,随着声源和声音接收端之间距离的增加,这种差会相应减少。对于香港的街道来讲,假定水泥立面和玻璃立面的声吸收系数分别为 0.05 和 0.02,声压级在水泥立面和玻璃立面之间的差值大约在 1 分贝。

计算结果还显示,在英国案例街道中,回响时间(reverberation time,RT)比香港案例街道要短,一般要短 50% ~ 100%。产生这种差别的原因还是街道宽度。在不同边界吸收系数之间的回响时间差要比声压水平差大很多,因为声压水平主要依赖于前期反射,相反,回响时间则取决于多种反射。总而言之,在香港街道上的回响时间可能要长 5 ~ 10 秒,这可能引起严重的噪声干扰。

实际上,因为建筑物表面或地面总不是完全规则的,离散反射更接近实际情况。如果声反射边界造成了声的离散反射,以上结果会有差异。图 12.3 和 12.4 对英国和中国香港街

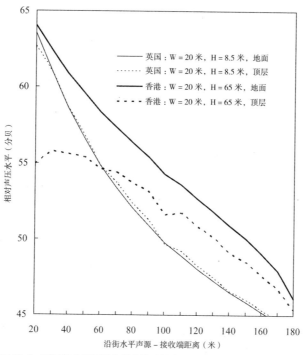

图 12.3　英国和中国香港街道离散反射边界条件下的声压级(SPLs)比较
资料来源:作者。

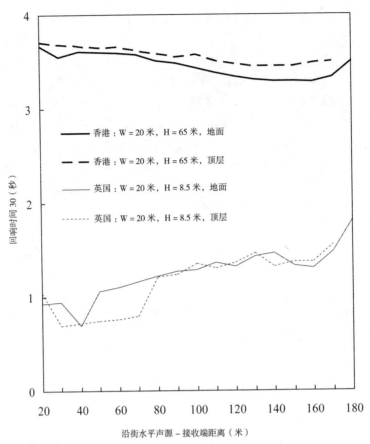

沿街水平声源 – 接收端距离（米）

图 12.4　英国和中国香港街道离散反射边界条件下的回响时间 30（RT30）比较
资料来源：作者。

道之间的声压级（SPL）和回响时间 30（RT30）进行了比较，在这个比较中，街道宽度一样，但是建筑高度不一样，分别为 8.5 米和 65 米。同样假定所有边界的吸收系数均为 0.05。我们能够看到，在建筑底层，香港街道的声压级一般比英国街道的声压级高 3 ~ 5 分贝。尽管香港街道声源和声接收端的距离远远大于英国街道声源和声接收端的距离，但是，在香港街道，声压级系统地超出了 40 米高度。图 12.4 证明，在香港街上，回响时间（RT30）比英国街上的回响时间要长。

　　我们使用商业软件雷诺斯（Raynoise）考察了混合边界下的情形，认定实际边界声吸收在 63~8000 赫兹。假定地面反射是几何反射，所有立面都使用 0.3 的散射系数。图 12.5 比较了英国和香港街面（即街上 1.5 米高度）声压级分布，假定只有一个单一声源，街道宽度 20 米。我们能够看到，声压级随建筑高度增加而增加，随着声源和声接收端的距离的增加声压级也增加。正如所预料到的那样，在连续布置建筑的街道和间隔布置建筑的街道进行比较中发现，间隔布置建筑街道的声压级较低，一般低 3~5 分贝。

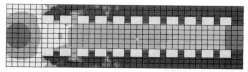
英国：半独立建筑，H = 8.5 米

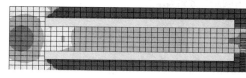
英国：台阶式建筑，H = 8.5 米

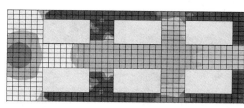
香港：分隔式建筑，H = 65 米

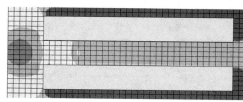
香港：连续式建筑，H = 65 米

图 12.5　具有混合边界的英国和中国香港街道声压级（SPLs）比较，每个阴影代表 5 分贝
资料来源：作者。

　　我们还考虑了沿街道中心的线装声源，这个声源高出地面 1.5 米，声源频谱对应于典型的交通噪声。图 12.6 显示了在距离建筑立面 1 米位置，垂直接收端上的声压级的分布状态。与单一声源的情况相比，英国街道上的声压级几乎与香港街道上的声压级一样，或者低一点点。显然，这是因为直接的声效果。当然，图 12.6 的结果是基于这样的假定，英国和香港街道上的声能（即交通流量）相同。如果交通流量增加 1 倍，那么，声压级将增加 3 分贝。图 12.6 还说明，建筑之间有间隔的效果，声压级大约增加 2 分贝，声压级沿街道高度衰减，在香港街道上，这种衰减大约在 6 分贝。对于仅街道一边有建筑物的情况而言，声压水平沿街道高度的衰减更大一些，大约在 10 分贝左右。

城市形态

　　除开建筑比较高之外，高密度城市在城市结构上也可能与低密度城市有所不同。为了考察城市形态特征对声分布的影响，我们对英国的设菲尔德和中国的武汉这样两种类型城市的噪声图进行了比较，如图 12.7 展示，图中有若干代表性的城市区域（Wang et al，2007）。两个城市均为它们国家最大的 10 个城市之一，武汉的人口为 830 万，而设菲尔德

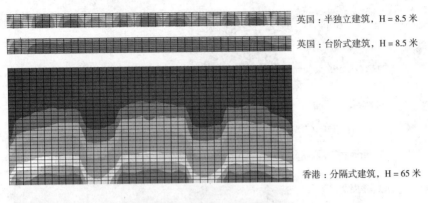

英国：半独立建筑，H = 8.5 米

英国：台阶式建筑，H = 8.5 米

香港：分隔式建筑，H = 65 米

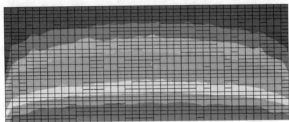

香港：连续式建筑，H = 65 米

图 12.6　具有混合边界的英国和中国香港街道立面前声压级（SPLs）比较，一个线状声源，每个阴影代表 1 分贝
资料来源：作者。

的人口仅有 60 万，武汉的人口比设菲尔德的人口要多很多。在寻找城市形态特征时，考虑了道路交通和噪声源类型。每个样本区面积均为 500 米 × 500 米。我们使用 Cadna/A 软件，在仅仅考虑交通噪声的情况下，包括道路、有轨车和轻轨交通，计算出这些噪声图。交通流量以一些典型道路实地调查为基础确定。我们还开发了一个数学实验项目，以便从这些噪声图上获得一系列指标，如据建筑立面 1 米处的噪声级，开放空间的噪声级，空间的（而非传统定义的时间）统计声级，L_{max}，L_{10}，L_{avg}，L_{50}，L_{min} 和 L_{90}，以及一些城市形态指标。对这些样本地区城市形态的指标分析揭示出，这两个城市的道路铺装没有明显差异。就建筑覆盖率而言，武汉远远高于设菲尔德，除工业区外，武汉的城市建筑覆盖率达到 70%，与此相反，设菲尔德的道路空间覆盖率远远大于武汉，一些地区的道路覆盖率在 15% ~ 65% 之间。

　　图 12.8 比较了设菲尔德和武汉的噪声分布，L_{max}，L_{10}，L_{avg}，L_{50}，L_{min} 和 L_{90}。对于设菲尔德来讲，由于不同道路上的交通流量明显不同，特别是在小路上，交通流量在居住区也有明显减少，从 1500 辆 / 小时到 800 辆 / 小时。而对武汉而言，武汉的人均车辆占有数比设菲尔德的人均车辆占有数要低约 10 倍（武汉交通局，2006），声压级也显示出设菲尔德的交通量超出武汉 2 倍。图 12.8a 显示出非常值得注意的现象，武汉的所有样本区的平均噪声级 L_{avg} 都比设菲尔德的平均噪声级低 2 ~ 11 分贝。对于 L_{50} 来讲，情况与 L_{avg} 相似。如图 12.8b，就 L_{min} 和 L_{90} 而言，这种差别更大，例如，在高速公路地区，设菲尔德的 L_{min} 和 L_{10} 噪声级要高出武汉 15 分贝之多。相反，对于 L_{max} 和 L_{10} 来讲，设菲尔德与武汉相比的差距就小很多，

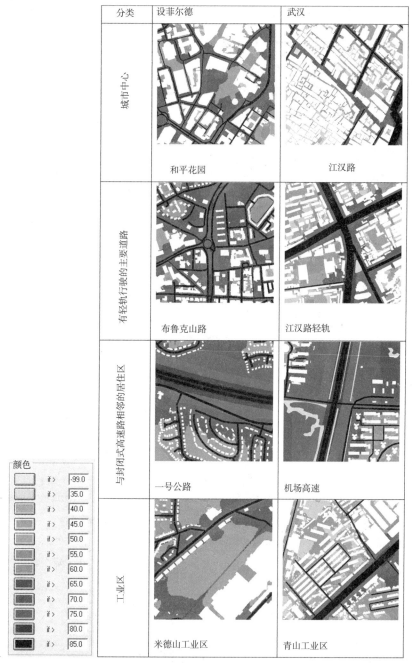

分类	设菲尔德	武汉
城市中心	和平花园	江汉路
有轻轨行驶的主要道路	布鲁克山路	江汉路轻轨
与封闭式高速路相邻的居住区	一号公路	机场高速
工业区	米德山工业区	青山工业区

颜色

	if >	-99.0
	if >	35.0
	if >	40.0
	if >	45.0
	if >	50.0
	if >	55.0
	if >	60.0
	if >	65.0
	if >	70.0
	if >	75.0
	if >	80.0
	if >	85.0

图 12.7 英国设菲尔德和中国武汉样本地区噪声图
资料来源：作者。

如图 12.8c，特别需要注意的是，设菲尔德的 L_{max} 比武汉一些地区要低 5~10 分贝。相类似，就 L_{10} 来讲，设菲尔德的声压级仅仅比武汉的声压级低一点或相同。

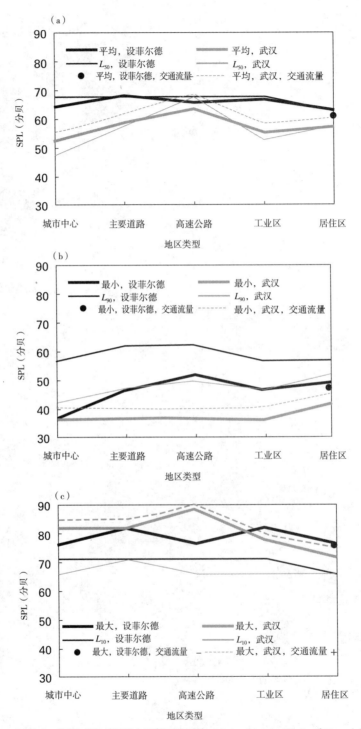

图 12.8 设菲尔德和武汉样本区声压级比较：(a) L_{avg} 和 L_{50}；(b) L_{min} 和 L_{90}；(c) L_{max} 和 L_{10}
资料来源：作者。

设菲尔德和武汉之间存在这些差别的主要原因是，设菲尔德的道路分布相对均衡，机动车辆能够使用范围广泛的道路，相反，武汉的主要道路一般间隔 350 ~ 500 米（Zhao，2002），交通载荷相当沉重，使得这个地区的声分布不均匀，同时，产生了大面积的安静区。实际上，在许多典型的居住区中，来往车辆只是为当地居民和访问者服务的，比起主要道路，那里的交通流量要低 10 ~ 60 倍。高密度和高层建筑，特别是那些沿着主要道路建设的高层建筑，常常成为居住区的噪声屏障，当然，建筑立面的反射还是会很大地增加街道峡谷内的噪声级。然而，武汉的主要道路一般都比设菲尔德的主要道路要宽，这样也在一定程度上有效地减少了声音的直接影响。总而言之，设菲尔德和武汉的比较清楚地说明了，城市形态对噪声分布的影响。

声感觉

许多研究已经证明，噪声干扰和声学 / 物理学因素之间的相关性并非总是那么紧密。除开声学参数之外，其他方面，包括社会的、人口的、心理的、经济的和文化的因素，都在声环境评价中发挥着重要作用。这一节，我们从噪声干扰和声景的角度上，对低密度的英国城市和典型的高密度亚洲城市的声感觉进行比较。

噪声干扰

我们在设菲尔德、北京、台北做了一系列比较调查，目的是对高密度城市和低密度城市声环境感觉进行比较。我们在每一个城市选择 3 个样本地区，它们在城市结构、居民的社会、人口、文化背景方面均具有一定的代表性。

设菲尔德的 3 个场地是：

1. 斯普林韦尔路地区，它地处城市中心之外，那里都是半独立住宅和台阶式住宅；

2. 沃克利地区，它沿着繁忙的南路和海通街，那里有高密度的台阶式住宅和十分便利的公用设施和商店；

3. West One，它是地处中心城区的现代城市生活综合体，在中密度和高密度建筑群中有大量的公寓楼。

北京的 3 个场地是：

1. 西直门德外，一个典型的中国高密度、高层建筑、中产阶级生活区，坐落在繁忙的二环路外；

2. 东西帘子胡同，地处城市中心，一个老居住区，那里有台阶式住宅和传统的中国四合院；

3. 百万庄，建于 20 世纪 50 年代的城市生活区，三层楼高的低层居住区，很好地与繁忙的周边地区隔离开来。

台北的 3 个场地包括，建国南路，国兴路和张辛东路，所有三个居住区均紧靠一个或更多的繁忙道路。

我们在每一个地区，进行了 30～50 个访谈，并在不同的典型时间里，测量了那里的声压级（SPL）。在紧随调查之后的研究中（第二阶段），我们对设菲尔德和台北做了一般调查，每个城市选择了 200 个样本。我们在这两个阶段所做的访谈都是随机的，使用 SPSS 软件做的统计分析表明，我们在性别、年龄、职业和收入方面的选择都很具有代表性。

调查问卷要求受访者对选择一个生活环境时所考虑的因素给予一个赋有权重的回答，权重分为 5 个线性档次，从 –2（不考虑）到 2（非常重要）。图 12.9 显示了问卷调查的结果。这个结果表明，三个城市在大部分因素的看法上有重大差异（$p<0.01$）。在 11 个环境因素中，有关安静因素的重要性，设菲尔德把它排在第 6 位，台北把它排在第 4 位，北京则把它排在第 7 位。在台北，平均评估分为 1.49 和 1.45（第二阶段），这个平均评估分远远高于设菲尔德的 0.71 和 0.73（第二阶段），以及北京的 0.79（$p<0.000$）。三个城市之间的差异可能是因为案例研究场地的噪声级不同而引起的。在北京和台北之间存在差异的另外一个可能原因是，北京仍处在发展阶段，所以，人们对于噪声的关注相对不如其他问题。

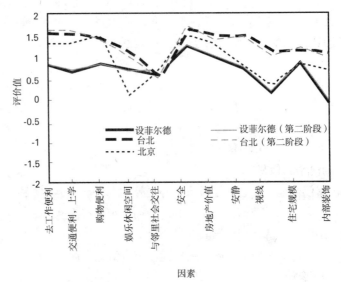

图 12.9 选择生活环境时多种重要因素
资料来源：作者。

我们要求受访者给 4 个环境污染物排序，即水、空气、噪声和垃圾（参见表 12.1 的平均排序）。我们能够看到，在设菲尔德，噪声排在第二（第一阶段）或第一（第二阶段），在台北，噪声在第一阶段和第二阶段均排在第二；在北京，噪声在第一阶段和第二阶段均排在第三。这个结果对应了图 12.9 的结果。

表 12.2 对三个城市受访者对如下问题的评价做了比较，一般生活环境、生活地区的声音质量，住宅中的声音质量，健康，采用 5 个线性档次的权重，从 1（非常舒适）到 5（非

多种环境污染物排序，括号中为标准偏差　　　　表 12.1

环境污染物	设菲尔德	台北	北京	设菲尔德（第二阶段）	台北（第二阶段）
水	3.26（0.96）	2.81（1.30）	1.97（0.94）	3.06（1.13）	2.49（1.25）
空气	2.09（0.90）	2.29（1.01）	1.50（0.60）	1.96（0.91）	1.92（0.97）
噪声	2.12（1.20）	2.33（1.12）	2.59（0.84）	1.81（1.12）	2.08（1.08）
垃圾	2.53（1.02）	2.94（1.34）	3.59（0.92）	2.20（1.09）	3.07（1.18）

资料来源：作者。

常不舒适）。值得注意的是，台北和北京的分（$p<0.01$）都比设菲尔德的分高大约 0.5。而且，表 12.2 还显示出，设菲尔德的受访者把对生活环境的评估紧密地与声音质量的评估（$p<0.01$）以及测量到的声压水平联系起来。与设菲尔德相比较，对应与对生活环境的评估和声音质量的评估，台北和北京的受访者也发现，他们的卫生条件不那么令人满意。

一般生活环境、生活地区的声音质量，住宅中的声音
质量和健康评估，括号中为标准偏差　　　　表 12.2

	设菲尔德	台北	北京	设菲尔德（第二阶段）	台北（第二阶段）
一般生活环境	1.81（0.53）	2.43（0.90）	2.81（0.65）	1.82（0.53）	2.36（0.87）
生活地区的声音质量	2.16（0.65）	2.44（0.93）	2.57（0.72）	1.79（0.86）	2.49（0.78）
住宅中的声音质量	1.95（0.53）	2.59（0.88）	2.33（0.81）	2.13（0.60）	2.65（0.96）
健康	1.75（0.83）	2.54（0.75）	2.25（0.80）	1.97（0.53）	2.69（0.89）

资料来源：作者。

表 12.3 显示了在家中主要活动。我们能够看到，在三个城市，可能受到噪声干扰的活动的百分比很高。值得注意的是，在设菲尔德，阅读和音乐被认为受到噪声干扰的百分比比台北和北京高，这说明，设菲尔德人对噪声的干扰更为敏感。

家中主要活动（%），允许多项选择　　　　表 12.3

活动	设菲尔德	台北	北京	设菲尔德（第二阶段）	台北（第二阶段）
阅读	61	35	23	63	38
看电视	54	85	75	57	81
音乐	55	9	1	57	5
其他	41	29	11	45	29

资料来源：作者。

由于城市环境中的很多源头能对人产生不同的影响，所以，在问卷中，我们对居住区的典型声源提出询问，关注（从 -2，没有，到 2，非常大），干扰（从 -2，没有被干扰，到 2，

受到非常大的干扰），睡眠干扰（从 –2，没有干扰，到 2，非常大的干扰）。图 12.10 显示了三个城市对关注的比较。我们能够看到，尽管在设菲尔德所测量到的平均声压级比北京要少 2 分贝至 5 分贝，而比台北要少 10 分贝，但是，设菲尔德的受访者对多种环境干扰源还是有相对高的关注程度。这可能是因为人们长期生活环境的性质决定的。设菲尔德大部分居住空间的背景噪声相对低下；所以，人们更有可能受到入侵噪声的影响，相反，在台北和北京，人们也许在一定程度上已经适应了他们的环境。在台北，摩托车位居值得注意的噪声源榜首，随后有来自邻居的和自己家里的喧哗、音乐和电视，相反，在北京和设菲尔德，最值得注意的声音是交通产生的声音，这可能是样本场地的特征引起的。在关注、干扰和睡眠干扰之间存在很紧密的联系，相关系数一般在 0.7 ~ 0.9 以上。值得注意的是，干扰评价分整体上低于关注的评价分，这说明了人们的容忍程度，这一情况也发生在城市开放公共空间问题上。如图 12.10 所显示的那样，大部分评价值都是负值，应当注意，标准偏差也很高，这表明还有许多人选择了正评价值。

城市声景不仅包括消极的声音，也包括积极的声音。所以，我们也对三个城市的居民对声音的选择进行了研究，我们要求受访者从声音选项中选择他们愿意在他们生活环境听到的声音。表 12.4 显示了调查结果。就自然界的声音而言，包括鸟叫声和水流声（$p<0.001$），三个城市居民的选择存在重大差异。例如，70% 的设菲尔德受访者把鸟叫声作为他们生活环境中的一种愿意听到的声音，与此相反，仅有 32% 的台北人，25% 的北京人选择了这一项。26% 的台北人、43% 的北京人倾向于把音乐声作为他们生活环境中的一种愿意听到的声音，但是，仅有 4% 的设菲尔德受访者表示有这种兴趣。

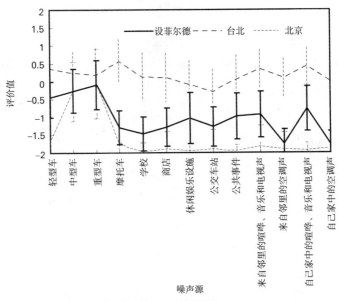

图 12.10 居住区典型声源关注性，显示标准偏差
资料来源：作者。

对多种可能的积极声音的平均选择，愿意听到选 1，
不愿意听到选 2，括号中为标准偏差   表 12.4

典型的声音	设菲尔德	台北	北京	设菲尔德 （第二阶段）	台北 （第二阶段）
鸟叫	1.30（0.46）	1.68（0.48）	1.75（0.44）	1.28（0.45）	1.70（0.88）
虫鸣	1.96（0.19）	1.79（0.42）	1.90（0.30）	1.97（0.18）	1.93（0.80）
水	1.69（0.47）	1.89（0.32）	1.90（0.30）	1.73（0.45）	1.93（0.96）
外面的音乐	1.96（0.19）	1.74（0.45）	1.57（0.50）	1.96（0.21）	1.65（0.89）
其他声音	1.71（0.46）	1.89（0.57）	1.78（0.42）	1.71（0.45）	1.94（0.65）

资料来源：作者。

城市开放公共空间的音景

城市开放公共空间是现代城市的重要组成部分，声景质量则是整个自然舒适的重要部分（Zhang and Kang，2007；Yu and Kang，2008）。与传统的减少噪声不同，声景和声学舒适研究集中在人们有意识地接受他们环境的方式——即人与声音之间的相互作用。在高密度和低密度城市的开放公共空间之间，常常在声景方面存在一定的差异。例如，北京的集体舞声是相当普遍的一种类型的声音，相反，这种声音在低密度的欧洲城市中十分稀少。通过对设菲尔德和北京之间的对比研究，我们考察了声景评价以及表征声景的关键因素（Zhang and Kang，2006）。

我们编制了一系列具有语义差别的指标（参见表 12.5），既包括城市环境声响的内涵意义，如悠扬的 – 激荡的，有趣的 – 厌烦的，喜欢 – 不喜欢，也包括城市环境声响的外延意义，如安静 – 嘈杂，尖锐 – 平缓，流畅 – 顿挫。这些指标还包括了声景的若干方面，如满意度、强度、波动和社会方面。我们使用这些指标，在设菲尔德的两个场地（巴克斯游泳馆和和平花园）和北京的两个场地（畅春园文化广场和西单文化广场）。这些场地表现了典型的城市开放公共空间的声景，包括持续的和间歇的声音，人造的和自然的声音，有意义和无意义的声音，高亢的和多样的声音。在每个广场，我们访问了 250 ~ 300 人，做语义差别分析和一般声学舒适评价与声音选择调查。这些受访者均是这些广场的使用者，而不是偶然的路过者，对他们的选择当然是随机的。

图 12.11 显示了声级和声学舒适的主观评价，采用 5 个线性级别——即，就声级而言：1（非常安静）；2（安静）；3（不安静也不嘈杂）；4（嘈杂）；5（非常嘈杂）；对于声学舒适而言，1（非常舒适）；2（舒适）；3（既非舒适也非不舒适）；4（不舒适）；5（非常不舒适）。值得注意的是，设菲尔德的声学舒适平均分都低于北京（$p<0.05$），这表明，尽管人们感觉到声环境嘈杂，他们依然对这种情况感觉到声学上还是舒适的，在北京，有关声级和声学舒适主观评价之间的差别并不重要。产生这种状态的原因可能是，如北京的西单广场，高水平的交通噪声主导了那里的音景。总而言之，有关声级和声学舒适主观评价之间的差别揭示出声源类型的效果和设计多种声音的潜力。

设菲尔德声景评价的因素分析（凯泽 – 迈耶 – 欧金样本适当衡量：0.798） 表 12.5

指数	因素			
	1 (26%)	2 (12%)	3 (8%)	4 (7%)
舒适的 – 不舒适的	.701	.164	.138	
安静的 – 嘈杂的	.774			
高兴的 – 不高兴的	.784	.258	.157	
有趣的 – 无趣的	.435	.272	.274	.103
自然的 – 人工的	.532	.102	.240	
喜欢的 – 不喜欢的	.519	.575	.247	.151
温和的 – 苟刻的	.502	.531	.123	
硬的 – 软的				.812
快的 – 慢的				.827
尖锐的 – 平缓的	.220		.345	.488
定向的 – 不定向的	.234		.441	.267
多样的 – 简单的	.115		.674	.167
回荡的 – 无回应的	.204		.531	
远的 – 近的			.550	
社会的 – 非社会的		.672	.462	
有意义的 – 无意义的	.126	.585	.469	
悠扬的 – 激荡的	–.143	.708	.286	
流畅的 – 顿挫的		.683	.396	

资料来源：作者。

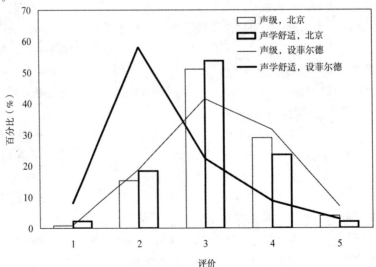

图 12.11 设菲尔德和北京声级和声学舒适评价比较
资料来源：作者。

表12.5 展示了设菲尔德两个场地声景评价的因素分析，我们使用方差最大旋转主成分分析（PCA）方法，从 18 个指数中抽取出正交因素，我们决定了具有标准特征值 >1 的四个主要因素。因素 1（26%）主要与休闲相关，包括舒适 – 不舒适，安静 – 嘈杂，高兴 – 不高兴，自然 – 人工，喜欢 – 不喜欢，温和 – 苟刻。因素 2（12%）一般与交流相关，包括社会的 – 非社会的，有意义的 – 无意义的，悠扬的 – 激荡的，流畅的 – 顿挫的。因素 3（8%）最大限度地与空间性相关，包括多样的 – 简单的，回荡的 – 无回应的，远的 – 近的。因素 4（7%）基本上与动态性相关，包括硬的 – 软的，快的 – 慢的。

相对应，表12.6 显示了北京两个场地的因素分析。因素 1 包括舒适 – 不舒适，安静 – 嘈杂，自然 – 人工，喜欢 – 不喜欢，温和 – 苟刻，它们主要与休闲相关，当然尖锐的 – 平缓的，远的 – 近的也包括在这个因素中。其他三个因素均相关于交流（因素 2 包括高兴 – 不高兴，有趣 – 无趣，社会的 – 非社会的，有意义的 – 无意义的）、空间性和动态性（因素 4 包括回荡的 – 无回应的和因素 3 包括硬的 – 软的，快的 – 慢的，定向的 – 不定向的，多样的 – 简

指数	因素			
	1（31%）	2（12%）	3（7%）	4（6%）
舒适的 – 不舒适的	.770	.193		–.146
安静的 – 嘈杂的	.776	.201		
高兴的 – 不高兴的	.358	.687		
有趣的 – 无趣的	.299	.732		
自然的 – 人工的	.687	.136		.288
喜欢的 – 不喜欢的	.744	.235	.100	–.167
温和的 – 苟刻的	.700	.306		
硬的 – 软的		.129	.513	.354
快的 – 慢的	.135		.503	.271
尖锐的 – 平缓的	.636	.259		
定向的 – 不定向的	.380		.609	–.284
多样的 – 简单的			.741	–.117
回荡的 – 无回应的				.666
远的 – 近的	.529	.127		.400
社会的 – 非社会的	.242	.802		
有意义的 – 无意义的	.196	.762	.147	
悠扬的 – 激荡的	–.201	–.439	.538	.284
流畅的 – 顿挫的	–.109	.389	.457	.387

北京声景评价的因素分析（凯泽 – 迈耶 – 欧金样本适当衡量：0.860）　表12.6

资料来源：作者。

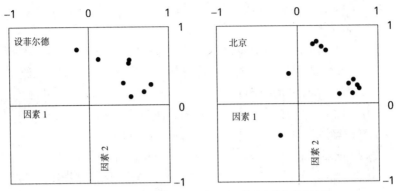

图 12.12   北京和设菲尔德场地分别对应的因素 1 和 2 的散点分布状态比较
资料来源：作者。

单的和悠扬的 – 激荡的），因素排列次序和每个因素中包括的指数都不同于设菲尔德的情况。图 12.12 揭示了北京和设菲尔德场地分别对应的因素 1 和 2 的散点分布状态。我们能够看到，尽管两张图具有相似的模式，但是，对于北京的场地来讲，因素 1 和因素 2 的划分是清晰的。

虽然城市开放公共空间的声景评价相当复杂，但是，我们总有可能在设菲尔德和北京的情况下找出若干主要因素；有趣的是，这些因素覆盖了城市开放公共空间声学设计的主要方面：功能（休闲和交流），空间和时间。需要注意，四个因素仅仅覆盖了设菲尔德场地 53% 的变量和北京场地 56% 的变量。这个结果低于有关声质量研究和一般环境噪声研究的主要成果，产生这种结果的原因也许是，城市开放公共空间的声音来源和类型的数目及其特征存在很大的变数。

减少噪声

设置环境噪声屏障通常用来缓解噪声的干扰；然而，对于高密度城市来讲，形成屏蔽噪声的一定区域，要求屏障达到相当的高度，而这是难以实现的，所以，设置环境噪声屏障的效率常常受到限制。一种可能的解决办法是采用反应性屏障，如在地面上设置一系列平行的沟槽（Van der Haijden and Martens，1982）。试验室研究已经揭示出，专门设计的肋类构造物能够有效地提供射入损耗，一般能够在相当宽的声频范围上，消耗掉 10 ~ 15 分贝的射入噪声（Bougdah et al，2006），当然，声频低于一定声频阈值时，由于表面声波的产生，在一些声音接收位置上，噪声衰减可能是负值。除此之外的其他选择是，在建筑形式上做些设计，在一定程度上避免外部噪声的干扰（Kang，1006）。如图 12.13a 所示，通常用于商业的平台能够成为它的主体建筑的噪声屏障，这类主体建筑一般用于居住。如图 12.13b 所示，高层建筑的凉台也能够有效地阻止来自声源的直接噪声进入窗户和门（Mohsen and Oldham，1977；Hothersall et al，1996）。

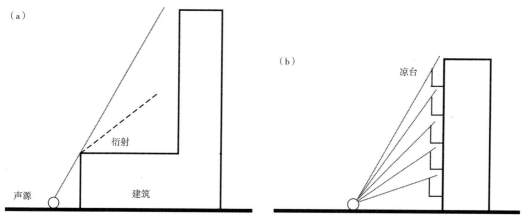

图12.13　自我防护建筑的示例：（a）作为噪声屏障的平台；（b）阻止来自声源的直接噪声的凉台
资料来源：作者。

　　发展可持续的减少噪声的技术和战略是十分重要的。除非植被覆盖区域达到一定的深度，否则植被通常不能很有效地减少噪声在开放空间里的传播。当然，在城市地区，如街道峡谷或广场，通过3种可能的机制，即吸收声音、扩散声音和降低声音水平，植被在减少城市噪声上还是很有效的。当声波投射到植被上，然后反射回来时，植被会吸收声音，然后散射回来；当声音在植被上传播时，声音水平会降低。如果在建筑立面上或地面上使用植被，由于存在多种反射，声音吸收效率能够得到很大的提高。相类似，由于多种反射，当扩散相关性相对低时，植被的扩散效果会更大一些。除非植被的密度和深度达到一定规模，否则声音在开放空间里的传播效应可能并不重要，但是，考虑到多种反射，植被在减少噪声上的效率还是很大的。

　　我们已经使用图12.1至图12.8说明了城市结构对声分布的影响。因此，适当的预测工具十分重要。按照欧盟有关环境噪声评估和管理指令，欧洲开发和应用了大规模噪声绘图软件，同时，它也探索了对宏观和微观城市地区声音传播的许多预测方法。当然，这些预测模型和算法都是在欧洲城市结构的基础上开发出来的，它们是否适用于高密度城市还有不少疑问（Kang and Huang，2005），欧洲常常有由高层建筑形成的狭窄的街道峡谷。而且，那里还有大量没有统一高度的街道峡谷和在天桥之间形成的峡谷。这种情况会因为弯曲的或非直线型街道峡谷而变得更为复杂，这种形式的街道经常出现在那些存在丘壑地形的城市，如香港。所以，我们需要系统地考察它们的特征和对声音传播的影响，开发更为一般的噪声衰减定量预测方式，以便在世界范围内均能使用。

　　其他一些城市噪声减少技术和战略也已经得到了长足发展，从低噪声路面到低噪声车辆，使用声学窗户等。更进一步讲，声音的感觉加以思考也是很重要的。最近的一项研究显示，噪声屏蔽的效率与公共参与的水平相关（Joynt and Kang，2002）。高密度城市常常还具有它自身的其他一些特征，如地下空间，减少那里的噪声，对那里的声音环境进行设计，也是特别重要的。

致谢

欧盟、英国工程和物理科学研究协会（EPSRC，UK）、英国皇家学会、英国科学院、中国自然科学基金、王宽诚教育基金会、香港贸发局都对本章所展示的工作给予了资金支持。我们还要对 C·于博士、M·张博士、B·王、Z·辛、S·林、W·杨博士、J·邹教授对本章工作的贡献表示感谢。

参考文献

Bougdah, H., Ekici, I. and Kang, J. (2006) 'An investigation into rib-like noise reducing devices', *Journal of the Acoustical Society of America (JASA)*, vol 120, no 6, pp3714–3722

Hong Kong EPD (Environmental Protection Department) (2007) 'An overview on noise pollution and control in Hong Kong', www.epd.gov.hk/, assessed 15 January 2008

Hothersall, D. C., Horoshenkov, K. V. and Mercy, S. E. (1996) 'Numerical modelling of the sound field near a tall building with balconies near a road', *Journal of Sound and Vibration (JSV)*, vol 198, pp507–515

Joynt, J. L. R. and Kang, J. (2002) 'The integration of public opinion and perception into the design of noise barriers', in *Proceedings of the 19th International Conference on Passive and Low Energy Architecture (PLEA)*, Toulouse, France, pp885–890

Kang, J. (2000) 'Sound propagation in street canyons: Comparison between diffusely and geometrically reflecting boundaries', *Journal of the Acoustical Society of America (JASA)*, vol 107, no 3, pp1394–1404

Kang, J. (2001) 'Sound propagation in interconnected urban streets: A parametric study', *Environment and Planning B: Planning and Design*, vol 28, no 2, pp281–294

Kang, J. (2002a) *Acoustics of Long Spaces: Theory and Design Guide*, Thomas Telford Publishing, London

Kang, J. (2002b) 'Numerical modelling of the sound field in urban streets with diffusely reflecting boundaries', *Journal of Sound and Vibration (JSV)*, vol 258, no 5, pp793–813

Kang, J. (2005) 'Numerical modelling of the sound fields in urban squares', *Journal of the Acoustical Society of America (JASA)*, vol 117, no 6, 3695–3706

Kang, J. (2006) *Urban Sound Environment*, Taylor & Francis Incorporating, Spon, London

Kang, J. and Brocklesby, M. W. (2004) 'Feasibility of applying micro-perforated absorbers in acoustic window systems', *Applied Acoustics*, vol 66, pp669–689

Kang, J. and Huang, J. (2005) 'Noise-mapping: Accuracy and strategic application', in *Proceedings of the 33rd International Congress on Noise Control Engineering (Internoise)*, Rio de Janeiro, Brazil

Kang, J. and Li, Z. (2007) 'Numerical simulation of an acoustic window system using finite element method', *Acustica/Acta Acustica*, vol 93, no 1, pp152–163

Kang, J., Tsou, J. Y. and Lam, S. (2001) 'Sound propagation in urban streets: Comparison between the UK and Hong Kong', *Proceedings of the 8th International Congress on Sound and Vibration (ICSV)*, Hong Kong, pp1241–1248

Mohsen, E. A. and Oldham, D. J. (1977) 'Traffic noise reduction due to the screening effect of balconies on a building façade', *Applied Acoustics*, vol 10, pp243–257

Van Der Haijden, L. A. M. and Martens, M. J. M. (1982) 'Traffic noise reduction by means of surface wave exclusion above parallel grooves in the roadside', *Applied Acoustics*, vol 15, pp329–339

Wang, B., Kang, J. and Zhou, J. (2007) 'Effects of urban morphologic characteristics on the noise mapping: A generic comparison between UK and China', in *Proceedings of the 19th International Conference on Acoustics (ICA)*, Madrid, Spain

Wuhan Transportation Authority (2006) *Annual Report of Wuhan Transportation Development*, China

Xing, Z. and Kang, J. (2006) 'Acoustic comfort in residential areas – a cross-cultural study', in *Proceedings of the Institute of Acoustics (IOA)*, UK, vol 28, no 1, pp317–326

Yang, W. and Kang, J. (2005a) 'Acoustic comfort evaluation in urban open public spaces', *Applied Acoustics*, vol 66, no 2, pp211–229

Yang, W. and Kang, J. (2005b) 'Soundscape and sound preferences in urban squares', *Journal of Urban Design*, vol 10, no 1, pp61–80

Yu, C. and Kang, J. (2006a) 'Comparison between the UK and Taiwan on the sound environment in urban residential areas', in *Proceedings of the 23rd International Conference on Passive and Low Energy Architecture (PLEA)*, Geneva, Switzerland

Yu, C. and Kang, J. (2006b) 'Effects of cultural factors on the environmental noise evaluation', in *Proceedings of the 34th International Congress on Noise Control Engineering (Internoise)*, Honolulu, Hawaii

Yu, L. and Kang, J. (2008) 'Effects of social, demographic and behavioural factors on sound level evaluation in urban open spaces', *Journal of the Acoustical Society of*

America (JASA), vol 123, pp772–783

Zhang, M. and Kang, J. (2006) 'A cross-cultural semantic differential analysis of the soundscape in urban open public spaces', *Technical Acoustics,* vol 25, no 6, pp523–532

Zhang, M. and Kang, J. (2007) 'Towards the evaluation, description and creation of soundscape in urban open spaces', *Environment and Planning B: Planning and Design,* vol 34, no 1, pp68–86

Zhao, Y. J. (2002) 'From plan to market: Transformation in the microscale roads and land use pattern', *City Planning Review,* vol 26, pp24–30 (in Chinese)

第 13 章
自然采光设计

吴恩融

引言

世界上，人口超过 1000 万的城市有 20 多个；在这些城市的中心城区见到高层建筑，感受到高密度的生活方式，现在已经不足为怪了。为居民享受自然采光而优化城市和建筑设计现在正面临着日益增加的挑战。我们需要设计工具。在实际情况发生变化时，仍然使用陈旧的方法，而不顾其使用限制，是很危险的。所以，我们需要不断地审视和更新我们的设计方法，以满足城市从低密度城市形态向高密度城市形态发展的设计需要。

在这一章里，我们首先追溯规划师和建筑师至今仍在使用的工具和方法的发展历程。有些工具和方法因为城市向高密度设计方向发展而不再够用，甚至是不适当的。随后，我们将强调适合于高密度城市设计新一代工具所依据的一些基本原则。香港特区政府已经把通畅远景区（unobstructed vision area，UVA）的案例研究用到高密度城市设计中。在香港建筑法规的框架中，以新的基于性能的职业实践通知 PNAP 278，说明了通畅远景区的概念。

我们在这一章提出了这样一个概念，在高密度城市设计中，使用居住空间自然采光窗户的水平可延续角度比起使用垂直可延续角度的传统参数更重要和更有效。

背景

如果不是第一个，维特鲁威至少是首先提出建筑自然采光设计问题的先驱人物之一：

> 我们必须照顾到所有建筑都有良好的采光。所以，我们必须在这个问题上采用如下测试。在应当提供自然光线的场地上，从似乎阻碍了自然光线的墙壁顶端画一条线至光线入射点，如果我们超出这条线能够看到开放天空的一定空间，这种情况下的自然光线将不会受到阻碍（Vitruvius，C.25BC[1960]）。

目前，还没有关于"开放天空的一定空间"的精确定义。然而，有一点是明确的，对于罗马城镇住宅的建成环境来讲，自然光线的质量比起实际有效光线的精确数量要更重要一些。维特鲁威在他的《建筑十书》中进一步描述了应该允许进入建筑物的自然光线类型。例如，他建议，图书馆应当有早上的自然光线，而餐厅应当有柔和的晚间自然光线。

另一位古代建筑师 M·C·法温提努斯（M.Cetius Faventinus）（公元 300 年）与维特鲁威持有类似看法，他提出，厨房的窗户应当朝北，牛圈应当有面对朝阳的窗户。他认为，这样会产生"比较好的和比较艺术"的效果。法温提努斯所欣赏的艺术效果也可以解释为，让房间在适当的时间里具有适当的自然光线。

十分明显，在自然照明的时代，对于维特鲁威想象的罗马城镇来讲，向天空开放的窗户只要在朝向上正确就足够了。没有必要太精确计算其数量。

以后，帕拉迪奥（Palladio，1738）在他的《建筑四书》中写道：

> 在设计窗户时，不要让窗户超出需要过量地获得光线，或不要让窗户不能满足需要过少地获得光线；因为大房间需要比小房间更多的光线来让它明亮起来，所以，要更多地考虑房间的规模，房间通过适当数目的窗户接受光线；如果窗户少于适当的规模或数目，窗户会让房间暗淡，如果窗户大于适当的规模或数目，房间几乎不会适合于居住，因为窗户让冷空气或热空气太多地进入到房间里来，如果气候条件不去改变这种状态的话，这样的房间一定处在夏天太热，冬天又太冷的状态下。

帕拉迪奥（1738 年）提出了设计自然采光的定量方法："窗户宽度不应当大于房间宽度的四分之一，或窗户宽度不应当小于房间宽度的五分之一，窗户的高度应该按照两个方格和房间宽度的六分之一之和来设计"。

W·萨蒙（William Salmon）是另一位试图定量设计自然采光的古代建筑师。他在 1727 年发表的《乡村建筑师估算》一书中提出了这样一个公式：

> 大部分窗户的适当面积在 20 ～ 30 平方英尺，即 3 ～ 4 英尺宽，6 ～ 8 英尺高；假定房间是立方体，12^3（立方英尺）= 1728；楼面面积 $\sqrt{1728}$ = 41.569（平方英尺）；41.569 平方英尺应该有两个窗户。这个规则对于所有房间都适用。

以后，W·钱伯斯（William Chambers）勋爵（1791）在他的《土木工程论》中用了整整一章来讨论窗户这一主题，对英国的建筑提出了如下推荐意见（考虑帕拉迪奥的观点）：

> 我一般把房间的进深和高度与基本平面放到一起，窗户的宽度为 1/8；这个规则几乎没有人反对；这样，房间的自然采光多于采纳帕拉迪奥设计原则时的自然采光。我认为，这个设计比起他的规则更适合于我们的气候。

在窗户设计上，R·克尔（Robert Kerr，1865）进一步发展了钱伯斯勋爵对天空重要性的理解，他提出了一张"墙窗光线"表，其中包括了天空组成部分这一概念的萌芽版本。这张表把天空分成32份，说明每一部分对窗户采光的贡献。房间中的一个点依赖于天空的相应部分而通过窗户"看到"外边；这样，就可以估计对这个点相对应的自然光线。

设计绘图方法

简而言之，到目前为止，自然采光的设计参数包括：

• 考虑到存在障碍的情况下，房间能够"看到"的天空组成部分；
• 房间的朝向；
• 与立面以及内部空间相关的窗户尺寸；
• 地方天空组成部分的类型。

这就是已经建立起来的建筑内部自然采光的设计基础。以后，建筑照明方面的先驱人物，瓦尔德雷姆（Waldram，1923）、穆恩（Moon，1936）、沃尔什（Walsh，1961）、霍普金斯（Hopkinson）等人（1966年）和莱恩斯（Lynes，1968）等，都在建筑采光方面发展了比较好、更为精确和容易使用的方法。作为对比较早期的那些参数的补充，20世纪以来，建筑采光设计方法上新增的元素有：

• 窗户形状；
• 与窗户功能相关的窗户的位置；
• 内部空间的形状；
• 内部装饰色彩。

强调需要"比较容易使用的方法"是很重要的；无论发展出什么样的方法，让专业设计人士容易操作总是需要的，如建筑师和规划师，他们未必有深厚的理论基础，而是在设计中使用绘图的方式。

有四个值得注意的绘图方法，它们都对那些室内通过窗户有效采光造成障碍的外部因素给以关注。这四种绘图方法之一是瓦尔德雷姆图。在考虑到任何外部障碍的情况下，这种方法让设计师在图上计算出窗户的天空因素。

第二种方法是莱恩斯的"胡椒瓶"图。除开不需要构造一个复杂窗户形状投影之外，这种方法类似于瓦尔德雷姆图。可能需要一张对着窗户的正常照片。这样可以简化设计师的检验过程，使用便利。

第三种绘图方法是由R·G·霍普金斯创造的，即英国住宅和地方政府部颁布和建筑研究站建议的《自然采光规范》。这个规范包括了一组允许的高度指标，能够在规划过程中用来考察相邻建筑对自然光线的干扰程度。这种方法允许规划师使用基于规划的信息来完成他们的工作。它也允许设计师很快地决定为了实现自然采光的有效建筑间距。

最后一个是 R·诺尔斯（Ralph Knowles）提出的太阳围合构造的概念，当然，它并非一个严格意义上的自然采光设计方法。从本质上讲，太阳围合构造概念确定了，在一个场

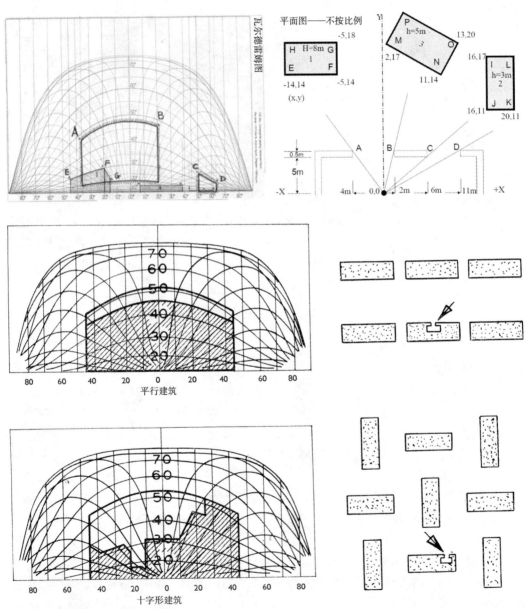

图 13.1   建立日光因子的瓦尔德雷姆图
资料来源：Hopkinson（1963，p34）。

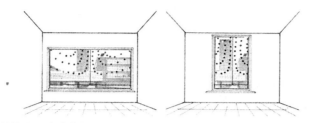

图13.2 建立日光因子的莱恩斯"胡椒瓶"图
资料来源：Lynes（1968, p147）。

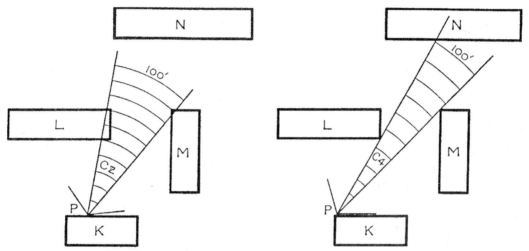

图13.3 理解高层建筑的建筑阻挠的霍普金斯投影
资料来源：Hopkinson（1966）。

地的一个时间段里，一个建筑不给它相邻建筑造成不可接受阴影的最大建筑规模。基于相邻建筑物阴影线，修正一个场地上建筑物的屋顶形状。由此而产生的金字塔形就是这个建筑的最大体积，设计师必须在这个最大体积中设计他们的建筑。

自然采光的需要

这些方法让设计师能够更为精确地或更方便地计算出能够进入建筑内部的自然光的品质。接下来的问题是：建筑内部究竟需要多少自然光？《英国标准 BS8206》的序言，第二部分（BSI，1992）提出，"日光设计旨在提高建筑中的人们的健康和满意程度。"然后，这个标准概括了若干设计标准，如视线、提高室内外观和照明。对于照明而言，这个标准进一步提出，日光是对电力照明的一个补充，让建筑的使用者在日照时间内做出他们自己的选择，或是日光，或是电灯。这个标准基本上关注的是人们的心理上的健康，而不是特别关注照明水平。

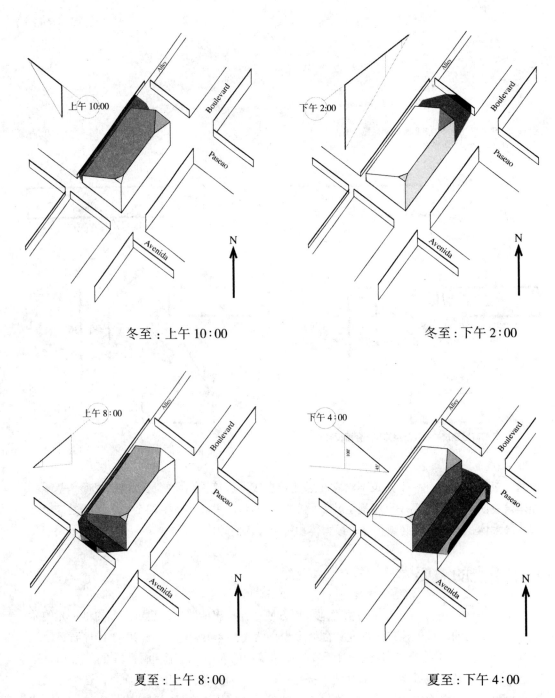

冬至：上午10：00

冬至：下午2：00

夏至：上午8：00

夏至：下午4：00

图13.4 一年中不同时间里的太阳围合构造：诺尔斯工作室的两个学生项目，展示了纸板太阳围合构造和最后的设计
资料来源：Ralph Knowles 教授。www-rcf.usc.edu/ ~ rknowles/index.html。

日光因子（daylight factor，DF）已经作为一个参数用于这个标准。对于房间需要明亮这一点而言，这个标准提出：

• 在没有补充电灯照明的情况下，房间具有 5% 的平均日光因子；
• 在有补充电灯照明的情况下，房间具有 2% 的平均日光因子。

对于住宅中的房间而言，这个标准提出：

• 卧室具有 1% 的平均日光因子；
• 客厅具有 1.5% 的平均日光因子；
• 厨房具有 2% 的平均日光因子。

这个标准没有提供推荐的理由。就照明而言，卢基什（Luckiesh，1924）、韦斯顿（Weston，1962）、霍普金斯和凯（Kay，1969）等大量研究者已经提供了相关理论基础。对于住宅而言，这个标准可能参考了 1945 年进行的一组使用者调查实验。当时，厨房被认为是"工作空间"，所以，使用者选择了较高的日照水平（HMSO，1944）。

走向高密度

随着世界人口的增加，会出现越来越多的大型且高密度的城市。到目前为止，在世界范围内，人口超过 1000 万的城市大约有 20 个。这个数字还将增加。在这类城市中，建筑物之间正在相互争夺着自然采光和自然通风。优化采光和通风设计的发展方式正在成为建筑师、工程师、企业界的利益攸关者们的一项重要任务。当城市变得更为密集，建筑越来越相互靠近，现代生活方式日新月异，现在的关键问题是，已有的那些指导设计师们的自然采光设计参数和标准是否还有效？这些参数是否给管理者提供了一种控制方式？

香港是世界上人口最为密集的城市之一，号称开发密度为 2500 人／公顷，即 25 万人／平方公里。居住建筑的容积率在 9 以上，场地覆盖率约为 50%。这就导致了以建筑间距特别近的方式建设起非常高的建筑。

如同世界上其他城市一样，香港这样一座极高密度的城市有它自己的建设法规，以控制建筑内部空间的自然采光。香港地区沿用至今这套法规，以英国的相关制度为基础，在 1956 年编制的。对于居住房间来讲，包括客厅和卧室：

• 窗户面积为 10% 的建筑面积；
• 房间最大进深为 9 米；
• 最小窗户高度为 2 米；

● 窗户外有一个称之为矩形水平平面（rectangular horizontal plane，RHP）的畅通无阻的开放空间。

对于高密度城市设计来讲，需要引起特别注意的是窗外矩形水平平面的概念。窗外矩形水平平面实质性地规定了居住性住房的窗户与直接面对窗户的干扰建筑之间所允许的距离。例如，在香港特区，要求给居住空间如客厅提供这样一个规模的窗外直接矩形水平平面，其面积不小于2.3米乘以窗户外1/3的建筑高度。这样，控制住窗户的持续垂直无障碍的角度（非天空线）。

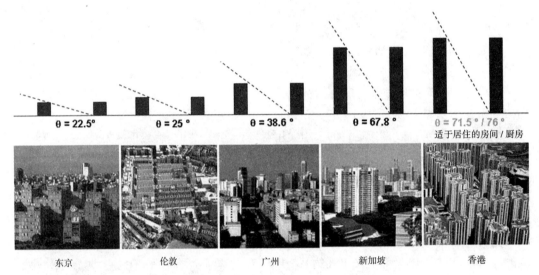

θ = 22.5°   θ = 25°   θ = 38.6°   θ = 67.8°   θ = 71.5° / 76°

适于居住的房间 / 厨房

东京   伦敦   广州   新加坡   香港

图 13.5   不同城市的垂直无障碍角度约束
资料来源：作者。

使用持续的垂直无障碍角度控制建筑分割的方法可以追溯到维特鲁威。这种方法让管理者最容易和最有效地提出要求，让设计者把这个要求视觉化。世界上的许多城市都有它们自己的这类要求。

就新加坡和香港这类高密度城市而言，允许的持续的垂直无障碍角度可以达到76度。这个持续垂直无障碍角度的概念基本上是从伦敦这类采取比较低角度城市的历史经验中推论出来的，似乎有道理。然而，我们必须小心翼翼地做出推论，同时，不要误解了原始概念的根本基础。国际照明协会（CIE）的天空组成部分表以阴天的天空为基础。很明显，对窗户而言的大部分有效自然光线均来自水平线以上 15°~35°，以及垂直于窗格 20° 的那个天空区域。

为了保证窗口获得良好的自然光线，需要确保天空组成部分没有受到严重干扰。控制住这一点的最容易的方式是提出一个角度，如同东京和伦敦已经做的那样，假定为 20°，超出 20° 的天空不应该受到干扰。如果设定垂直持续角度为 25°，最大的有效天空组件（Sky

Component，SC）大约为20%。假定阴天水平全球照度是5000勒克斯，那么，垂直的窗框可以获得1000勒克斯的照度。

假定这个垂直持续角度推进到40°，有效的天空组件大约为12%。假定这个角度增至70°，有效的天空组件（SC）不足1%。也就是说，一旦垂直持续角度超出了窗户能够获得的最大日光的区域，任何推论都是完全没有意义的。这就是高密度城市自然采光设计和法规的关键问题。用来对此实施控制的方式起源于低密度城市，所以，它们并非适当。我们需要新的方法。

除开需要新的方法外，我们还需要提出高密度城市居民生活的要求。人适应环境是一个众所周知的现象。也就是说，为了应对不同的生活和环境条件，人们有能力去适应环境。例如，生活在低纬度热带城市里的人们比起生活在高纬度城市里的人们更有可能接受没有空调建筑中的较高的室内温度。在比较炎热的气候条件下，人们还乐于调整室内光线，因为光线与比较凉爽的空间在心理上有联系。

香港进行的一次使用者调查发现，居住空间可以接受的日光因子仅有0.5%。与英国实施的1%~2%的标准相距甚远。这个发现表明香港居民对室内有效自然照明有着很大的容忍性。而有这种容忍性的原因之一是香港人适应了环境；另一个原因一定是，香港居民能够获得方便和便宜的人工照明资源，以及他们适应了高密度城市的生活方式。例如，那些下班很晚的人们只需要到厨房里吃个快餐而已（Ng，2003）这并不意味着在高密度城市设计中可以遗忘掉自然采光这一问题。这项调查还发现，虽然可以接受的临界点不高，还有比较低

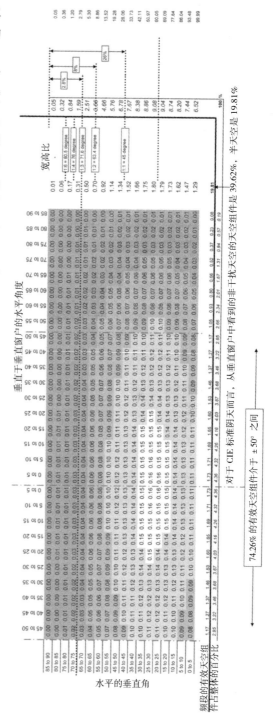

图13.6 在CIE标准阴天基础上，以5°为间隔的天空组件表
资料来源：作者。

的限制，一旦超出这个限度，人们还是会抱怨的。这项调查表明，香港居民对客厅和卧室的限度是，窗户能够接受 8% 的垂直日光因子（Vertical daylight factor，VDF）。相比较而言，英国建筑研究基金（BRE）提出的推荐意见是，23% 的天空组件。

高密度城市自然采光设计工具

现在，复杂的计算机计算方式能够非常精确地预测建筑内部的有效自然采光。Radiance 就是建筑企业使用的虚拟照明模拟软件之一，它能够让设计者获得合理的结果（Larson and Shakespeare，1998）。在没有对相关情况提出实验证据的基础上，马尔代尔杰菲克（Mardaljevic，1995）提出，这种虚拟照明模拟软件也适合于高密度城市设计条件。然而，我们所面临的问题并非是否有一个复杂的"评价的"工具，而是需要在设计的早期阶段有一个简单的设计和控制性工具，让设计者能够容易和快速地从视觉上和图示上评估设计。

基于对阴天有效天空组成部分的早期观察，参考霍普金斯自然采光规范，香港发展了一种称之为非干扰视野区（UVA）的概念。这个概念考虑了仅仅使用建筑规划和建筑高度信息作为控制基础的一般实践。

特勒茨（Tregenza）曾经提出过一个三维天空组件叠加方法。在高密度环境下，周边建筑都很高，在建筑顶部看到天空是没有意义的。通过建筑之间的空间而得到的日光可能更有用；使用规划信息就能够对这种日光做出评估。特勒茨的方法基本上是把天空组成部分作为点叠加到窗前的半圆中进行测试；所以，我们能够通过这些建筑之间的空间看到多大的天空为基础，估计一扇窗户的有效日光量。这种方法还可以进一步简化，用窗前的开放"区"替换代表有效的天空组件的点，这个开放区称之为不受干扰的视野区。

为了让窗户的垂直表面获得适当量的光，窗户必须面对室外开放空间区域。这个开放空间区域越大，它可能接受到的光就越多。非干扰视野区方法考虑到是一个具有 100° 宽的锥形区，超出 100°，进入窗户的光效能减少。这个锥形的长度等于窗户之上的建筑高度。当我们把这个锥形覆盖到场地规划上时，周边的建筑物将会干扰部分区域。由此产生的区域就是窗户"看到"的不受干扰的视野区。把非干扰视野区与窗户以上的建筑高度联系起来的公式如下：

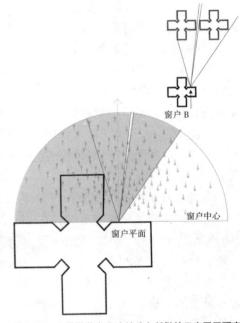

图 13.7　在特勒茨点方法基础上所做的日光因子研究
资料来源：Peter Tregenza 教授绘制的未发表资料。

$$UVA = kH^2 \qquad [13.1]$$

这里，

- UVA = 非干扰视野区（平方米）；
- k = 常数；
- H = 窗户以上的建筑高度（米）。

常数 k 值依赖于所要求的日光性能。k 可以通过计算机计算出来的理论样本和测试基础使用参数和统计而形成。例如，如果要求的垂直日光因子为 8%，那么，k = 0.24。要求的垂直日光因子越高，k 值就越大。例如，以测试为基础，如果一个窗户处在建筑 100 米高的表面位置上，能够实现 2400 平方米的非干扰视野区，那么，这扇窗户能够实现垂直日光因子 8% 的机会为 75%。

非干扰视野区方法已经在 90 米至 130 米的建筑高度上做过测试。为了得到较高建筑的 k 值，还需要进一步的测试。当然，k 值的变化不会超出已经提出的 k 值的 20%。为了适当地使用非干扰视野区方法，必须满足以下条件。首先，建筑必须高于它们之间的距离。一般来讲，在 2:1 以上。如果建筑比较低，非干扰视野区方法将会低估有效日光。应当使用其他方法来处理低层建筑的自然采光问题。第二，被测试窗户附近的建筑物高度必须相似。

非干扰视野区方法不是一个评价工具：它不是在非干扰视野区基础上对有效的垂直日光因子进行评价的工具。例如，我们没有说，当设计师打算在窗户前设计一个 8000 平方米

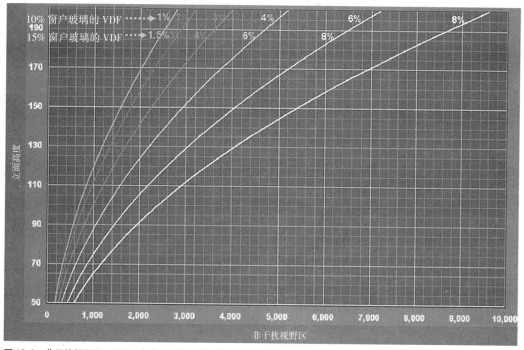

图 13.8 非干扰视野区（UVA）与多个可以实现垂直日光因子的立面高度之间的关系
资料来源：作者。

的非干扰视野区，这个非干扰视野区就会给这扇窗户8%的垂直日光因子。实际上，在许多情况下，垂直日光因子会比较高，有时甚至高出很多。非干扰视野区方法仅仅是提出，如果能够提供8000平方米的非干扰视野区，那么，有75%的可能是，一扇窗户的垂直日光因子"至少"是8%。"至少"这个概念是这种用于管理目的的方法的关键所在，控制管理是开发这种方法的主要原因。

非干扰视野区方法能够成为简单的管理工具。香港特区政府把非干扰视野区方法用来作为控制高密度建成环境的一种手段（Buildings Department，HKSAR，2003）。

在这个例子中，需要对一个高层塔楼上的一扇窗户做出评估。要求8%的垂直日光因子。在立面高度与非干扰视野区关系图的基础上，需要3000平方米的面积。画一个左右各50°的锥形垂直于窗户（合计100°），从窗户延长至距离H的地方（H是窗户以上建筑高度）。这就是窗户的视野区。对窗户能够"看见"区域的干扰将被削减掉。剩余空间是窗户的非干扰视野区。如果非干扰视野区超出3000平方米，则窗户满足了这个规定。如果非干扰视野区没有满足3000平方米的要求，设计师或者重新布置这个塔楼，以获得要求的非干扰视野区，或者扩大窗户面积以获得补偿（如下所述）。

前景

如果谁打算进一步考察非干扰视野区的设计逻辑，他得到这样的认识是不困难的，假

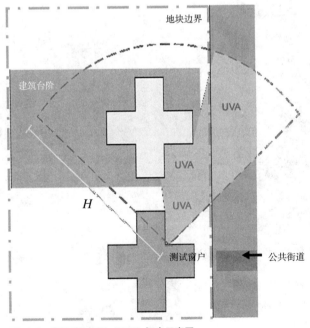

图 13.9 非干扰视野区（UVA）概念示意图
资料来源：作者。

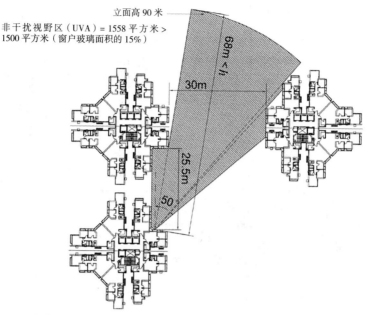

图13.10　把非干扰视野区（UVA）方法实际应用到15％窗户玻璃面积的住宅区设计上
资料来源：作者。

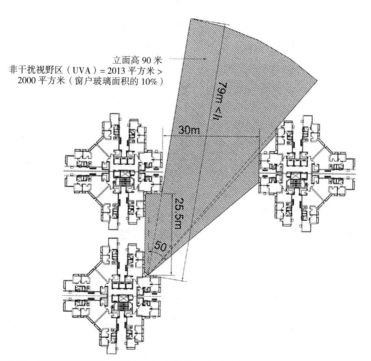

图13.11　把非干扰视野区（UVA）方法实际应用到10％窗户玻璃面积的住宅区设计上
资料来源：作者。

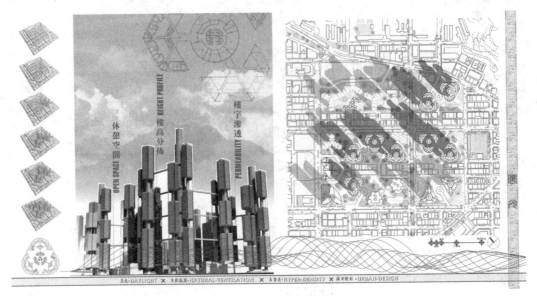

图 13.12　最大非干扰视野区（UVA）的设计设想
资料来源：詹德炎，硕士论文设计部分。

定在一个建筑场地上，建筑规模和建筑高度相同，然而，比起在建筑上做文章，如把建筑设计的矮些或粗些，把建筑物之间的间隔布置的更精致，就能够更好地实现自然采光战略。只要设计适当，"高且纤细的"建筑有可能从窗户获得自然光线的机会更大，这样做的理由是，通过建筑之间的间隔获得自然光线。进一步讲，基于对建筑高度参数的研究，我们已经认识到，在一个街区设计高层建筑时，设计具有不同高度的建筑是有优越性的。假定建筑总规模一定，对窗户有效的日光平均能够改善 40%。

结论

在这一章的开始，我们首先回顾自维特鲁威以来历史上的自然采光设计方法。然后，我们提出建设高密度城市需要对已有的指导参数做出根本性地修改。因此，我们提出了和揭示了基于水平持续角度的非干扰视野区的概念。

非干扰视野区方法是一种经过简化的方法，相对容易使用。实际上，它有可能应对香港特区大部分住宅开发问题。当然，如同以前使用的矩形水平平面方法一样，非干扰视野区方法也不能处理每一个设计案例。建设部门在执行管理中必须允许使用其他的方法。设计师有责任证明，他们在垂直日光因子设计方面已经满足了标准要求，他们使用的方法是完善的和可以证明的。如果使用得当，以下方法应该能够处理非干扰视野区方法可以难以处理的复杂情况：

- 能够使用任何用来估计天空组件的三维方法。这些方法包括瓦尔德雷姆图，莱恩斯

"胡椒瓶"图以及其他适当的立体图。到达垂直日光因子的外部反射组件（external reflected component，ERC）因子以 r（放射率）= 0.2 计。

- 能够使用特勒茨提出的把非干扰视野区与窗户以上的建筑高度联系起来的公式。这个公式能够对具有复杂天际线的情况做出精确计算。
- 计算机模拟——为了获得适当的结果，正确地设置条件和配置正确的变量是十分重要的。
- 可以使用迷你单元格、比例模型和国际照明协会人造阴天天空标准。

对于高密度城市设计来讲，设计高且纤细和具有很好建筑间隔的建筑可能最有优势。变化的建筑高度也是一个很有用的设计战略。现在，城市设计所要提供的不仅仅是日光。在实现更为宜居的城市时，设计师们应当综合协调各方面的考虑。

参考文献

BSI (1992) *BS8206 Part 2: Lighting for Buildings – Code of Practice for Daylighting*, BSI, UK

Buildings Department HKSAR (2003) *Lighting and Ventilation Requirements – Performance Based Approach*, PNAP278, Government of the Hong Kong Special Administrative Region, China

Chambers, W. (1969) *A Treatise on the Decorative Part of Civil Architecture* (facsimile reprint of the London edition 1791), Farnborough, Hants, Gregg Press Ltd, p116

Chung, T. M. and Cheung, H. D. (2006) 'Assessing daylight performance of buildings using orthographically projected area of obstructions', *Journal of Light and Visual Environment*, Japan, vol 30, no 2, pp74–80

HMSO (1944) *Post-War Building Studies, No 12: The Lighting of Buildings*, HMSO, London

Hopkinson, R. G. (1963) *Architectural Physics: Lighting*, HMSO, London, p34

Hopkinson, R. G., Pethernridge, P. and Longmore, J. (1966) *Daylighting*, Heinemann, London, p423

Hopkinson, R. G. and Kay, J. D. (1969) *The Lighting of Buildings*, Faber and Faber, London

Kerr, R. (1865) *On Ancient Light*, John Murray, London

Larson, G. W. and Shakespeare, R. A. (1998) *Rendering with Radiance – The Art and Science of Lighting Visualization*, Morgan Kaufmann Publishers, San Francisco, USA

Littlefair, P. J. (1991) *Site Layout Planning for Daylight and Sunlight – A Guide to Good Practice*, BRE, UK

Luckiesh, M. (1924) *Light and Work*, D. Van Nostrand Company, New York, NY

Lynes, J. A. (1968) *Principles of Natural Lighting*, Elsevier, London, p147

Mardaljevic, J. (1995) 'Validation of a lighting simulation program under real sky conditions', *Lighting Research and Technology*, vol 27, no 4, pp181–188

Moon, P. (1936) *The Scientific Basis of Illuminating Engineering*, McGraw-Hill Book Co Inc, New York

Ng, E. (2001) 'A simplified daylight design tool for high density urban residential buildings', *Lighting Research and Technology*, CIBSE, vol 33, no 4, pp259–272

Ng, E. (2003) 'Studies on daylight design of high density residential housing in Hong Kong', *Lighting Research and Technology*, CIBSE, vol 35, no 2, pp127–140

Ng, E. and Wong, N. H. (2005) 'Parametric studies of urban design morphologies and their implied environmental performance', in J. H. Bay and B. L. Ong (eds) *Tropical Sustainable Architecture: Social and Environmental Dimensions*, Architectural Press, London

Ng, E., Chan, T. Y., Leung, R. and Pang, P. (2003), 'A daylight design and regulatory method for high density cities using computational lighting simulations', in M. L. Chiu, J. Y. Tsou, T. Kvan, M. Morozumi and T. S. Jeng, (eds) *Digital Design – Research and Practice*, Kluwer Academic Publishers, London, pp339–349

Palladio, A. (1738) *Four Books on Architecture*, translated by Issac Ware, Dover Publication Inc (1965), London, Book 1, Chapter 25, p30

Plommer, H. (1973) *Vitruvius and Later Roman Building Manuals*, Cambridge University Press, pp41–43, pp61–65

Salmon, W. (1727) *Country Builder's Estimator*, London, p88

Tregenza, P. R. (1989) 'Modification of the split flux formulae for mean daylight factor and internal reflected component with large external obstructions', *Lighting Research and Technology*, vol 21, no 3, pp125–128

Vitruvius (c. 25BC) *De Architectura*, English edition (1960) translated by Morris Hicky Morgan as *The Ten Books on Architecture*, Dover Publications, Book 9, Chapter 3, pp264–265

Walsh, J. W. T. (1961) *The Science of Daylight*, Macdonald and Co Ltd, London

Waldram, P. J. and Waldram, J. M. (1923) 'Window design and the measurement and predetermination of daylight illumination', *The Illuminating Engineer*, vol 16, no 45, pp86–7, 122.

Weston, H. C. (1962) *Sight, Light and Work*, 2nd edition, H. K. Lewis & Co Ltd, London

第 14 章

高密度城市垃圾最少量化设计

潘智生和劳拉·雅永

引言：建筑垃圾管理和建筑垃圾最少量化

在世界范围内，建筑业消费建筑材料，产生着大量的建筑垃圾。建筑材料和部件的年度生产大约消耗掉 30 亿吨原材料，这大约是全球经济中消耗掉的原材料的 40%~50%（Roodman and Lenssen，1995；Anink et al，1996）。美国约有 40% 的原材料用到了建筑上（USGBC，2003），而美国的年度建筑垃圾量大约在 1.36 亿吨，50% 被焚烧或填埋。随着许多国家或地区用于填埋垃圾的土地越来越稀缺，如中国香港，建筑垃圾的管理成为一个关键的环境问题。所以，在考虑从源头上解决建筑垃圾问题时，垃圾最小量化是建筑业关注的一个首要问题。最近的一项研究证明，通过设计理念和决策能够直接影响 30% 的建筑垃圾。在源头减少建筑垃圾既涉及设计理念，也涉及建造技术和建筑材料（Poon and Jaillon，2002a）。香港特区最近颁布的法规确定了谁污染谁偿付的原则，要求建筑师和建筑商更多地关注垃圾最少量化的实际办法。

我们打算在这一章中介绍，使用设计和低浪费建筑技术，来减少由施工和拆除工程而产生的建筑垃圾的办法。我们还要讨论，如香港这样的高密度城市与建筑垃圾管理和处理相关的其他重要问题。

定义

垃圾管理和垃圾最少量化的区别

尽管垃圾管理的概念已经十分明确地建立起来了，但是，垃圾管理和垃圾最少量化之间的区别还需要澄清。按照经合组织题为《对经合组织成员国垃圾最少量化评价的几点考虑》（OECD，1996）的报告，垃圾最少量化包括预防措施和一些垃圾管理措施（参见图 14.1）。这个定义包括了实现垃圾最少量化中优先考虑的措施，如在源头上预防和 / 或减少垃圾的产生；改善产生出来的垃圾的质量，如减少有害物质；鼓励再利用、回收和恢复。垃圾最少量化是一个过程，在源头避免、消除或减少垃圾，允许以良好的目的去再利用 / 回收垃圾（Riemer and Kristoffersen，1999）。

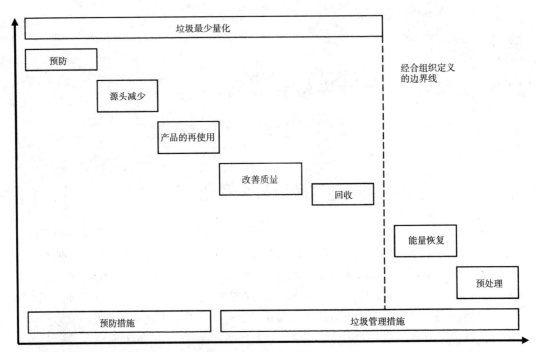

图 14.1 经合组织有关垃圾最少量化的操作定义
资料来源：Riemer and Kristoffersen（1999）。

这个垃圾管理层次用来揭示出采取多种垃圾管理战略的愿望，它依次包括如下选择：避免、最少量化、回收／再利用、处理和处置。如图 14.2，避免、最少量化、回收／再利用。

建筑垃圾的定义

在世界范围内，建筑垃圾亦称建筑和拆除剩余物的定义，因国家或地区而异。香港一般把建筑垃圾或建筑和拆除（C&D）材料定义为，因建设、挖掘、翻新、拆除和道路等工程而产生的混合的呆滞或非呆滞材料（EPD，2007）。建筑垃圾的成分多种多样，取决于产

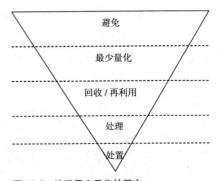

图 14.2 垃圾最少量化的层次
资料来源：改编自香港特区环境保护部，www.epd.gov.hk/epd/misc/cdm/management–intro.htm。

生垃圾的建筑活动的类型和规模。我们可以把建筑垃圾的成分划分为两个大类：呆滞的材料和非呆滞的材料。呆滞的材料包括软呆滞材料，如泥土、土壤和泥浆，硬呆滞材料，如石头和破碎的砖、瓦或水泥制品。最近，软呆滞材料在香港已经达到所有建筑垃圾的 70%，它们仅仅适合于重新用来做填海工程和填土工程的材料（Legislative Council，2006）。当然，大约占全部建筑垃圾 12%~15% 的是硬呆滞材料，它们既可以在填海工程中使用，也可以作为粒状材料、排水垫层和混凝土原料，重新在建筑工程中使用。非呆滞建筑垃圾，如木料、

塑料、包装垃圾，大约占香港全部建筑垃圾的 15%~18%，它们或被回收，或被填埋掉了。最近的一项研究（Poon et al，2004）揭示出，木架、装饰行业、水泥和砌体行业都是在建筑场地里留下大量建筑垃圾的行业。表 14.1 列举了多种行业在建筑场地产生的垃圾的平均百分比。

参与公共住宅项目和私人居住开发多种行业产生的垃圾百分比　　　　　表 14.1

行业	材料	垃圾百分比	
		公共住宅（％）	私人住宅（％）
水泥	水泥	3~5	4~5
架子	木材	—	100
加固	钢筋	3~5	1~8
砌筑	砖块	3	4~8
预制墙板	细集料	3	—
墙壁抹平	预制料	7	4~20
地平抹平	预制料	1	4~20
墙面抹灰	抹灰砂浆	3	4~20
屋顶抹灰	抹灰砂浆	3	4~20
墙壁贴砖	墙砖	8	4~10
地面贴砖	地砖	6	4~10
洗浴间安装	卫生设施	6	1~5
厨房安装	厨房设备	1	1~5

资料来源：Poon 等（2001）。

香港的垃圾管理

香港是一个紧凑型城市，也是世界上人口最为稠密的地方之一。香港的建成区仅占特区全部土地面积的 20%。可以开发的空间非常有限，土地十分昂贵，这样，高层建筑的建设在香港十分平常，这样才能实现效益的最大化，也使土地得到最大程度的利用。因为这种紧凑型的特征，环境可持续性日益成为人们关切的问题，环境问题，如空气质量和垃圾管理，都变得越来越重要了。

2005 年，香港地区产生了 2150 万吨建筑垃圾，11% 做了填埋处理（约 6556 吨 / 天），89% 进入公共填土区（约 52211 吨 / 天）。公共填土区是用来接收剩余呆滞建筑垃圾的地区，这些建筑垃圾日后用于填海。过去 10 年以来，香港产生的建筑垃圾已经翻了一番（参见图 14.3）。随着香港地区用于填埋垃圾的空间和公共填土区空间日趋减少，建筑垃圾的管理成为一个重大问题。最近这些年以来，建筑垃圾已经占了整个填埋垃圾的 38%。按照目前的

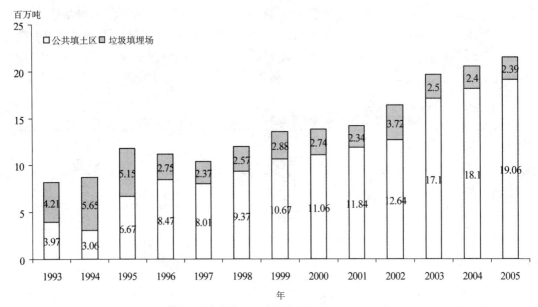

百万吨

图 14.3　1993 ~ 2005 年，填埋场和公共填土区处理的建筑垃圾
资料来源：香港特区环境保护部，www.wastereduction.gov.hk/en/materials/info/msw2007.pdf。

垃圾产生速度，今后 5~9 年，目前的垃圾填埋场就会完全填满（EPD，2007）。另外，公共填土区的建筑垃圾已经超出了填海工程的进度。所以，自 2002 年以来，已经把呆滞垃圾分成两个临时填土区。这些填土区的性质是短期储存，以备日后使用。在 2006 年 2 月结束时，这两个临时填土区的剩余能力大约为 700 万吨（Legislative Council，2006）。按照目前的垃圾产生率，这些填土区在 2008 年就会完成其使命。这就迫使香港特区的建筑行业要进一步采取建筑垃圾减量的措施，推行可持续发展的建设方式。

香港特区政府最近已经在建筑行业实施了建筑垃圾最小量化的诸项措施（参见表 14.2）。垃圾管理计划，在公共工程合同公司实行运输票证制度，都旨在鼓励施工现场垃圾分类，确保每一种垃圾能够运送到适当的地方，以备再使用、回收或处理。在建筑工厂开始之前，由合同公司准备的垃圾管理计划，为整个建筑垃圾减量和管理提供了一个整体框架。这个计划确定主要类型的垃圾和实施垃圾减量的方式。

另外，香港特区政府还推行了建筑垃圾回收战略。2002 年至 2005 年，通过建设一个建筑垃圾回收工厂实验项目，生产了大约 53 万吨用于政府项目的碎石。这个实验项目证明了回收使用建筑工程中碎石的可行性。

2006 年实行的建筑垃圾处理费给开发商和建筑商提供了一个经济上的褒奖措施，鼓励他们减少建筑垃圾。正如表 14.3 所示，填埋场接收每吨建筑垃圾的费用为 125 港元，建筑垃圾分类设施收费为每吨 100 港元，公共填土场的收费为每吨 27 港元。香港目前建设了两个建筑场地外对建筑垃圾实施分类的设施，以回收建筑垃圾（参见图 14.4）。这两个设施帮

表 14.2

推动香港建筑业向垃圾最小化方向迈进的力量

环境问题和垃圾产生	经济效益	香港建筑业垃圾减量措施	
		建筑业	法规和政策
香港建筑业消耗和产生大量的建筑材料和垃圾	2005 年以前，香港建筑垃圾的处理是免费的，需要政府负担处理费用	2001 年，CIRC 公布了 "创优建设" 的报告	1998：垃圾减少纲领性计划（WRFP）1998~2007
2005 年，大约产生了 2150 万吨建筑垃圾，其中 11% 填埋，89% 置于未来填海的公共堆放场	3 个垃圾场的建设成本大约为 59 亿港元，整个维护成本估计为每年 4.35 亿港元	这个报告包括了 109 项推荐意见，以改善建筑业的绩效	给建筑提出目标：减少 25% 的填埋的建筑垃圾
填埋场和公共堆放场空间能力有限。最近，建筑垃圾占全部填埋垃圾的 38%	自 2005 年以来，收取建筑垃圾处理费，"谁污染、谁偿付"	预制板推荐为解决施工场地环境问题的一种办法，这些环境问题与传统施工方式和木框架有关	实施建筑垃圾收费办法，私人建筑部门需要提交垃圾管理计划，提供培训课程
5~9 年间，香港的垃圾填埋能力将耗尽	填埋费为 125 港元/吨；分类费为 100 港元/吨；公共堆放场收费为 27 港元/吨		2005 年 12 月开始执行建筑垃圾收费
	这个收费方式产生收益 5500 万港元		公共部门：2000 年开始实施垃圾提交管理计划的规定，1999 年：实施运输票体系，以减少非法乱倒建筑垃圾。自 2002 年，政府倡导建筑垃圾的回收使用。试验项目产生了 53 万吨回收的建筑垃圾
公共堆放场已经超出了填海需要。2002 年以来已经创造了 2 个堆放场，2008 年，它们将使用完毕	自 2006 年以来，填埋的建筑垃圾减少了 37%	这个报告还推荐了使用部件设计和加工标准化技术，以消除浪费和无效率	私人部门：2001~2002 年，政府公布了联合实践通知 1 号和 2 号。这些奖励办法包括绿色特征，可以减免建筑令中的 GFA 计算，使用非结构性的预制外墙
	随着垃圾的减少，在材料成本、垃圾处理和运输成本上均能实现节约		

资料来源：改编自 Jaillon 等（2009）。

政府垃圾处理设施	每吨收费	可以接受的垃圾类型
公共堆放设施（用于填海）	27 港元	完全的惰性建筑垃圾
分类设施	100 港元	超出 50% 的惰性建筑垃圾
填埋场	125 港元	超出 50% 的惰性建筑垃圾
外岛转运设施	125 港元	任何比例的惰性建筑垃圾

资料来源：环境保护部，www.epd.gov.hk/epd/misc/cdm/scheme/htm。

助建筑垃圾产生者，特别帮助那些在空间有限建筑工地开展建设活动的公司，开展垃圾分类。2006 年，填埋场里的建筑垃圾比 2005 年减少了 37%（参见图 14.5）。通过征收建筑垃圾处理费，香港地区已经产生了 5500 万港元的收入。当然，采用谁污染谁偿付的原则可能面临非法倾倒垃圾增加的风险。

    香港特区政府的另外一个垃圾减量措施是，在毛建筑面积（gross floor area，GFA）的计算中除去使用绿色和创新性建筑技术的那一部分，给予奖励（Buildings Department，

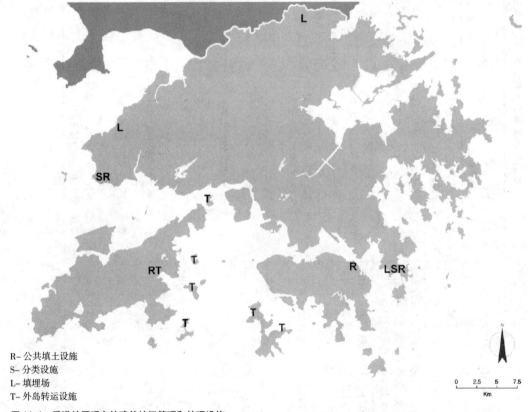

R– 公共填土设施
S– 分类设施
L– 填埋场
T– 外岛转运设施

图 14.4 香港特区现存的建筑垃圾管理和处理设施
资料来源：改编自环境保护部，www.wastereduction.gov.hk/en/materials/info/msw2007.pdf。

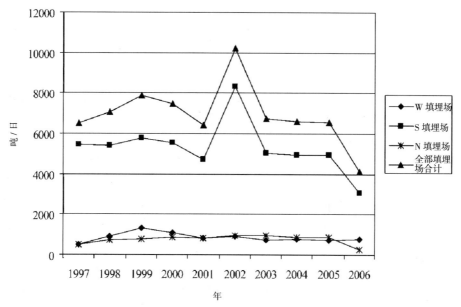

图 14.5　1997 ~ 2006 年，3 个大型填埋场处理建筑垃圾状况（吨／日）
资料来源：环境保护部，www.wastereduction.gov.hk/en/materials/info/msw2007.pdf。

2001，2002）。这样做的目标是：

• 鼓励以整体有机循环的方式去规划、设计、建设和维护；
• 最大限度地使用自然的可再生资源和循环的／绿色的建筑材料；
• 减少能源消耗和建设或拆除所产生的垃圾。

　　2001 年 2 月，香港特区政府发布了"一号联合作业通知"，其中包括了奖励私人采纳绿色观念，如凉台、比较宽的公共廊道、电梯门廊、通行天桥等。一年以后，2002 年 2 月，香港特区政府又发布了"二号联合作业通知"，其中包括了进一步实施绿色观念的奖励，如使用非结构性的预制外墙。自那以后，私人部门也增加了对预制技术的使用。

垃圾最少量化的设计

　　一般来讲，不仅设计师在做设计时很少考虑到产生建筑垃圾的问题，而且，他们在建筑材料和建设方式的选择上，也没有太多地关注垃圾最少量化问题（Poon et al，2002a，2004；Osmani et al，2006）。然而，设计决策对垃圾最少量化的影响是不可忽视的。最近的一项研究证明，设计决策可能间接地引起建设项目 30% 的建筑垃圾。我们可以采取多种设计理念去最少量化施工和拆除工程产生的建筑垃圾。以下我们就如何通过设计、施工方法和材料选取来减少建筑垃圾等问题展开讨论。

减少拆除工程垃圾的设计

优化建筑寿命

最近一项研究显示，从总体上讲，香港地区建筑的平均寿命为40年。我们的研究发现，减少香港建筑寿命的主要原因是（按照重要性排序），施工错误、材料错误、再开发的压力和设计上的错误。施工错误主要是因为受到训练的工人短缺和施工时间安排上规定工期太短。低质量的水泥和过去使用的建筑标准水平过低引起了材料错误。在香港这类土地稀缺和土地价格高昂的紧凑型城市，再开发的压力相当大。同时，随着执行新的容积率规定，开发商可能更选择再开发获利。

我们的研究结论是，把建筑寿命延长至75年，就可以减少近50%因拆除建筑而产生的垃圾。尽管通常的维修也会产生建筑垃圾，但是，建筑的主体结构保留了下来，这样就会在一个相对较长的时间里避免因拆除而产生的建筑垃圾。延长建筑寿命的设计概念林林总总，如设计上的弹性和适应性，再利用建筑结构，进行设计拆除施工安排。

设计的弹性和适应性

适当的建筑维护的确可以优化建筑寿命，然而，整个建筑的弹性和适应性也是延长建筑寿命的重要因素。我们最近的研究（Poon and Jaillon，2002b）发现，在居住建筑和商业/办公建筑中留下未来实施建筑调整的弹性能够减少建筑垃圾的产生。当然，由于存在限制性的建筑法规，在香港地区，允许在设计居住建筑时留出弹性可能并非易事。 另外，香港地区的大部分居住单元的规模已经非常小了，可能难以容纳结构性的或布局上的变更。"开放式建筑系统"是一个流行的术语，它确定了通过子系统界面最小化的方式来安排和组合子系统。这个设计原则允许在不改变整个建筑结构的前提下留下弹性和做出变更（调整布局）。日本进行的一个住宅试验项目，NEXT21（Osaka Gas，2000），采用了一个具有高度弹性的建筑系统，给建筑内部布局和外墙均留下弹性。在不摧毁整个建筑结构的前提下，根据使用者的要求，实施大规模建筑更新，这样就大大减少了建筑垃圾。这个建筑的结构寿命很长，而建筑填充、覆盖层和管道系统都具有弹性，能够很容易地做出调整。

再使用的建筑

重新使用现存的建筑结构和自我适应地再利用都能够推进建筑寿命的优化。我们原先做的若干项目表明，在香港地区，由于缺乏具有弹性的设计法规和容积率规定，建筑的再利用，如活化再利用，十分罕见。"电力和机械服务部"总部大楼的翻修项目证明，活化再利用的确是再利用现存建筑结构的一个可行的途径。（参见图14.6）。这个前九龙启德机场货运航站楼经过更新被转换成办公建筑和车辆维修区。这项工程的效益可观。通过重新

图14.6　九龙电力和机械服务署总部大厦；重新使用的前启德机场货运大楼
资料来源：香港理工大学。

使用现存的建筑结构，项目节省了约6~7亿港元的拆除和开发费用（Tam，2006）。另外，避免了拆除这个建筑而产生的大量垃圾，进而保护了填埋空间。这个活化再利用设计战略节省了再开发的费用，如基础设施和土地。"加利福尼亚综合垃圾管理委员会"（CIWMB）对南加利福尼亚天然气公司案例所做的计算表明，这个项目在基础设施、建筑材料和土地费用上节约了320万美元。这个项目通过重新利用现存的建筑，创造了"能源中心"（CIWMB，1996）。当然，并非每一个建筑都可以重新利用，因为这种方式依赖于建筑的状态、场地位置和新建筑的使用计划，等等。

设计解构：再利用和回收

解构是拆散一个建筑结构的过程，它优先考虑到保存建筑材料或可能再利用或回收的建筑部件。在设计阶段就对解构方式有所考虑可能减少垃圾的产生。一项最近开展的研究确证，建筑项目中，几乎没人去做建筑的解构设计。建筑师也感觉到，重新使用和回收这类设计需要新知识，如拆除建筑构件的新工艺。

减少施工垃圾的设计

尺寸协调和标准化

采用标准尺寸和材料有可能很大程度地减少材料浪费，进而也节约整个工程费用。我们的研究证明，大量的垃圾来自施工过程对建筑材料的过度切割。最近的一项研究（Osmani et al，2006）也提出，施工阶段对建筑材料的切割是产生建筑垃圾的一个主要原因。在这个研究中，研究者发现，在设计项目中很少执行使用标准尺寸和单元以及使用标准材料以避免切割的方式。

香港地区的公共住宅项目采用了多种标准设计和标准部件。最近开展的一些项目已经开始向模块化设计方式发展，同时使用标准的建筑部件，如预制墙面、预制楼梯等，标准的居住单元配置 / 规模（即一卧室单元、二卧室单元等）。上牛头角的再开发（参见图 14.7）包括一座 40 层的塔楼，从地块布局上考虑了场地特征和环境问题，这个项目采用了场地独有的方式，而使用模块化设计，对称和标准的建筑部件，从而大大减少了建筑垃圾。与香港的传统施工方式相比，公共住宅项目的施工平均可以减少 57% 的建筑垃圾。

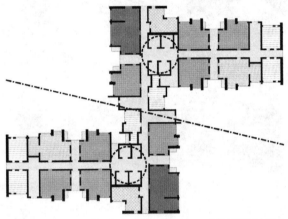

图 14.7 2008 年完成的上牛头角再开发项目，它使用了因地制宜的场地设计，标准建筑部件和单元设置。
资料来源：香港特区屋宇署。

最小化临时工程

临时工程在施工现场产生了大量的垃圾；所以，在选择不同的设计形式和建筑方法时，都应该考虑到减少临时工程的需要。我们的研究显示，木质模板在建筑垃圾中占有相当的份儿，约占所有建筑垃圾的 30%。香港高层建筑施工中广泛使用木质模板。尽管木质模板具有很多优越性（如便宜，具有灵活性等），但是，与系统模板（金属的或铝制的模板）相比较，木质模板的低耐用性和低再使用性都是产生施工现场建筑垃圾的重要原因。应该对系统模板和预制构件（外墙、楼板、楼梯等）在减少建筑垃圾上的贡献加以考虑。香港最近设计的一个 68 层楼的居住项目通过采用钢架结构比常规项目减少了 40% 的建筑垃圾。每平方米的建筑垃圾约为 0.19 吨。由于设计上的重复和对称，建筑楼层系统框架和预制工艺都特别适合于高层建筑的建设。

避免后续设计调整

在施工阶段，特别是在施工即将完成阶段，调整设计可能会产生大量的建筑垃圾。我们所做的一项研究表明，最后几分钟客户提出新的要求、设计复杂、在工程各方之间缺乏交流、提供的设计信息不充分，都是改变设计的主要原因。另外一项最近开展的研究（Osmani et al，2006）已经确认，因为设计而产生建筑垃圾的主要原因是客户的要求。为了最好地适应市场条件，香港客户可以在施工阶段提出设计调整。

施工方法和材料选择：低建筑垃圾的建设技术

按照前面提到的那项研究，垃圾最少量化是影响施工方法选择的最不重要的因素（参见图14.8）。实际上，在建筑垃圾最少量化的过程中，应当考虑在施工现场和／或施工现场外使用低垃圾建筑技术。

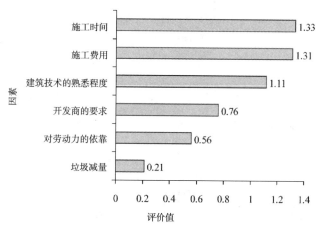

图14.8 影响施工技术选择的因素
资料来源：Poon 等（2004）。

施工现场：系统模板、临时围墙、脚手架

我们的研究显示，在建筑施工中产生最多建筑垃圾的4个主要部分是：模板；包装和保护；装饰和材料加工。建筑现场产生垃圾主要与施工方法的选择、有效的现场材料管理设施、员工教育和培训相联系。使用系统模板（金属的或铝材的）、铁临时围栏和金属脚手架都能有助于减少施工现场的垃圾。

另一项研究（Osmani et al，2006）还提出，不适当的备料空间和方法是施工现场产生垃圾的主要原因。所以，材料管理是施工现场减少垃圾的关键。通过良好的设计、规范化和程序化、包装、仔细搬运、装卸、存放和协调，都是减少材料丧失挥或损坏的方式（Ferguson et al，1995）

施工场地之外：预制技术

香港的公共住宅建设项目通常使用预制的建筑部件来施工，这一技术是在 20 世纪 80 年代中期开始在香港出现的。最常见的预制建筑部件有，预制外墙、楼梯、隔断墙、半预制楼板，最近，还出现了整体的预制部件，如浴室和结构墙等。相对比，通过奖励制度，在 2001 年，才在私人建筑部门推行预制技术（Building Department，2001，2002）。

我们的一项研究表明，在香港地区，木模板是在施工现场垃圾的主要来源，大约占全部施工现场垃圾的 30%，而灰浆和铺砌施工，混凝土施工产生的垃圾分别约占全部施工现场垃圾的 20% 和 13%。使用预制的部件可以显著减少在施工现场产生的垃圾。随着采用预制建筑部件，大部分产生垃圾的工作都不在施工现场开展。而且，那些在工厂环境下产生的垃圾比较容易回收和再利用。预制建筑部件也可以大大改善建筑产品的质量，减少后续维护工程，进而减少建筑垃圾。香港的一个私人居住开发项目"果园"（参见图 14.9），48 层的塔楼，是在私人建设部门使用预制技术的一个样板项目。这个项目 2003 年完成，整个项目大约有 60% 的工程量是采用预制技术完成的，如预制外墙和遮阳设备，半预制阳台等。与传统的施工相比，这个项目减少了约 30% 的建筑垃圾（Fong et al，2004）。当然，使用预制件需要在设计过程中就要做出一些改革，如设计师与建筑师的沟通合作，在设计完成

图 14.9　2003 年的"果园"项目采了预制构件
资料来源：香港理工大学。

前尽早做出决策。另外，在香港这样的高密度城市里，还要考虑到运输预制件方面的约束，场地约束（很小的施工现场，有限的预制件储备场地）。朱和黄（2005）提出，如果能够做到把预制件即时运输到施工现场的话，施工现场的备料场可以维持到最小。

结论

在世界范围内，建筑业正在产生着在数量上不可低估的建筑垃圾。建筑垃圾管理和处理在许多国家都面临处理场地稀缺的压力。虽然建筑业已经知道了垃圾管理方面的问题，然而，在垃圾最少量化方面还没有做出什么考虑，特别是在设计阶段。随着执行新的法规，实行谁污染谁偿付的原则，要求建筑师和建筑商更多地关注垃圾最少量化的具体办法。正如我们在这一章所讨论的那样，设计决策对垃圾最少量化的影响是巨大的，设计决策可能引起建筑项目所产生的 30% 的建筑垃圾（Innes，2004）。

为了最少量化因施工和拆除工程而产生的垃圾，我们可以常用多种设计概念。我们可以通过以优化建筑寿命的设计、允许弹性和适应性、重新使用建筑结构、设计好解构等手段，减少来自拆除工程的垃圾。来自施工工程的垃圾可以通过这样一些设计理念而减少，如实施尺寸协调和标准化、临时工程的最小化、避免对设计的后期修改，等等。谨慎小心地选择施工方法和建筑材料都是垃圾最少量化过程中不可或缺的工作。使用施工现场之外制造技术，如预制建筑构件，都能够大量减少施工现场的垃圾。

总而言之，我们需要进一步的立法和奖励来推进在建筑业和设计过程中实现建筑垃圾最少量化。零垃圾战略并非一个想象出来的乌托邦，实际上，一些国家已经在朝这个方向努力。

参考文献

Anink, D., Boonstra, C. and Mark, J. (1996) *Handbook of Sustainable Buildings*, James and James Science Publishers, London

Buildings Department (2001) *Joint Practice Note No 1: Green and Innovative Buildings*, Hong Kong

Buildings Department (2002) *Joint Practice Note No 2: Second Package of Incentives to Promote Green and Innovative Building*, Hong Kong

Chu, R. P. K. and Wong, W. H. (2005) 'Precast concrete construction for buildings in Hong Kong', in *Proceedings of the First Shanghai and Hong Kong Symposium and Exhibition for Sustainable Building, Green Building Design*, Shanghai, China, pp216–222

Chui, T. (2007) 'Fly-tipping of building materials on the rise', *The Standard*, 27 March, Hong Kong

CIWMB (California Integrated Waste Management Board) (1996) *Gas Company Recycles Itself and Pilots Energy Efficient, Recycled Products Showcases*, California Integrated Waste Management Board Publication No 422-96-043, California

EPD (Environmental Protection Department, Hong Kong) (2007) www.epd.gov.hk/epd/misc/cdm/introduction.htm, www.epd.gov.hk, accessed 2007

Ferguson, J., Kermode, N., Nash, C. L., Sketch, W. A. J and Huxford, R. P. (1995) *Managing and Minimizing Construction Waste: A Practical Guide*, Institute of Civil Engineers, London

Fong, S., Lam, W. H. and Chan, A. S. K. (2004) 'Building distinction green design and construction in The Orchards', in *Proceedings of the Symposium on Green Building Labelling*, Hong Kong, 19 March, pp69–77

Franklin Associates (1998) *Characterization of Building Related Construction and Demolition Debris in the United States*, US EPA Report, US

Innes, S. (2004) 'Developing tools for designing out waste pre-site and on-site', in *Proceedings of Minimising Construction Waste Conference, Developing Resource Efficiency and Waste Minimization in Design and Construction*, New Civil Engineer, London

Jaillon, L., Poon, C. S. and Chiang, Y. H. (2009) 'Quantifying the waste reduction potential of using prefabrication in building construction in Hong Kong', *Waste Management*, vol 29, no 1, pp309–320

Legislative Council (2006) *Environmental Affairs: Progress Report on the Management of Construction and Demolition Materials*, 24 April, Hong Kong

OECD (Organisation for Economic Co-operation and Development (1996) *Considerations for Evaluating Waste Minimization in OECD Member Countries*, OECD

Osaka Gas (2000) *NEXT21: Osaka Gas Experimental Residential Complex*, www.osakagas.co.jp/rd/next21/htme/reforme.htm, accessed September 2009

Osmani, M., Glass, J. and Price, A. (2006) 'Architect and contractor attitudes to waste minimisation', *Waste and Resource Management*, vol 2, no 1, pp65–72

Poon, C. S. and Jaillon, L. (2002a) *A Guide for Minimizing Construction and Demolition Waste at the Design stage*, Hong Kong Polytechnic University, Hong Kong

Poon, C. S. and Jaillon, L. (2002b) 'Minimizing construction and demolition waste at the design stage', *Journal of the Hong Kong Institute of Architects*, vol 33, no 3, pp50–55

Poon, C. S., Yu, T. W. and Ng, L. H. (2001) *A Guide for Managing and Minimizing Building and Demolition Waste*, Hong Kong Polytechnic University, May, Hong Kong

Poon, C. S., Yu, A. T. W and Jaillon, L. (2004) 'Reducing building waste at construction sites in Hong Kong', *Construction Management and Economics*, vol 22, no 5, pp461–470

Riemer, J. and Kristoffersen, M. (1999) 'Information on waste management practices: A proposed electronic framework', Technical Report 24, July European Environmental Agency, Copenhagen, Denmark, www.eea.europa.eu/publications/TEC24

Roodman, D. M. and Lenssen, N. (1995) *A Building Revolution: How Ecology and Health Concerns Are Transforming Construction*, World Watch Paper, vol 124, Washington, DC

Tam, A. (2006) *Sustainable Building in Hong Kong: The Past, Present and Future*, Insitu Publishing Limited, Hong Kong

USGBC (2003) *Building Momentum: National Trends for High-Performance Green Buildings*, US Green Building Council, Washington, DC

第 15 章

高密度城市的消防工程

周万文

引言

在高密度的城市里，人们建起了大量的高层建筑，他们在地下深处开凿了地铁隧道，而且还建起了巨型的会堂。这些建筑或用钢筋混凝土，或用具有防火保护功能的钢框架形成它们的结构。在高密度的城市里还出现了一些具有绿色或可持续特征的建筑。虽然香港等一些城市不允许使用易燃的自然材料如木材做建筑材料，然而建筑内部的隔断还是用木材制品制作的（建筑部，1995，1996a，1996b；消防服务部，1998）。正如一些卡拉 Ok 场所已经证明的那样，这些木质隔断可能会引起火灾（Chow et al，2008a）。现在还有许多由塑料复合材料及其阻燃系统制成的新材料用于城市建设（Wang and Chow，2005）。这些材料通过了特定规范确定的燃烧检验英国标准，但是，它们并非一定在轰然大火之后的高辐射热通量中就安全。在高架库里测量到的辐射热通量可以达到 440kWm^{-2}（Wu，2005）。发生在香港（Chow，2003b）和上海（Beijing Times，2005）的若干起双层公交汽车火灾事故中，车内的可燃物在 15 分钟以内就燃烧起来了，这些事例说明，使用很好的隔热性能包装的材料在大火中依然不安全。具有隔热性能的建筑在短时间起火情况下可能产生新的消防安全问题。香港旧的高层建筑已经发生过若干大火灾事故，如大嘉利大厦火灾（Chow，1998），过海隧道和公交车等（Chow，2001，2003b）。还有许多非事故火灾，包括美国 "9·11" 世界贸易大楼的恐怖袭击；韩国和俄国地铁里的人为纵火。香港也有过若干起人为纵火事件，如在一家银行里（Chow，1995），卡拉 ok 厅（Chow and Lui，2001），地铁车厢内等。所以，对高密度城市的建筑物来讲，消防安全是一个需要关注的问题。

我们一般都同意这样一种看法，符合消防技术规范的建筑将会达到一定的安全水平。在许多高密度城市，消防技术规范基本上是指令性的。例如，香港的消防技术规范都是在几十年以前制定的（建筑部，1995，1996a，1996b；消防服务部，1998），包括两个部分。第一部分是被动的建筑建设，如耐火构造、得到灭火服务的设施和逃生设施。第二部分是主动的消防防护系统或消防服务设置。实践证明，有些消防技术规范适合于在使用上相对简单的建筑，而不适合于那些在使用上比较复杂的建筑。

"绿色的或可持续的建筑" 所具有的新建筑特征已经对消防安全设计提出了新的挑战（Hung and Chow，2002；Chow and Chow，2003）。这些现代建筑设计特征可能很难符合消防技术规范的要求。即使这些建筑的消防安全设施满足了消防技术规范的要求，那也不一定能够保证这些建筑的消防安全，因为这些消防技术规范并没有得到证明是适合于这些设计的。高层、大进深、框架结构和密封的外墙都是常见的新建筑特征（CIBSE/ASHRAE，2003；Rose，2003）。与此建筑特征相关的消防安全应该仔细加以考虑。以打开窗户自然通风为例，风可能在建筑立面上产生压力差。当发生火灾时，可以打开的窗户可能提供了一个排烟的通道，在建筑背面产生负压。这样，火苗和烟灰会通过窗户到达其他楼层，甚至相邻建筑。注意，自然通风的条款还没有收入新的风工程技术规范 ASCE7–05 中（ASCE/SEI，2006）。

所以，为了应对高密度城市新的设计特征，消防技术规范应该得到更新。建筑紧密排列，以致在风的作用下的火势水平蔓延可能导致大规模火灾（Pitts，1991）。具有特征的建筑需要个案设计处理。一个明显的例子是，建筑高度超出 400 米的超高建筑（Chow，2007）。当然，没有对地方安全设施科学的消防研究，不可能对消防技术规范做出更新。对于那些遵守指令性消防技术规范存在困难的建筑特征，可以执行性能基础上的设计（PBD）（英国标准，2001；SFPE，2001；国家消防协会，2003）。

可能的火灾危险

高密度城市必须考虑到的建筑火灾威胁如下：

- 火势水平蔓延。注意，高密度城市的土地极端昂贵，所以那里的建筑紧密排列。如同嘉利大厦所发生的情况一样，当一个建筑着火时，火苗会通过强大的热辐射和风效应水平地殃及相邻建筑（Pitts，1991）。我们应该利用火灾风洞试验预测可能的灾害状况。有关建筑之间火势蔓延的数学模型也对消防安全设计具有意义（Cox，1995）。
- 人群流向和控制。在高密度城市的许多地区，如高峰时段的火车站地区，人群密度相当高（参见图 15.1）。应该小心翼翼地考虑如何把密集人群疏散到安全场所的模式（英国标准，2001；Li and Chow，2008），模拟人群流向，把消防检测系统和全球定位

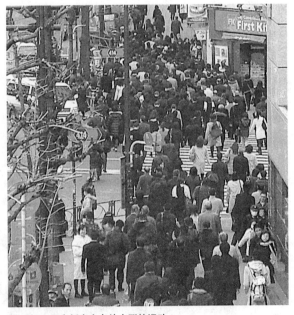

图 15.1　日本新宿火车站人群的运动
资料来源：作者。

系统结合起来。人群流动的动态特征不仅仅与"流体粒子"的运动相似，而且，不同国家、种族和生活方式中的人的因素有所差异。应该考虑"完全疏散"或"避难"方式。"9·11事件"后，我们应该重新思考到建筑的某个楼层避难的选择（美国联邦紧急管理事务局，2006）。高层建筑中的个人防护设备和紧急避难设备应当得到监控。这些设备未必有效。

- 对结构元素的影响。建筑结构需要在火灾发生时能够支撑一定的时间。使用耐火期（FRP）来对结构稳定性进行评估（英国标准，1990）。考虑燃烧中不同材料的热释放速率，不包括辐射流。在一个封闭的燃烧过程中，在燃烧发生后，空气会很快达到不充分状态。在燃料太多的情况下，我们可以把这类火灾称之为通风－控制的火灾。任何向周边空气的开放，如玻璃厂破裂，都会给燃烧提供能够维系燃烧的空气。这样，热释放速率就会增加。在这种情况下，建筑结构可能处在相当严重的热环境中，以致它不能再承载和维持耐火状态。这一点在"9·11事件"中清晰地得到了证明（美国联邦紧急管理事务局，2006），在这样巨大的火势面前，结构不可能维持设计中的4小时的耐火期。过去几年以来，已经公布了若干与结构性火灾相关的报告。

- 轻型结构设计。在超高层建筑中使用轻型结构以降低建筑的自重。我们必须模拟极端天气状态下所产生的强风和由风所致的振动（AWES，2007）。另外，应该认真关注轻型结构的火行为。

- 消防安全材料。建筑分割、耐火施工、逃生通道和获得救援的方式都是被动建筑施工（建筑部，1995，1996a，1996b）中要完成的关键任务。应该使用消防安全的材料（Kashiuagi et al，2000）和消防安全的设施，应该更深入地研究延迟着火时间和减少热释放速率的阻燃技术的使用。我们还提出了塑料燃烧后产生的烟雾问题和使用抑制烟雾的材料（Chow et al，2002~2003）。

- 主动消防系统。在非居住建筑中，应当提供适当的主动消防系统（消防服务部，1998）。应该开发适用于高层建筑、地下车站和大型会堂等类型建筑的火灾监测和减少热释放速率的灭火新技术。应该设计消防员和救护人员快速运动的设备、新的耗氧和减热工艺，以及贯穿整个城市地区的消防供水系统。

- 防火安全管理。在科学研究的基础上，制定防火安全规划（Malhotra，1987）及其维护规划，消防行动预案，工作人员培训计划和火灾防范预案。特别关注在交通拥堵情况下如何处理高密度人群，人群的运动和大规模人群疏散等方面的问题。消防工程的一系列技术（Cox，1995）都能够用于我们在高密度城区汽油站爆炸风险管理研究中提出的那些极端情况（Chow，2004b）。消防技术规范和法规中应当包括消防安全管理的内容。

消防安全规定

建筑中需要硬性的消防安全规定。从根本上说，消防安全规定分为两类（Buildings Department，1995，1996a，1996b；British Standards，1996；Fire Services Department，1998）：

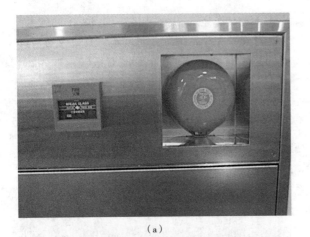

(a)

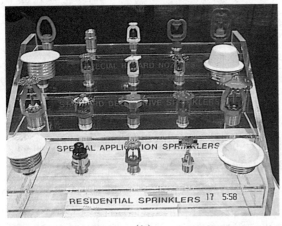

(b)

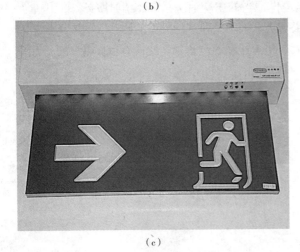

(c)

图 15.2　主动消防系统：(a) 报警系统；(b) 选定的消防水喷头；
(c) 逃生标志
资料来源：作者。

被动的建筑施工和主动的消防系统。

　　被动的消防措施能够给建筑的建筑因素提供有效的消防保护。大部分消防规范（建筑部，1995，1996a，1996b；英国标准，1996）中所包括的项目有建筑分割、耐火施工、建筑使用者的避难途径，以及消防人员使用的消防途径。被动消防措施的目标旨在使建筑材料和建筑部件更难以燃烧，进而减少火灾的发生。即使在建筑材料被点燃的情况下，在火灾的初始阶段，点燃的建筑材料能够释放出来的热量也是相当小的。所以，把火势控制在火灾出发区内部而不影响相邻区是消防的重要目标。通过建筑物内部的分割、保护性走廊、大堂和楼梯等因素，火势蔓延应该会降低。建筑结构应当能够维持一定的时间，让建筑使用者撤离。

　　主动的消防系统（英国标准，1996；消防服务部，1998）必须提供监测和早期报警的功能；同时具有控制、抑制或灭火的功能；使用烟雾管理系统让视线清晰和维持一个可以忍耐的状态；使用其他一些紧急系统，如应急照明和备用发电设施。所有这些系统可以分成为监测和报警系统（参见图 15.2a），抑制系统（参见图 15.2b），烟雾管理系统和辅助系统，如基本电力供应系统，逃生标志（参见图 15.2c）和紧急照明。香港和其他一些高密度城市在准许使用一个建筑之前，都要对以上系统进行检查和巡视。如图 15.3 所示，通过热烟测试评估通风系统的性能。

　　被动的建筑施工和主动的消防系

统硬件设施必须受到适当的消防管理软件的控制（Malhotra，1987；英国标准，2001）。当然，消防安全管理需要与执行各国相关的消防技术规范一并加以考虑。优良的消防安全管理应当保证，即使火灾发生，这个系统也能够把火灾控制在一个很小的范围内，建筑使用者能够在短时间内得到疏散，对建筑的损害最小。我们可以在基于性能的设计中找到更为详尽的描述（英国标准，2001）。消防安全规划（Malhotra，1987）清晰地概括了维护保护设备程序、消防参与者的

图 15.3　测试烟雾管理系统
资料来源：作者。

训练程序、火灾防止和疏散程序必须科学地进行统筹协调。

　　从根本上讲，建筑消防安全技术规范处理火灾事故。在"9·11事件"（美国联邦紧急管理事务局，2006）以及多起纵火案件发生之后，人们开始关注是否应当考虑非事故性火灾的问题。随着如此之多的政治和社会问题，恐怖袭击和纵火发生的概率要比以前高出很多。所以，应该对事故性火灾、纵火、恐怖攻击引起的火灾和地震之类自然灾害引起的火灾，做出区分。通过使用消防管理的软件、在建筑建设过程中设置在建筑中的监测硬件和主动消防保护系统，有关建筑全面消防安全的概念被提了出来。

基于性能的设计

　　由于专业人士和消防当局熟悉指令性消防技术规范，所以，它的执行比较容易。但是，对于新出现的一些建筑特征，它不一定能够很好地适应。当指令性规范不能迅速得到更新，以适应这种变化时，必须应用基于性能的设计（Performance-based design，PBD）（英国标准，2001；SFPE，2001；国家消防协会，2003）。消防安全工程（FSE）领域已经建立了一个新的分支（Magnusson et al，1995；Chow et al，1999）。这个新的专业不同于以指令性技术规范为基础的传统的消防工程设计。

　　基于性能的设计（PBD）方式和方法已经出现在许多国家的文件中（英国标准，2001；SFPE，2001；国家消防协会，2003）。在设计数据、工程方法（特别是火灾模型）和可以接受的标准等方面还有很多争议。由于在这些基于性能的设计项目中还没有大型事故发生，所以，统计数据还不足以适当地产生出火灾风险参数。

　　以下问题，特别是在证明基于性能的设计在安全性上同等于指令性技术规范时，需要在基于性能的设计中加以澄清：

- 消防安全目标不符合指令性技术规范（目标是给建筑使用者和消防队员提供生命安全设计，保护财产、不干扰工作和环境保护）；
- 相对事故性火灾的问题和相对一些建筑物（卡拉ok歌舞厅）的非事故性火灾的必要保护问题；
- 基于性能的设计所期待的安全水平，如严重灾害、一般灾害和轻微灾害；
- 适合于灾害评估的工程方式和方法；
- 采用在建筑建设过程中设置硬件和安装消防设施；
- 安全管理的重要性。

　　罗斯巴士（Rasbash）早在1977年就讨论过消防安全的目标，而这个意见直到1996年才公布出来。在定义消防安全目标时，风险的性质和风险的可接受性都应该加以考虑。有两个理由促使我们去确定消防安全目标：

　　1. 风险本身的技术性质是有差异的；所以，要求在防火措施上有不同的平衡。

　　2. 不同目的的消防安全要求不同的资源分配。

　　基于以上命题，已经产生了建筑控制的十项消防安全目标。最重要的目标是保护作为整体的公众免遭令人忧虑的事件所引起的焦虑。

　　实施一项全方位的火灾灾害物理实验室（ASTM，2000）相当昂贵，可能仅仅适合于测算经验参数、证明理论和做研究。消防工程方法包括相互关系和火灾模型。火灾模型已经用来研究处于不同阶段的火灾：

- 具有热传导性质的引燃模型支配着火灾的早期阶段；然而，热辐射在以后阶段变得越来越重要。还要求具有中间反应的燃烧化学。
- 在研究烟雾运动上，模拟火羽流是非常有用的。
- 对火苗出现之前状态的研究可能用来理解严重火灾发生之前的火环境，也能用来评估消防系统，如消防监测系统的反应。
- 向明火过度模型，包括非线性动力学的应用，也是一个很重要的模型。
- 对明火之后残留物进行评估，研究火灾给建筑物造成的影响，这对于建筑元素的阻燃研究十分重要。

　　实际开发这些模型是存在困难的，当然，人们已经做出了巨大的努力。建筑专业的人士对发生在一个房间里明火前阶段的火灾状态很有兴趣。有关这种明火前阶段的火灾状态的模型不少，它们已经在相关文献中出现（Cox，1995）。这些模型可以分为分区模型（CFAST，2007）和现场模型，这两个模型使用了计算流体动力学（Computational fluid dynamics，CFD）或定量热转换（numerical heat transfer，NHT）模型，以及气流网络模型（Klote and Milke，1992）。如果使用得当，这些模型可以用来作为供设计使用的火灾环境模拟。

显而易见，很难使用从有限差分法或控制体积法中推演出来的相对简单的线性方程组，通过偏微分方程组去描述一个复杂物理系统（在大多数情况下）。还有实质性推进这项工作的需要（McGrattan，2005）。这种技术的随意使用可能导致不正确的结论。

在使用计算流体动力学或定量热转换模拟一个发生在简单矩形建筑中由火灾引起的气流时，至少应该考虑到3个因素：

1. 应当对湍流背后的物理原理进行研究。目前已有的湍流闭合模型经过调整后可能提供许多参数。当我们研究燃烧物体的燃烧过程或消防灭火产生水蒸气时，情况会变得更为复杂。

2. 如果使用有限差分法，我们必须十分谨慎地使用孤立出来的方程组。同时使用差分方程和控制体积法不一定得到一组唯一的解。

3. 解决与压力相关的方程组的算法应该加以研究。

使用这些火灾模型所引起的争议集中在不同的问题上。验证和核查消防模型是必要的（AIAA，1998；Mok and Chow，2004；Gritzo et al，2005）。专业人士因为不熟悉火灾模型而受到责难。当然，论题本身正在积极地得到发展。甚至研究者本身也在应用其他学科迅速发展的理论方面面临困难。

中庭自动灭火喷水系统

自20世纪80年代早期开发香港尖东沙咀以来，远东地区的大型建筑中都建有中庭。许多其他大城市的购物中心、银行、公共交通枢纽和多目的的综合体中，也可以看到高度在100米以上的中庭。

过去20年期间，中庭高顶棚上安装自动灭火喷水系统（参见图15.4）成了一种必备的设计。然而，如图15.5所示，这样的系统存在许多问题。冷却对减少烟雾悬浮力产生不利影响。通过水滴的动量转移，空气的拖动效果干扰了烟雾层的稳定性。对于在中庭中逗留的人来讲，

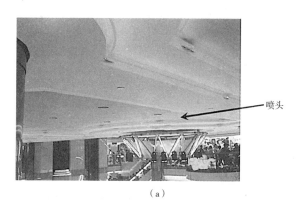
（a）

（b）

图15.4　中庭消防喷头。(a) 喷头；(b) 中庭
资料来源：作者。

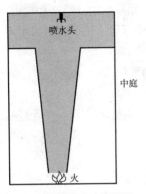
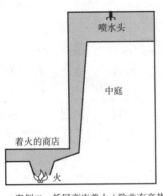
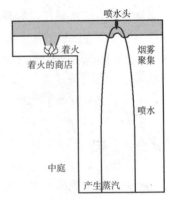

案例一：中庭层着火（很难激活喷头）

案例二：低层商店着火（除非有高热量释放速率，否则，难以激活喷头）

案例三：高层商店着火（喷头容易激活）

图15.5　中庭消防喷头的负面效果
资料来源：Chow（1996）。

烟雾聚集是危险的。

中庭层的易燃水平可能非常高（Chow，2005）（参见图15.6）。例如，那里有因烹饪引起火灾的餐饮服务。当中庭层充满了这类易燃物的时候，获得释放率能够到很高的值。最近对一个报摊所做的完整燃烧测试表明，热释放率可能超出8兆瓦。这种火势不可能通过传统的喷水灭火设施得到控制。必须安装适当的灭火系统在一定规模内控制住这样的火势。对于高层建筑空间，这类传统的喷水灭火系统是不适当的。长冲程侧壁喷头（参见图15.7）（Chow et al，2006a）是适当的，香港的许多新的和高层的购物中心应该安装这类消防设施。

图15.6　中庭中的易燃物
资料来源：作者。

重大火灾情况下的建筑结构

当重大火灾发生时，要求建筑结构在一定的时间内保持稳定。如果大火中的建筑不是垂直坍塌的话，建筑坍塌的多米诺骨牌效应对相邻建筑构成重大威胁，就像2001年世界贸易中心的事故一样。在香港这样的高密度城市,建筑技术规范对结构的稳定性有专门的评估规定（建筑部，1996a）。英国标准 BS476 决定耐火期（FRP）（英国标准，1990）。根据不同情况，耐火期的值设定为 0.5、1、2 或 4 小时。

在采用这种标准火灾测试中，至少应当关心 3 点：

1. 结构部件的测试通常是在具有标准温度－时间曲线的试验炉中完成的。热辐射流的效果没有包括其中（Harada et al，2004；Chow，2005~2006）。

2. 标准温度－时间曲线是由在木质房间里所做的试验数据确定下来的。测试者对火的载荷密度和房间的通风因素的不同值进行测试。但是，热释放速率没有测试。其他材料的燃烧效果，如塑料合成材料，不包括其中。

3. 应该对通过经验估计的较高温度条件的耐温期进行检测。

一个封闭状态下的火苗在燃烧到一定时候会出现空气不足：存在大量燃料，我们把这种火灾划分为通风控制型火灾。对周边空气的任何一点暴露，例如，玻璃窗破裂，都会给燃烧提供空气。一直达到 $1135MJ/m^{-2}$ 的长时间火灾可能源于大量的可燃物质（建筑部，1995；消防服务部，1998）。这样，热释放率将会大大增加。在这种情况下，建筑结构面对更为严峻的热环境。它们也许不再能承载和维持特定的耐火期。"9·11 事件"证明了这一点（美国联邦紧急管理事务局，2006），在如此巨大的火灾情况下，建筑结构不能维持 4 小时的耐火期。

图 15.8 说明了在重大火灾发生情况下，我们对具有 2 小时耐火期的防火卷帘所做的评估。在 10 兆瓦的汽油燃烧情况下，防火卷帘在不到 2 小时的时间里就破裂了。

（a）

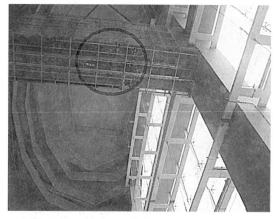

（b）

（c）

图 15.7　长冲程喷头：（a）供水模式；（b）安装；（c）测试
资料来源：作者。

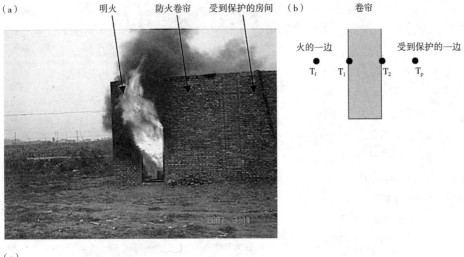

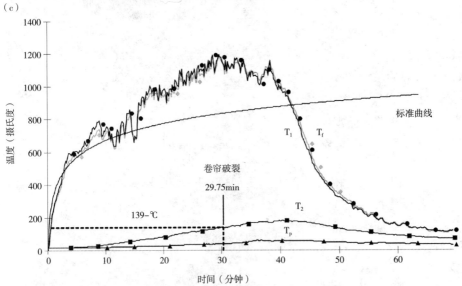

图 15.8 大火测试:(a) 大型火灾;(b) 热电偶的位置;(c) 温度－时间曲线
资料来源:作者。

超高层建筑

远东地区已经建设了大量超过 400 米高的建筑。台北的标志性高层建筑超出了 500 米的高度。世界上前 100 名高层居住建筑有 50% 以上在香港。专家已经提出了这类建筑与消防安全相关的大量问题,而疏散被认为是主要问题。"9·11"事件(美国联邦紧急管理事务局,2006)发生后,没有人愿意留在避难层等待救援(建筑部,1996b)。有关高层建筑安全方面的争议原先一直集中在疏散模式、逃生设施和消防通道、喷水系统等问题上。人们对消防安全的这类关注强调，整个疏散时间不超过 30 分钟，包括使用电梯和有秩序的疏散（Guo et al，2004）。嘉利大厦一幢老高层建筑，仅有 15 层，因为更换电梯引起了重大火灾，最终还是导致了严重人员伤亡。

我们应当小心翼翼地解决好新的高层建筑项目的消防安全问题。有必要在大规模燃烧试验的支撑下深入研究严重火灾。显然，超高层建筑的"完全疏散"可能需要 2 个小时的时间。把人们疏散到避难层需要同时兼顾减少整个疏散时间（参见图 15.9）。

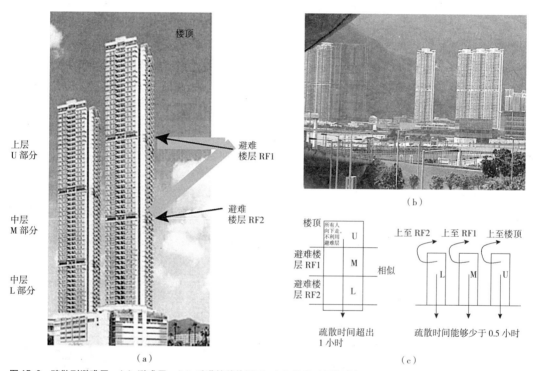

图 15.9　疏散到避难层：(a) 避难层；(b) 香港的其他例子；(c) 疏散时间的减少
资料来源：作者。

超高层建筑应该提供更多的紧急出口。当然，很难找到多余的空间设置更多的楼梯。按照基于性能的设计方式，有些超高层建筑建筑技术规范的要求可能会有更少的楼梯。尽管使用电梯作为疏散方式不失为一种值得考虑的选择，但是，香港还没有设计这类电梯。

给现存的超高层建筑提供安全的唯一途径是更新消防主动系统。至少有 3 个因素应该加以考虑：

1. 迅速检测。使用超高层建筑中适当的分区设计迅速检测到火情。
2. 迅速灭火。现在的设计标准要求配备清洁剂的新灭火系统（Chow et al，2004，Choy

et al，2004）。必须仔细地评估这种系统的性能。通过使用适当的保护涂层更新了的被动式阻燃因素也是很有效的。

3.迅速清除火灾区留下的灭火剂污染物。

玻璃外立面

使用玻璃的建筑特征可能导致其他一些消防安全问题（Hung and Chow，2003；Chow et al，2007）。虽然玻璃在火灾中不会燃烧，然而，当温度到一定水平时，玻璃相当脆弱（玻璃和釉制品联合会，1978；Hassani et al，1995；Loss Prevention Council，1999；British Standards，2005）。钢化玻璃的确能够承受较高的温度，但是，当温度超出它可以承受的阈值，钢化玻璃会变脆。玻璃本身是一个不良的导体：它很难将来自火源一方的热转移到其他方。冷热温度差导致热膨胀。当温度上升到 295℃时，热应力达到临界值，于是，钢化玻璃会破碎（玻璃和釉制品联合会，1978）。当温度达到 200℃时，铝合金窗框将变得很弱，而温度达到 550℃时，它将熔化。铝合金窗框的严重扭曲可能导致玻璃平面应力改变，这样，整个玻璃可能会落下来（防灾协会，1999；Chow et al，2007）。

玻璃的破碎和脱落，窗框火中的变化都将让空气以较高的速率流入，进而维持燃烧（Chow et al，2007）。这将导致更高的热释放率，引起严重损害。对于那些玻璃外立面的建筑，在这种情况下发生的严重火灾，并不罕见（Chow and Han，2006）。由于火焰水平蔓延到相邻建筑，风可能引起火旋风，甚至大面积火灾。

在许多水平上，火苗的冲出都会导致明火。2005 年辽宁省大连市一幢使用玻璃作为外立面的新建筑发生了大火。正如周和韩的观察，玻璃框架脱落（参见图 15.10）。公众已经对玻璃外立面的防火安全性提出质疑。双层玻璃的防火安全同样也引起了公众的关注（Chow and Hung，2006）。烟雾、热浪，甚至火苗可能充斥了所有的空间。这样，当内部玻璃框架而非外部玻璃框架破裂，后果是非常严重的。

玻璃窗框架坠落

图 15.10 2005 年 9 月 18 日，辽宁省大连市一幢使用玻璃作为外立面的建筑遭受火灾
资料来源：作者。

香港对基于性能的设计方法的应用

以香港作为高密度城市的一个例子，自 1998 年以来，基于性能的设计已经被认定为被动式建设因素的设计方法（英国标准，2001；SFPE，2001；国家消防协会，2003）。在香

港，基于性能的设计被公认为是一种消防工程方法（FEA）（建筑部，1998；Chow，2003a，2005a）。在消防工程方法中，地方特殊条件下获得的经验应当与消防科学与工程的一般理论一道使用。我们使用火灾的数学模型（Cox，1995）评估不同火灾情况的后果。为了证明设计的效果，可能需要整体规模的燃烧测试、比例模型研究、疏散模式的场地实测等。在灾害评估中，我们看到了三个层次的基于性能的设计研究：

1. 基础研究。基础研究项目是那些容易获得结果的研究。使用消防工程中的经验相关的方程。最可能的情况是，一个已经发生了的具有类似设计的案例。例如，研究连接步行桥的边墙，它高于阻燃建筑技术规范中 1.2 米高的规定值（建筑部，1996a）。

2. 中级研究。中级研究项目是那些能够使用已经建立起来的消防工程方法做分析的研究。尽管不完全相同，类似的项目过去已经做过，这样，中级研究分享过去的经验。例如，评估一个停车场的安全问题，它比指令性规范所规定的疏散距离值稍微长了一些（建筑部，1996b）。

3. 高级研究。高级研究项目是那些包括整体燃烧测试、评估不同火灾后果的火灾模型和研究要求的最小疏散时间的疏散模型等。问题本身可能并不复杂，但是，没有研究先例，也没有相关设计记录可以追溯。所以，很难找到相关的问题做参考。例如，是否能够用水平的窗间墙替代垂直的窗间墙。计算流体动力学或定量热转换将用于完整的燃烧测试中，以证明期待的设计工作。

由于安全规定是一个重要问题，所以应当仔细分析所有三个层次的项目。提交一个详细报告，说明如何解决所遇到的那个安全问题。政府主管部门的评估比较笼统，所以，研究报告必须具有很高的质量。消防设计本身就是把参数输入到几乎所有的火灾模型中，研究者已经指出了这样做的重要性（Yung and Benichou，2002）。由于目前还没有地方建筑材料性能的数据库，所以，对大型火车站大厅的消防设计使用的是非常小的 0.5 兆瓦。

文献表明，美国的消防工程协会已经做过一些联合性质的研究（Chow et al，2006b，2008b）。

原尺度燃烧试验的必要性

以上所说的消防工程方法可能还不能在一些项目上得到使用。火灾模型需要验证（AIAA，1998；Mok and chow，2004；Gritzo et al，2005）。明火下的灾害评估是必要的（Chow，2008b）。这就提出了对大型火灾做原尺度的燃烧测试（Chow et al 2003a；Chow，2004e）。相对于需要进行性能设计的大型项目的咨询费用来讲，这种测试费用非常低廉，在一次香港国际会议上，有人提出过这个观点。测量热释放率的费用远远低于土地费用、建设费用和重大火灾后的赔偿费用。

大型公共交通枢纽通常使用的隔间设计（Law，1990）就是一例。这种设计可能更好地使用空间，而不在整个空间里安装喷水和排烟设施。当然，对整个建筑都不安装排烟系

图 15.11 机场大火，1998：(a) 充满烟雾；(b) 不允许进入
资料来源：(a)《天天日报》(1998年4月30日)；(b)《南华早报》(1998年5月1日)。

统还是颇有争议的。正如香港机场候机楼运行前所证明的那样（《天天日报》，1998），尽管火势不大，烟雾还是充斥了整个大厅（参见图15.11）。它几乎花费了消防员2个小时，才找到起火点。所以，在大厅空间里不设置排烟设施是危险的。

"完整的"隔间一般都有用于灭火的自动喷水设施和用于排除小空间内的烟雾的排烟系统。然而，几乎没有几个系统的试验研究把关注点放在这类系统的设计上，或放在测量通过使用喷水设施究竟能够解除多大的热量（Beever，1998；Law，1998）。我们很难得出这样的结论，我们能够控制住隔间中一个其热释放率仅为2兆瓦的零售店火灾，甚至隔间里有喷水设施。瑞典一项有关零售店火灾的试验研究（Arvidson，2005）指出，薯条的燃烧可以让热释放率达到6兆瓦。

我们从1998年开始长期研究隔间火灾问题的项目，同时与内地的若干研究团队合作（Chow，2006）。这个项目从对一个"裸大厅"火灾环境和火灾发生可能性的理论分析入手。然后，进行了火势和烟雾溢漏到隔间中的试验，对隔间内的喷水和排烟设施的性能进了研究。这个项目的研究及其试验结果已经有过总结。

我们完成了对这些具有机械性排烟系统和喷水系统的完整的"隔间"基础试验研究。试验隔间的尺寸为3.5米长、4米宽、3米高。试验结果是，通常设计条件下的喷水系统不能完全熄灭低热释放率1.3MW的小火。尽管喷水系统在运行，但是，试验隔间内的所有易燃物均被燃烧。另外一种方案就是，安装水雾灭火系统（Chow et al，2003b）。我们使用实际尺寸下安装水雾系统的另外一组试验评估系统性能。报摊燃烧的热释放率达到 8MW。安装了水雾系统，它能够抑制火灾。

上述原尺度试验表明，喷水系统未必能够控制隔间火灾，对于那些充满太多可燃物的零售商店更是如此。安装水雾灭火系统可能是一种选择。对于只在大厅内安装了喷水系统，而没有在大厅外安装灭火系统的情况来讲，火灾失控的危险相当大。因为在一个小隔间中的火苗很容易发展起来。这项研究的报告还在不断公布中。进一步的完整隔间火灾试验应当继续进行，继续测量热释放率。

作为一种新专业的消防工程

对于那些不能执行指令性消防技术规范的特殊建筑,需要做基于性能的设计（PBD）（英国标准，2001；SFPE，2001，国家消防协会，2003）。当然，我们需要时间去训练足够的具有资格的消防工程师和官员。文献中不乏消防工程主题，然而还缺乏适当数目的工程师。基于性能的设计可能是指令性消防技术规范暂不到位时一个权宜之计，过渡期之后，再把这种设计补充到指令性消防技术规范中去。

消防工程的职业认可是重要的。美国有消防工程协会，大部分成员都是注册的专业工程师（Chow et al，2008c）。有关消防安全的高水平的研究和开发工作都在积极地进行之中。例如，包括赌场在内的大型宾馆、长且深的地铁隧道、大型地铁车站、高速公交系统、海上交通工具、航天器等。英国已经有了职业消防工程所，主要由消防官员组成。日本人在21世纪优秀项目第三届国际论坛上指出，他们正在考虑提出消防工程专业（东京科学大学，消防科学与技术中心，2008）。

香港理工大学已经在本人领导下开设了消防工程的本科和硕士学位课程（香港理工大学，1998，2000）。尽管本科课程暂时中止，硕士学位课程每年还招收 50 名学生。2005 年末，香港工程院建立了消防工程学科，2007 年建立了消防工程分组。目前，消防工程确定了 6 个课题（香港工程院，2008）：消防科学、人类心理学和生理学；主动消防系统分析；被动消防系统分析；法律、规定和标准；火灾风险管理。我们现在还在监测这种分类究竟是否适当。消防科学的发展相当迅速，然而，目前还没有地方大学开设消防工程的本科课程，消防工程专业能够与本科课程一道得到发展（Magnusson et al，1995；香港理工大学，1998；Chow et al，1999）。

结论

由于高密度城市的人口数目不断增长，建筑业的迅速发展成为一个关键问题。需要关切的新的消防安全问题有，新的建筑特征（CIBSE/ASHRAE，2003；Rose，2003），如大进深、框架结构的高层建筑、密封的建筑，使用新建筑材料，新的生活方式等。

过去已经有发生的重大火灾给我们提供了血的教训。在香港嘉利大厦大火之后（Chow，

1998），香港特区政府采取了如下行动：

- 要求更新旧高层建筑（即 1972 年以前建设的，当时没有严格的消防规定）的消防设施。
- 必须在结构稳定性、外装饰和消防安全等方面执行"消防安全监理规范"（建筑部，1997）。
- 建立了有关自动喷水系统的新的"消防服务令"（Services Ordinance，2004）。
- 在电梯维修期间，安装具有适当阻燃性的临时门道。

全面消防安全的概念应当成为指令性的消防技术规范或性能基础上的消防技术规范的基础（英国标准，1996；2001；SFPE，2001；国家消防协会，2003；Chow，2002，2004d）。
在 20 世纪 80 年代期间，许多消防工程的工作，包括那些没有公开发表的大型建设项目咨询报告，都开始执行性能基础上的设计。在 20 世纪 90 年代后期发生了若干起重大火灾之后，有些行动得到了支持。另外一个重大论题是，通过寻找消防工程系统和消防阻燃材料的替代品来保护环境。
经济需要对高层建筑、地下的地铁车站和大厅进行进一步的调查研究。以下是高密度城市消防工程应当加以考虑的问题：

- 关注具有玻璃外立面建筑的消防安全（Hung and Chow，2003；Chow et al，2007）。注意，在热带国家，这类建筑将会有较高的降温载荷，在遮蔽窗户之后，会更多地使用人工照明。
- 使用热释放速率（Yang and Benichou，2002）而不是火载荷密度，定量描述燃烧物对火灾发生的贡献，这一点是很重要的（建筑部，1995，1996a，1996b；消防服务部，1998）。
- 必须从自然通风、疏散和火灾蔓延等方面综合考虑各式各样建筑在一个地区的布局。
- 是否存在不符合消防技术规范的可能？
- 新的绿色的和可持续发展的设计是否已经得到了综合考虑？
- 选择用于气体保护系统和阻燃材料的适当清洁剂。应当对有或无适当灭火材料的环境进行评估。例如，使用卤代烷迅速灭火可能比排放气体的灭火剂更为有效，后者甚至不能够控制火势，可能释放出更多的烟雾来，可能发生大规模火势蔓延！

致谢

这一章的研究得到了裘槎基金会"超高建筑积极防火"项目的资金支持，项目号：PolyU 5-2H46。

参考文献

AIAA (American Institute of Aeronautics and Astronautics) (1998) *Guide for the Verification and Validation of Computational Fluid Dynamics Simulations*, AIAA G-077-1998, Reston, VA

Arvidson, M. (2005) 'Potato crisps and cheese nibbles burn fiercely', *Brand Posten*, no 32, pp10–11

ASCE/SEI (American Society of Civil Engineers/Structural Engineering Institute) (2006) *Minimum Design Loads for Buildings and Other Structures*, ASCE/SEI, Reston, VA

ASTM (American Society for Testing and Materials) (2000) *ASTM E-1546 Standard Guide for Development of Fire-Hazard-Assessment Standards*, ASTM, US

AWES (Australasian Wind Engineering Society) (2007) *Proceedings of the 12th International Conference on Wind Engineering ICWE12*, 1–6 July 2007, Cairns, Australia

Battagliax, F., McGrattan, K. B., Rehm, R. G. and Baum, H. R. (2000) 'Simulating fire whirls', *Combustion Theory and Modelling*, vol 4, pp123–138

Beever, P. (1998) 'On the "Cabins" fire safety design concept in the new Hong Kong airport terminal building', *Journal of Fire Sciences*, vol 16, no 3, pp151–158

Beijing Times (2005) 'Bus fire at Shanghai', *Beijing Times*, http://auto.china.com/zh_cn/carman/ceshi/11032065/20050718/12492690.html, accessed 18 August 2005

British Standards (1979) *BS 476 Fire Tests on Building Materials and Structures – Part 5: Method of Test for Ignitability*, British Standards Institution, London

British Standards (1990) *BS 476 Fire Tests on Building Materials and Structures – Part 20: Method for Determination of the Fire Resistance of Elements of Construction (General Principles)-AMD 6487*, 30 April 1990, British Standards Institution, UK

British Standards (1996) *BS 5588:1996 Fire Precautions in the Design, Construction and Use of Buildings – Part 0: Guide to Fire Safety Codes of Practice for Particular Premises/Applications*, British Standards Institution, London, UK

British Standards (2001) *7974: 2001 Application of Fire Safety Engineering Principles to the Design of Buildings – Code of Practice*, British Standards Institution, London

British Standards (2005) *BS 6262 Part 4 Code of Practice for Glazing for Buildings – Safety Related to Human Impact*, British Standards Institution, UK

Buildings Department (1995) *Code of Practice for Provisions of Means of Access for Firefighting and Rescue Purposes*, Buildings Department, Hong Kong

Buildings Department (1996a) *Code of Practice for Fire Resisting Construction*, Buildings Department, Hong Kong

Buildings Department (1996b) *Code of Practice for Provisions of Means of Escape in Case of Fire and Allied Requirements*, Buildings Department, Hong Kong

Buildings Department (1997) *Fire Safety Inspection Scheme*, Hong Kong, April

Buildings Department (1998) *Practice Note for Authorized Persons and Registered Structural Engineers: Guide to Fire Engineering Approach*, Guide BD GP/BREG/P/36, Buildings Department, Hong Kong Special Administrative Region, March

CFAST (2007) *Consolidated Model of Fire Growth and Smoke Transport*, www.bfrl.nist.gov/866/fmabbs.html# CFAST, accessed 2007

Chow, C. L. (in preparation) 'Fire safety concern for green or sustainable buildings with better thermal insulation'

Chow, C. L., Han, S. S. and Chow, W. K. (2002–2003) 'Smoke toxicity assessment of burning video compact disc boxes by a cone calorimeter', *Journal of Applied Fire Science*, vol 11, no 4, pp349–366

Chow, W. K. (1995) 'Studies on closed chamber fires', *Journal of Fire Sciences*, vol 13, no 2, pp89–103

Chow, W. K. (1996) 'Performance of sprinkler in atria', *Journal of Fire Sciences*, vol 14, no 6, pp466–488

Chow, W. K. (1997) 'On the "Cabins" fire safety design concept in the new Hong Kong airport terminal building', *Journal of Fire Sciences*, vol 15, no 4, pp404–423

Chow, W. K. (1998) 'Numerical studies on recent large high-rise building fire', *ASCE Journal of Architectural Engineering*, vol 4, no 2, pp65–74

Chow, W. K. (2001) 'General aspects of fire safety management for tunnels in Hong Kong', *Journal of Applied Fire Science*, vol 10, no 2, pp179–190

Chow, W. K. (2002) 'Proposed fire safety ranking system EB-FSRS for existing high-rise non-residential buildings in Hong Kong', *ASCE Journal of Architectural Engineering*, vol 8, no 4, pp116–124

Chow, W. K. (2003a) 'Fire safety in green or sustainable buildings: Application of the fire engineering approach in Hong Kong', *Architectural Science Review*, vol 46, no 3, pp297–303

Chow, W. K. (2003b) 'Observation on the two recent bus fires and preliminary recommendations to provide fire safety', *International Journal on Engineering Performance-Based Fire Codes*, vol 5, no 1, pp1–5

Chow, W. K. (2004a) 'Wind-induced indoor air flow in a highrise building adjacent to a vertical wall', *Applied Energy*, vol 77, no 2, pp225–234

Chow, W. K. (2004b) 'Application of computational fluid dynamics: Fire safety awareness for gas station in dense urban areas with wind effects', Paper presented to ASME Heat Transfer/Fluids Engineering Summer Conference, 11–15 July 2004, Charlotte, NC, Paper HT-FED04-56699

Chow, W. K. (2004c) 'Fire safety in train vehicle: Design based on accidental fire or arson fire?', *The Green Cross*, March/April

Chow, W. K. (ed) (2004d) *Proceedings of the Fire Conference 2004: Total Fire Safety Concept*, 6–7 December 2004, Hong Kong

Chow, W. K. (2004e) *International Journal on Engineering Performance-Based Fire Codes*, Special Issue on Full-Scale Burning Tests, vol 6, no 3

Chow, W. K. (2005a) 'Building fire safety in the Far East', *Architectural Science Review*, vol 48, no 4, pp285–294

Chow, W. K. (2005b) 'Fire hazard assessment of combustibles in big terminals', *International Journal of Risk Assessment and Management*, vol 5, no 1, pp66–75

Chow, W. K. (2005–2006) 'Assessing construction elements with lower fire resistance rating under big fires', *Journal of Applied Fire Science*, vol 14, no 4, pp339–346

Chow, W. K. (2006) 'A long-term research programme on studying cabin fires', Invited Speaker – Fire Asia 2006 – Best Practices in Life Safety, 15–17 February 2006, Hong Kong Convention and Exhibition Centre (HKCEC), Hong Kong

Chow, W. K. (2007) 'Fire safety of supertall buildings and necessity of upgrading active protection systems', Paper presented to International Colloquium on Fire Science and Technology 2007, Seoul, Korea, 25 October

Chow, W. K. (2008a) Correspondences with TVB reporter on possible fire hazards in buildings with glass façades, February

Chow, W. K. (2008b) 'Necessity of testing combustibles under well-developed fires', *Journal of Fire Sciences*, vol 26, no 4, pp311–329

Chow, W. K. and Chow, C. L. (2003) 'Awareness of fire safety for green and sustainable buildings', *Fire Prevention and Fire Engineers Journal*, September, pp34–35

Chow, W. K. and Han, S. S. (2006) 'Report on a recent fire in a new curtain-walled building in downtown Dalian', *International Journal on Engineering Performance-Based Fire Codes*, vol 8, no 3, pp84–87

Chow, W. K. and Hung, W. Y. (2006) 'Effect of cavity depth on fire spreading of double-skin façade', *Building and Environment*, vol 41, no 7, pp970–979

Chow, W. K. and Lui, G. C. H. (2001) 'A fire safety ranking system for karaoke establishments in Hong Kong', *Journal of Fire Sciences*, vol 19, no 2, pp106–120

Chow, W. K. and Tao, W. Q. (2003) *Application of Fire Field Modeling in Fire Safety Engineering: Computational Fluid Dynamics (CFD) or Numerical Heat Transfer (NHT)?*, CPD lecture, 29 March

Chow, W. K., Wong, L. T., Chan, K. T., Fong, N. K. and Ho, P. L. (1999) 'Fire safety engineering: Comparison of a new degree programme with the model curriculum', *Fire Safety Journal*, vol 32, no 1, pp1–15

Chow, W. K., Zou, G. W., Dong, H. and Gao, Y. (2003a) 'Necessity of carrying out full-scale burning tests for post-flashover retail shop fires', *International Journal on Engineering Performance-Based Fire Codes*, vol 5, no 1, pp20–27

Chow, W. K., Gao, Y., Dong, H., Zou, G. W. and Meng, L. (2003b) 'Will water mist extinguish a liquid fire rapidly?', *Architectural Science Review*, vol 46, no 2, pp139–144

Chow, W. K., Lee, E. P. F., Chau, F. T. and Dyke, J. M. (2004) 'The necessity of studying chemical reactions of the clean agent heptafluoropropane in fire extinguishment', *Architectural Science Review*, vol 47, no 3, pp223–228

Chow, W. K., Gao, Y., Zou, G. W. and Dong, H. (2006a) 'Performance evaluation of sidewall long-throw sprinklers at height', Paper presented at the 9th AIAA/ASME Joint Thermophysics and Heat Transfer Conference, 5–8 June 2006, San Francisco, CA, Paper AIAA-2006-3288

Chow, W. K., Fong, N. K., Pang, E. C. L., Lau, F. K. W. and Kong, K. S. M. (2006b) 'Case study for performance-based design in Hong Kong', Paper presented to 6th International Conference on Performance-Based Codes and Fire Safety Design Method, Project Presented, 14–16 June 2006, Tokyo, Japan, pp148–161

Chow, W. K., Han, S. S., Chow, C. L. and So, A. K. W. (2007) 'Experimental measurement on air temperature in a glass façade fire', *International Journal on Engineering Performance-Based Fire Codes*, vol 9, no 2, pp78–86

Chow, W. K., Leung, C. W., Zou, G. W., Dong, H. and Gao, Y. (2008a) 'Flame spread over plastic materials in flashover room fires', *Construction and Building Materials*, vol 22, no 4, pp629–634

Chow, W. K., Tsui, F. S. C. and Ko, S. L. L. (2008b) 'Performance-based design analysis – High-rise apartment building', Paper presented to 7th International Conference on Performance-Based Codes and Fire Safety Design Methods, Auckland, New Zealand, 16–18 April

Chow, W. K., Fleming, R. P., Jelenewicz, C. and Fong, N. K. (2008c) *Fire Protection Engineering, SFPE and Common*

Problems in Performance-Based Design for Building Fire Safety, CPD lecture, Hong Kong Polytechnic University, Hong Kong, China, 12 April

Choy, R. M. W., Chow, W. K. and Fong, N. K. (2004) 'Assessing the clean agent heptafluoropropane by the cup burner test', *Journal of Applied Fire Science*, vol 12, no 1, pp23–40

CIBSE/ASHRAE (2003) *The 2003 CIBSE/ASHRAE Conference Building Sustainability, Value and Profit*, Edinburgh International Conference Centre, Scotland, 24–26 September

Cox, G. (1995) *Combustion Fundamentals of Fires*, Academic Press, London

Dowling, V. P., White, N., Webb, A. K. and Barnett, J. R. (2007) 'When a passenger train burns, how big is the fire?', Paper presented to 7th Asia-Oceania Symposium on Fire Science and Technology, Invited Speech, 20–22 September 2007, Hong Kong

Federal Emergency Management Agency (2006) *World Trade Center Building Performance Study*, US, May

Fire Services Department (1998) *Code of Practice for Minimum Fire Service Installation and Equipment*, Fire Services Department, Hong Kong

Glass and Glazing Federation (1978) *Glazing Manual*, Glass and Glazing Federation, London

Gritzo, L. A., Senseny, P. E., Xin, Y. B. and Thomas J. R. (2005) 'The international FORUM of fire research directors: A position paper on verification and validation of numerical fire models', *Fire Safety Journal*, vol 40, no 5, pp485–490

Guo, D. G., Wong, K., Kang, L., Shi, B. and Luo, M. C. (2004) 'Lift evacuation of ultra-high rise building', in *Proceedings of the Fire Conference 2004 – Total Fire Safety Concept*, 6–7 December 2004, Hong Kong, China, vol 1, pp151–158

Harada, K., Ohmiya, Y., Natori, A. and Nakamichi, A. (2004) 'Technical basis on structural fire resistance design in building standards law of Japan', *Fire and Materials*, vol 28, no 2–4, pp323–341

Hassani, S. K. S., Shields, T. J. and Silcock, G. W. (1995) 'Thermal fracture of window glazing: Performance of glazing in fire', *Journal of Applied Fire Science*, vol 4, no 4, pp249–263

HKIE (2008) 'Fire Division – Introduction to the Division', www.hkie.org.hk/~Eng/html/AboutTheHKIE/Disciplines/fir.htm80Fire, accessed April 2008

Ho, D. C. W., Lo, S. M., Tiu, C. Y., Cheng, W. Y. and To, M. Y. (2002) 'Building officials' perception on the use of performance-based fire engineering approach in building design – A second stage study', *International Journal on Engineering Performance-Based Fire Codes*, vol 4, no 4, pp119–126

Hong Kong Polytechnic University (1998) *BEng(Hons) in Building Services Engineering with Specialism in Fire Engineering*, Hong Kong Polytechnic University, Hong Kong, China

Hong Kong Polytechnic University (2000) *MSc in Fire Safety Engineering*, Hong Kong Polytechnic University, Hong Kong, China

Hung, W. Y. and Chow, W. K. (2002) 'Architectural features for the environmental friendly century', Paper presented to New Symbiotic Building and Environmental Technology – The Future Scope in Subtropical Region, Sustainable Building 2002: 3rd International Conference on Sustainable Building, 23–25 September 2002, Oslo, Norway, Paper 011

Hung, W. Y. and Chow, W. K. (2003) 'Fire safety in new architectural design associated with the extensive use of glass', in *Proceedings of the International Symposium on Fire Science and Fire-Protection Engineering*, 12–15 October 2003, Beijing, China, pp389–396

Kashiwagi, T., Butler, K. M. and Gilman, J. W. (2000) *Fire Safe Materials Project at NIST*, NISTIR 6588, National Institute of Standards and Technology, Gaithersburg, MD

Klote, J. H. and Milke, J. (1992) *Design of Smoke Management Systems*, ASHRAE Publications 90022, Atlanta, GA

Lam, C. M. (1995) 'Fire safety strategies for the new Chek Lap Kok International Airport', in *Conference Proceedings of Asiaflam '95*, 15–16 March 1995, Hong Kong, pp63–68

Law, M. (1990) 'Fire and smoke models – Their use on the design of some large buildings', *ASHRAE Transactions*, vol 96, no 1, pp963–971

Law, M. (1998) 'On the "Cabins" fire safety design concept in the new Hong Kong airport terminal building', *Journal of Fire Sciences*, vol 16, no 3, pp149–150

Li, J. and Chow, W. K. (2008) 'Key equations for studying emergency evacuation in performance-based design', Paper presented to the 3rd International Symposium on the 21st Century Centre of Excellence Programme, Centre for Fire Science and Technology, Tokyo University of Science, Japan, 10–11 March

Loss Prevention Council (1999) *Fire Spreading in Multi-Storey Buildings with Glazed Curtain Wall Façades*, LPC 11, Loss Prevention Council, Borehamwood, UK

Magnusson, S. E., Drysdale, D. D., Fitzgerald, R. W., Motevalli, V., Mowner, F., Quintiere, J., Williamson, R. B. and Zalosh, R. G. (1995) 'A proposal for a model curriculum in fire safety engineering', *Fire Safety Journal*, vol 25, no 1, pp1–88

Malhotra, H. L. (1987) *Fire Safety in Buildings*, Building Research Establishment Report, Department of the Environment, Building Research Establishment, Fire Research Station, Borehamwood, Herts, UK

McGrattan, K. (2005) 'Fire modelling: Where are we now, and where are we going?', Paper presented to 8th International Symposium on Fire Safety Science, Invited Lecture 3, Tsinghua University, Beijing, China, 18–23 September 2005, International Association for Fire Safety Science

Mok, W. K. and Chow, W. K. (2004) 'Verification and validation in modeling fire by computational fluid dynamics', *International Journal on Architectural Science*, vol 5, no 3, pp58–67

National Fire Protection Association (2003) *NFPA 5000 Building Construction and Safety Code*, NFPA, Quincy, MA

Pitts, W. M. (1991) 'Wind effects on fires', *Progress in Energy and Combustion Science*, vol 17, no 2, pp83–134

Rasbash, D. J. (1996) 'Fire safety objectives for buildings', *Fire Technology*, vol 32, no 4, pp348–350

Rose, E. (2003) 'Communication called industry's weakness', *ASHRAE Journal*, vol 45, no 11, pp6, 8, 55–56

Services Ordinance (2004) *Laws of Hong Kong and Its Sub-Leg Regulations*, Hong Kong Special Administrative Region, Hong Kong, Chapter 95

SFPE (Society of Fire Protection Engineers) (2001) *SFPE Engineering Guide to Performance-Based Fire Protection Analysis and Design of Buildings*, Society of Fire Protection Engineers, Bethesda, MD

Tin Tin Daily News (1998) 'No 3 alarm fire at the new Hong Kong International Airport passenger terminal', *Tin Tin Daily News*, Hong Kong, 30 April

Tsujimoto, M. (2008) Paper presented to The Future of the 21st COE Programme of TUS, 3rd International Symposium on the 21st Century Centre of Excellence Programme, Centre for Fire Science and Technology, Tokyo University of Science, Japan, 10–11 March

Wang, J. Q. and Chow, W. K. (2005) 'A brief review on fire retardants for polymeric foams', *Journal of Applied Polymer Science*, vol 97, no 1, pp366–376

Wu, P. K. (2005) 'Heat flux pipe in large-scale fire tests', Paper presented to 8th International Symposium on Fire Safety Science, Tsinghua University, Beijing, China, 18–23 September 2005, International Association for Fire Safety Science, Paper MM-3

Yung, D. T. and Benichou, N. (2002) 'How design fires can be used in fire hazard analysis', *Fire Technology*, vol 38, no 3, pp231–242

第 16 章

城市绿化对高密度城市的作用

皇轩纽克和陈羽

引言

随着迅速的城市化，城市人口和建筑已经有了巨大的增长。高度集中的城市建成区地表覆盖已经引起了大量环境问题。例如，城市热岛（UHI）效应就是这样一种环境问题，高密度建成区里的气温高于郊区乡村地区的气温。气象学家卢克·霍华德（Luck Howard，1833）在伦敦撰写的第一份有关热岛现象的报告，时间已经过去 100 多年了。经过多年的研究之后，人们现在对城市里的热岛效应有了很好的了解。城市热岛的基本根源是迅速的城市化，城市化用巨大的硬质表面替代了自然景观，如城市里的建筑立面、道路和铺装。首先，建成环境中的这些硬质表面以长波辐射形式把太阳能重新反射到周边地区。由于缺乏大规模植被，进而失去了完成自然降温的工具，植被通过蒸发让周边空气冷却下来。另外，城市中大量不透水表面导致那里缺乏湿度，这加剧了城市热岛。雨水迅速被排除掉。最后，源于燃烧过程和使用空调而产生的热及其污染物的温室效应都使城市的气温增加。这种与空气污染相伴的温度增加让烟雾积累起来，进而损害自然环境和危害人体健康。城市热岛也让消费者支出更多，因为我们需要更多能源来给建筑物降温。按照兰兹伯格的看法，我们能够在世界范围的每一个城镇里看到城市热岛，城市热岛是城市化的最明显的气候表现。在世界上的一些大城市里，气温能够比周边乡村郊区高出 10℃，如洛杉矶、上海、东京、新德里和吉隆坡（Nichol，1996；Tso，1996）。

城市里的绿色区域可以看作是与水泥森林战斗的生态措施，因为植物能够产生"绿洲效应"，在宏观和微观层次上减缓城市变暖。一旦植物覆盖了硬质表面，从表面吸收的热从人工层转移到生命层。树叶能够捕获大部分的太阳辐射，例如，研究人员发现，树木能够截获了 60%~90% 的太阳辐射（Lesiuk，2000）。除开非常小的一部分太阳辐射经过光合作用转化成化学能之外，大部分太阳能够转化成为潜热，把水从液体转化成为气体，从而降低叶面温度，降低周边气温，通过蒸发过程增加周边空气中的湿度。晚上，绿色表面释放出来纯粹辐射能量，而热通量和潜热通量进入绿色表面。这样，围绕绿色地区的气温比起建成环境内的气温要低。另一方面,植物覆盖的任何表面有一个比矿物表面要低的波文比。按照桑塔莫雷斯的意见，建成环境的波文比一般大约为 5。然而，植被覆盖区的波文比大约在 0.5~2 之间。较低的波文比意味着，当一个区域吸收类似辐射时，能够使周边气温比较低。而且，贯穿整个城市的绿化以自然保护区、城市公园、街区公园、屋顶花园等形式存在的话，通过新增的蒸发表面而调整整个城市的能量平衡。绿色植被实际上提供潮湿资源以便蒸发。更多的吸收的辐射能够消散为潜热通量而不是直接感觉到的热，这样，便能够降低城市温度。

在一个建成环境中，我们能够把热岛效应描绘为建筑物和城市气候之间的一种冲突。让我们考虑植物对这个"冲突"的积极影响，陈和皇提出了一个理论模型，进一步理解建成环境单个组成部分之间的相互作用（参见图 16.1）。这个模型不仅包括三个组成成分，还包括它们之间的相

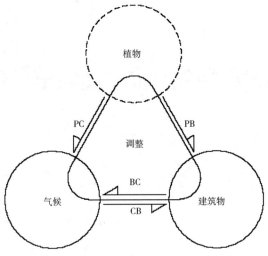

图16.1　环境模型（把植物看作控制环境的主要部分）
资料来源：作者。

互关系（PB，PC，BC 和 CB）。PB 是引入建成环境的植被量。当我们把更多植被量引入建成环境，PB 会进一步得到强化。PC 是植物能够调整城市气候的能力。BC 和 CB 都是气候和建筑物之间的相互作用。从这个模型出发（参见图 16.2），产生了两个假定。当植物果真很大程度地改变了气候和建筑时，它们之间叠加的阴影部分减少，这种减少的意义在于，冲突发生的比较少，或者用于减少这种冲突的能源相对比较少（参见图 16.2，假定 1）。另一方面，当植物对气候和建筑的影响不大时，阴影部分会扩大。这就意味着，更大的负面冲突发生了，或者说，要使用更多的能源来调整负面的效果（参见图 16.2，假定 2）。为了揭示出建筑环境中绿化对热岛效应的影响，我们需要定量地证明这两个假定。

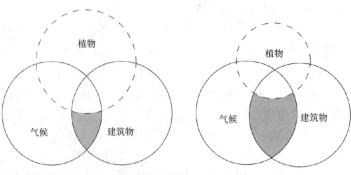

图16.2　假定 1（左）和假定 2（右）的图解
资料来源：作者。

利用植物降低周边气温

城市公园

虽然一棵树也能调整气候，然而，一棵树的影响仅仅局限于小气候。大型城市公园能够把这些积极的效果扩大到周边的建成环境中。为了研究热带气候条件下的热效益，我们对新加坡的两个公园进行了研究，一个是地处新加坡中部的武吉巴督自然公园（Bukit Batok Natural Park，BBNP），占地 36 公顷，另一个是地处新加坡西部的金文泰森林公园（Celmenti Woods Park），占地 12 公顷（Chen and Wong，2006）。

在武吉巴督自然公园中，我们选择了 5 个测量点，而在公园之外的居民点，我们也设置了 5 个测量点。所有的测量点之间间隔约为 100 米。为了了解武吉巴督自然公园的降温效果，我们把不同测量点所获得温度数据进行了比较（参见图 16.3）。在武吉巴督自然公园内部测量到的平均气温要低于在居民区测量到的平均气温。从武吉巴督自然公园内设置的 5 个点看，点 1~4 点测量到的平均气温在 25.2~25.5℃之间，点 5 靠近武吉巴督自然公园的边缘，所以，测量到的平均气温稍许高一点，周边停车场和高速公路上的车辆所产生的人为热量可能影响到测量数据。另一方面，从布置在住宅开发委员会（HDB）居住区中测量点所获得平均气温数据有序升高。这种现象说明，武吉巴督自然公园对其周边地区的确存在降温效果，但是，这种降温效果取决于它们之间的距离。点 9 测量到的平均温度最高，它比在点 6 获得的平均气温高出 1.3℃，点 6 距离武吉巴督自然公园最近。在公园里测量到

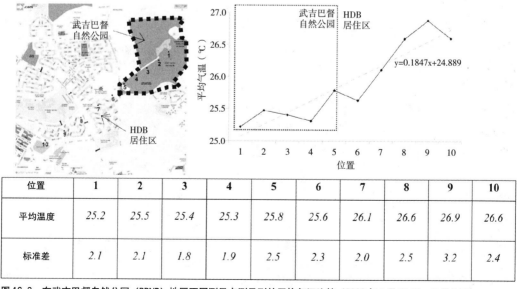

位置	1	2	3	4	5	6	7	8	9	10
平均温度	25.2	25.5	25.4	25.3	25.8	25.6	26.1	26.6	26.9	26.6
标准差	2.1	2.1	1.8	1.9	2.5	2.3	2.0	2.5	3.2	2.4

图 16.3 在武吉巴督自然公园（BBNP）地区不同测量点测量到的平均气温比较（2003 年 1 月 11 日～2 月 5 日）
资料来源：作者。

的平均气温和在居住区里测量到的平均气温之间还有另外一个有趣的差别，即它们在标准差上的差别。在武吉巴督自然公园内获得标准差从 1.8 到 2.1（点 1~点 4），而在建成环境中获得的标准差从 2.0 到 3.2（点 5~点 10）。这种现象表明，大规模植物可能具有稳定一天中周围气温变化的能力。

我们在武吉巴督自然公园中共测量了 26 天。在武吉巴督自然公园中总能观察到比较低的温度，所以，我们可以把武吉巴督自然公园定义为"降温源"。为了决定降温源与建筑环境中的点之间的关系，我们做了一个比较相关分析。由于点 3 在 26 天的测量中具有比较低的平均气温和最低的标准差，所以，我们把点 3 作为参考点。从公园向外，测量点周边温度呈梯度上升。图 16.4 突出表现了接近公园（点 6）和远离公园（点 9）之间测量温度的梯度差异。我们能够在一个长时间内观测到这些测量点之间温度上升的一致性。

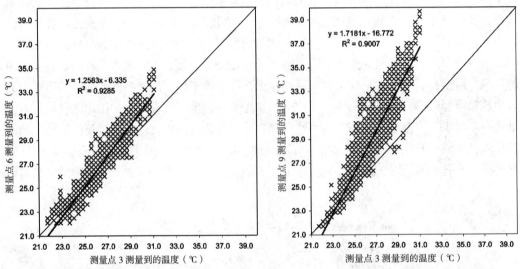

图 16.4 测量点 6 和 3，9 和 3 的相关分析
资料来源：作者。

为了进一步探索接近武吉巴督自然公园的典型商业建筑的能量消费模式，我们使用了环境设计方案有限（EDSL）的"热分析模拟软件"（TAS）。这个商业建筑是一幢典型的 8 层高楼，就建筑内部条件而言，需要一些一般能源消费：

• 从早 8 点至晚 6 点，运行空调。
• 建筑内部温度在 22.5~25.5℃之间。
• 相对湿度低于 70%。
• 照明增益为 15 瓦 / 平方米。
• 居住敏感和潜在热增益为 15 瓦 / 平方米。
• 设备敏感热增益为 20 瓦 / 平方米。

假定把商业建筑布置在公园内、公园外 100 米、200 米、300 米和 400 米的位置上，连续计算商业建筑的降温载荷。图 16.5 表达了把这个商业建筑布置在武吉巴督自然公园内外不同位置上的降温载荷计算结果。降温载荷之间的差别是明显的。假定把这个商业建筑布置在武吉巴督自然公园内，其降温载荷最低，约 9077 千瓦小时，而把这个商业建筑布置在距武吉巴督自然公园外 400 米的位置上时（测量点 9），其降温载荷最高，

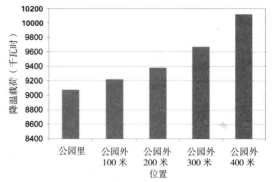

图 16.5　不同位置上的降温载荷比较
资料来源：作者。

约 10123 千瓦小时。把一个商业建筑布置在国家公园内是不现实的。然而，把它布置在接近公园或绿化区域还是有可能的。当我们把一个建筑布置在接近公园的地方，能够节约能源。

在金文泰森林公园（Celmenti Woods Park，CWP）中，测量点 1 获得的平均气温最低，25.7℃，那里有茂密的树木草坪。而在金文泰森林公园中的其他测量点上获得平均温度在 27.2~27.5℃。测量点 1 和其他测量点之间的温度差可能用植树的密度做解释。除开比较气温外，我们还对不同位置之间太阳辐射和气温的相关性做了分析（参见图 16.6）。我们从接近金文泰森林公园的气象站获得太阳辐射主数据。随着不同位置所接受到的太阳辐射的增加，温度也相应增加。点 1 的趋势线处于这一组趋势线的最底部，从公园里和接近公园的测量点上获得的趋势线居中。而从远离公园的测量点，如 9、11 和 13，获得的趋势线居于这一组趋势线的顶部。这些发现与原先的分析是一致的；但是，有趣的现象是，这些趋势线的斜率几乎相同。换句话说，决定因素似乎是太阳辐射，它能够很容易地让其他影响变得模糊起来。

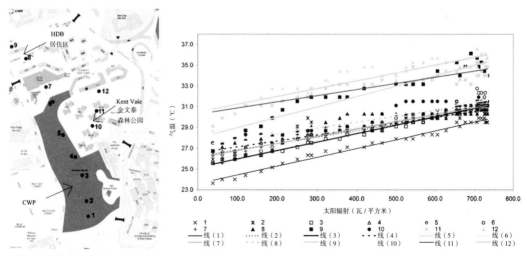

图 16.6　所有测量位置上太阳辐射和气温之间的相关分析
资料来源：作者。

为了得到金文泰森林公园如何影响周边地区的印象，我们假定了三种发展前景，保留这个公园、清除掉这个公园、用建筑物替换掉这个公园，用 ENVI-met 模拟这三种情况。

图 16.7 展示了在中午 12 点时三种设想的断面比较。显而易见，植被覆盖区能够在它

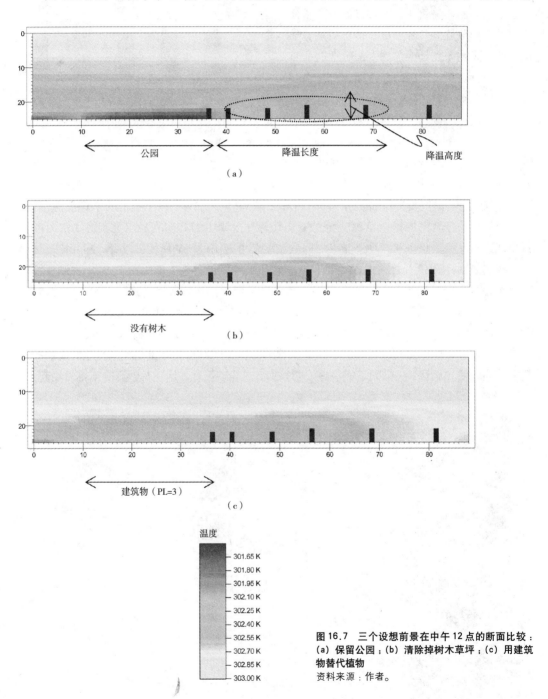

（a）

（b）

（c）

温度

301.65 K
301.80 K
301.95 K
302.10 K
302.25 K
302.40 K
302.55 K
302.70 K
302.85 K
303.00 K

图 16.7　三个设想前景在中午 12 点的断面比较：
（a）保留公园；（b）清除掉树木草坪；（c）用建筑物替代植物
资料来源：作者。

的背风面产生一个低温区。这个区域的长度几乎等于这个绿色区域的长度。当然，距离这个绿色区域越近，获得的温度越低。这个低温区域的最大高度约为70~80米。在这个模拟模型中，最高的建筑（住宅开发委员会建筑区）的高度为66米。所以，我们可以得出这样的结论，如果建筑物靠近金文泰森林公园，在晚上，那里高层建筑的上下部分均能获得植被带来的降温效益。如果把这些植被完全清除掉，在建成环境中，只能找到非常小的低温区。如果完全用建筑物替换掉这个公园里的植被，那么，高温区将替代低温区。

道路树木

　　在新加坡，沿着道路植树十分普遍。这样做的最初目的是给步行者提供树荫和视觉美感。然而，我们不能够忽视道路树木，特别是在低层建筑和成熟的树木环境下，对周围环境所产生的热效应。我们在新加坡的大士（Tuas）工业区对此做过测试。我们选择了三条道路，它们具有不同的道路树木密度（参见图16.8）。大士2路和大士8路是这个地区两条平行的大道。沿着大士2路的树木非常茂密，而沿大士8路的树木相对稀疏。两条大道白天都是繁忙的交通要道。大士南3街远离大士2路和大士8路，处在大士的南部地区。与大士2路和大士8路相比，大士南3街道路狭窄，只有非常少的幼树，交通并不繁忙。我们在这三条街上均衡地设置了21个测量点，点与点之间的距离大约在100米左右。

图16.8　在大士地区选择的三条道路：（左）大士2路；（中）大士8路；（右）大士南3街
资料来源：作者。

　　图16.9是对这三条街（28天）温度测量结果的比较。非常有意义的是，从大士2路、大士8路和大士南3街所获得的平均温度值正好符合这些道路植树的密度排列。大士2路的平均温度值最低，比大士8路和大士南3街的温度相应低0.5℃和0.6℃。尽管沿大士8路的树木要比大士南3街要繁茂一些，但是，大士8路的平均温度值比大士南3街稍许低一点。产生这种结果的可能原因之一是大士8路繁忙的交通。通常情况下，最高温度出现在入射的太阳辐射最强的白天。对于那些具有相对茂密树木的道路，还必须考虑到交通产生的热，否则，我们很难解释为什么那里在白天有比较高的气温。

　　为了探索极端条件，我们在一个晴天里对这三条道路的平均温度进行了比较。大士2路、大士8路和大士南3街的平均温度分别为23.2~34.0℃，24.4~36.1℃，25.2~34.9℃。在晚上，对这三条道路的测量与预期的一致，大士2路的平均温度最低，而大士8路和大士南 3 街的平均温度相对高一些。在白天，特别是上午 10 点至下午 5 点 30 分，大士 2 路和大士 8 路的交通相当繁忙，交通对温度的干扰明显可见，所以测量到的温度也比较高。

使用已经获得的数据，我们随后使用 TAS 软件进行了模拟。使用 TAS 所建立的模型是以一个标准的独立工厂为基础的，这种工厂在这个工业区里很常见。我们做出了若干假定：

• 这个工厂的建筑物内部使用空调。
• 室内温度设置在 24℃。
• 早 7 点至晚 7 点为工作时间。
• 没有任何内部热源（避免对内部环境的可能干扰）。

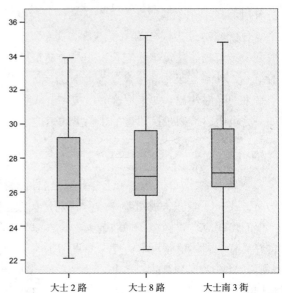

	大士 2 路	大士 8 路	大士南 3 街
平均	27.3	27.8	27.9
中等	26.4	26.9	27.1
标准差	2.6	2.7	2.4

图 16.9　2005 年 3 月 21 日至 4 月 14 日期间，从大士地区不同位置上获得的平均温度（℃）箱形图
资料来源：作者。

通过调整从现场测量到的适当边界条件的气候数据来进行模拟。这个工厂模型分别放到现场测量时所遇到的 4 个案例中。案例 1 是大士南 3 街的环境，那里只有幼树，没有产生有效的树荫。案例 2 是大士 8 路的环境，沿路种植了中密度的树木，白天交通非常繁忙。案例 3 和案例 4 均来自大士 2 路的环境。不同点是，案例 3 使用的是整个道路的平均温度，而案例 4 使用的是这条道路上最低温度测量点的数据。图 16.11 展示了这个模拟的结果。结论是清楚的，一个独立而处的工厂如果布置在一个具有茂密沿路树木的环境中，能够节省建筑内部用于降温的能源。以案例 1 作为一个标志，在晴天情况下，如果处在一个具有合理密度道路树木的环境中，能够节约 5% 的能源，如果处在一个具有极端稠密道路树木的环境中，能够节约 23% 的能源。道路树木也能够在多云的天气里对节约能源有所贡献（相对以上案例，分别为 11% 和 38%。在案例 2 中，潜在的节约几乎为 0。之所以如此的原因是，白天的交通过于繁忙。

若干建筑附近的景观

若干建筑附近的景观既能够给居民们提供美感，也能给他们一种自然界的尺度。还能够让生活在水泥森林中的人们提供一种在心理上与自然环境的联系。为了探索植物在调整若干建筑附近气温方面的作用，我们在两个商务园区和两个居住街区里分别做了两次测试。樟宜商务园（Changi Business Park，CBP）和国际商务园（International Business Park，IBP）

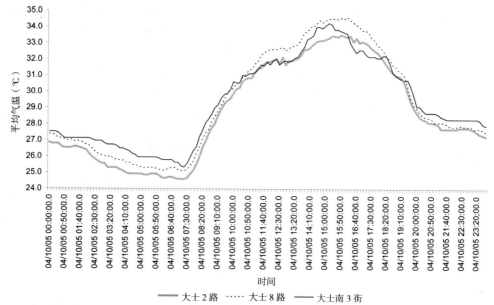

图 16.10 2005 年 4 月 10 日，从大士地区获得的平均温度比较
资料来源：作者。

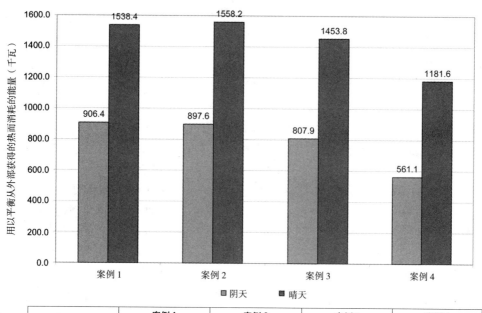

	案例 1	案例 2	案例 3	案例 4
阴天	0%	1%	11%	38%
晴天	0%	−1%	5%	23%

图 16.11 为平衡外部获得的热所消费的降温能源与因道路树木而节约的能源比较
资料来源：作者。

都具有相当规模景观，两个商务园区相距很近。因为樟宜商务园（CBP）还在建设中，所以，有可能给那些能够看到成规模绿色植物的空地提供一个参考点（绿色的参考点）。除开在樟宜商务园的边界内设置的测量点之外，另外两个测量点设置在紧靠樟宜商务园的传统工业区里。在国际商务园、樟宜商务园和相邻地区总共设置了17个测量点（图16.12）。

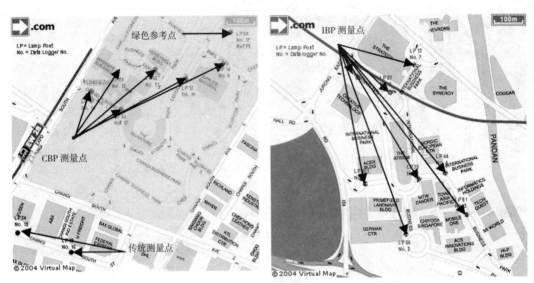

图 16.12　在樟宜商务园（左）和国际商务园（右）中设置的测量点
资料来源：作者。

　　我们对不同观测点20天期间的平均温度进行了比较（参见图16.13）。可以看到，具有成规模绿色植物的那片空地平均气温明显比其他测量点的温度低（1.5~1.8℃）。国际商务园、樟宜商务园与传统工业区之间有0.2~0.3℃的稍许差别。

　　实际上，这个长期比较揭示了景观化建成环境的两个极端情况。在有成规模绿色植物的地方，周边气温倾向于比较低，相反，在没有什么植被覆盖的地方，温度能够升高1.8℃左右。由两个商务园区的植物对潜在降温的影响能够因为日间强烈的太阳辐射而被掩盖起来。植物不仅与直接的入射太阳辐射平衡，也与周围建筑反射的间接辐射维持平衡。这可以用来解释为什么国际商务园、樟宜商务园与传统工业区之间仅有稍许温度差。

　　另外一个很值得关注的问题是，我们应当以集中的还是分散的方式与建筑物衔接起来布置植物。现在，在建筑区里布置植物时，更多考虑的是美感而没有考虑其热效应。为了从热效应的角度重新考虑建筑区里的植物布置，我们使用ENVI-met模拟了两种情景，一种为集中布置绿色景观，另一种为分散布置绿色景观。两种情况下所使用的植物数量完全相同。模拟的结果表明，集中的绿色景观如同一个巨大的降温源，形成一个明显的低温区。在适当的空气流动帮助下，接近它的建筑物能够从一个比较适宜的热条件中受益（参见图

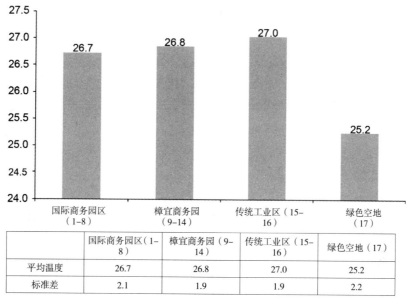

	国际商务园区（1-8）	樟宜商务园（9-14）	传统工业区（15-16）	绿色空地（17）
平均温度	26.7	26.8	27.0	25.2
标准差	2.1	1.9	1.9	2.2

图 16.13　不同观测点 20 天期间平均温度（℃）比较
资料来源：作者。

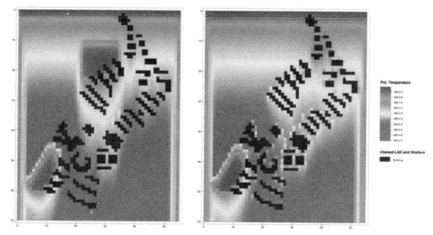

图 16.14　午夜的模拟结果：集中的景观（左）；分散的景观（右）
资料来源：作者。
注：黑色区代表建筑物，其他阴影区表示温度，从低（深色）到高（浅色）。

16.14）。另一方面，分散布置绿色景观而产生的影响非常局限于每一个点状区域。小比例的绿色植物不足以抵消掉建成环境所产生的负面影响，特别是在太阳辐射强烈的白天里。最好的解决办法是，在一个建筑环境中，以合理的距离，在一定程度上集中布置绿色景观。建筑物能够从集中绿色景观之间的连续低温区受益。

　　我们选择了榜鹅（Punggol）和盛港（Seng Kang）两个居住区来探索居住区内绿色景观

引起的热差异（参见图 16.15）。榜鹅是一个已经开发完毕的居住区，地面有适当的植被。盛港同样是一个已经开发完毕的居住区，但是，植被相当少。计算表明，榜鹅居住区的植被覆盖率要比盛港居住区高出 3 倍以上。

我们对这两个居民区进行了 2 周的观测。图 16.16 是两个居民区在晴天时最高、最低

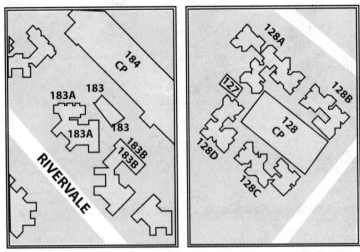

图 16.15 榜鹅居住区（左）；盛港居住区（右）
资料来源：作者。

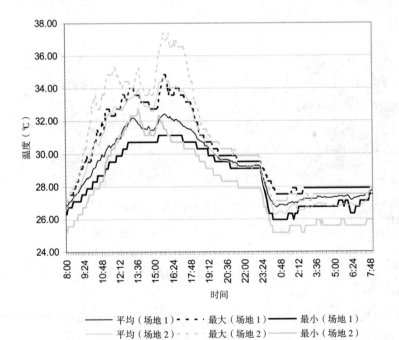

图例：
平均（场地 1）　最大（场地 1）　最小（场地 1）
平均（场地 2）　最大（场地 2）　最小（场地 2）

图 16.16 榜鹅居住区（场地 1）；盛港居住区（场地 2）之间温度的比较
资料来源：作者。

和平均温度的比较。在早上的一个短时间段里，大约到上午 9 点 06 分时，两个居民区的平均气温非常相似。而在上午 9 点 06 分到下午 7 点 12 分，盛港居民区的温度比榜鹅居民区的温度高，而且温度上升的速度也比榜鹅居民区要快，盛港居民区在下午 3 点 54 分时的最大平均温度达到 34.63℃，而在下午 3 点 48 分时，最大平均气温为 32.46℃。所有这些差别是因为紧凑布置的景观。我们发现，两个场地的平均最高温度大致出现在同一时间里。在下午 4 点 06 分时，两个场地达到最大平均温度差，约为 2.32℃。事实上，两个场地的温度差说明，白天期间，居住区里种植树木所产生的阴影效果。盛港居住区的温度在下午 5 点 12 分开始下降，而在下午 7 点 12 分与榜鹅居住区的温度相似。

屋顶花园

除开地面的景观，引入建筑的植物也能通过降低气温而让周边环境受益。为了探索屋顶花园的降温作用，我们做了一些现场观测。首先是对两个多层停车楼做了为期两周的观测（Wong et al，2002）。一个称之为 C2 的停车楼由成规模的花园及其植被所覆盖（参见图 16.17）。另一个称之为 C16 的停车楼当时没有种植植物且没有用植被覆盖其楼顶（参见图 16.18）。图 16.19 展示了对 C2 和 C16 进行三天观测所得到气温和湿度数据的比较。晚上，C2 和 C16 的环境温度十分相似，大约都在 28℃。当然，两个建筑物周围环境温度的差别在白天十分明显，特别是在下午 1 点前后，那时太阳辐射处于顶峰。贯穿全日，两个场地的最大温度差大约在 3℃ 左右。进一步说，C2 因为种植了植物，所以，周围环境气温比较低。另一方面，中间区域湿度相对比较高。这是场地蒸发过程所致，它增加了空气中的水分。

我们对一个低层商业建筑屋顶花园所做的观测比较复杂（参见图 16.20）。图 16.21 标注了观测点。我们在水泥楼顶面和植被覆盖了的楼顶面以上不同高度（0.3 米、0.6 米和 1 米）对周边气温进行测量。对于两种表面以上气温的测量结果是，在白天里，距离两种

图 16.17　C2 建筑用植被覆盖的楼顶花园
资料来源：作者。

图 16.18　C16 建筑没有用覆盖植被的楼顶花园
资料来源：作者。

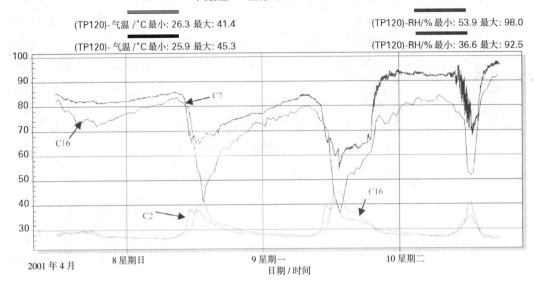

图 16.19　三天周边气温、相对湿度图
资料来源：作者。

楼面越近，气温越高。它表明，水泥楼顶面和植被覆盖了的楼顶面，均暴露在强烈的太阳辐射下，表面温度已经增加，进而影响到周围的气温。在距离两种楼面 1 米高度所测量到的气温在白天明显低于在距离两种楼面 0.3 米和 0.6 米高度所测量到的气温，而且这种倾

图 16.20　低层建筑的楼顶花园
资料来源：作者。

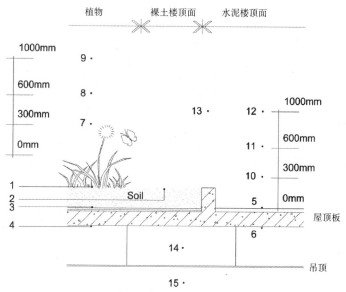

图 16.21　实地测量位置
资料来源：作者。

向是统一的。这表明楼顶花园种植植物所产生的降温效果是很有限的。楼顶花园的大部分植物是灌木，它们的降温效果相对于地面乔木受到很大限制。图 16.22 揭示了从下午至第二天清晨期间，灌木的"降温效果"。植被的降温效果受到距离的约束，所以，与在 0.3 米高度测量到的植物对温度下降的影响相比，在 1 米高度测量到的植物对温度下降的影响就不那么明显。在傍晚 6 点左右，植被覆盖了的楼顶面和在它之上 0.3 米高度测量到的最大温度差为 4.2℃。

以周围环境气温作为基础，我们计算了楼顶 1 米高度的球温度、空气速度、平均辐射温度（MRTs）（参见图 16.23）。球温度和平均辐射温度在太阳落山时（傍晚 6~7 点）的最大差分别是 4.05℃和 4.5℃。在没有直接阳光的情况下，辐射载荷主要依赖于周边表面溢出的长波辐射量。由于白天的太阳辐射给周边表面加热，所以，水泥楼顶面的表面温度比较高，在

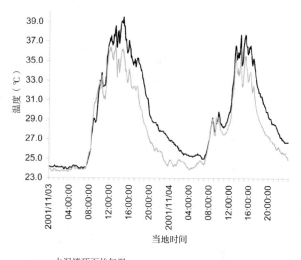

图 16.22　11 月 3 日和 4 日在水泥楼顶面和植被覆盖了的楼顶面以上 0.3 米高度测量到的气温比较
资料来源：作者。

—— 水泥楼顶面的气温
—— 植被覆盖了的楼顶面的气温

晚上释放到周边环境中的长波辐射量也比较大。另一方面，绿色植物能够吸收部分太阳辐射，避免较高的表面温度。所以，植被释放出来的长波辐射要比水泥楼顶面释放到周边环境中的长波辐射少很多。我们还测量了两种表面照射后的和反射的辐射。在白天，在植被表面以上空间所测量到的辐射绝对低于水泥楼顶表面所测量到的辐射。在中午 12 点，一天中太阳辐射最为强烈的时候，测量到的最大辐射量为 109 瓦 / 平方米。这一点与绿色植物照射后和反射的太阳热量要比水泥楼顶面要少这样一个事实是一致的。

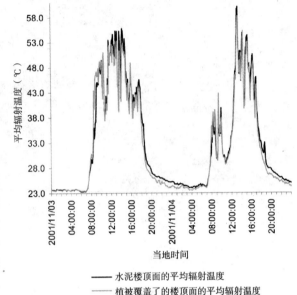

水泥楼顶面的平均辐射温度
植被覆盖了的楼顶面的平均辐射温度

图 16.23　11 月 3 日和 4 日植被覆盖了的楼顶面和没有植物覆盖的楼顶面以上 1 米高度计算的平均辐射温度比较
资料来源：作者。

植被覆盖了的楼顶面和没有植物覆盖的楼顶面计算的平均辐射温度（MRT）比较

我们还对一些茂盛的屋顶花园做过观测。当然，我们没有发现它们在减少周边温度上有多么重要的改善。当我们重新回到关注屋顶花园的形式时，这种发现是有道理的。屋顶花园系统通常种植的是草坪。草坪对周边空气的降温效果是非常局部的。同时，供它们生长的土壤稀薄。如果草坪直接暴露在强烈的入射辐射下，草坪表面温度会在白天迅速增加。所有这些因素很容易就抵消了屋顶草坪的降温效果，引发较高的周边气温。

小结

从以上所述的测量和模拟出发，我们能够得到这样的结论，植物能够减低建成环境中的高周边气温。这是新加坡调整热岛效应的一种有效方法。在宏观层次讲，通过公园、沿路植树、在建筑周边建设绿色景观等方式，能够降低建成环境的温度。在微观层次讲，有一定强度的屋顶花园也能够通过降低周边环境的气温而让我们的生活环境受益，当然，屋顶花园的降温效果是非常局部的。换句话说，通过降低气温来调整热岛效应主要依赖于大规模绿化。城市建成区和乡村地区之间的温度反差只能通过公园、沿路植树和不同类型的景观等形式，把大量的绿色引入建设环境中来而得到减少。

利用植物减少表面温度

屋顶花园

稠密的屋顶花园

前面所提到的对稠密的楼顶花园所做的测量已经证明了它对于降低屋顶表面温度的作用。图 16.24 比较了在不同植物覆盖、仅仅只有土壤覆盖以及没有植物覆盖等屋顶上所测量到的表面温度。在没有植物覆盖屋顶表面的情况下，屋顶表面最高温度可以达到 57℃。每日表面温度变化大约在 30℃。裸土在白天的表面温度没有水泥表面那么高。裸土的表面最高温度可以达到 42℃。每日表面温度变化大约在 20℃。之所以如此的原因是土壤中的水分蒸发，白天的蒸发导致表面温度的下降。在有植被覆盖的情况下，表面温度明显降低。

图 16.24 说明的是，不同植物形成阴影的能力在很大程度上取决于叶面积指数（LAI），因为我们通常发现在稀疏的树叶下温度较高，而在缜密的树叶下温度较低。对所有种类植物所做的测量表明，最大温度也没有超过 36℃。对于密实的灌木而言，表面温度的最大日变化也不到 3℃，表面温度仅为 26.5℃，这远远低于水泥表面和裸土表面。从热保护的观点看，可以指望在屋顶花园里种植具有大叶面积指数的植物而形成植被，如茂密的乔木和灌木。另一方面，乔木和灌木也能够增加屋顶的结构载荷和维护。所以，屋顶植被的选择要求在环境、建筑结构和建筑维护诸方面实现综合协调。植物的直接的热效应通过典型的屋顶和植被覆盖的屋顶而转换成为热通量（参见图 16.25）。与植被覆盖

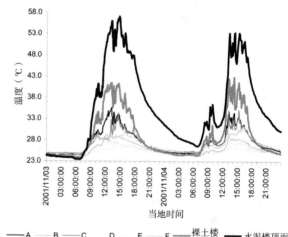

——A ···· B ─ C ─ D ─ E ─ F ── 裸土楼顶面 ── 水泥楼顶面

图 16.24　11 月 3 日和 4 日不同植物覆盖、仅有土壤覆盖以及没有植物覆盖等屋顶上所测量到的表面温度比较
资料来源：作者。

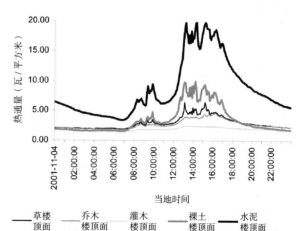

── 草楼顶面　── 乔木楼顶面　── 灌木楼顶面　── 裸土楼顶面　── 水泥楼顶面

图 16.25　11 月 4 日通过不同屋顶表面的热通量转换比较
资料来源：作者。

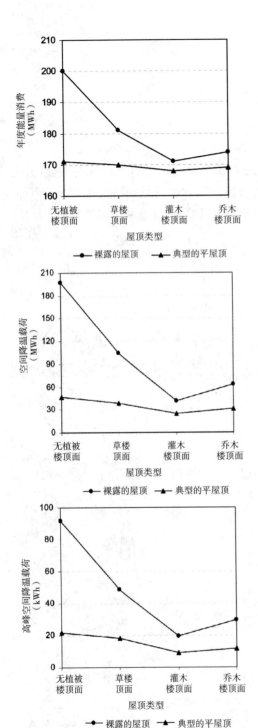

图 16.26 五层商业建筑不同屋顶类型年度能量消费、空间降温载荷和高峰空间降温载荷比较

资料来源：作者。

的屋顶相比，典型屋顶全天的热通量都要高一些，在下午2点，我们发现了最大的热通量，19.76瓦/平方米。白天，植物通过它们对太阳形成的阴影在减少热获取上发挥着重要作用。然而，在晚上，裸土覆盖的屋顶和植物覆盖的屋顶具有相似的值。值得注意的是，在密实的灌木下，整个一天的热获取量明显地减少到164.3千焦（仅为裸露屋顶热获取的22%）。

基于以上的数据，我们做了能量模拟（参见图16.26）。模拟的结论是，屋顶材料对降温能量消费具有很大的影响。

在裸露的屋顶和屋顶花园（以裸露的屋顶作为基础）之间的比较揭示出，在一个裸露的屋顶上设置屋顶花园很大程度地减少了建筑的热吸收。在使用灌木100%覆盖这幢五层楼高的商业建筑屋顶的情况下，年度能量消费减少了19兆瓦小时（9.5%），在使用草坪100%覆盖这幢五层楼高的商业建筑屋顶的情况下，年度能量消费减少了29兆瓦小时（19.5%）。如果使用草坪100%覆盖屋顶，空间降温载荷减少92.94兆瓦小时（47.1%）；如果采用灌木100%覆盖屋顶，空间降温载荷减少155.85兆瓦小时（79%）。如果使用草坪100%覆盖屋顶，在降温高峰期，降温载荷43.1千瓦小时（46.9%）；如果采用灌木100%覆盖屋顶，在降温高峰期，降温载荷72.48千瓦小时（78.9%）。在裸露的屋顶上设置屋顶花园，从而减少年度能源消费，这意味着，一个建筑的整个运行费用将减少。

在典型的平屋顶和屋顶花园之间（以典型的平屋顶为基础）的比较揭示出，在平屋顶上设置屋顶花园也能够减少进入建筑的热量，但是，与裸露的屋顶上设置屋顶花园相比，在平屋顶上设置屋顶花园的减少热吸收的效果就不那么大了。在使用灌木100%覆盖平屋顶的情况下，年度能量消费减少了 1 兆瓦小时（0.6%），在使用草坪 100% 覆盖平屋顶的情况下，年度能量消费减少了 3 兆瓦小时（1.8%）。如果使用草坪 100% 覆盖平屋顶，空间降温载荷减少 7.91 兆瓦小时（17%）；如果采用灌木 100% 覆盖平屋顶，空间降温载荷减少 21.86 兆瓦小时（47.1%）。如果使用草坪 100% 覆盖平屋顶，在降温高峰期，降温载荷 3.69 千瓦小时（17%）；如果采用灌木 100% 覆盖平屋顶，在降温高峰期，降温载荷 12.66 千瓦小时（58.2%）。

　　模拟结果揭示出，尽管在裸露的屋顶上和典型的平屋顶上设置植被都能减少这个五层商业建筑的热吸收，但是，在裸露的屋顶上设置植被比在平屋顶上设置植被在减少热吸收上的意义要大许多。模拟的结果还揭示出，就三种类型的植被而言，灌木在减少建筑热吸收上的作用最大，乔木其次，而草在减少建筑热吸收上的作用最小。这可能是因为灌木的叶面积指数比草要大。

成规模的屋顶花园

　　为了探索四种多样的屋顶绿色系统的热影响，我们对一个住宅小区的多层停车楼实施了设置前和设置后的对比测试（参见图 16.27）。我们把这个多层停车楼的屋顶分为 4 个相等的区，G1、G2、G3、G4。然后，分别种上不同的植物。

　　我们测量了裸露屋顶和由不同植物覆盖后同一个位置上的表面温度。我们使用 G4 的表面温度解释热状态（参见图 16.28）。我们观测到最大的表面温度减少为 18℃，大约发生在下午 2 点左右。

　　我们还对土壤和裸露表面的表面温度进行了比较（参见图 16.29）。在 G3 区，土壤和裸露表面之间的表面温度差大约在 20℃。实施屋顶绿化的明显效益是，通过整个绿化系统对建筑提供保护。与表面温度和建筑结构的热特征相关，我们计算了屋顶绿化前和绿化后通过屋顶的热通量（参见表 16.1）。热的获得涉及从楼板上到楼板下的热传导，而热的丧失是这个过程的逆过程。由于设置了成规模的绿化系统，所以通过楼板的热的获得大大减

图 16.27　没有（左）和有（右）成规模植物覆盖屋顶的多层停车楼
资料来源：作者。

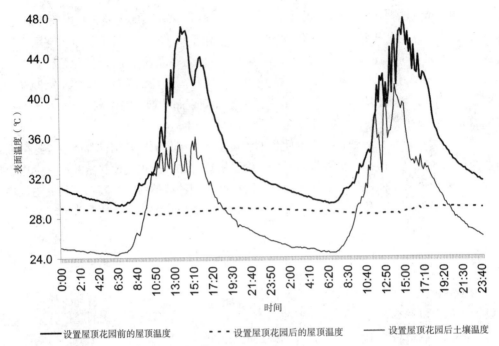

图 16.28　雨天在 G4 区测量到的表面温度比较
资料来源：作者。

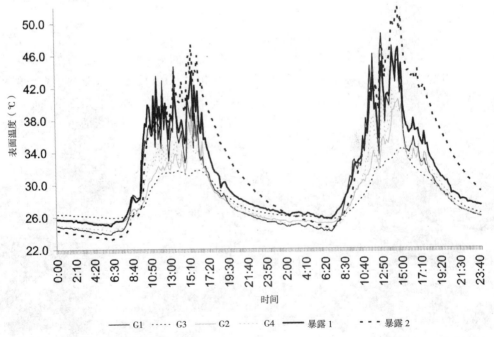

图 16.29　覆盖的和暴露的楼顶表面温度比较
资料来源：作者。

位置	一天热吸收总量／平方米（千焦）	一天热丧失总量／平方米（千焦）
G1 以前	1681.8	0
G1 以后	1072.0	301.8
G3 以前	2638.9	0
G3 以后	864.6	213.1
G2 以前	2079.1	0
G2 以后	1335.7	1.2
G4 以前	2117.0	0
G4 以后	864.5	561.7

该混凝土板厚 250 毫米，它的 R 值为 $0.17\text{m}^2\text{K/W}$

资料来源：作者。

少。G3 在抵制热的获得上性能最好，能够减少 60% 以上的热获得。就植被提供热防护而言，G3 并非最好的情况。整个系统的结合效应，特别是绿色屋顶系统，导致通过这个系统传导的热比较少一些。

为了比较直观地比较 4 个系统的性能，我们拍摄了一组红外照片（参见图 16.30）。从图 16.30 上，我们可以清晰地看到 G1 和 G3 的差别。一般来讲，G3 的表面温度低于 G1。然而，G3 上一些屋顶暴露出来的部分依然看出那里的温度很高。在 G3 具有良好植被的地方与屋顶暴露出来的部分之间的最大温度差约为 20℃。G1 是由灌木簇团覆盖的，所以，G1 的有些位置没有完全覆盖，那里的温度比较高。从图 16.31 上，我们能够看到 G2 和 G4 的差别。G2 的绿色覆盖要好于 G4。所以，G2 的表面温度相对低一些。另一方面，G4 大部分是暴露的，楼板颜色是黑色的。4 个屋顶系统的视觉比较表明，绿色的覆盖状况在实现良好的热

图 16.30   G1 和 G3 楼顶表面比较（2004 年 4 月 1 日）
资料来源：作者。

性能方面发挥着重要作用。在那些成规模绿色系统覆盖下的楼顶部分温度较低。另一方面，屋顶上那些暴露在强烈阳光下的部分可能出现较高的表面温度，在白天，可能出现很不利的热状态。

我们还对设置了成规模绿色植物的金属屋顶进行了观测。测量包括金属屋顶的暴露部分和被各种植物覆盖的部分（图 16.32）。

图 16.31　G2 和 G4 楼顶表面比较（2004 年 4 月 1 日）
资料来源：作者。

图 16.32　暴露的金属屋顶表面和金属屋顶上的三种类型植物
资料来源：作者。

首先，我们从长期运行的角度对绿色金属屋顶测量所获得的表面温度进行分析（参见图 16.33）。从茂密的植物、分散的植物和野草的不同覆盖状态下，我们能够清晰地注意到叶面积指数值对表面温度波动的影响。平均表面温度在 27.1~30.4℃ 之间，标准差在 1.4–3.5 之间。我们也可以通过观测金属屋顶面和覆盖了绿色植物的楼顶面看到绿色覆盖如何能够减少楼顶表面温度的。茂密的植物、分散的植物和野草不同覆盖状态下减少的屋顶表面温度分别是，4.7℃、1.9℃ 和 1.4℃。阻止表面温度波动也是设置绿色屋顶系统的好处之一。如果没有任何植物，金属屋顶表面在白天的温度能够达到 60~70℃，而在晚上达到 20℃。50% 的观测数据是分布在 23~39℃ 之间。如果设置了绿色植物，在茂密植物下的最高温度约在 32℃，而最低温度约在 24℃。为了进一步揭示金属屋顶表面使用植物覆盖与不覆盖下温度变化的模式（参见图 16.34），期间分析以白天（早上 7 点~下午七点）的数据为基础。就平均表面温度而言，金属表面的平均温度增长最大，约 7.8℃，而植物覆盖下楼面的平均温度增长比较小，仅为 0.3~1.6℃。这就是说，暴露的金属屋顶在白天会有一个大的表面温度。接下来，为了清晰地看到植物的作用，我们选择了一个晴天来进行观测（参见图 16.35）。观测的结果是，暴露的金属屋顶的表面温度对太阳辐射非常敏感。

我们还测量了白天期间的太阳辐射值。中午 12 点 30 分时的最高值为 60℃，这个时候的太阳辐射也达到了峰值。白天期间，暴露的屋顶和被绿色植物覆盖的屋顶表面温度之间的最大差值为 35.1℃。在晚上，相反的情况出现了，暴露的金属屋顶的表面温度急剧下降，其温度值低于植物覆盖金属屋顶的表面温度。这样，在晚上，暴露的屋顶和被绿色植物覆盖的屋顶表面温度之间的最大差值为 4.74℃。我们还在阴天里进行了同样的观测和比较（参

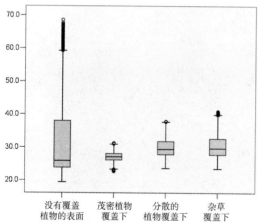

	没有覆盖植物的表面	茂密植物覆盖下	分散的植物覆盖下	杂草覆盖下
平均	31.8℃	27.1℃	29.9℃	30.4℃
标准差	11.6	1.4	2.8	3.5

图 16.33　绿色金属屋顶上测量到的表面温度的期间分析
资料来源：作者。

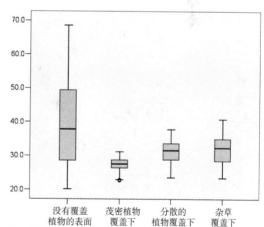

	没有覆盖植物的表面	茂密植物覆盖下	分散的植物覆盖下	杂草覆盖下
平均	39.6℃	27.5℃	31.2℃	32℃
标准差	11.9	1.6	3.1	4.0

图 16.34　绿色金属屋顶上测量到的表面温度早 7 点~下午 7 点期间分析（不包括晚上）
资料来源：作者。

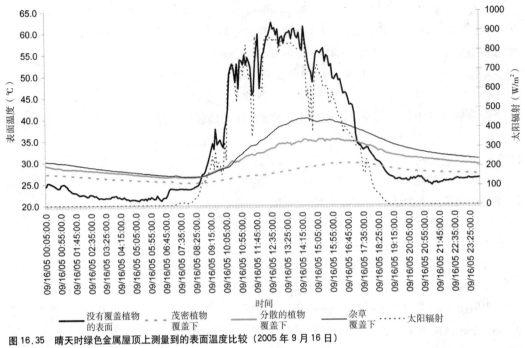

图 16.35　晴天时绿色金属屋顶上测量到的表面温度比较（2005 年 9 月 16 日）
资料来源：作者。

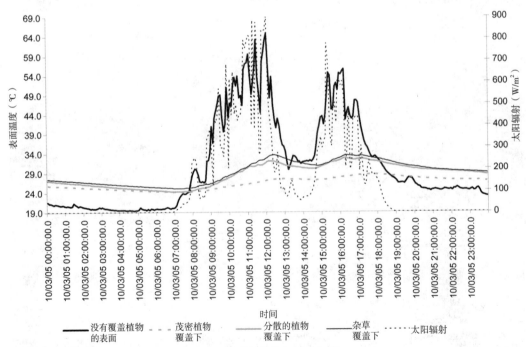

图 16.36　阴天时绿色金属屋顶上测量到的表面温度比较（2005 年 10 月 3 日）
资料来源：作者。

见图 16.36）。在白天期间，我们仍然能够看到这种差异。在白天，暴露的金属屋顶表面温度会随着太阳辐射的减少而变得很低。当然，暴露的金属屋顶表面温度还是高于被各种绿色植物覆盖的屋顶表面的温度，最大的温度差接近 5℃。

垂直景观

在热带气候地区，建筑立面也会受到强烈的入射辐射。我们能够观测到立面具有很高的表面温度，热能够寻找到进入建筑物的途径，进而增加降温能源的消费。垂直景观是解决这个问题的一种被动方式。不幸的是，人们还没有普遍的认识到垂直景观的热效应。为了探索建筑立面植物的阴影效果，我们对若干低层建筑做了一些试验性的测量，那里的树木与这些低层建筑相邻。一个厂房东面墙外种有植物（F2），而另一个厂房（F1）的墙外没有任何植物，我们对此进行了测量和比较（参见图 16.37）。

图 16.37　观测的樟宜南街 1 号两个工厂厂房
资料来源：作者。

图 16.38 和 16.39 是这两个厂房立面内外表面温度测量的结果。一般来讲，F2 的外墙表面温度低于 F1 的外墙的表面温度（树木所产生的阴影效果）。这种差异在晚间约为 1~2℃，而在白天，这种差异达到 4~8℃。内部温度似乎也对外部温度的变化在做出反应。F2 的内部表面温度低于 F1 的内部表面温度，这一点是明确的，大约两者全天相差约 2℃左右。值得注意的是，表面温度的差别在早上特别大（出于树荫的效果）。

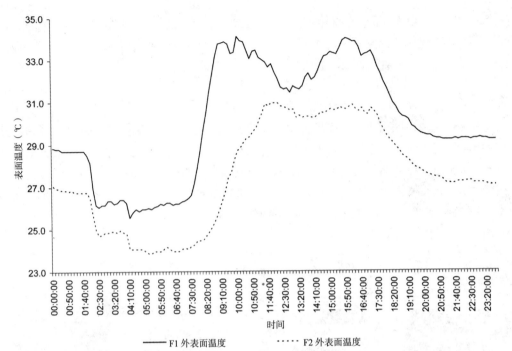

图16.38 晴天对F1和F2外墙测量的表面温度比较（2005年7月20日）
资料来源：作者。

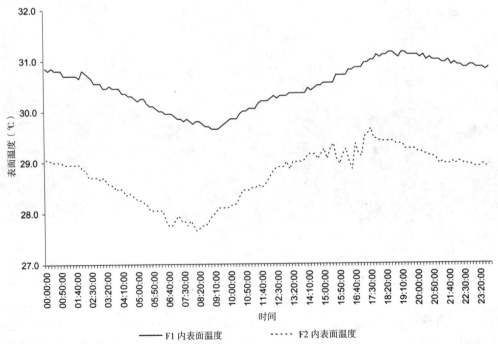

图16.39 晴天对F1和F2内墙表面温度测量结果的比较（2005年7月20日）
资料来源：作者。

我们还对另外两个西面有和没有树木的厂房进行了测量（参见图 16.40）。两个厂房的外立面都是深蓝色的。图 16.41 说明了对有树和没树条件下的温度变化进行的长期比较。跨度不大的温度变化反映了树荫的效果。我们能够看到，在白天太阳辐射强大时，表面温度的减少主要发生在最大晶须点上。树木能够有效地截断入射的太阳辐射，产生立面背后的较低的表面温度。另一方面，在两个最小晶须点上，没有什么太大差别。这就是说，树在晚上的影响是不明显的。树后的平均表面温度是 28.7℃，而从暴露的立面上测到的温度是30.1℃。

图 16.40 伍德兰德进行观测的两个厂房
资料来源：作者。

　　为了进一步严密地观察树木在减少西面墙表面温度上的性能，我们选择了两天。图16.42 展示了在晴天里所做的比较。在白天，很容易观察到树木对西面墙的阴影效果。由于范围的原因，西立面在最大外部表面温度和最大太阳辐射之间存在一个时间差。最大的温度差在下午 3：30 时达到 13.6℃。图 16.43 展示了在相对阴天里所做的比较。没有太大的太阳辐射，树木的阴影主要是减少立面的扩散辐射。在下午 3：50 时，我们观察到最大的温度

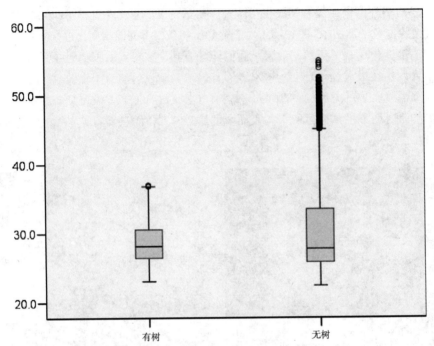

图 16.41　有树和无树表面温度变化的长期比较（2005 年 9 月 21 ～ 12 月 7 日）
资料来源：作者。

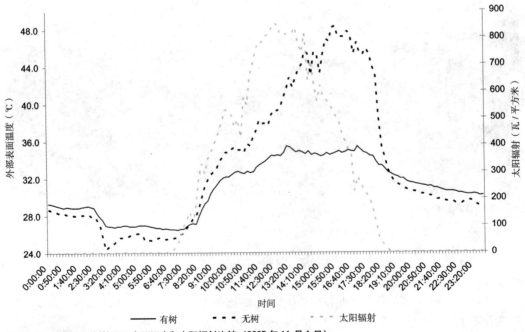

图 16.42　有树和无树情况下表面温度和太阳辐射比较（2005 年 11 月 1 日）
资料来源：作者。

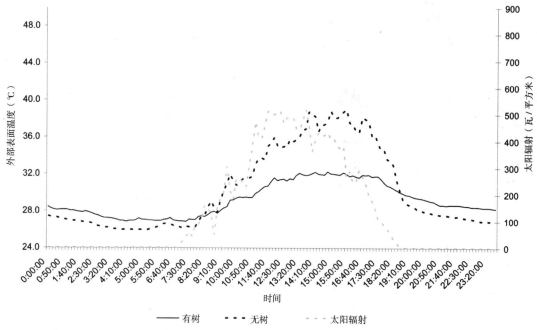

图 16.43　有树和无树情况下表面温度和太阳辐射比较（2005 年 11 月 15 日）
资料来源：作者。

差为 7℃。这个发现强调说明了，垂直阴影对建筑的影响不只是在晴天也在阴天。另一方面，与白天相比，表面温度在夜晚出现逆分布。温度差保留在 2℃ 左右。在没有叶面阻碍的情况下，暴露的立面很容易把热扩散到周边去。与白天表面温度大幅度减少相比，晚上的降温效果几乎可以忽略不计。

减少建筑的表面温度能够减少建筑内部的能量消费。为了研究在工厂厂房周围种植树木对能源节约的效果，我们使用 TAS 软件，进行了模拟。我们共进行了 5 种案例的模拟。案例 1 是一个没有任何植物保护的裸露的厂房。案例 2 东西立面均有树荫。案例 3 具有成规模的屋顶花园。案例 4 在沿温度不利的立面上有树荫，同时在屋顶上有成规模的花园。案例 5 实际上是案例 4 加上在第一轮模拟中找到的最好的情景（具有非常好的沿路树木）。

植物在不同位置上的影响均被转换为相应的热阻值（R 值），这些值是根据测量数据计算得到的。通过改变不同位置的 R 值，对不同案例的模型进行调整。

图 16.44 展示了这个工厂厂房降温的能量消费。一般来讲，把不同战略应用于这个建筑，都会减少能源消费。沿温度不利立面（东和西立面）上植树而形成阴影，能够节约 10% 的降温能源。如果在金属屋顶上设置成规模的屋顶花园，可以节约 18% 的能源。如果把这两种方式结合起来，可以节约 28% 的能源消耗。最后，如果在宏观层次上，沿着道路密集植树的话，可以节约 48% 的能源消费。在不同层次的植物帮助下，我们几乎能够节约近一半的降温能源消耗。

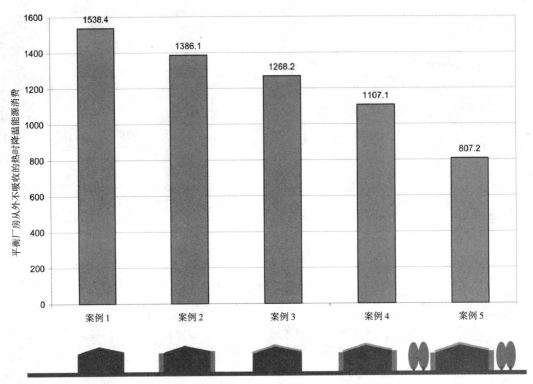

图16.44 平衡厂房从外不吸收的热时降温能源消费比较
资料来源：作者。

小结

　　从以上观测和模拟，我们可以得出这样的结论，从战略的高度去种植植物能够减少建筑屋顶和立面较高的表面温度。这是间接地调整热岛效应的办法。建筑的高表面温度在白天直接与周边高温环境相关，晚上，建筑在白天吸收的热以长波辐射的形式把热释放到周围，所以，建筑的高表面温度间接地与晚上建筑周边高温环境相联系。降温所使用的能源和每一个建筑的热舒适都与建筑表面的高温分不开。显而易见，通过屋顶还原和垂直景观的建设，能够减少建筑的表面温度。所以，通过减少建筑表面温度降低热岛效应取决于每一个单体建筑绿化程度。

高密度城市绿化所面临的挑战

　　在高密度城市，土地稀缺是一个现实问题，用于城市绿化的空间，如城市公园和其他景观建设的空间，非常有限。把城市绿化与建筑结合起来也存在许多限制。例如，在超高层建筑建设屋顶花园是受到限制的。增加绿色覆盖的方式包括在中等高度建筑上建设屋顶花园和垂直绿化建筑物的立面。

在高层建筑主导城市建设的时期，高密度城市环境会有更多的暴露出来的建筑立面，所以，与绿色屋顶相比，垂直布置的绿化可能能够覆盖更多的暴露的建筑表面。杨经文（Ken Yeang，1996）认为：

> 如果摩天大楼有1∶7的植物比，那么，立面面积几乎等于这个场地面积的3倍。所以建筑立面的绿化对于环境绿化具有极其重要的贡献。如果我们只覆盖了建筑立面的2/3，那么，我们已经对2倍的场地面积做了绿化。事实上，摩天大楼是可以变成绿色的。如果我们绿化了摩天大楼，我们实际上增加了这个场地的有机成分。

垂直绿化建筑并非一个新概念。然而，由于我们缺乏对此领域的研究和开发，所以，战略性地引入建筑立面垂直绿化还是富有挑战性的。

按照植物物种和生长介质和施工方法来讲，垂直绿化墙能够划分成为三个大类，攀缘类，垂挂类和模块类（参见表16.2）。攀缘是非常流行的垂直景观化的一种方法（参见图16.45）。攀缘植物能够自然地（消耗时间）覆盖建筑墙面，或者我们给这类植物提供一些支撑系统，让其生长。垂挂类（参见图16.46）也是一种流行的垂直景观化方法。因为植物能够在每一层楼上种植，所以，它是一种迅速绿化建筑立面的方式。最后，模块方法较之于其他类型的绿化方式还是比较新的概念（参见图16.47）。这个系统的建立和维护必然会比较复杂，需要精心设计和考虑。就费用而言，它可能是四种方式最为昂贵的一种方式。

四种垂直景观化方法比较   表16.2

类型	植物	生长基	施工类型
对墙树	乔木	地面土壤	无支撑结构
爬墙	攀缘植物	地面土壤或容器	有时需要支撑结构
悬挂	吊挂植物	容器	有时需要支撑结构
模块	短期生长植物	轻型生长介质	需要支撑结构

资料来源：作者。

垂直绿化墙与其他建筑系统，如外墙系统、内部系统、机械的和结构系统，产生出主要的综合问题，这些绿化后的墙可能会严重影响建筑性能。

垂直绿化墙能够作为整个外墙系统不分割开来的系统。垂直种植的安排和植物特性都影响到建筑的热性能。因为从清早直到黄昏前太阳辐射一直是很强烈的，所以，通过植被让东西墙具有太阳保护特征是必要的。用来阻隔太阳辐射的植物依赖于它们的叶面积指数（每单位面积的全部叶面积）。茂密的枝叶和多层次植物能够阻挡太阳辐射，而开

图16.45 攀缘的绿色墙壁，新加坡的一家旅店（左：自然风格）和一间办公楼（右：人工风格）
资料来源：作者。

图16.46 悬挂的绿色墙壁，新加坡的一幢停车场楼（左）和一幢大学建筑（右）
资料来源：作者。

图 16.47　模块型垂直绿色景观，新加坡的一间储藏建筑（左）和大学建筑外（右）
资料来源：作者。

放的和散布的枝叶能够让一部分太阳辐射入射到建筑物上。另一方面，由植物产生的水分会影响到室内热环境。对于干燥气候来讲，能够通过在接近窗户的地方种植植被和开窗的方式获得较高的湿度。对于潮湿的气候来讲，通过远离窗口种植植被和鼓励自然通风来避免潮湿。垂直绿化的位置也将很大程度地影响到视觉性能。建筑立面上的不透明部分，如实墙，是简单种植植被的地方，用植被控制太阳辐射，形成视觉美感。但是，建筑立面上的透明部分，如窗户和开放的设施，需要十分小心的进行绿化，避免遮挡阳光和阻塞通风，同时又要对太阳辐射和眩光进行控制。解决这类问题的方式可能是垂挂和垂直鳍状种植。

　　垂直景观和外墙系统结合将会影响到空间性能。有些可以使用的空间将会被支撑结构、生根材料、维护系统和植物所占据（参见图16.48）。所以，垂直景观的适当的设计的关键问题之一是，要支持使用者期待的活动需要。

　　垂直绿化的墙基本上是围合/结构的结合。结构系统承载着垂直种植植物的载荷（生根材料和植物本身）。这里的综合问题是，保证结构的强度和稳定性，以及安全问题。对于高层建筑来讲，保证垂直绿化对居民不构成结构性危险是极其重要的，因为成功的支撑结构既要考虑到静止载荷，还要考虑到风的载荷。结构设计应该使用有植物提供的辐射保护，同时，还要防止植物根系可能对建筑物造成的损害。垂直的景观和结构的结合能够通过形

图16.48　垂直景观占据的阳台
资料来源：作者。

成绿色空间来提高空间性能。这种"空间花园"的安排给那些居住在高层建筑中的人们接近自然的机会。

由于高度暴露和有限的土壤深度，垂直景观的维护十分重要（Yeang，1996）。对于高层建筑来讲，大部分垂直景观的浇灌都要依赖机械系统。营养和水都能够通过管道和下水系统结合起来的系统来输送。一个创新的例子是"垂直沼泽"，即在建筑垂直悬挂成排的沼泽草。水从顶部的盆中释放出来，通过后继的所有层次的沼泽草盆。

垂直景观和机械系统地结合可能会影响到热性能和室内空气质量。垂直景观可能给垂直悬挂的空调冷凝器造成阴影；所以，减少用于降温的能源，实现较好的室内热环境。当垂直景观与垂直立面上的新鲜空气入口相结合，一定能够提高室内空气质量。垂直景观通过产生氧气和过滤围绕新鲜空气入口处的污染物而提高室内空气质量。当然，必须保证植物所产生的花粉不要通过空调系统进入室内空间。

垂直绿化和内部系统之间的关系将会影响到热的、视觉的和声学性能和室内空气质量。性能需要很大程度上依赖垂直绿化的位置和内部空间布局。垂直景观与内部系统的综合必须解决人们制造建筑的直接需要，提供居民活动的舒适环境。所以，垂直绿化的设计应该尊重内部空间使用功能。例如，应该注意不要让垂直景观阻碍了接近窗口的风和给室内做自然通风；在提高一个办公室的美学环境时，植物的位置不应该遮挡了阳光，但是要遮挡接近窗户的炫目的光线；垂直绿化的大规模避免阳光应当用到房间里具有最大内墙的部分，如剧场和演讲厅，从而节约降温的能量。

当植物被引入内部空间时，内部空间系统也更与垂直景观紧密联系在一起。内外空间的连续绿化能够让建筑使用者获得更大的好处，这种影响远远大于传统地面景观的影响。

十分明显，使用垂直绿化墙壁将对建筑的四大系统均产生影响。所以，在高层建筑设计建设的早期阶段就有意识地综合协调各个方面是关键。由于垂直绿化的墙壁到目前为止还不十分成熟，因此，这个领域还应当开展进一步的研究。建筑师、工程师、植物学家和其他专业人士的合作也是创造一个成功的垂直景观项目的关键所在。

参考文献

Chen, Y. and Wong, N. H. (2005) 'The intervention of plants in the conflict between building and climate in the tropical climate', in *Proceedings of Sustainable Building 2005,* Tokyo, Japan

Chen, Y. and Wong, N. H. (2006) 'Thermal benefits of city parks*', Energy and Buildings*, vol 38, pp105–120

Howard, L. (1833) *The Climate of London*, vols I–III, London

Landsberg, H. E. (1981) *The Urban Climate*, Academic Press, New York, NY

Lesiuk, S. (2000) '*Biotecture II: Plant–building interaction*', http://forests.org/ric/good_wood/biotctll.htm, accessed September 2000

Nichol, J. E. (1996) 'High-resolution surface temperature related to urban morphology in a tropical city: A satellite-based study', *Journal of Applied Meteorology,* vol 35, pp135–146

Santamouris, M. (ed) (2001) *Energy and Climate in the Urban Built Environment*, James and James Science Publishers, London

Tso, C. P. (1996) 'A survey of urban heat island studies in two tropical cities', *Atmospheric Environment*, vol 30, pp507–519

Wong, N. H., Wong, V. L. Chen, Y., Lee, S.E., Cheong, K. W., Lim, G. T., Ong, C. L. and Sia, A. (2002) 'The thermal effects of plants on buildings', *Architectural Science Review*, vol 45, pp1–12

Wong, N. H. Chen, Y., Ong, C. L. and Sia, A. (2003) 'Investigation of thermal benefits of rooftop garden in the tropical environment', *Building and Environment*, vol 38, pp261–270

Yeang, K. (1996) *The Skyscraper: Bioclimatically Considered*, Academy Editions, London

第 17 章

高密度城市的能量

阿德里安·皮茨

引言

　　未来地球的能源一定非常不同于过去200年以来它所提供给人类的能源,在这200年中,人类极端依赖于石化资源,这一点是没有疑问的。以日益稀缺的供应去满足日益增长的需要,为减轻二氧化碳排放所致的全球气候变化而限制对石化资源的利用,迫使我们做出改变。这样,目前的石化资源时代应该看作是人类发展中的一个短暂阶段,也是建筑发展中的一个短暂的时期。在这一章里,我们既讨论能源供应以及与建筑相关的能源使用,还讨论未来可能的前景。

　　世界人口的城市化率正在日益增加,在世界的一些地区,高密度城市生活的压力是巨大的。在高密度城市里,40层以上高度的公寓通常每层有8、12或16个单元,一个公寓中的人口相当于一个村庄。这种城市开发在很小的土地面积上集中了资源的利用,这就意味着它依赖于可以被输送到这个集中区域上来的一定类型的能源。对于高密度城市来讲,这种情况既是机会也是困难,我们需要谨慎的规划、法规和鼓励,以乐观的态度去提出这些问题。慧(Hui)已经对城市密度对能源需求的正面和负面的影响,指出了多种可能的后果。陈等详细论证了潜在的能源效益和紧凑城市的成本。所以,鼓励取其利避其害是关键。

　　人类引起的气候变化是影响许多与能源相关问题的一个因素,"政府间气候变化小组"(IPCC)对此做过大规模调查研究。IPCC最近的一个报告包括了这样一个章节,提出了与居住和商业建筑相关的环节措施。通过使用现存的成熟技术就能够实质性地减少从建筑使用能源过程中排放出来的二氧化碳,使用循环分析就可以清晰地证明除开成本之外的纯收益。当然,尽管建筑提供了重要的机会,但是,还需要改进的项目和政策来鼓励建筑向低碳方向发展。有证据表明,一些较新的大规模高密度城市地区比起其他地方,在能源消费上有所增加,这是需要采取行动加以解决的问题。

　　在以下各节里,我们将讨论许多相互关联的问题,我们从能源需求开始,如何减少这种需求或做出补偿。然后,我们讨论潜在的能源供应技术,包括多种资源,这些资源如何能够与我们的需求相配合。最后,我们将提出有关高密度城市运行和系统优化的建议和推荐意见。

能源需求

建筑是能源消费大户，它常常占发达国家全部能源消费的 40%~50%，在电能消费中的比例更高。建筑中的各项服务（供热、降温、照明、空调、电器设备），让人们在建筑之间移动的交通，大大增加了高密度城市的能源需求。尽管高密度城市散布于全球，但是，大部分高密度城市还是处在热带或亚热带气候区，这样，降温需求大于供热需求。随着全球变暖的发展，降温正在成为日益增加的服务需求。

还有与建筑施工相关的大规模能源使用，城市地区工业和制造业的大规模能源使用；我们不在这一章里讨论工业能源问题，但是，它是大量外部因素产生的前提。实际上，因为材料和公共工程设备的使用更为有效，所以，与建筑生产、施工和基础设施建设相关的能源成本可能在高密度城市是比较少的（Chen et al, 2008）。这里不涉及交通问题，当然，我们都同意，高密度导致更好地使用公交系统（例如，DETR，1999），这样一来，公交系统更为有效，运行更为频繁，从而减少了私家车对能源的浪费。在以下各节中，我们将考虑需求的影响和如何调整需求，这些讨论从许多方面与本书处理专门问题的其他章节相联系。

热岛效应和密度

长期以来，我们都认为在高密度城区里的集中的能源使用将使那里的温度增加 – 我们称之为"热岛效应"。桑塔莫雷斯等（2001）发现，夏季雅典城的热岛效应能够使周边温度上升 10℃。在冬季，较高温度在减少（可达 30%）供热需求方面还是有价值的。在夏季，增加的温度也通过性能系数的减少而影响到空调系统的效率；当然，并非所有的研究都是如此消极的。有些发现[如斯通（Stone）和罗杰斯（Rogers，2001）]表明，虽然他们所涉及的城市（美国的亚特兰大）并没有达到那些众所周知的高密度城市的密度，然而，较低的密度可能会增加辐射热流，辐射热流也会促进热岛的形成。

如果我们在进一步思考，高密度的城市里的任何一个住宅单元所暴露的表面面积可能很小，从而导致了用于释放和吸收热的围护结构表面面积并不大。相邻居住单元或办公单元所承担的屏蔽也减少了能源的需要，建筑内部的热吸收在夏季并没有超出指标。

被动设计

不说千年，至少几个世纪以来，我们一直把减少建筑用于供热、降温、照明和通风的能源需求的技术称之为"被动的"技术。历史的证据揭示出，最早的营造师和建筑师知道如何让他们的建筑与气候相协调；然而，在我们的时代，这种联系似乎就不那么紧密了。建筑在场地中的朝向和位置对于太阳辐射的吸收和采光都有重大影响；同时，也对自然通风的潜力产生重大影响。许多技术都能帮助优化设计；当然，参数必须针对这个场地而选择，高密度城市在单独通过场地和方向特征来实现设计优化方面存在问题和约束。

许多著作都已经提出过,应当因地制宜地使用建筑的被动设计,如史密斯和皮茨(1997),许多学者已经对此做过详尽的研究,如克雷斯马里东(Chrisomallidou,2001);我们不在这里重复这些细节。陈等对高层公寓楼的特殊案例,就香港地区气候不同被动围护结构设计,做了计算机比较研究,这项研究表明,有些设计方案能够减少年度降温载荷 36.8%,减少峰值降温载荷 31.4%。通过结合改善了的隔热和热质、玻璃的类型和尺寸、阴影和墙壁色彩等方面而实现这个结果。

随着计算机模拟和预测技术的使用变得越来越广泛和其精度越来越高,为了找到最优的参数结合,从热、降温、照明的能源使用等方面产生出最优的建筑围护结构,我们有可能更为详尽地研究被动的措施。高密度城市的关键特征之一就是建筑外立面的表面,至少它要求做出定性的分析,给设计师指出最优的模式,特别强调建筑的外立面和玻璃的特征。

建筑外立面的设计

建筑外立面是外部环境和内部环境之间的基本介质,它把透明部件如玻璃、阴影和采光等与不透明部件如隔热和热质的影响结合起来。

玻璃窗提供了建筑内部和外部的主要环境链接——窗户允许太阳热能的进入(在寒冷季节,窗户能够用来提供或阻止供热需求)和自然采光(减少人工照明对能源的消耗,减少人工照明引起的内部热量)。当然,玻璃窗也能够成为过热源本身,纽(Niu,2004)认为,窗户吸收热是高层建筑的重要问题,需要适当的遮挡。陈等提出,在高密度城市,要限制窗户的面积,在玻璃上增加反光涂层,以控制热吸收。

桑塔莫雷斯等介绍了能够用来减少吸收太阳热的影响和减少城市热岛效应的建筑外立面设计方法,包括在关键表面使用"冷"涂料,以减少热吸收,降低 5℃的温度值。

陈等也把使用附加的隔热和热质的影响并入他们对高层公寓能量使用的计算机研究中。他们有趣的发现是,在建筑内部增加保温层能够最大限度地减少年度降温需要,而不是在墙外增加保温层以最大限度地减少降温高峰的需求。不同的推荐意见取决于白天期间居民们是否在使用这座建筑。

施工技术和材料选择也能减少所使用的能量和对环境的影响。

通风

全空调系统的能量消耗是巨大的,最近这几年来,已经开始鼓励人们使用自然通风。不幸的是,城市里的发展倾向是增加空调,而不是减少空调,在高密度城市,产生这种倾向可能有若干因素。首先,高密度可能降低了风速,这样,就减少了自然通风的可能性;第二,建筑的高度可能意味着自然通风是多变的和不可预测的——尤其对于较高的楼层;第三,高密度也可能增加了噪声和空气污染的水平,可能禁止住户开窗;最后,建筑区的均匀布局可能妨碍了能够帮助自然通风的紊流和降低风速(Santamouris et al, 2001)。无论在何种情况下,都需要更多地了解通风潜力和性能,不仅仅在设计公寓和建筑群时需要关注自然通风问题，对于整个城市的所有街区的规划设计，也不要忘记了自然通风问题。必须允许气流通过建筑，不仅仅限制在建筑的一边——这就要求做出布局调整。

已经比较流行的方法是使用夜间做自然通风，夜晚的气温比较低，使整个建筑为随后的一天做好准备。在这样的系统中，热质和它的位置的作用也是重要的。为了进一步将降低温度，通风的气流可能允许通过地下管道，或者蒸汽冷却系统在一定气候条件下并入通风气流。在高密度建筑中，这种方式和系统不可能这样做；但是，适当的通风应该是能够实现优化的性能的。

与通风相关的进一步的影响是是否有有效的外部空间，如晾衣服的凉台：有些高密度建筑群采取了全封闭的建筑立面就没有这类空间，这就意味着在室内晾衣服，这就进一步增加了湿度水平。

供热、通风和空调（HVAC）系统

无论在建筑设计中如何综合考虑了被动式措施，总还是有时间和条件，要求通过供暖、通风和空调系统来人工地创造舒适。作为一种过程问题，应当选择让这种系统处于最有效的状态，这些系统可以通过可再生能源或特殊的供应系统去驱动，这些问题我们另外专门论述。集中的系统可能既能提供比较好的控制，也能实现优化的效率。

许多高密度建筑有这样一种倾向，就是个别安装分离式空调单元，它们有碍观瞻，冷凝水还会造成干扰，而且也没有集中系统那么有效。也许资源集中供应，但是根据需要个别操作。

应该在设计中考虑到能够在外部温度适当情况下使用自然通风优势的混合系统，当然，对于封闭的全空调的建筑需要慎重。

控制和计量

应该优先发展的另外一个领域是智能计量和控制系统。这些技术原先只是用于综合的商业性建筑中；但是，这种技术应当延伸到家庭使用领域，一个大公寓楼的智能计量和控制系统的结合应该能够产生比较好的性能。智能控制也能广泛用于可再生能源系统，因为可再生能源系统的产出变数更多，更需要能量储存。使用智能控制能够比较好地把需求和供应配合起来，在可能的情况下，预测和改变需求模式。这种系统有必要处于个别系统使用者控制之外，以便获得最好的性能，这样做可能会引起实施上的困难。

能量供应

未来10年里，传统的石化能源资源可能会进一步稀缺；甚至一位世界大型石油公司的老板也提出，到2015年早期，全球石化能源将出现供不应求的局面（Times online，2008）。与减少二氧化碳排放一道，这种形势意味着，我们必须寻找、开发和开采其他的能源资源——

尤其是可再生能源。当然，通常的问题是，在高密度城市里，缺少适当的空间和表面去安装可再生能源系统。这个问题产生于相对低下的可再生能源密度和城市本身创造出来的巨大需求。更一般地讲，我们面临的问题是，有效能源（随着气候和天气变化）和使用需要之间不相匹配；这就意味着我们要把更大的注意力放在能源储备系统上，意味着要调整供应和使用关系。博伊尔（Boyle，2004）已经概括了所有主要可再生能源的详细情况；史密斯（Smith，2007）比较专门地讨论了特定能源的选择方案，提出了他的建议。尽管所有这些可能性不可能都能以价格的形式进入市场，也不可能满足大规模高密度城市的全部需要，但是，城市规划师和开发商还是需要了解它们的发展潜力，了解城市形式和设计怎样能够让城市有能力去拥抱新的能源资源。

太阳热能

在给高密度城市的建筑供应能源方面，我们有多种选择。太阳热能是被动式热吸收的一部分。我们能够使用平板集热器或真空管集热器这类比较主动的设施来获得太阳热能。真空管比较昂贵，但是能够产生比较高的温度，比起简单的平板集热器，更为有效率。集热器收集到的热能主要用于给家庭供应热水。每个家庭约需要 3~5 平方米的集热器面积，同时还要有专门的热水储备设施(如热水罐)。在许多地方和气候条件下,这种系统的成本都不昂贵。

为了给寒冷地区的室内空间供热，要收集到充分的热能，这需要比较大的集热器面积和较大热储存设备。高密度城市的建成区具有相对小的整体表面面积（如房顶）可以用来安装这种集热器，这样规模的集热面积几乎不可能收集到足够的能量去满足整幢高层建筑的需要。所以，如果鼓励在公寓或办公楼安装太阳热能系统，那么，需要通过其他系统作为补充来产生充分的热水以供应整个建筑。除开在非常适当的情况下，我们很难想象一幢高层建筑的有效表面面积能够提供足够的加热空间。实际上，如果我们把有效的资金投入用到建筑的一系列被动式措施上，通过减少供热需求，投资效率可能更高。

我们可以在高密度城区之外的土地上去建设大规模集热装置，然后把热水送到城里。现在，世界上的确存在这类系统，主要在北欧地区，那里使用大规模集热器为集中供热提供热能，当然，在规模上这种方式不适合于非常高密度和人口众多的大城市。如果真要那么做，则需要在集热系统、隔热管道以及泵站等方面做大量投资，现阶段不可能这样做。

另外一种太阳热能系统是，把太阳热能收集起来（使用镜面）产生较高的温度，然后以这种热能去推动涡轮，进而发电。这种系统不仅要求高水平的太阳辐射，而且要求具有相对的稳定性，这种条件可能在天气晴朗的赤道附近地区找到。除开沙漠边缘地区，很少有地方能够满足这样的要求。尽管这种技术已经在试验项目和适度规模的工厂里得到了证明，但是，它似乎不能满足高密度城市的需要。

光伏发电

光伏发电（PV）系统能够把阳光的能量直接转换成为电能，其原理即是我们常说的光电效应。PV 设备长期以来都是使用硅材料制造的，一般晶体设备的效率大约在 14%~17%（而使用非晶硅单元的效率仅为 7%~8% ）。专业试验室已经创造出了 40% 以上效率的记录；当然，这样高效率光伏发电设备的成本数倍于我们在建成环境中使用的效率不高的光伏发电系统。即使这样，现在我们使用的低效率光伏发电系统的成本已经相当高了；当然，人们正在发展能源转换的新形式（第三代和第四代发电设备），正在一些地方如中国，开发具有经济规模合理的比较新的大规模光伏发电厂。在那些没有电网的地区，这种系统已经被认为是经济可行的，因为那些地区没有任何电能形式是容易开发出来的，当然，目前使用的光伏发电系统一般规模都不大。建筑－综合的光伏发电是目前正在发展的一个领域，但是，一般都是在低密度城市地区进行的。在这种情况下，有可能产生有趣的设计，也能生产电能，部分费用可以通过节省传统的外墙材料而得到。

在城市地区使用光伏发电的另一个困难是与其他技术相关的：缺少适当规模的表面和方位来安装这类设施，适当的方位意味着要避开其他建筑的阴影（一个典型的家庭需要 20 平方米以上的不受干扰的面积来安装光伏发电设施，才能满足其能量需要）。在高密度城市，这种要求不能得到满足；所以，光伏发电仅能满足小部分的电力需要。然而，在那些把光伏发电设备作为立面设计一个部分的地方，或者使用光伏发电设备来给窗户遮阳的地方，还是有可能引入光伏发电系统的；在这种情况下，需要对成本做出评估，在比较综合考虑的基础上做出决策。

如果城市之外存在适当的土地，有可能在那里建设光伏发电站，然后通过电网把电力送到城市。这将需要相当规模的投资，尽管不乏建有大规模光伏发电系统的样板城市，但是，目前还不可能以可承受的成本使用光伏发电系统完全满足高密度城市的能量需要。

风能

最近几十年以来，许多国家已经迅速地增加了风力发电机组的数目。最大风力发电机组的规模还在增加；大部分风力电场使用的都是独立的风力发电机组，生产至少 1 兆瓦和 2 兆瓦电力，最大的设备现在能够生产 5 兆瓦或 6 兆瓦，旋翼直径在 120 米以上。这些设备一般都安装在边远的风口地区，几乎没有几个靠近主要城市中心的；当然，有可能通过电网传递这些电能。

在风能发电的另一端，我们现在已经有了比较小的风力发电设备，叶片直径约 1 米，产生的电能在 300~1500 瓦之间。这类风力发电设备在许多地方与建筑结合在一起，为家庭提供电力。许多人都提出，这类设备不适合城市，因为风力发电设备附近的建筑物干扰了风，进而使风力发电设备性能不佳。这说明在高密度城市里，使用风力发电设备受到很大限制；即使把这样的设备安装在屋顶上，它们也只能生产整个多层建筑所消耗掉的电力的一小部分。从能量的观点看，在城市中心地区的顶部安装中等规模的风力发电机组还是有吸引力的，但是，许多居民可能反对这样做（如噪声和安全问题）。

综上所述，最可能的风能使用前景还是在城市之外的地区建立风能发电站；这是获得电力资源最有效率和经济的方式，许多国家已经证明了这类风力发电的成本效益。对风力发电持有的不同意见是，风力发电的不稳定性；然而，如果把风力发电看成整个可再生能源网络系统的一个部分，使用风力发电还是比较合理的。所以，高密度城市所面临的问题是，如果风力能源能够与其他能源一道满足城市需求的话，是否有适当的靠近城市的位置、规模和风力资源可以用来建立风力发电场。

来自废料的生物燃料和能源

地球上的生物质由动植物的有机材料组成；在落在地球表面的太阳能的作用下，地球生物质延续着持续的更新过程，供植物生长。这种生物质也能用来作为一种能源，如果这个更新过程得到妥善的管理，这个更新过程是一个完全可再生的过程。在整个地球史上，人类使用以木料形式存在的生物质作为基本能源；当然，在许多地方，使用木料的速度已经远远超出了木料的生长速度，从而导致了森林消失的后果。在可更新生物质中，有两种有效的主要资源：快速生长的农作物或农业、工业和人类产生的废料。

最近这些年来，可再生生物质资源已经产生了重要影响；然而，耕种特殊农作物或农业产生的废料（如甘蔗、玉米和其他农作物）都需要大量土地。很明显，在高密度城市的边界内，没有这样的空间，只有在城市之外且靠近城市的地方确有这样的土地，我们才能对此有所考虑。城市化发展的经验表明，这种土地因为城市的扩展正处在危机之中，没有规划的支撑，没有把它们认定为能源生产的地方（也许使用电网与边远的生物质电厂连接起来），这些土地并不可靠。

使用（城市本身产生的和居民产生的）市政垃圾是生产能源的另外一种选择。一定种类的垃圾通过焚烧产生热和电力，当然，可能存在争论，这种生产是否是环境可以承受的，这些材料是否是可以回收再利用的（如纸张和塑料）。同时，我们还要对运送和回收这些材料的运输和其他成本进行全面的循环分析。在许多情况下，需要建立起一个有效率和有效果的垃圾收集系统，在迅速城市化的高密度城市，这种垃圾收集系统通常设计不佳。瑞典马尔默（Malmö）的"bo01展览"上曾经展示过一些相当复杂系统的例子（Pitts，2004）。

另外一些人类产生的垃圾，如通过下水道收集到那些有机垃圾，可以用来堆肥的有机垃圾，它们可以分解出供燃烧的甲烷和适合于农作物的肥料。当然，在高密度城市，这种垃圾、水和下水系统还没有得到很好的开发，为了解决潜在的环境灾害，以及利用其他能源资源，我们必须对这类系统的开发给以高度重视。

水力发电、波浪和潮汐发电

我们已经在世界上许多地方很好地开发了水电资源，通过电网，把电力送到了大城市。在发展中国家，还有一些地方可以建设这类水力发电站，以便为新发展起来的高密度城市输送电力。当然，这种开发不是没有成本的，粮田可能被淹没，社区需要迁徙，很大程度地损害了自然环境。这些年来，开发了许多充满争议的项目，对这些项目进行综合评价，它们的影响是否与它们产生的效益相匹配，这样做是很重要的。比较小规模的水电项目也是可能的；但是，在乡村地区开发的一些小规模水电项目不能对大城市的电力供应产生多么大的影响。所以，供应大城市的水电项目必须先行。

另外两个"以水为基础"的可再生能源技术是，从潮汐引起的水的运动中获取能量，从波浪的运动中获取能量。潮汐电站能够产生很大的环境问题，当然，如果选址得当，也能获得重大的能源资源。沿海城市可能适合于开发海浪发电项目。能够开发潮汐能或海浪能的城市可能也是港口城市，这样，开发潮汐能或海浪能有可能影响航运。

热泵（地下、空气和水）和地热能

热泵是一种与制冷系统使用相同热力学原理的装置。它们输入适当能量（通常以电的形式供应给压缩机），以便在较低的温度和较高的温度间移动热。空调系统把房间里的热抽取出来，送到户外环境中。相反，在需要供热的情况下，热泵把周边环境中的热送到建筑中。我们可以说，这些系统是空气热源泵，它与外部空气相连；相类似，还有从地下或水里抽取热的热泵，相应地称之为地源热泵和水源热泵。地下和水中的能量密度大于空气，所以，地源热泵和水源热泵更为有效。

水源热泵已经在那些有河流的地方使用多年了；在那些地球表面以下数米位置上的温度稳定的地方可以使用地源热泵，目前，地源热泵正在流行起来，它既可以在冬天供暖，也可以在夏季用于降温。显然，地源热泵所要求的衔接热泵的材料的能量容量，地下管道系统和深井系统水源热泵所要求的在水中的大型热交换区，都可能存在限制。地源热泵和水源热泵都对高密度城市具有开发潜力，但是，需要与城市开发相协调做出设计。另外，这类系统需要能源去驱动，所以，必须努力让这个驱动能源采用的是可再生能源；这种能源可能是电，然而，在适当情况下，有可能使用热吸收制冷循环。

地热能系统不同于地热泵系统，人们常常把两者混为一谈。真正的地热能系统从地质深层提取热能。这种热能仅在世界某些地方和特定的场地才有效，这里就不再深入探究了；只要地热能在大城市或接近大城市，这种能源应该得到利用。

区域供热／供冷和热电（CHP）结合系统

在一些国家，影响能源供应的法规是在单体建筑或开发水平基础上形成的。当我们考虑高密度城市的开发时，最适当的规模可能大于供热和供冷项目的范围，可能与热电结合系统的电力生产相联系。这种比较大的项目不仅仅具有很大的效率潜力，而且有使用燃料和资源（如生物质）的潜力，这种潜力是高密度城市的个别家庭无法使用的。热电结合系统会有很大增加，它们可能有能源公司作为提高电力生产和供热效率的有效措施。在这种情况下，如何通过这样一个系统把热和电的需要配合起来可能成为问题（高密度城市更多地与比较温暖的气候条件相联系）。

核能

常常与可再生能源一起出现的另一种能源是核能。目前的核电站使用核材料裂变所产生的热，通过适当的水循环生产电。核电站运行是低二氧化碳排放的，而且在后石化时代，我们需要维持电力供应，所以，开发核能成为新开发的理由。很不幸的是，新的核电站可能仅仅能够生产一个很短的时期，因为专家估计，按照 2002 年的消费速度，裂变材料仅仅能够维持 40~85 年。

现在，我们距离核聚变的目标还有一段路要走。无论是核裂变还是核聚变，虽然它们能够给高密度城市提供能源，然而，核电站和城市共处一个位置可能导致安全问题。核电力当然是高密度城市的一种选择，但是，核电站最有效的运行是，承载基本电力需求，对需求变化不敏感；这样，我们还需要其他类型的能源资源来对其做补充。

能源储存系统

未来能源发展的关键因素之一是把供应与需求配合起来。这对于依靠大量不可靠的可再生能源的系统来讲会是特别困难的。所以，我们需要多种复杂的能源储存系统。这些储存系统包括正在开发的燃料单元，我们利用可再生能源生产氢，把它作为燃料储存起来，以后再把它重新结合起来用于发电；抽水蓄能电站；储备动能的飞轮蓄能，储备化学能的液流电池蓄能；跨季节的热储备，即把夏季的热能储备到冬季使用，而把冬季的寒冷储备到夏季使用。

高密度城市的选择和机会

对城市区位的潜在能源解决方案进行的研究（Durney and Desai，2004；Sullivan et al，2006）提出，使用多种能源供应和需求选择。英国基础的法规变化推动了这项工作，要求开发商比较好地使用可再生能源，并把这一目标写入了"可持续住宅规范"中（DCLG，2006）。如果从整体上看待机会和选择，高密度城市可能需要考虑多种措施：

• 对城市范围的控制能源使用的法规做出规划，对城市范围内建设适当供应基础设施和建设需求管理基础设施做出规划；
• 尽可能实施适当的被动式建筑设计措施，以使供热、照明和降温所需要的能源降至最低；
• 如果可行的话，与大规模风力发电厂连接起来，在城市边界内，使用中等规模的风力发电机组；
• 使用生物质 – 或气体为动力的热电结合的电站（如果没有风力，满足热水和电力供应）；
• 在可能的地方，在建筑立面上安装太阳能设施，把产出的能量以最平稳的方式提供给建筑的基本能源消耗；
• 使用与跨季节热储存系统相连接的热泵；

- 对垃圾进行厌氧处理以产生能源（沼气）；
- 通过电网与城市之外的其他能源系统连接起来，以便实现供应和需求平衡；
- 与燃料电池结合，对其他可再生能源做长期开发。

　　无论选择哪种方案，就能源供应和需求而言，高密度城市面临许多挑战，在维持现有的舒适状态和生活方式的条件下，我们需要根据轻重缓急，采取适当的步骤。

参考文献

Boyle, G. (ed) (2004) *Renewable Energy*, Oxford University Press, Oxford, UK

Chen, H., Jia, B. and Lau, S. S. Y. (2008) 'Sustainable urban form for Chinese compact cities: Challenges of a rapid urbanized economy', *Habitat International*, vol 32, pp28–40

Cheung, C. K., Fuller, R. J. and Luther, M. B. (2005) 'Energy-efficient envelope design for high-rise apartments', *Energy and Buildings*, vol 37, pp37–48

Chrisomallidou, N. (2001) 'Guidelines for integrating energy conservation techniques in urban buildings', in M. Santamouris (ed) *Energy and Climate in the Urban Built Environment*, James and James Science Publishers, London, pp247–309

DCLG (Department for Communities and Local Government) (2006) *The Code for Sustainable Homes*, DCLG, UK

DETR (Department of Environment, Transport and the Regions) (1999) 'Towards an Urban Renaissance', in Lord Rogers of Riverside (ed) *Final Report of the Urban Task Force*, UK DETR and E & F N Spon, London

Durney, J. and Desai, P. (2004) *Z Squared: Enabling One Planet Living in the Thames Gateway*, Bioregional Development Group Report, London

Gao, W., Wang, X., Haifeng, L., Zhao, P., Ren, J. and Toshio, O. (2004) 'Living environment and energy consumption in cities of Yangtze Delta area', *Energy and Building*, vol 36, pp1241–1246

Hui, S. C. M. (2001) 'Low energy building design in high density urban cities', *Renewable Energy*, vol 24, pp627–640

Levine, M., Ürge-Vorsatz, D., Blok, K., Geng, L., Harvey, D., Lang, S., Levermore, G., Mongameli Mehlwana, A., Mirasgedis, S., Novikova, A., Rilling, J. and Yoshino, H. (2007) 'Residential and commercial building', in B. Metz, O. R. Davidson, P. R. Bosch, R. Dave and L. A. Meyer (eds) *Climate Change 2007: Mitigation, Contribution of Working Group III to the Fourth Assessment Report of the Intergovernmental Panel on Climate Change*, Cambridge University Press, Cambridge, UK, and New York, NY

Niu, J. (2004) 'Some significant environmental issues in high-rise residential building design in urban areas', *Energy and Buildings*, vol 36, pp1259–1263

Pitts, A. C. (2004) *Planning and Design Strategies for Sustainability and Profit*, Architectural Press, Oxford, UK

Santamouris, M. (2006) 'Natural techniques to improve indoor and outdoor comfort during the warm period – A review', in *Proceedings of NCEUB Conference Comfort and Energy Use in Buildings – Getting Them Right*, Windsor, April 2006

Santamouris, M., Papanikolaou, N., Livada, I., Koronakis, I., Georgakis, C., Argiriou, A. and Assimakopoulos, D. N. (2001) 'On the impact of urban climate on the energy consumption of buildings', *Solar Energy*, vol 70, no 3, pp201–216

Smith, P. F. (2007) *Sustainability at the Cutting Edge: Emerging Technologies for Low Energy Buildings*, Architectural Press, Oxford, UK

Smith, P. F. and Pitts, A. C. (1997) *Concepts in Practice: Energy – Building for the Third Millennium*, Batsford, London

Stone, B. Jr. and Rogers, M. O. (2001) 'Urban form and thermal efficiency: How the design of cities influences the urban heat island effect', *Journal of the American Planning Association*, vol 67, no 2, pp186–198

Sullivan, L., Mark, B. and Parnell, T. (2006) 'Lessons for the application of renewable energy technologies in high density urban locations', in *Proceedings of the PLEA2006 23rd Conference on Passive and Low Energy Architecture*, Geneva, Switzerland

Times online (2008) 'Shell chief fears oil shortage in seven years', *Times* online, 25 January 2008, http://business.timesonline.co.uk/tol/business/economics/wef/article3248484.ece, accessed February 2008

第 18 章

环境评估：变动的尺度

雷蒙德·J·科尔

引言

我们生活在这样一种时代，我们对人类施加给自然系统的压力和过去尚未接触到的有关人类影响的信息科学的了解越来越多。但是，信息仅仅是通往终点的一个途径，我们还需要对信息加以解释，还需要把它转换成为有效的决策，无论这种决策是政治的决策，还是建筑设计和施工这类日常活动范围内的决策。事实上，以当前对资源使用的理解和对未来 10 年环境退化的估计为基础的行动将证明，在向着可持续发展生活方式的任何合理转型中，我们怎样做出选择都具有决定性。而且，在当前迅速和广泛进行的城市化背景下，理解从单体建筑到整个城市这样横跨多种尺度的设计决策的意义同样关键。尽管在社会价值和期望上不发生根本变化是不可能改变建筑设计和人居模式的，但是，改善建筑性能的两个关键机制是法规和自愿的市场为基础的项目。

法规管理方式假定，国际社会和公众对环境问题的日益关注会转化成为政治意图。然后，这种政治意图将表现为敦促环境政策的制定，进而增加更为严格的环境管理法规。从历史的角度上看，一旦法规具有强制性，特别是在有足够的信息来形成具体的法律规则、设定目标和衡量这些法规的效率时，法规成为打击严重的、局部的环境违法行为的最适当的手段（Aggeri，1999）。与建筑相关的环境标准和法规也能同样有效；但是，它们长期以来一直是可以接受的最低性能的一种规定，而通常不是鼓励实现高性能水平的一种载体。法规一般仅仅包括特殊的环境性能问题，如能量使用或温室气体减量等。最近英国在介绍它的"可持续住宅规范"（DCLG，2006）时提出，建成环境法规及其与自愿机制关系的正在变化的性质。这个法规是政府与建筑研究会（BRE）、建筑业研究和信息协会（CIRIA）共同协商制定的，2008 年，成了对所有新建住宅的强制性要求。这个规范有一个 6 个层次的评分系统，由必须实现的强制性最低标准和一定比例的"弹性"标准组成。完整的评估包括 6 个关键问题，评估对此逐一打分：能量效率 / 二氧化碳；水效率；地表水管理；场地垃圾管理；家庭垃圾管理；材料使用。当然，只有能量 / 二氧化碳排放标准是强制性的，对建筑法规分阶段进行修正，到 2016 年，开始执行新住宅碳中性的建筑法规（Banfill and Peacock，2007）。相类似，英国对新建的非居住建筑提出了在 2019 年实现碳中性的要求。欧洲议会修正了2002 年的"建筑能量性能指令"，要求在 2018 年 12 月 31 日以后建设的所有建筑必须实现

净 – 零能量。

过去 10 年里，在建成环境性能方面最重要的改进是通过引入自愿建成环境评估和贴签项目而出现的，这种评估和贴签项目很大程度地增加了对"绿色"建筑实践的讨论和应用。这些机制的基本目标是，推进市场对环境性能得到改善的建筑的需求。这里的一个基本前提是，如果给市场提供了改进的信息和机制，敏感睿智的客户能够而且也会在环境保护方面承担起领导责任，而其他人也会跟进以维持其竞争性。

有关建筑水平方面的这个进展和使用自愿评估方法已经积累了一定量的经验。也许最一致的问题是，提供一个综合的、客观的评估，以及评估得时间、工作和费用。当然，人们日益对跨尺度环境问题的理解产生了兴趣。这一章旨在考察可持续城市发展背景下的建成环境评估方法的变化和扩展。我们的目的并不是对在考虑城市尺度上的环境和可持续性评估和制定相关指标的工作机构进行批判。我们的目的是寻找和探索这样的方式，比较大尺度的城市提供了一种新的和必要的背景，让我们重新思考建成环境评估方法的范围和结构。这一章还考虑了高密度城市特征如何影响了建成环境评估方法的范围和重点。

建成环境评估方法

这里使用的"建成环境评估方法"旨在描述一种把建成环境评估作为核心功能之一的技术，当然，在公布一个性能评分或贴签之前，建成环境评估结果可能需要第三者的确认，包括参考指标，使用的多种方法和对设计专业教育项目的支持等等。我们常常把"系统"或"模式"和"方法"一词交换使用。

建成环境评估方法对多种资源使用的性能、生态载荷和室内环境质量标准进行评价。建成环境评估方法通常有以结构方式安排或组织起来的环境性能标准及其权重的"大纲"。很重要的是，评估方法受到控制，在认定的组织结构中使用，例如，英国建筑研究所使用的"建筑研究机构环境评估方法"（BREEAM）；美国绿色建筑协会使用的"能量和环境设计先锋"（LEED®）评分系统。虽然设计专业人员可能按照他们的情况有选择地使用评估方法的某些部分，但是，完整的方法包括了某种形式的登记和认证。这种特征显示出评估"工具"和评估"方法"之间的关键差别，因为第三方的核查和认证总会把额外的约束、行政管理和费用等带到评估过程中来。

建成环境评估方法巨大地推进着人们去追求更高的环境愿景，直接和间接地影响着建筑性能，这一点没有多少可以怀疑的。评估方法已经获得了很大的成功，它们的普及已经创造了让环境向积极方向转化所必须拥有的利益群体，他们追求为此发挥作用。这里使用的"成功"涉及建筑业接受了这样的评估方法，而不是所有多少项目实际上得到了评估或通过了"认证"，与整个建筑业所完成的建设项目相比，通过认证的项目还是相对少的。评估方法的早期成功产生于多种因素的共同作用：

- 原先没有任何以综合的方式去讨论和评估建筑性能的途径，这就给"性能评估文化"的兴起开启了一片特殊的领地。
- 简单而且似乎很直接的提出的若干项性能衡量要求，以可控制的形式展现了一组复杂的问题。这对建筑业是很有吸引力的，因为建筑业乐于规避风险，喜好简单、明了的信息，它只问做什么，而不问为什么应该那样做。通过给环境问题提出一个可以识别的结构，评估方法在建成环境性能方面提供了争论的焦点。
- 公共的建筑业部门已经使用评估方法来证明他们对环境政策和指令的承诺，以此宣称什么构成"绿色"建筑设计和建设的产业愿景。
- "绿色"建筑材料和产品的制造商得到了机会去直接和间接地与相关的性能标准联系起来。

　　建成环境性能评估方法的"成功"使所有其他给建筑业引入环境问题的机制相形见绌。事实上，建成环境评估方法正在越来越被确定为，在影响变化上最具潜力的机制，同时，似乎且不幸地成为目前建筑－环境争论的独一焦点。

　　在目前评估方法中，性能问题的结构与组织是以单体建筑和它的自主行动为基础的。我们不能期待单一的工具可以解决所有条件下的问题和满足市场考虑到的要求，这一点日益为人们所理解。实际上，正如卡茨（Kaatz）所提出的那样，把可持续性的观念有意义地融合到建筑过程中去，不能通过单一的方法、工具和特设的评估而卓有成效地得以实现。这样，评估方法和其他的补充机制之间的关系也是很重要的。人们期待目前这一代评估方法能够承担多重角色，从一定程度上讲，它们的确很成功地实现了这一点，而不确定的是，它们是否能够在这个领域日益成熟之后依然保持这种效力。当紧急提出气候变化问题成为一个很大的政治问题时，认识法规与自愿机制的互补性质将会变得同等重要起来。在这一章中，建成环境评估方法与社区和城市评估可持续性问题其他方面相衔接的途径和程度，对形成综合的设计和规划方式十分关键。

　　建成环境评估方法已经提供了"绿色建筑"的定义和相关的最优实践。但是，通过使用这种工具，变化发生了，于是，出现了一系列问题，因建成环境评估而产生的需求，对规范的挑战，对获得新知识和训练的要求，更广地讲，建成环境评估方法如何影响负责建筑生产的所有各方的文化。通过在不同尺度之间建立起联系，评估方法给与建筑、社区和城市规划相关的各方提供了一种对话的机制。

生命周期评估方法

　　在环境研究领域里，人们已经把"生命周期评估"（Life-cycle assessment，LCA）看作是比较不同材料、部件和服务的唯一合法依据。用到建筑上的生命周期评估包括建筑材料和屋宇署件及其装配件在建筑施工、使用和拆除的整个生命过程中对环境影响的分析和评价。

　　比其他产品来讲，建筑的生命周期更为复杂，包括了建筑材料、部件、装配件和系统的整个生命周期的总体效果。建筑材料和部件完整的生命周期环境影响可以分解成为若干有区别的步骤：首先，对建筑及其生产所产生的环境影响、资源使用状况做详细评估；第二，建筑施工建设完成后，使用中的建筑对环境的影响和对资源的消耗做评估；最后，对建筑拆除和处理的环境影响做评估。第一步特别针对建筑材料、部件或装配件做评估，而第二步和第三步特别针对一种材料、一个部件或装配件及其它们在一个专门设计中的使用做评估。详细的生命周期分析常常只包括比较一般的第一步，相对少地涉及以后的两个步骤。

现在，生命周期评估方法是与建成环境评估方法同时存在的。人们经常争论的是，如何和在什么程度上把生命周期评估方法与建成环境评估方法结合起来。做到这一点有两种不同的方式：

1. 生命周期评估方法作为环境评估方法的基础。生命周期评估计算了各种建筑材料、部件生命周期排序数据库，如"雅典娜环境影响估算"软件（由加拿大雅典娜可持续材料研究所开发）和"恩芬斯特"（Envest）软件（由英国 BRE 公司开发），在此基础上，环境评估方法使用预先已经建立起来的各种建筑材料、部件的生命周期数据库，按照数据库里的排列秩序，对建筑材料、部件或装配件或其他战略选择做出评估，给选择的产品和装配件评分（如 BREEAM 使用英国的"技术指标绿色指南"，根据"恩芬斯特"（Envest）的计算，这个指南为建筑装配件的环境影响做评级）。

2. 给那些以使用生命周期评估方法为基础而形成的设计队伍的决策评级，例如，加拿大的"绿色全球 TM"给设计队伍选择的材料评分，这种评分反映了对地基、楼层装配和材料；柱和梁的结合，墙壁；屋顶装配；其他外墙装配材料（覆面、窗户等）的"最佳"生命周期评估的结果。

许多建成环境评价方法参照了生命周期的概念，提供建筑生命周期内一个阶段的特定评估方法，例如，香港的"综合环境性能评估模式"（CEPAS），强调了设计过程每一个阶段的关键问题和责任，承认这个过程中相关人员的角色。这个评估模式证明了生命周期的思维模式正在日益进入了建筑设计的术语中，形成了环境评估方法。

可持续性评估

没有"可持续的建筑"或"可持续的城市"这种事情。然而，我们能够设计建筑和城市来支撑可持续发展的生活模式，在发展的尺度上增加实现可持续发展的机会。在这个背景下，我们能够使用多个系统统筹协调的性能来判断建筑，包括内部的协调，还包括与相邻建筑创造性联系的类型和程度。相类似，当我们使用环境、社会和经济三方面来概括可持续性时，强调的是三者之间的交集，在这交集上的所有点都是同等重要的（即它们之间积极的和消极的相互影响的方式和程度）。简单地把社会标准加到现行的环境性能衡量标准中去不会揭示和强调二者之间相互影响的方式，而这种做法正在开始出现。正如我们在后边要讨论的那样，如果把使用这种方法或工具作为多方面之间协商的一个部分（即方法的使用，而不是方法本身），那么，我们只能寻找环境、社会和经济三方面的交集。

目前大部分建成环境评估方法都设计到"可持续性"，但是，只有为数不多的方法是专门针对建筑的社会和经济后果的：

- 通过南非科学与工业研究协会（CSIR）发布的南非"可持续建筑评估方法"（SBAT）在环境、经济和社会标题下组织了 15 个主要性能领域（吉伯德，2001）。为了获得"可持续性"的最后评分，权重延伸到了三个方面。南非"可持续建筑评估方法"（SBAT）所评估的不仅仅是可持续性意义上的建筑的性能，而且还要评估一个建筑对支持和发展围绕它的可持续发展系统的贡献。
- 由奥雅纳（Ove Arup and Partners Ltd）2000 年开发的"可持续项目评估规范"（SPeAR®）是一个使我们能够迅速对项目的可持续性进行评估的方法。它并非试图为一个项目的可持续性性能与其他建筑进行比较提供一个基础，而是为找到一个项目在特定背景下的优势和弱势提供一个基础。"可持续项目评估规范"（SPeAR®）使用了一个评价矩阵：按照一组指标评估场地，然后对新项目建设前后进行比较（即相对现状来给项目的可持续性评分）。许多性能问题是定性的，所以，评估的结果将反映评估者的知识和观点。对于把评估特定案例的变化和改进作为重心的系统，这种程度的主观性可能是可以接受的，然而，在对建筑之间做比较时，还是有问题的。

目前大部分建成环境评估方法都使用了评分系统，相对一个典型实践的性能，而这些建成环境评估方法能够在多大程度上给气候稳定和其他环境问题提供绝对指标，可能决定了这种方法是否与社会日益关注气候变化的背景具有相关性。

变动的尺度

在评估方法的框架日益扩大时，大部分评估方法依然是针对单体建筑的。许多大型建成环境评估方法提供了一组方法，每一种方法针对一种特定的建筑类型、阶段或情况。评估方法的发展显示出它正在日益扩大其涉及的内容。大部分评估方法从新的办公楼开始，然后逐步扩大到包括现存的办公建筑、多单元的公寓楼，学校、独立住宅等。若干个已经存在的评估体系最近引入了强调比较广泛内容的新的版本，例如，美国绿色建筑协会（USGBC's）的"街区发展的能量与环境设计先锋"（LEED-ND®）正在做试点项目，2006 年，日本的"建成环境效率的综合评估体系"（CASBEE）公布了"城市发展的建成环境效率的综合评估体系"（CASBEE-UD）。这些发展都是在对单体建筑进行评估获得经验后出现的，即从单体建筑的尺度向比较大的尺度发展，而不是把建筑性能放到街区、社区和城市的总体背景中去。建成环境评估方法的这种发展将会很大程度地影响街区、社区和城市的设计。

街区发展的能量与环境设计先锋（LEED–ND®）

　　美国绿色建筑协会（USGBC）、新城市主义大会（CNU）和自然资源保护协会（NRDC）合作开发了一组结合理智增长、新城市主义和绿色建筑的原则的针对街区区位和设计的国家标准。这个合作的目标是建立这样一些标准，在"能量与环境设计先锋（LEED®）绿色建筑评分系统"中，评估和奖励环境优秀的开发实践。

　　"街区发展的能量与环境设计先锋"（LEED–ND®）旨在"认证那些在理智增长、新城市主义和绿色建筑等方面性能显著的样板开发项目"（USGBC，2007），它能够用来评估两个建筑直至整个新城镇，其基本目标是鼓励混合使用的开发。"街区发展的能量与环境设计先锋"的三个主要性能领域，理智的区位和链接、街区模式和设计、绿色基础设施和建筑，强调了在哪里建设，建设什么和如何建设可以提高街区的开发。不同于其他以单体建成环境性能为重心的"能量与环境设计先锋"（LEED）衍生产品，它们很少给予场地选择和设计评分，"街区发展的能量与环境设计先锋"（LEED–ND®）"强调设计和施工因素，设计和施工把建筑结合在一起形成一个街区，再把街区与更大的区域和景观联系起来"（USGBC，2007）。"街区发展的能量与环境设计先锋"指导开发商和开发团队、规划师和地方政府，为设计及其决策提供指南和贴签，奖励那些新居住、商业和混合开发做出比较好的选址、设计和施工（USGBC，2007）。2007年，"街区发展的能量与环境设计先锋"首先以样板实验项目的形式出现，2009年最终公布评分系统。

城市发展的建成环境效率的综合评估体系（CASBEE–UD）

　　日本的"建成环境效率的综合评估体系"（CASBEE）打破了把所有性能评价领域的得分简单相加，形成一个总体建筑得分的方式，这是以前所有方法的基本特征。"建成环境效率的综合评估体系"区别了环境载荷（资源使用和生态影响）和环境质量及其性能（室内环境质量和设施），给它们分别评分，以决定建成环境的效率（即环境质量及其性能与环境载荷之比）。这样，建筑评估不仅仅把作为一个产品的建筑的环境特征表达出来，而且，更确切地讲，建筑评估是一种对环境影响的衡量，这种环境影响是与建筑所提供的一组"服务"相关的。

　　"城市设计的建成环境效率的综合评估体系"（CASBEE–UD）也是一种环境性能评估，它的重点是针对大规模城市开发及其相关的户外空间问题。通过这种评估，能够在城市规划中提高可持续性。"城市发展的建成环境效率的综合评估体系"能够用到规模不大且处在相邻地块上的建筑群，也能用到覆盖成百上千建筑场地、道路、公园的新城区域。在项目标准容积率上的关键区别如下：

- 城市中心＝高使用率的开发（容积率500%或更高）；
- 一般地区＝一般开发（容积率低于500%）。

如果项目涉及两个具有不同容积率的地区，使用平均值。

"城市设计的建成环境效率的综合评估体系"保留了经济效率的概念，它分别给城市开发的环境质量及其性能和室外环境载荷评分。无论是城市开发的环境质量及其性能，还是室外环境载荷，都包括三大类，指定区域的评估结果以多种形式表达六个类别得分，如条状图和雷达图。城市开发中的建成环境效率指标由以下公式给出：

$$BEE_{UD}=Q_{UD}/L_{UD} \qquad\qquad [18.1]$$

这里，BEE_{UD} 是城市开发中的建成环境效率；Q_{UD} 是城市开发的环境质量及其性能；L_{UD} 是城市开发的环境载荷。"城市设计的建成环境效率的综合评估体系"是一个独立系统，独立于"建成环境效率的综合评估体系"原先所确定的尺度，当然，综合两个评估层次的评估方法还有待开发。与对"城市设计的建成环境效率的综合评估体系"的期待一样，我们也期待把"街区发展的能量与环境设计先锋"（LEED-ND®）的经验应用到"能量与环境设计先锋"（LEED）的其他产品中去。

城市开发的环境程序

把建筑的环境性能置于一个比较广阔的背景中去的新系统正在出现。例如，挪威的"城市开发的环境程序"就是一个在 2005 年开发出来的方法。它把性能问题按层次组织起来，包括 4 个主要问题（面积和基础设施；绿色区域；建筑；施工）和 18 个环境方面。对每一个环境方面，这个方法提出了若干可以操作的目标，正是在这个层次上，确定环境性能。例如，能量需求就是建筑问题下的一个环境方面，其目标是减少能量需求和使用电供热。这个方法目前共提出了 80 个以上的可操作目标。

"城市开发的环境程序"的关键是积极地影响城市开发过程：

• 帮助决定城市地区的环境性能要求，如果这个要求已经实现，设置与此相应的环境项目。
• 使相关信息可以共享，支持在编制环境程序过程中的有效对话。
• 帮助相关各方确定优先目标，确定城市开发的实施目标，建立相关性能要求，最后，指定一个有关未来的计划。

以上这些评估方式之间的重要区别在于，对于不同建成环境尺度上的评估而言，这些方法的理论的一致性和稳定性。里斯（Rees，2002）提出，建成环境和生物圈"都是以松动、巢状的层次的形式存在着，它们既是较高层次的部件，又是较低层次的系统"。这种层次应当在跨尺度评估方法的设计中同样明显。在大部分"能量与环境设计先锋"的产品中，环境问题以五个大类组成：可持续的场地；水的效率；能量和空气；材料和资源；室内环境质量。然而，"街区发展的能量与环境设计先锋"（LEED-ND®）采取了不同的组织框架以便在更大尺度上看待环境问题。相对比，"城市设计的建成环境效率的综合评估体系"（CASBEE-UD）使用了与其他"建成环境效率的综合评估体系"（CASBEE）产品相同的理论模式，即层次方式。

模糊的边界

建筑的环境设计几乎总是受到它们场地法定边界的约束。这种状况已经让现在的环境设计去追求"自立"，在一个场地的约束和机会范围内，只要技术上可能，使用现场的能源、水、现场处理污水等。

认识、挑战和扩张边界总有好处。例如，皮康（Picon，2005）提交给建筑史学家协会的 2005 年大会一篇题为《重新思考边界：跨越空间、时间和学科的建筑》的论文，在这篇论文中，他找出了边界的三个特征：首先，"确定边界概念在所有的建筑形式中的决定性的意义，既思考建筑的目标，也思考城市的目标"；第二，"需要审视我们已经有意识或无意识继承下来的边界、限制和边界线"；第三，"一旦我们严格地审查了边界，这些边界便会迅速地变得模糊起来；它们分崩离析，为了说明这些留下的痕迹，我们得调用数学、物理学和哲学的形象和比喻"。

无论是就相互冲突的理论观点而言，就生命周期评估分析对系统限度的定义而言，还是就不同生态系统之间的界面而言，在环境问题的背景下，我们总能够以多种方式去解释边界的概念。例如，在生态学的背景下，范·德·赖恩（Van der Ryn，2005）发现了"生态交错带"——两种自然系统在那里相会，如森林与草原相会，潮汐与土地相会，这些地方"是典型的最大生态多样性和产出的地方"。这种观点提出，分割或联系实体的域与实体本身一样重要。在任何情况下，系统约束的边界完全取决于"观察者在确定目的和系统活动时的观点"（Williamson et al，2002）。

城市中存在许多机会去"模糊边界"，在单体建筑的尺度上不允许或不可能做到"模糊边界"，"模糊边界"包括实现建筑与其他系统之间的统筹协调，考虑建筑的社会和经济问题。这些对于未来建成环境评估方法的发展都具有意义。

实现协调

复杂的环境问题包括了多种尺度的影响和时间框架，所以解决复杂的环境问题需要系统思考——能够认识和提出通常处于冲突的多种要求之间的联系和相互关系。人们越来越认识到，改善单体建筑固然重要，建筑之间和系统之间以及与城市基础设施系统的协调，能够更大程度地提高建成环境的性能。实际上，"街区发展的能量与环境设计先锋"（LEED-ND®）和"城市设计的建成环境效率的综合评估体系"（CASBEE-UD）正是期待通过这种协调而获得建成环境性能。

在建成环境评估方法中，把握性能问题之间的协调已经证明是一个困难的任务，需要清晰地提供确定的性能评分，这种评分能够独立于其他，还能站得住脚，消除"重复计算"，能够与第三方评估者的评价一致。格拉德温（Gladwin）等（1997）提出，需要在构成部分之上强调整体，在特殊实体之上强调关系，形体结构之上强调过程和转换，在定量之上强调定性，在排斥之上强调包容。这些还不是最近的建成环境评估方法的基础，也不容易添加到建成环境评估方法之上。

考虑社会和经济问题

人们日益认识到，在环境评估方法中，需要提出环境衰退的速率和规模问题，并在建筑设计中形成一种制度。许多环境性能问题，如能量使用、水的使用，温室气体排放等，能够相对简单地跨尺度地累计在一起，然而，社会和经济后果是不能如此累计的。

正如我们前面提到的那样，由于现行法律的约束，如产权和边界，环境性能已经明确或暗示自主或自立将成为一个总目标。当我们把广泛的社会和经济方面的考虑带入到建成环境评估方法中，就会使得这些比较广泛地考虑进入社会协商过程。协商文献一般都关注不同利益群体之间的利益交换，这些利益群体在交换之前已经在争议的性质上达成一致，几乎不再明确地挑战基本价值。鲁滨逊（Robinson，2004）提出，发展让利益攸关者主动参与的审议和决策的方法将会变得日益重要起来，它将把可持续性的思考灌输到日常的行为规范和实践中。鉴于目前的冲突观的多重性，罗滨逊进一步提出，可持续性的"力量"在于它在多大程度上能够把这些矛盾揭示出来，提供一种交流场所，争论问题，鼓励发展公共协商和让多种观点都得到表达和争论的新模式。

高密度的城市背景

建成环境评估所面对的高密度的城市环境具有一种在性质上不同的城市背景。具有高密度城市背景经验的组织已经开发了相应其地方特征的建成环境评估方法（如香港－建成环境评估体系），这些评估方法的基本关注点是大规模高层建筑本身，而不是这些大规模高层建筑在高密度城市中的后果。若干个关键问题需要高密度城市背景下建成环境评估来回答。

评价密度

纽曼（Newman）和肯沃西（Kenworthy）证明，在高密度的城市，如东京和香港，人均汽油消费远远低于那些密度相对低的城市，如美国的休斯敦和菲尼克斯。这种强有力的负面相关性建立起了这样一个公理，密度增加将会导致交通能源使用的减少。显然，其他相应的支持因素也是重要的，如有效的和多种模式的公共交通系统和使用公共交通的文化（如香港就有包括铁路、有轨、公交汽车、公共轻型汽车、出租车和轮渡在内的综合公交系统，它承担着日均 1100 万乘客的任务）。

紧凑的和适当混合使用，配合有效的工程系统和基础设施设计精良的建筑，这样的城市开发能够产生相当大的环境、社会和经济的效益。现在，北美地区已经把密度看成可持续城市发展的一个关键因数，也是 LEED-NC® 和 LEED-ND® 评分体系的核心。然而，高层和高密度紧凑型城市能够产生空气和噪声污染，受到限制的自然采光和自然通风，有限的自然植被空间，如何在跨尺度评估中承认和吸纳这些方面的考虑是十分重要的。

考虑公共空间

建成环境评估方法涉及了业主和设计团队能够实施某种水平控制的那些性能问题。然而，对于若干建筑一起产生的后果和由此而产生的效益，公共空间之类的公共设施，维持相邻建筑可以接受阳光和自然风，高密度城市背景下的城市噪声控制和空气质量恶化问题，现有的建成环境评估方法一般都没有加以考虑。期待在"街区发展的能量与环境设计先锋"（LEED–ND®）和"城市设计的建成环境效率的综合评估体系"（CASBEE–UD）能够处理这些问题。

按照香港特别行政区屋宇署"政府政策目标"，2002年要对开发新的"建筑物综合环境性能评估计划"（CEPAS）进行咨询研究，要求给香港特区寻找一个"使用友好"和"符合于香港地方实际情况的建成环境评估体系，如高密度城市、炎热和潮湿等特征"（Hui，2004）。香港ARUP公司在讨论论坛之后开发并在2005年完成了一个项目，扩宽了咨询范围和实验案例。

"建筑物综合环境性能评估计划"不同于香港现存的"香港建成环境评估方法"（HK–BEAM），这种差异表现在引进和组织的性能标准上，这些性能标准在"人的"和"形体的"性能之间，在"建筑"和建筑的"周边"之间，做了明确地划分。"建筑物综合环境性能评估计划"提出了8个性能分类：资源使用；载荷；场地影响；邻里影响；室内环境质量；建筑设施；场地设施；街区设施。许多老区都缺乏公共的场地设施和街区设施（如开放空间、绿化、景观、交通设施和街区公用设施）。把街区影响和公共设施包括到环境性能评估标准中来，事实上承认了香港高密度建筑背景中这些公共设施的价值。

结论

这一章已经探讨了可持续城市发展背景下的建成环境评估概念。随着建成环境评估方法广度的增加和时间范围的扩大，未来的建成环境评估方法可能是跨多种尺度的——建筑、街区、城市、区域等——采用综合的可持续性评估框架，使建筑设计和基础设施要求之间实现协调。许多迹象表明，建成环境评估方法发展是按照建成环境效率的综合评估体系的愿望来发展的，而没有表现出建成环境评估方法具有自身的理论基础。

在研究和实践中，无论是明确还是隐含，考虑环境问题时，边界既是有用的，同时也具有制约性。清晰地划分问题或工作范围能够明确问题和职责。然而，日益承认可持续性是一个压倒一切的要求，日益向系统思考方向的转变，都在更大程度上强调，我们要了解系统要素间的联系和协调关系，如同我们了解系统因素一样。这一点是与设计建成环境评估方法相关的。

在介绍建成环境评估方法之前，讨论集中在如能源使用这个个别性能问题上。综合环境评估已经接受了挑战，所以，似乎有必要面对挑战，直到得出合乎逻辑的结论，给性能问题和相关方面的利益以适当的位置，创造出容纳时间和空间方向的环境评估框架。边界越综合，就越能找出最需要关注的问题，从而在评估的准确性上做出更为理智的判断。更为重要的是，综合的边界将帮助我们找出用来创造和维持积极变化所需的机制和方法的范围、类型及其它们的结合。

参考文献

Adinyira, E., Oteng-Seifah, S. and Adjei-Kumi, T. (2007) 'A review of urban sustainability assessment methodologies', in M. Horner, C. Hardcastle, A. Price and J. Bebbington (eds) *Web-Proceedings International Conference on Whole Life Urban Sustainability and its Assessment*, Glasgow, Scotland

Aggeri, F. (1999) 'Environmental policies and innovation – a knowledge-based perspective on cooperative approaches', *Research Policy*, vol 28, pp699–717

Banfill, P. F. G. and Peacock, A. D. (2007) 'Energy efficient new housing – the UK reaches for sustainability', *Building Research and Information*, vol 35, no 4, pp426–436

Brandon, P., Lombardi, P. and Bentivegna, V. (1997) *Evaluation of the Built Environment for Sustainability*, E & F N Spon, London

Cole, R. J. (2005) 'Building environmental methods: Redefining intentions', *Building Research and Information*, vol 35, no 5, pp455–467

Cole, R. J. (2006) 'Editorial: Building environmental assessment – changing the culture of practice', *Building Research and Information*, vol 34, no 4, pp303–307

DCLG (Department for Communities and Local Government) (2006) *Code for Sustainable Homes: A Step-Change in Sustainable Home Building Practice*, DCLG, December, London

Deakin, M., Lombardi, P. and Mitchell, G., (2002) 'Urban sustainability assessment: A preliminary appraisal of current techniques', *Urbanistica*, vol 118, pp50–54

Gibberd, J. (2001) 'The Sustainable Building Assessment Tool–assessing how buildings can support sustainability in Developing Countries', Continental Shift 2001, IFI International Conference, 11–14 September, Johannesburg, South Africa

Gladwin, T. N., Newberry, W. E. and Reiskin, E. D. (1997) 'Why is the Northern elite mind biased against community, the environment and a sustainable future', in H. Bazerman, D. M. Messick, A. E. Tenbrunsel and K. A. Wade-Benzoni (eds) *Environment, Ethics and Behaviour*, The New Lexington Press, San Francisco, CA, pp227–234

Green Globes (2004) *Design for New Buildings and Retrofits Rating System and Program Summary*, ECD Energy and Environment Canada Ltd, www.greenglobes.com, accessed December 2004

Hui, M. F. (2004) 'Comprehensive environmental performance assessment scheme', in *Proceedings of the Symposium on Green Building Labelling*, Hong Kong, China, 19 March 2004, pp54–60

Kaatz, E., Root, D. and Bowen, P. (2004) 'Implementing a participatory approach in a sustainability building assessment tool', in *Proceedings of the Sustainable Building Africa 2004 Conference*, 13–18 September 2004, Stellenbosch, South Africa (CD Rom, Paper No 001)

Newman, P. W. G. and Kenworthy, J. R. (1989) *Cities and Auto Dependency: A Source Book*, Gower Publishing Co, Aldershot, UK

Newman, P. W. G. and Kenworthy, J. R. (1999) *Sustainability and Cities: Overcoming Automobile Dependence*, Island Press, Washington, DC

Picon, A. (2005) 'Rethinking the boundaries: Architecture across space, time and disciplines', *Newsletter of the Society of Architectural Historians*, vol 49, no 6, December 2005, pp10–11

Rees, W. E. (2002) 'Globalisation and sustainability: Conflict or convergence?', *Bulletin of Science, Technology and Society*, vol 22, no 4, August, pp249–268

Robinson, J. (2004) 'Squaring the circle? Some thoughts on the idea of sustainable development', *Ecological Economics*, vol 48, pp369–384

Støa, E. and Kittang, D. (2006) 'Presentation of a tool for environmental programming', ENHR Conference on Housing in an Expanding Europe: Theory, Policy, Participation and Implementation, Ljubljana, Slovenia, http://enhr2006ljubljana.uirs.si/publish/W13_Stoa.pdf, accessed July 2006

USGBC (US Green Building Council) (2007) *LEED for Neighborhood Development Rating System – Pilot*, USGBC, Washington, DC

Van der Ryn, S. (2005) *Design for Life: The Architecture of Sim Van der Ryn*, 1st Edition, G. Smith, Salt Lake City

Williamson, T. J., Radford, A. and Bennetts, H. (2002) *Understanding Sustainable Architecture*, E & F N Spon Press, London

第四部分
高密度空间和生活

第19章

高密度城市空间的社会和心理问题

布赖恩·劳森

引言

　　许多人都假定，由于把人们不自然地填充到有限空间里，高密度不可避免地带来多种社会病。这也就意味着说，存在着某种维持人类生活的最小空间。这并非一种有关种植粮食、制造商品和产生能源的最基本需求问题。在现代技术条件下，我们的这些需要能够在高密度城市以外而得到满足。本书的其他作者所涉及的是，在地球尺度内，这样的安排我们的生活是否是可以持续下去的问题，而这里是有关高密度城市的社会和心理可承受性问题。相当流行的看法是，在高密度城市里，是不可能设计健康的空间和场所的。但是，就我们今天的认知看，这种观点果真成立吗？

　　当卡尔霍恩（Calhoun）创造了"行为的沉沦"这样一个著名术语时，根本没有前途的高密度概念开始获得了信誉。他的著作出版之时正值欧洲战后住宅建设的繁荣时期。城市突然按照人们所警告的高密度方式建设起来。当然，卡尔霍恩的著作是以鼠而非人为基础的；但是，他提出了一些类似于我们在建设高密度城市时所看到的行为标准的毛病。

　　卡尔霍恩保护了一对挪威鼠，让它们不受天地的伤害，而且给他们提供无限的食品。然而，他限制它们的活动区域，他的发现揭示了这种空间限制的明显反应。按照它们的繁殖能力，在研究结束时，卡尔霍恩能够有50000个挪威鼠。事实上，挪威鼠的总量稳定在150只，它们分别在这个封闭区域内的12个地方，形成了12个社会群体。这可能保护了怀孕的雌鼠、新生的雌鼠以及幼鼠的喂养和断奶。仿佛这种鼠的社会能够集体的控制它们理想的种群数量。当卡尔霍恩干预这个种群，让其数目翻一倍，他的研究强化了他的这种观念。社会秩序迅速遭到破坏。其结果出现了卡尔霍恩称之为"行为的沉沦"的现象，如暴力、雌性的骚扰、没有完成筑巢，流产和其他社会病理特征。因为卡尔霍恩维持了适当的食品供应，保护鼠类不受天地的侵犯，这种结论是不可避免的。这些挪威鼠为了在空间上展开它们的社会结构，它们简单地需要一定数量的空间。

　　当经济的富裕加速了人类建筑的繁荣，许多声音提出，我们可能在我们的社会里看到这种问题的出现。到了20世纪70年代，新加坡这个城市岛国正在开展着最为显著的社会住宅项目。它就是为大多数人口提供公共住宅。尽管新加坡的住宅开发委员会（HDB）在统计上已经获得了很大的成功，然而，有些人开始提出了这些居民的社会福利问题。1978年，沃尔特（Walter）提出，新加坡的高层建筑区缺少社区的感觉。他把新加坡人的生活与依然以传统方式生活在马来西亚传统的甘榜乡村进行了比较，询问是什么引起了生活质量的衰退（Walter，1978）。

事实上，沃尔特提出了若干理由。我们这里有兴趣的是，缺少社区的原因只是间接地与密度有关。沃尔特把新加坡住宅开发委员会开发所做的实际空间设计与甘榜相比。他发现甘榜自然地把人们集中在公共户外空间上，而新加坡住宅开发委员会开发的高层建筑街区缺少这种空间。在东南亚的炎热的热带地区，没有按照北美和欧洲气候条件下把室内空间与室外空间划分开来的需要，而把室内空间与室外空间划分开来一直影响着20世纪的建筑。而没有这种划分需要导致了一种特殊的建筑形式。

正如杨经文所记录下来的那样，传统的马来西亚住宅为了通风，采用了包括深悬垂的屋檐、百叶窗和开放的游廊等具有渗透性的结构。甘榜的住宅很少有院墙，在住宅的屋檐下一般能够看到公共空间。虽然这种安排没有达到高层建筑的密度，但是，这种安排常常是很紧凑的，居民们各自站在他们的屋檐下，就可以闲谈起来。整个居民点如同羊群，能够确保社会安全。这样，生活围绕具有现实目标的公共空间展开，形成一种归属感和凝聚感。

这种对空间的建筑研究还有另外一个有趣的问题。许多最近几十年建立起高密度城市的国家，自身的传统建筑不能给他们提供一种先例。人们并不认为伦敦是一个最高密度的城市；然而，它有一个相对高密度城市的历史。几百年以前，伦敦曾经是世界上一个最高密度的城市。那时的伦敦不是充斥高层建筑的城市，而是一个高密度的城市。它发展出一种允许建筑紧密结合起来的建筑形式。我们可以在世界的其他地方找到类似的建筑形式，如开罗，当然，建筑语言非常不同。但是，我们在吉隆坡、雅加达和曼谷这些城市里，却找不到这种让建筑紧密结合起来的建筑形式。从本质上讲，世界这个部分的传统建筑具有与景观交相辉映的特征。这种特征给吉隆坡、雅加达和曼谷这些大都市新的20世纪高密度城市发展带来了巨大问题。在提高这些城市的密度时，还必须进口外国的建筑语言。新加坡住宅开发委员会开发的高层建筑街区不仅仅具有比相邻的甘榜要高的密度，而且这些高层建筑街区的文化语言基本上是西方的。

大约与新加坡住宅开发委员会迅速开发高层建筑街区同时，O·纽曼（Oscar Newman，1973）正在发展一种有关美国高密度城市的防御空间的理论。纽曼揭示出犯罪与纽约居民区建筑的高度相关联。当沃尔特说问题并非新加坡的密度本身时，纽曼认为纽约的问题并非建筑高度本身。高层建筑区日益增加的犯罪率并非发生在建筑的单元里和室外空间，而是没有监控的建筑内部的通行空间里。这类通行空间的比例增加了，但是它们缺少监控，正是这种设计引起了犯罪问题。于是，出现了防御空间的概念。我们开始认识到，一些住宅布局可能比另一些住宅布局更难以建立起防御空间。有些高密度建筑的确可能没有很好的防御空间，但是，这并非高密度的直接后果。

J·达克（Jane Darke）研究了英国若干获奖的公共住宅开发项目，发现居民的满意与密度之间并没有相关性（Darke and Darke，1979）。人们开始认识到，空间布局比起简单的人均面积比例更为重要。那时，英国的设菲尔德建设了大量著名和颇具影响的住宅街区（Lynn，1962）。林把当时最著名的"园山"居住区描述为具有"空中街道"的居住区。他认为柯布西耶的"联合居住权"的观念不适合于英国，

> 对英国来讲，多少个平静的世纪，最近100年的住房改革，使得我们开放的街道直通每一幢住宅的门前。

林提出这样的问题，聚居依赖于开放空间吗？为什么人们在地铁和电梯里很少对话？真有社会的和反社会的住宅吗？

这里几乎不可能回答林的这番话；但是，"真有社会的和反社会的住宅？"这句话还是值得严肃地加以考虑的。设菲尔德的园山、海德公园和凯芬这些街区的设计乍一看似乎有了解决办法；但是，进一步考察，我们能够发现这些设计从根本上忽略了这个观点。这些建筑都是通过公共的外走廊进入的，然而，它们并非设计者所说的"空中街道"。实际上，前门向着外走廊打开，然而，任何窗户都不能看到它们。非常幸运地看到他们的邻居走过来走过去，但是，却没有与他们对话。实际上，这条"街"更像一个单面走廊，是经典的无防御的空间。被林浪漫地描述为现代版的村庄水井，公共垃圾道口附近和电梯，并不能很好地成为一个社会聚集点。很不幸，这些建筑已经证明产生了严重的社会问题，凯芬最为糟糕，已经被拆除了，当然，这是在从楼上"街道"掉下的废弃电视和冰箱砸伤居民之后的事。

设菲尔德之后建设了其他一些外走廊进入的住宅楼，但是，采用了非常不同的建筑设计。在斯坦宁顿（Stannington），起居间采用了玻璃幕墙，所以可以看到公共的外走廊。当然，公共走廊依然保持12家左右的长度。最近与居民的访谈发现，这类建筑的犯罪率很低，社会化程度高，而居民间存在社区感（Lawson，2001）。

私密性

斯坦宁顿的设计与园山设计的不同之处是，在多大程度上允许形成私密性或社区性这样一些观念。私密性通常被认为是人类的相当重要的需要，缺少私密性常常会导致产生反社会的行为（Pederson，1997）。然而，这个命题常常导致不正确的看法，认为私密性意味着个人的孤立。事实上，研究非常有力地提出，私密性实际上涉及我们控制与之接触的数量和方式的能力。对高密度城市设计来讲，这就意味着需要提供人们控制的边界，以便创造和开展有层次的社会联系。当然，室内室外一样。然而，创造从私密的，再通过半私密和半公共，到公共的渐进的空间对于密度日益增加的城市来讲越来越困难。

在私密性的另一端，人们常常假定，日益增加的密度导致孤独感的增加，减少了具有社会价值的邻里的归属感（Skjaerevand and Garling，1997）。当然，整体居住密度与接触邻里的行为成反比，这一点是明显的。从设计角度看，产生这种状况的机制还是值得关注的。在自己居住属地的公共场所里遇到大量陌生人似乎使他们增加了一种对人的不信任感，进而没有对他们给予支持的愿望。这样，对于社会信任和街区行为来讲，密度的增加能够成为一种令人郁闷的因素，然而，如果以有层次的和地方特征的方式去设计公共场所的话，情况会有所不同。这样，我们要再次说，日益增加的密度的确让人们的社区交往产生了更多的困难，但是，密度增加本身可能并非主要原因。

如果我们在场所社会相互作用的某种尺度上去看待私密性和孤独的话，这尺度上并非存在一个特定的一切都好的普适点，认识这一点甚为重要。感觉什么是正确的将至少取决于三个主要因素。首先，毫无疑问地存在文化差异。许多人都发现了，当他们从英国向东看，通过欧洲进入亚洲，个人空间似乎在减少。当然，允许个人在公共场所具有私密性的程度因文化而已。比起美国人，许多亚洲和阿拉伯文化，英格兰人比较不在意别人在空间上非常靠近他（Hall，1966）。这里，如果不认识到个性差异是不明智的。有些人就是比别人更合群一些。很明显，还存在背景的影响。我们或多或少需要某种私密性这件事取决于我们活动的内容。现代医院似乎在它认定需要放弃私密性的非常时刻放弃私密性。从以南丁格尔（Nightingale，1860）命名的开放病房设计以来的一代人影响了医院有关私密性的规则。南丁格尔强调没有私密性或尊严，只有监护；护士能够监护她的所有病人是一个生成因子。这种看法给高密度城市私人空间和防御空间的设计问题提供了一个很好的建筑寓意。反之，很多类似于园山的现代高密度住宅都是从私人的角度去设计的。

公共政策

马来西亚甘榜住宅的研究、沃尔特对新加坡住宅开发委员会住宅的调查，以及纽曼对美国住宅和设菲尔德园山模式的研究展示了一个共同点。问题并非完全出自密度或绝对数目，而更多地与空间几何关系相联系。特别是私密的、公共的和半公共的空间这些概念在其中发挥着中心作用。

在解释和理解导致高密度城市社会病的行为上，属地概念具有相当吸引力。属地本质上是一个社会结构的空间理论（Ardrey，1967）。把这种理论用于人类行为的困难之一是，属地起源于动物行为学。动物行为学以研究动物自然栖息地为基础，然而，我们不再知道人类的自然栖息地究竟是什么。在使用这种观念时，我们假定我们的发展在技术上和经济上远远快于能够伴随我们的任何其他进化过程，所以，人类的社会模式依然展示的是比较早期的和最为基本的行为模式，它们并不适应于我们当代的技术和经济条件。有些人感觉到这种分析太过于依赖发展心理学有关先天－后天争议的先天一边，偏向于强调我们通过学习来做选择，而忽略了本能的行为。当然，与我们分享这个地球的大部分物种展示了它们的属地行为。事实上，人类似乎展示了多种属地行为。我们理所当然地展示了我们的成对和家庭属地，似乎乐于怨恨我们的邻里，建设遵守的共同行为准则的城市。

我们把自己与特定的地方联系起来，我们愿意甚至热忱地保卫它们，有关这些的确都记录在案。球迷感到打败他们的邻居而不赢任何其他比赛的最不合理愿望就是完全的属地行为特征。我们都知道儿童具有建设窝点和秘密隐蔽地的倾向。每天报纸头版上有关邻国之间有关领土的战争，这些战争与其说是有关领土的，还不如说是有关经济和文化的。当爱因斯坦挺身而出反对纳粹，把它描述为"婴儿的疾病"、"人类的荨麻疹"时，我们可能与爱因斯坦具有同感。当然，民族就是属地的许多方面之一，我们每个人似乎都逃不出这个属地。当我们希望把我们自己看作一个民族的一个部分，但是，我们逾越了界限而成为"民族主义"，我们便展示了我们自己的弱点。无论我们文化的其他方面如何文明，人类种族依然没有学会避免跨越这个界限。

对那些目前世界尚存的原始社会的多种人类学研究揭示出，这些部落几乎无一例外地能够精确地描述他们所认定的他们部落的属地，以及如何找到他们与相邻部落的边界。在许多案例中，如果不涉及属地和排他性的特定地方归属感，我们就不能理解他们的文化。有些人试图生活在一个没有个人属地的状态下，他们的报告也是我们有关属地驱动观点的一个证据。以色列基布兹（Kibbutz）的一项研究描述了许多成员去培育耕种他们自己土地的限制。对苏联农业性能的分析提供了另一种形式的证据。据说，1975 年，不到苏联耕地面积 1% 的私人土地生产了苏联全部粮食供应的 50% 以上！似乎人们愿意努力工作，以一种良性循环的方式把属地聚集在一起。

艾伦·李普曼（Alan Lipman）有关护理院中病人行为的著作也强调了永久性防御领地的基本需求。我们可以想象，住进这所护理院的病人可能丧失了他们原先的属地。尽管这个护理院有明确的规定，不允许预留公共房间里的椅子，然而，这一规定难以实施。这些老年人非常强烈地保护他们的椅子，工作人员最终屈服了这种愿望，哪怕与护理院的规定相冲突，还是允许这样做。

在现代城市里，空间设计引起的模糊性或干脆没有设计属地特征的设计，经常引起属地问题。对于一些人来讲，不能去保护具有明确界限的属地和土地能够引起他们很大的焦虑，使得其他人也十分不悦。当这种情况发生时，我们很容易发现，问题不是出自密度，而是由设计引起的。律师从邻里纠纷中挣的钱比从其他形式的法律纠纷中挣的钱要多。贯穿整个 20 世纪的建筑史显示出，从确定的家庭住宅和花园向较大的聚集性建筑和公共开放空间方向发展。

人们常常假定，这种安排实现了较高的密度；然而，这种安排事实上并非经常实现高密度。地处英国伯明翰市中心的阿斯顿大学市区中心校区，在 20 世纪 70 年代拆除了许多街道上的那些有露天阳台的传统住宅，替换为学生居住的公寓塔楼。由于这些传统住宅的背靠一排庭院，庭院对着相邻住宅的庭院，所有人们称之为背对背。虽然这些传统住宅已经变得不符合现代卫生标准，需要更新，但是，它们依然坚固，很容易适应学生的生活。

这种计划可以实现相当于高层建筑区的密度，形成比较先进的社会结构。

作为一种在现代世界里充满矛盾的理论，属地的特征之一是，属地常常依赖于传统性别角色。在许多种形式的属地行为中，男性负责争夺领地，女性找到这些领地具有吸引力的品质。不可否认，属地是一个明显有效的驱动因素。从进化的意义上讲，属地还保证了一个物种在环境中的均匀分布，最大地使用食品供应，促进适者和强者的生存。当然，在社会意义上讲，属地还创造了社会结构，而社会结构给其成员提供保护，避免受到入侵者的侵犯。

阿德里还提出，属地提供了三个关键环境需要，刺激、身份和安全。我们能够在一个地方足球队里看到这三点：从打败对手中获得刺激；通过佩戴徽号和穿着队服而表明身份；从属于一个具有共同价值、利益和行为规范的"部落"那里获得安全感。

城市领地

在环境术语中，通常使用两个特征定义领地：它们与其他领地的边界，它们的腹地。这样，人类的国家通过它们的边界和首都而得到认定。两德统一需要重新建设柏林这样一个国家的首都，这就是符号重要性的一例。马来西亚的首都吉隆坡最初是建立在巴生河岸上的，因此而得名（吉隆坡的意思是浑浊的河）。由于交通基础设施落后，吉隆坡已经变得极端拥堵，当然，这种状况正在改进中。首都必须是一个国家最重要的城市，是一个国家的象征。如果用边界和首都定义一个国家的话，那么，首都则是以它自己的边界和核心来确定。在许多承担国家首都的城市都有一个或数个成为这个城市象征的建筑。巴黎的埃菲尔塔，伦敦的圣保罗大教堂，伊斯坦布尔的圣索非亚教堂，都是显而易见的例子。这些象征如此重要是因为我们以十分奢侈的方式去关注它们。几百年以前，圣保罗大教堂的建筑师克里斯托弗·雷恩（Christopher Wren）知道他正在建设一个国家的标志，而非仅仅一座教堂。他的孙子斯蒂芬·雷恩（Stephen Wren）曾经这样写道："建筑有它的政治用途，公共建筑就是一个国家的装饰；它建立起一个国家，吸引人与商业，使人们热爱他们自己的国家"。

在塞萨尔·佩利（Cesar Pelli）设计的（本文撰写时）世界上最高建筑双子塔的建设旨在把"人和商务吸引"到吉隆坡来，而不是因为需要建筑面积而为。并没有什么特殊的需要去建设如此巨大的建筑，也没有必要去建设如此之高的建筑。结果是地面基础设施必须新增其能力。

约恩·乌松（Jorn Utzon）赢得了悉尼歌剧院的设计比赛，这个建在港湾上的建筑成了悉尼的标志。据说，乌松迟交了他的设计方案，格式不对，同时还破坏了若干竞争规则。最初，这个设计因为预算超支和建设时间过长而不能实施，在建筑通风和音响方面，这个设计存在严重问题。但是，乌松认识到，其他设计不可能达到他的设计效果。悉尼需要的是一座城市的标志乃至整个国家的一个标志。

这些伟大的城市本身似乎也是属地行为特殊形式的产品，即"场所"。这种场所是培育其他物种的特殊地域。正是通过这些特殊场所的机制，使达尔文的选择原则得以运行。这样，场所就是一个领地，或更确切地讲，整个领地，一些物种的雄性为此竞争。战斗的胜者将拥有整个领地的所有权，进而吸引雌性。为了繁殖的目的，选择这些最强大的和具有支配权的雄性。

与城市中心昂贵的土地价格相关的声誉可以相等地看成这个场所的最令人向往的中心。重要的公司总是把它的办公室安排在市中心，并非是为了方便，或有什么必要，而是出于象征的缘由。我们可以在当今世界大都市的中心商务区随便走走，于是，映入眼帘的的确是一些我们熟悉的商号。这些巨大的跨国银行、制造商、服务提供者需要通过他们的位置和地址维持它们的身价和权力。当然，其效果远远不只是经济的。我们期待我们的城市增加其核心的强度。这是一个"什么都能发生的地方"。大城市依赖于它的中心的特征和吸引力。这样，在可以识别出来的核心上增加密度，更精确地讲，是增加那里的强度。

我们可能期待看到高密度城市的延续。当然，许多高密度城市是受限制空间的产物，新加坡和香港就是最明显的例子。许多城市通常通过加快核心部分的建设而实现高密度，这些核心部分大部分是中心商务区，如时装区。伦敦是一个例外，高密度的城区围绕着一个密度较低的中心区。但是，伦敦基本上是历史的遗留物，一个村庄的汇集物，每一个部分都有它自己的品质。也许世界上没有什么地方像英国那样重视地址。我的一个学生，现在成了我的同事，当他要回伦敦时，他说他非常想念那种处于中心的感觉，因此他不能再留在设菲尔德了。

以证据为基础的设计

现在，我们有了许多方法衡量空间相互联系的程度，允许自然监控，预防和保护以应对犯罪分子的逃逸如此等等。希利尔最早在空间语法的标题下提出了这些观点（Hillier and Hanson，1984）。这些方法的意义是，通过从街道到住宅开发，直到整个城市的建设，它们展示了个别建筑的共同特征。实际上，这些方法不过是一种空间的统计描述，它们能够用来把设计的空间特征与现在高密度城市生活中的那些不尽人意的特征联系起来。现在，这些观念用到了单体建筑设计中，如医院和积重难返的城市的更新。

现在，把自然和通往室外具有自然景观场所看作实现心理健康的重要因素，这种看法已经有了相当多的证据（Ulrich，1986）。由于高密度具有抑制建立这种场所的潜在力量，所以，我们需要慎重考虑。

简单地看到一些自然景观已经在许多特殊建筑中显现出重要性，如医疗机构、学校、办公室和住宅。当然，现在我们有了更多的证据，这些发现中有许多能够作为基本价值取向，如病人的健康状况清晰地与病人与景观的关系有联系。晚期癌症病人显示出特别希望能够看到自然景物的房间，如果满足了他们这种愿望，他们的精神状态会比较好（Baird and

Bell，1995）。住在能够看到窗外自然景物的大学生宿舍里，学生在需要集中注意力的课程上成绩比较好（Tenessen et al，1995）。监狱犯人的房间里如果能够看到植被，犯人使用监狱医疗设施的需要就会减少。

当然，这些工作并不仅限于特定类型的建筑。能够看到自然景观已经显示出与居民对其街区和生活状态的满意程度紧密相关（Kaplan，2001）。许多证据显示，不仅仅是感觉良好，能够看到自然景观的人们实际的心理 - 生理状态比较好（Ulrich，1981）。医院的病人甚至感到痛苦减少了（Diette et al，2003），当他们能够看到自然和听到自然的声音时，他们会减少药物。

所有这些研究进一步强化了这样的观念，具有高度自然景观的开放空间是城市环境极具价值的特征。在高密度的地方，对空间的压力日趋增加，所以，维持那里的自然景观就更为重要了。最近对伦敦的研究进一步增强了这种观念。以公园或其他绿色空间形式存在的开放景观地区似乎是感觉到的大城市生活质量的最重要的因素之一。这项伦敦研究提出，在 10~15 分钟步行距离内，居民可以到达一片设计精良和维护良好的开放空间似乎概括了他们所表达的需要。

密度感觉和满意

我们需要从统计上考虑密度，我们还需要从经验上思考密度。生活在高密度城市中的人们不一定有人与面积数字比例相对应的密度感觉。这里所说的是感觉和经验。生活在高密度城市中的居民们必然有很大一部分时间是在他们的家里度过的，研究显示居民的整体表达的感觉与他们居住空间的安排方式紧密相关。例如，证据有力地显示，能够清晰地确定私人空间的那些人可能更为社会融合，他们相对少地退出社会。相对比，那些丧失了退缩到完全私人空间中去的能力的人们可能增加侵犯公共边界控制的行为（Zimring，1981）。一项有关伦敦的研究提出，当那些居民自己家里拥挤时，他们会感觉到他们所居住的地方密度比较高。相对比，整体密度很高但住宅比较大的地方更受到人们的青睐（Burdett et al，2004）。

这项有关伦敦的研究发现，公共交通的便利程度和质量是居民们主要关心的一个问题，他们关心的其他一些主要问题还有安全和反社会行为的水平。伦敦特别有意义的地方是，它有多种水平的密度，这一点不同于其他一些具有类似规模的城市。这项研究发现，实际的密度并不与居民表达满意与不满意的水平相联系。实际上，居民认为最不满意的地方既有城市密度最高的地方，也有这座城市密度不高的街区。这项研究所揭示的是，感觉到高密度既包括感觉到优势，也包括感觉到劣势。感觉到的优势包括多样性，有住宅、交通和其他设施的供应。感觉到的劣势包括公园问题、犯罪和破坏行为，以及噪声和受到限制的生活空间。事实上，居民们对这座城市的相对密度的判断似乎相当不济。高层常常不正确地被认为是高密度。在许多英国城市，20 世纪后半叶建设的公共住宅常常是高层的，但是，比起它们所替代的传统住宅来讲，地方的密度反而减少了。

比较一般的观念是，高密度导致了缺少视觉上的私密性和侵犯。然而，许多研究提出，噪声可能是一个比俯瞰更大的问题。许多国家和管理部门都采用了设计指南，明确规定建筑之间的距离和俯瞰问题，而对城市噪声的衰减注意不那么彻底。

我们了解到了什么？

所有这些证据提出了高密度城市的规划师、建筑师和决策者们的许多重要的经验教训。

首先，在决定人们如何感受他们在高密度城市里的生活时，纯粹统计比例人均面积似乎并不是最重要的因素。而恰恰这些地方是什么和空间如何设计才是影响人们如何感受他们在高密度城市里的生活的重要因素。设计问题比起统计指标要重要的多。安排空间以创造一个在家里和在公共场合的私密性感觉可能会产生非常积极的后果。公用设施特别是交通设施的有效供应和质量是格外重要的。开放空间和与自然接触依然是根本性的和积极的因素。有些个人可能并不看重这些因素，然而，许多研究都提出，开放空间和与自然接触是最为根本的因素。以这种方式去创造公共空间可以减少有意破坏和反社会行为的机会，所以，以这种方式去创造公共空间至关重要。

密度本身也许在这里并非一个关键问题，但是，这一点依然还是正确的，因为我们要通过设计让居民保持低密度生活时的那些愉悦，并且让他们参与到公共空间中来，所以，城市密度越高，我们的城市设计工作也就越困难。同样正确的是，当居民们相处越近，人们相互纷扰的可能性就会更大些。

总而言之，城市密度的增加使我们更要向着基于证据的设计方向发展。我们面临的最大挑战可能是我们要培养出新一代的建筑师和城市设计师，他们能够理解证据，考虑到证据，创造性地解释这些证据。这就意味着我们要以这种方式去教育他们，让他们以这种方式去实践；当然，这是另外一件事。

参考文献

Ardrey, R. (1967) *The Territorial Imperative: A Personal Inquiry into the Animal Origins of Property and Nations*, Collins, London

Baird, C. L. and Bell, P. A. (1995) 'Place, attachment, isolation and the power of a window in a hospital environment: A case study', *Psychological Reports*, vol 76, pp847–850

Burdett, R., Travers, T., Czischke, D., Rode, P. and Moser, B. (2004) *Density and Urban Neighbourhoods in London*, Enterprise LSE Cities, London

Calhoun, J. B. (1962) 'Population density and social pathology', *Scientific American*, vol 206, pp139–146

Darke, J. and Darke, R. (1979) *Who Needs Housing?*, Macmillan, London

Diette, G. B., Lechtzin, N., Haponik, E., Devrotes, A. and Rubin, H. R., (2003) 'Distraction therapy with nature sights and sounds reduce pain during flexible bronchoscopy', *Chest*, vol 123, pp941–948

Hall, E. T. (1966) *The Hidden Dimension*, The Bodley Head, London

Hillier, B. and Hanson, J. (1984) *The Social Logic of Space*, Cambridge University Press, Cambridge

Kaplan, R. (2001) 'The nature of view from home: Psychological benefits', *Environment and Behaviour*, vol

33, no 4, pp507–542

Lawson, B. R. (2001) *The Language of Space*, Architectural Press, Oxford

Lawson, B. R. and Phiri, M. (2003) *The Architectural Healthcare Environment and Its Effects on Patient Health Outcomes*, The Stationery Office, London

Lipman, A. (1970) 'Territoriality: A useful architectural concept?', *RIBA Journal*, vol 77, no 2, pp68–70

Lynn, J. (1962) 'Park Hill redevelopment', *RIBA Journal*, vol 69, no 12

Moore, E. O. A. (1981) 'Prison environment's effect on healthcare service demands', *Journal of Environmental Systems*, vol 11, no 1, pp17–34

Newman, O. (1973) *Defensible Space: People and Design in the Violent City*, Architectural Press, London

Nightingale, F. (1860*)* *Notes on Nursing*, Harrison and Sons, London

Pederson, D. M. (1997) 'Psychological functions of privacy', *Journal of Environmental Psychology*, vol 17, pp147–156

Skjaeveland, O. and Garling, T. (1997) 'Effects of interactional space on neighbouring', *Journal of Environmental Psychology*, vol 17, pp181–198

Tenessen, C., Cimprich, C. M. and Cimprich, B., (1995) 'Views to nature: Effects on attention', *Journal of Environmental Psychology*, vol 15, pp77–85

Ulrich, R. S. (1981) 'Nature versus urban scenes: Some psychophysiological effects', *Environment and Behaviour*, vol 13, no 5, pp523–556

Ulrich, R. S. (1986) 'Human responses to vegetation and landscapes', *Landscape and Urban Planning*, vol 13, pp29–44

Ulrich, R. S. (1999) 'Effects of gardens on health outcomes: Theory and research', in C. Cooper Marcus and M. Barnes (eds) *Healing Gardens*, John Wiley & Sons, New York, NY, pp27–86

Walter, M. A. H. B. (1978) 'The territorial and the social: Perspectives on the lack of community in high-rise/high density living in Singapore', *Ekistics*, vol 270, pp236–242

Wren, S. (1750) *Parentalia or Memoirs of the Family of the Wrens*, Gregg Press, London

Yeang, K. (1978) *Tropical Urban Regionalism: Building in a South-East Asian City*, Mimar, Singapore

Zimring, C. M. (1981) 'Stress and the designed environment', *Journal of Social Issues*, vol 37, no 1, pp145–171

第 20 章

可持续发展的紧凑型城市和高层建筑

星宇善

历史和背景

工业革命后的城市增长和环境问题

在 18 世纪英国工业革命之后，工业化一直在欧洲蔓延。这样，农业社会转变成了工业城市，工业城市本身是市场和扩张的社会基础设施的一个部分。人们集中到城市得到城市里便利的道路、供水、排水、电和随着工业化日益增加的就业。与原先的城市相比，经济规模也得到了增长。这种工业化已经扩展到了全世界。城市发展给人们提供了方便和财富；但是，当人们为了得到城市的诸多好处而集中到城市里来时，许多问题也同时发生了。城市正在扩大，然而，空间却是有限的，于是，出现了住房问题，给排水问题，工业生产所产生的空气污染问题，开发绿色土地而产生的温室效应。另外，连接城市的交通系统的增加导致了严重的交通问题。正如图 20.1a 所示，这些环境问题导致了城市衰退，使城市中心空心化（"甜面包圈现象"）。

生态城市：避免环境问题

城市的最严重问题是环境污染。环境污染不仅影响了一国一地，实际上，它影响了整个地球的生活。这样，为了得到一个更为自然的环境，20 世纪产生了生态城市的概念。环境友好地使用能源，发展能够排放较少二氧化碳的城市，二氧化碳排放是全球变暖的主要原因。然而，为了维系这样一种生态城市，我们依然建设了道路，安装了供水排水和电力系统；这样，生态城市的建设成本升级，而且增加了大城市和生态城市之间的交通和运输、增加了学校和医院的负担。这就导致了过度使用能源，给环境增加负担等后果。这种城市蔓延不可逆转地损害了自然环境。

创造可持续发展的紧凑型城市

所以，在 21 世纪，城市的发展方向重新定位于紧凑型城市，其发展以可持续发展的紧凑城市理论为基础（参见图 20.1b）。这种观念旨在以一种有效率的方式且在紧凑的限制内建设城市的各项事物。我们把这种可持续发展的紧凑城市的建设分类为，减少城市能源消费以应对全球变暖；更新传统的城市中心，这些传统的城市中因为郊区化而衰退（AIJ and IBEC，2002）。因为高层建筑能够把大量城市功能集中到一个地方，如图 20.1b 所示，于是，为了实现可持续发展的紧凑型城市的理想，最好的解决办法之一就是建设高层建筑。第一座高层建筑是建设在芝加哥的一幢 15 层的建筑，当时建设这幢高楼是针对芝加哥的住宅问题的。随着建设更多公寓以解决住房问题时，城市需要有更多的功能来满足人们的生活需要。然而，芝加哥的城市空间限制了对这些问题的解决，所以，高层建筑容纳了所有这些综合的城市功能。20 世纪 20 年代，随着城市的发展，为了彰显美国的国家威望，纽约建设了一幢 102 层楼的帝国大厦。这个建设显示出，高层建筑能够控制城市扩展，创造出许多具有附加价值的功能。20 世纪末，高层建筑的建设中心从美国转移到了亚洲，现在，高层建筑的建设扩大到了所有的全球城市或由 50 层以上高层建筑所界定的国际城市。在 21 世纪（如图 20.1b 所示），这些高层建筑将会有效地利用人口高密度的大都市的土地，以解决城市人口问题。另外，通过环境友好地利用能源以实现节能，增加城市绿地面积，通过消除交通拥堵而减少交通费用和空气污染。

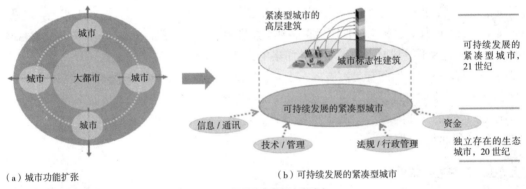

（a）城市功能扩张　　　　　　　　　　　　　（b）可持续发展的紧凑型城市

图 20.1　城市发展过程：（a）城市功能扩张；（b）可持续发展的紧凑型城市
资料来源：Shin（2008b）。

高层建筑的目前状态、方向和结果

高层建筑的目前状态

如东京、纽约、上海、伦敦、巴黎、香港和首尔等国际大都市，为了解决各自的城市问题，成为城市和国家的关键增长引擎，都在按照紧凑型城市规划方案建设高层建筑。到 2000 年为止，超高建筑大部分在 100 层左右，它们均成为地方标志性建筑。但是，自 2000 年以来的 7~8 年间，如表 20.1 所示，建筑高度增加非常大，目前已经有 5 幢极高层建筑（即高度超出 1000 米）。这样，我们的社会应该对此变化有社会的和环境上的准备，以适应作为垂直城市一个部分的高层建筑。

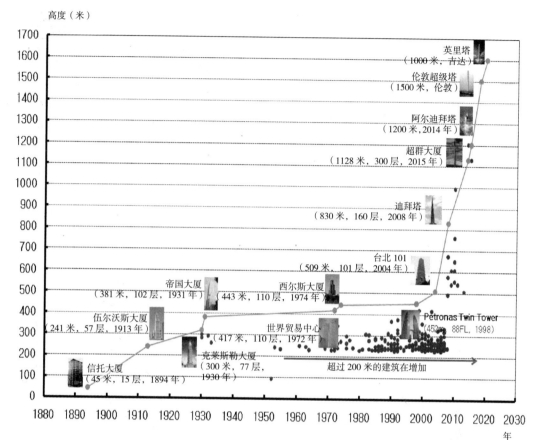

图20.2　高层建筑的全球倾向和计划
资料来源：Shin（2008b）。

世界的高层建筑——现状和计划　　　　　　表20.1

排名	建筑名	城市	楼层	高度（米）	完成状况
1	英里塔	吉达	300	1600	计划中
2	伦敦超级塔	伦敦	计划中	1500	计划中
3	阿尔迪拜塔	迪拜	计划中	1200	2014
4	超群大厦	上海	300	1128	计划中
5	丝绸城穆巴拉克塔	科威特城	250	1101	计划中
6	棕榈岛塔	迪拜	200+	1000+	2020
7	迪拜塔	迪拜	160+	800+	2009
8	首尔精简版大厦	首尔	133	640	2014
9	彭托米纽姆	迪拜	122	618	2012
10	俄国塔	莫斯科	118	612	2012

第20章　可持续发展的紧凑型城市和高层建筑　　321

排名	建筑名	城市	楼层	高度（米）	完成状况
11	151 仁川塔	仁川	151	610	2012
12	芝加哥螺旋塔	芝加哥	150	609	2012
13	中国 117 塔	天津	117	600	2014
14	麦加皇家钟楼	麦加	76	577	2010
15	乐天超级塔	首尔	112	555	计划中
16	多哈会议中心塔	多哈	112	551	2012
17	世界贸易中心一号大楼	纽约	82	541	2013
18	釜山乐天世界 2 楼	釜山	118	510	2013
19	阿联酋公园塔	迪拜	108	510	2011
20	台北 101	台北	101	509	2004
21	联邦大厦 – 东方大厦	莫斯科	95	509	2010
22	上海世界金融大楼	上海	101	492	2008
23	国际商业中心	香港	106	484	2010
24	国家石油公司双子星大楼	吉隆坡	88	452	1998
25	南京紫峰大厦	南京	69	450	2009

资料来源：Shin（2008a）；CTBUH（2009）。

高层建筑的方向

到目前为止，一个城市的最高层建筑都是这座城市的标志和里程碑。然而，20 世纪以后，从欧盟统一开始，世界按块分类，强调城市的国际竞争，如欧洲的中世纪城市。现在，城市正在开发用来代表一个国家。通过集聚城市功能是最有效果的城市间竞争途径，而做到这一点的最重要的方法就是建设高层建筑。高层建筑的重要性不仅仅是它的高度，还有它所产生的多种连锁效应——环境的、社会的、技术的、文化的和经济的（参见表 20.2）。

高层建筑的连锁效应　　　　　　　　　　　　　　　　表 20.2

类别	细节
环境连锁效应	正面效应
	对原先存在的环境做最小改变，生态系统修复和保护
	负面效应
	增加了对原材料的使用，增加能源消耗
社会连锁效应	正面效应
	通过 50000 人的流动（100 层楼），周边环境开发

类别	细节
	里程碑式的功能 / 国家标志性建筑
	负面效应
	周边地区存在交通拥堵的可能性
技术连锁效应	正面效应
	高层建筑的抗洪、抗震和隔音技术的提高
	发展高层建筑的材料技术、设施建设技术、施工技术、墙体技术
文化连锁效应	正面效应
	增加愿景和合作
	旅游场地
	负面效应
	从文化上反对巨型化
经济连锁效应	正面效应
	提高附加价值；品牌认定
	带动其他工业生产
	就业增加 / 周边设施的更新
	负面效应
	投资巨大
	建设成本：2 幢 30 层楼建筑 → 1 幢 60 层建筑：建设成本 1.3~1.4 倍增加
	2 幢 50 层楼建筑 → 1 幢 100 层建筑：建设成本 1.7~2 倍增加

资料来源：Shin（2008a），Leigh（2008）。

高层建筑的连锁效应

表 20.2 列举了高层建筑环境的、社会的、技术的、文化的和经济的连锁效应。这表明高层建筑从 20 世纪的标志性建筑转向了 21 世纪垂直城市的综合功能上来了（Shin，2008a）。

利用高层建筑的城市发展案例

高层建筑表现出了它的连锁效应，如果这种效应与周边城市的竞争性结合起来，这些效应能够协同发生作用。当城市从扩展性的大都市向紧凑型城市变化，而高层建筑与强化一座城市的竞争性目标一致时，高层建筑是最有效果的。以下这些都是世界上有效城市竞争管理的一些广为人知的案例。

案例 1：东京：六本木新城（Roppongi Hills）

六本木新城引入了"文化城"的
概念。六本木新城建设项目可以追溯到
1986年，当时，六本木六丁目地区被规
划为"优先再开发区"。2000年，这个
建设项目启动，2003年4月，项目完工。
六本木新城是日本有代表性的旧城改造
和再开发项目，54层的森大厦和43层
的六本木公寓是那里的两个高层建筑。
尽管日本受到地震的威胁，对高层建筑
相当谨慎，但是，六本木新城项目还是
非常有效地利用了东京的土地。

图 20.3　东京的六本木模式
资料来源：Je（2006）。

案例 2：伦敦：金丝雀码头（Canary Wharf）

金丝雀码头坐落在犬岛上，是伦敦码头区老西印度码头上的伦敦市中心一个大型商务
开发项目。与伦敦的传统金融中心相对，金丝雀码头包括了英国三个最高的建筑和伦敦最
好的天际线：加拿大广场（235.1米，通常被称为金丝雀码头塔）；汇丰银行大楼和花旗集
团中心（199.5米），2004年完成的瑞士再保险大厦（41层、180米）。瑞士再保险大厦是按
照生态概念设计的，它不是在城市开发期间建设的，底层楼转换成了一个社区公共区。现在，
人们把金丝雀码头看成是英国变更经济地理的最强有力的符号，它成了伦敦综合竞争性的
一个象征。

图 20.4　伦敦金丝雀码头和伦敦都市区天际线
资料来源：Shin（2008b）。

案例 3：巴黎：拉德芳斯（La Défense）

拉德芳斯是巴黎大都市区西北方向上的一个新镇，距离以凯旋门为中心的旧城 6 公里。在 20 世纪 60 年代，巴黎的发展受到了空间限制，于是，从那时起就试图向垂直方向发展。但是，就巴黎的艺术和历史意义而言，巴黎需要解决交通问题和维护历史性建筑。为了给巴黎提供劳动力，最初的开发设想是建设卫星城。2000 年，巴黎的更新计划启动，它以拉德芳斯区为中心，一直延伸到老城的历史轴线上。拉德芳斯区的人口为 11.5 万（面积 7.74 平方公里）。

图 20.5　巴黎的拉德芳斯
资料来源：Shin（2008d）。

这个区建设了一幢 180 米高的 30 层建筑，有关建筑造型的限制已经终止，但是，保留了不应该摧毁城市轴线的标准。这样，有可能维持这座老城的历史风貌。在终止了建筑造型的限制后，私人投资商开始了他们的投资，多种设计方案也相继出台，最终产生了一个与新凯旋门（La Grande Arche）对称的建筑群。由孟菲斯（Morphosis）设计的灯塔大厦将在 2012 年完成，它将对这个城市的有机布局有所贡献。让·努韦尔（Jean Nouvel）设计的环法大赛信号大楼将在 2014 年完成，两座高层建筑将形成拉德芳斯的高层建筑群。与伦敦的金丝雀码头一道，拉德芳斯也成了欧盟使用高层建筑建设起来的最紧凑的城市之一。

案例 4：纽约：3D 城市管理体系

按照纽约市的发展和地方条件的变化，纽约市的建筑高度限制一直都是有弹性的。纽约过去已经围绕城市中心发展了天际线，以此作为纽约市的标志性形象。帝国大厦成为中曼哈顿的标志，"9·11"之前，国际贸易中心大厦成为下曼哈顿的标志，它们均为纽约标志性的天际线，成为现代城市模式的代表（Shin，2008d）。

为了继续提高纽约市的形象，建筑高度限制考虑风景、建设和跨文化

图 20.6　纽约的自由大厦
资料来源：Shin（2008d）。

方面，以及纽约市的三维（3D）城市管理体系。基于这个考虑，有人提出了建设4座55层建筑而不是2座110层建筑的设计方案，最终决定建设一座高541米的173层的自由大厦。

案例5：上海：浦东

浦东是上海市政府重点发展的新开发区。以1990年制定的浦东开发计划为基础，已经建设了东方明珠塔（浦东最高的建筑）和其他许多建筑，包括上海国际中心，世界金融中心和世界贸易广场等。最近，目前最高的建筑金茂大厦已经完成。2008年，上海市政府宣布了上海市中心设计规划（上海大厦，160层）。与迪拜一起，上海正在努力争取成为世界上最好的高层建筑紧凑型城市。到本文完成时，高层建筑还在建设

图20.7　上海浦东的天际线
资料来源：Shin（2008a）。

中（参见：http://en.wikipedia.org/wiki/pudong，accessed December 2008）。

高层建筑——可持续发展的紧凑型城市的倾向和效率

利用高层建筑的可持续发展的紧凑型城市

现在，城市发展的世界性论题是"可持续性"。可持续性概念要求综合协调环境、经济和社会三个方面以期实现代际间的公平。欧洲人以环境无害和可持续发展来宣传可持续性，美国人则以"增长管理"或"理智增长"来表达可持续性。这样，重新使用资源、推进环境友好的土地使用，减少交通和基础设施成本，抑制石油的使用；最小化对环境和景观的破坏，都成为建立城市发展规划时必须考虑的问题。作为城市发展战略执行规划的一个部分，开发密度或高度应当被确定为一种完成集中高层－高密度开发的方法，改变那种高层－高密度或低层－低密度的对立分类方法。具有可持续发展特征的高层建筑能够通过减少污染、环境载荷和容纳经济增长而推进社会发展。基于这样的"可持续性概念"，扩张的城市已经转向紧凑的城市，完成这种转型的最有效的方式之一就是建设具有可持续发展特征的高层建筑。国际城市正在应城市－国家竞争的要求而发展。接下来就是高层建筑相对于环境、社会和经济的效率问题。高层建筑的建设应该建立起社会的和经济的可持续性，以及通过多方面的设计，建设艺术的和文化的具有可持续发展特征的高层建筑。

具有可持续发展特征的高层建筑的效率

环境效率

环境效率可以表述为：

• 土地资源的重新使用和环境保护；
• 节能和减少环境代价（空气污染）。

土地资源是一个有限的自然资源，我们应该通过增加资源的投入（建筑）重新使用它。在开发绿色场地之前，我们应该重新利用褐色场地。这意味着倡导"紧凑型城市"。换句话说，通过开发和保留的平衡协调，保护自然，而开发能够达到完全的效果。另外，一旦一站式服务（在大部分有效面积上，提供商务、商业、娱乐、文化和其他服务）有可能实现，我们就要对城市里的高层建筑进行三维综合利用，积极地利用公共交通，减少对私家车的使用。通过公共交通的复兴，能够减少停车空间和道路面积。这将会减少交通开支，节约能源，进而通过减少能源使用达到减少空气污染的效果。如果我们使用建筑综合光伏系统(building integrated photovoltaic system，BIPVS)，采用双层外墙体系和安装一定高层建筑可以使用的风力发电系统，我们就能够节约更多的能源。

经济效率

经济效率通过如下方面来表述：

• 基于土地价格的土地使用方式；
• 通过综合利用的方式实现土地的 24 小时使用；
• 通过三维综合利用创造附加的经济价值。

有效地使用土地并不意味着无条件地高密度使用土地或建设高层建筑。按照经济理论，对一个地区土地的需求越大，那里的土地价格相对比较高，因此，有必要高密度地使用那里的土地或在那里建设高层建筑。另一方面，一个地区的土地需求不高，相应的土地价格不高，所以，土地使用方式应当与土地需求高的地区有所不同。土地价格反映了土地在市场上的稀缺性。高土地价格可能意味那里可以使用的土地很少，所以，应该经济地使用那里的土地。这样，通过投入资源（建筑）以增加那里土地使用的强度。与此相反，低土地价格意味着那里还有可供的土地。通过投入土地以增加那里土地使用的数量。另外，对于高土地价格的地方来讲，不要限制对土地使用的时间是白天还是晚上，要充分利用土地，即全时使用。为了 24 小时使用土地，应当优先考虑混合使用（mixed-use development，

MXD）。高层建筑在三维的和垂直的多样性综合使用上（如商务、居住、宾馆、娱乐和文化）效率比较高。这样，土地资源能够在白天得到使用（商务和商业），也能在晚上得到使用（居住、宾馆、娱乐等）。所以，高层建筑增加了土地使用强度，是有效率地使用土地的一种方法。另外，三维和垂直地使用土地对新经济开发具有潜力。高层建筑的三维使用具有里程碑式的效果，增加推进旅游的城市品牌的价值。对土地的综合利用也能够防止中心城区的衰退，鼓励夜间活动，振兴地方经济。

社会效率

　　社会效率包括：

* 减少交通开支；
* 减少基础设施开支；
* 保障开放空间和步行空间；
* 保障城市的自由感。

　　通过高层建筑对土地进行综合利用可以使一站式服务（即提供商务、商业、娱乐、文化和其他服务）成为可能，一站式服务鼓励一次出行实现多种目的，这将有效地减少交通支出。另外，通过在那些基础设施完备的城市中心地区建设高层建筑，如地铁和给排水系统等，能够节约城市基础设施建设费用。换句话说，与新建基础设施以水平扩展城市功能相比，完善和扩大已有的城市基础设施要好一些。这样做更为成本有效，能够推进城市的可持续发展。为了改善那些拥有大量建筑的城市环境，尽可能保留开放空间是十分重要的。一般来讲，在城市的外部边缘会有更多的绿地，然而，人们不太容易去使用它们。在城市中心采用低层高密度的土地使用方式，依然会有很高的建筑–土地比例。与此相比，高层建筑保证了更多的非建设空间，进而增加了公共空间的质量。考虑到步行者的视线水平，建筑高度的增加几乎不会让步行者产生包围感。相反，控制建筑超出人的尺度的宽度十分重要。通过开发塔式建筑而不是盒式建筑，我们能够保证一个视线走廊或垂直的公共空间（参见图20.8）。具有可持续发展特征的高层建筑保证了建筑之间的开放空间，能够对城市外缘边界的质量有所贡献。这种情况更多地出现在建筑的中上水平上。在同样建筑面积指标内，高层建筑提供了一个垂直的空白，这就产生了一个风道和视线走廊。

具有可持续发展特征的高层建筑：规划和案例

　　高层建筑要求更高的建筑成本和使用更多的能源，因为建筑的上层部分具有不同的气候条件（如强风）以及封闭的外墙结构。为了让建筑内部类似于楼下楼层，需要有一个机械系统，这就会增加能源的使用和相应的维护费用，降低了生活条件。最近，已经出现了若干技术革新，让高层建筑最大程度的维持生活条件不变，或优化能源的使用。以下若干

图 20.8　新加坡具有垂直公共空间的高层建筑
资料来源：Yeo，2008。

小标题下的内容概括了建筑高度、体量和能源消费增加之间的关系，同时还强调了节能系统。

建筑的能量消耗

办公室

图 20.9 显示了 92 个办公室的年度能源消费。我们能够注意到，尽管这些建筑具有相似的外部条件，但是，如果采用环境友好的设计、施工和运行，它们之间的能量消耗费用有 15 倍的差别。

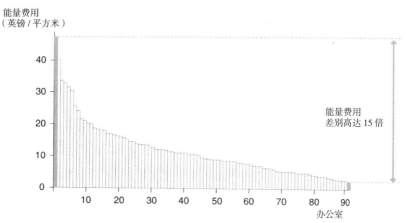

图 20.9　92 个办公室的年度能源消费
资料来源：Musau and Steemers，2008。

面积

图 20.10 显示了美国按照建筑规模分类的商业建筑 2003 年度能源消费状况。我们注意到，即使建筑楼层不多，建筑面积的增加也同样会导致能源消费的增加。另外，当建筑高度增加时，每个单位空间的能源消费也增加（能源信息管理中心，2006）

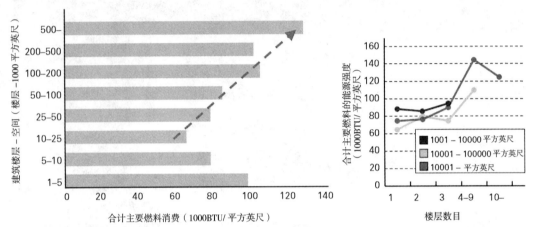

图 20.10　基于建筑性质的消费模式
资料来源：Leigh，2008。

体量

图 20.11 是以清华大学建筑能源研究中心对中国建筑所做的一项研究为基础编制的。这张图揭示出能源消费与建筑尺度之间的相关性。当建筑规模扩大，能源消费的每一个因素也会增加（清华大学建筑能源研究中心，2007）。

可持续发展高层建筑的节能——多种体系

建筑综合光伏系统（BIRVS）

最近几年，在太阳能利用方面已经有了长足的进步，多种具有可持续发展特征的高层建筑技术已经证明，在高层建筑中使用综合光伏系统以获得太阳能是可行的。由于高层建筑吸收阳光的面积很大，所以，较之于一般建筑来讲，在使用太阳能方面具有很大的优势。另外，如图 20.12 所示，我们能够应用多种设计来增加建筑的外立面。因为建筑综合光伏板能够使用不同色彩，所有，它能够提高设计的多样性：

• 建筑综合光伏系统能够给建筑本身提供电能。
• 建筑综合光伏系统提供了避免阳光直射的途径。
• 有充分的面积安装光伏板。
• 建筑综合光伏系统很容易与高层建筑结合起来，这样：

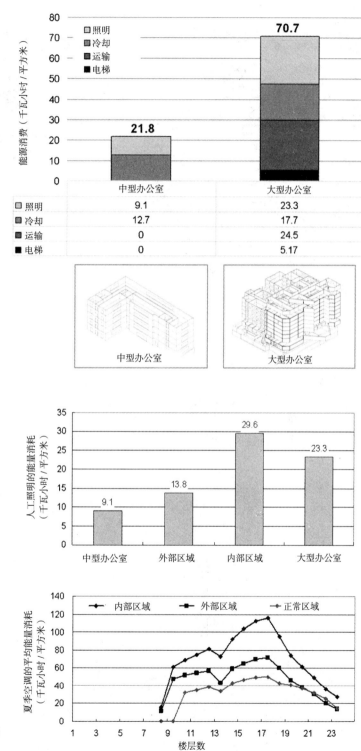

	中型办公室	大型办公室
▫ 照明	9.1	23.3
▪ 冷却	12.7	17.7
▪ 运输	0	24.5
▪ 电梯	0	5.17

图 20.11　大型建筑的能源消费比例
资料来源：Leigh，2008。

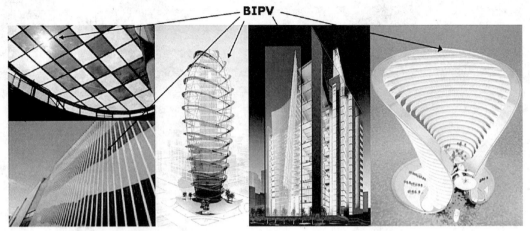

图 20.12　高层建筑上多种综合光伏系统设计
资料来源：Shin，2009。

- 自然通风（改善能源使用效率，改善卫生条件）；
- 经济效率：建设投资增加 8.5%，但是，建筑运行后的能源消费将减少 40%（寿命周期成本低）。

　　双层外墙体系

　　双层外墙体系使用自然通风作为增加能量效率的基本设施，同时，它还有利于卫生，另外，双层外墙体系也是十分经济的，建设投资增加 8.5%，但是，建筑运行后的能源消费将减少 40%（寿命周期成本低）。图 20.13、图 20.15、图 20.18 和图 20.19 都是使用这种体系的例子。

图 20.13　双层外墙体系设计概念（左）和案例（右）
资料来源：Shin，2009。

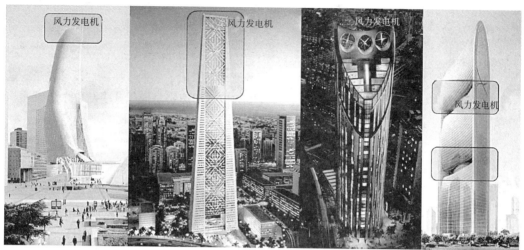

图 20.14　风力发电机组案例
资料来源：Shin，2009。

风力发电体系

高层建筑因为过多使用能源而受到批判。然而，现在我们能够在高层建筑的顶部或建筑的中部安装风力发电机组，利用风能，如图 20.14 和图 20.17 所示，风能是一种可以选择使用的能源。最近，如图 20.19 所示，出现了一种新的风力发电系统，它可以安装在建筑的中部和较低的部分：使用空气动力学模型决定最优的建筑高度，控制系统和叶片数目和形状。

图 20.15　灯塔大厦
资料来源：Shin，2009。

可持续发展高层建筑：案例

灯塔大厦

灯塔大厦是高层建筑可持续新设计的一个例证，它引用了多种可持续性设计方法。这个大厦用于零售、展览和多种商业活动。大厦里的植树和凉台总面积几乎与整个建筑面积相等。从第一层至楼顶，沿斜面种植了树木。这个项目的显著特征包括：

- 拉德芳斯再开发中生态友好的标志，2012 年完成；
- 高度为 68 层、300 米；
- 双层外墙体系，楼顶安装了风能发电机组。

毕晓普盖特大厦

虽然正在伦敦建设的毕晓普盖特大厦还没有完工，但是，它使用了环境友好的可持续性设计。为了推进环境可持续性，这个建筑的设计全面地考虑了周边环境和系统。这个建筑还试图实现最小化建筑系统的目标，使用了如下概念（参见：http://en.wikipedia.org/wiki/Bishopsgate_Tower，accessed December 2008）：

- KPF（科恩、佩特森和福克斯设计事务所）——建筑综合光伏发电板和自然通风；
- 连续性景观；
- 通风和水再利用系统；
- 63 层、288 米高。

巴林世界贸易中心

巴林世界贸易中心全部电力消耗的 10%~15% 将由三台风力发电机组提供，建设费用约为整个建设费用的 3%。为了增加发电机组的功率，在建筑的两侧采用了帆型，以增加通过机组的风速。这个项目的其他特征包括：

- 特制的风力发电机组；
- 威廉阿特金斯公司管理项目；
- 53 层、239 米高。

广州珠江大厦

广州珠江大厦安装了两台风力发电机组，建筑外安装了建筑综合光伏系统（Ali and Armstrong，2008）。这个项目包

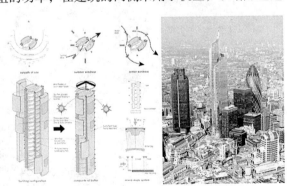

图 20.16　毕晓普盖特大厦
资料来源：Leigh，2008。

括如下特征：

- 71 层、239 米高；
- 2012 年完成；
- 由 SOM 建筑设计公司的建筑师设计；
- 风能发电；
- 双层外墙系统；
- 地热散热器；
- 通风立面；
- 无水便池；
- 综合光伏发电机组
- 冷凝水回收；
- 日光反应控制。

图 20.17　巴林世界贸易中心
资料来源：Shin，2009。

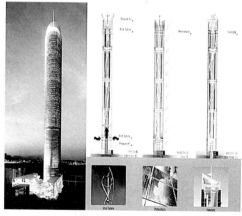

图 20.19　首尔丽特大厦
资料来源：Shin，2009。

图 20.18　广州珠江大厦
资料来源：Shin，2009。

首尔丽特大厦

首尔丽特大厦使用了 90 台以上风力机组，以增加建筑内核的空气流动。建筑外墙采用了双层体系，安装了光伏发电装置。这个项目的特征包括：

- 133 层、640 米高；
- 风力涡轮系统；
- 建筑综合光伏发电系统；
- 2014 年完成；
- 双层外墙系统；
- 建筑师来自 SOM，Y-Group，SAMOO，MOOYOUNG。

结论

随着时间的推移，高层建筑已经不再只是一个高度符号，而是具有了更大的意义。随着工业发展和经济增长而展开的城市已经带来了多种需要我们加以解决的环境问题。社会已经对此做出反应，建设高层建筑，把城市建设成为垂直的城市。现代城市需要有效的信息交流和交通运输。另外，由于对地面不计后果的开发，我们已经陷入了缺少土地的困境中，居住条件正在恶化。城市开发

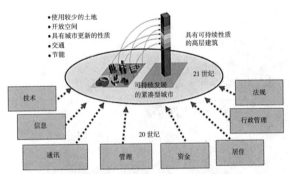

图 20.20　使用高层建筑的可持续发展的紧凑型城市
资料来源：Shin（2008b）。

计划被推向了生态城市（在大都市附近开发新城市或分散城市功能以解决一些城市的过分拥挤的问题）。然而，随着大规模能源消费和城市范式的变化，紧凑城市的概念（参见图20.20）以可持续发展的垂直城市的方式重新建立起来。同时，还考虑到环境、社会和经济方面的问题。

然而，我们还缺少对可持续发展的紧凑城市做出综合分析，可持续发展的紧凑城市要使用建立在充分研究基础上的具有可持续发展特征的高层建筑。这一章以积极的环境、社会和经济方式讨论了使用具有可持续发展特征的高层建筑的可持续发展的紧凑型城市；当然，我们还没有从这些范例城市里得到足够的反馈。如果在不久的将来，我们能够进行充分的研究，我们一定能够改善环境、社会和经济效率，城市的功能在这些国家内将会得到加强。

现在，我们需要按照可持续发展的紧凑型城市的研究，把我们的注意力集中到实际的执行计划或设计上来，以便建设其可持续发展的城市，更重要的是，维持一个可持续发展下去的地球。

致谢

这一章的研究得到了韩国汉阳大学可持续建筑研究中心（SRC/ERC 项目，MEST Grant R11-2005-056-010003-0）和韩国超高层建筑论坛的支持。

参考文献

AIJ and IBEC (2002) *Architecture for a Sustainable Future*, Architectural Institute of Japan, Tokyo, pp78–80

Ali, M. M. and Armstrong, P. J. (2008) 'Overview of sustainable design factors in high-rise buildings', Paper presented to the CTBUH 8th World Congress 2008, Dubai, pp9–10

Building Energy Research Centre (2007) 'Living style: The key factor for building energy efficient', Presentation, Building Energy Research Centre, Tsinghua University, China

Choi, M. J. (2007) 'The meaning of super tall building within city space structure', in *Proceedings of the Super Tall Building and City Development Plan Policy Debate*, Korea Planners Association (KPA), Korea, May 2007, pp5–19

Chul, W. and Choi, S. O. M. (2008) 'Plan of Sang-am DMC Landmark Tower on Seoul', in *Proceedings of the 10th International Symposium of Korea Super Tall Building Forum*, Federation of Korean Industries (FKI), Korea, pp130–139

CTBUH (Council on Tall Buildings and Urban Habitat) (2008) *CTBUH Tall Building Database*, www.ctbuh.org/HighRiseInfo/TallestDatabase/tabid/123/Default.aspx, accessed December 2008

CTBUH (2009) *100 Tallest Buildings in the World*, www.ctbuh.org/Portals/0/Tallest/CTBUH_Tallest100.pdf, accessed January 2009

Energy Information Administration (2006) *2003 Commercial Buildings Energy Consumption Survey*, Energy Information Administration, US

Je, H.-S. (2006) 'Super tall buildings and urban competitive power', in *Proceedings of the 7th International Symposium of the Korea Super Tall Building Forum*, Federation of Korean Industries (FKI), Korea, pp35–67

Leigh, S.-B. (2008) 'The method to increase sustainability in tall buildings', in *Proceedings of the 10th International Symposium of the Korea Super Tall Building Forum*, Federation of Korean Industries (FKI), Korea, pp67–84

Musau, F. and Steemers, K. (2008) 'Space planning and energy efficiency in office buildings: The role of spatial and temporal diversity', *Building Research Energy Conservation Support Unit*, UK

Pank, W., Girardet, H. and Cox, G. (2002) *Tall Buildings and Sustainability Report*, Corporation of London, London, pp38–47

Shin, S. W. (2008a) 'Industry of super tall buildings as new growth power', in *Proceedings of the 10th International Symposium of the Korea Super Tall Building Forum*, Federation of Korean Industries (FKI), Korea, pp2–11

Shin, S. W. (2008b) 'Economic, environmental impact and urban competitiveness of sustainable tall buildings', Paper presented to Sustainability in Tall Buildings Special Session, XXII UIA Congress, Torino, Italy, 2 July 2008

Shin, S. W. (2008c) 'Current work and future trend for sustainable buildings in South Korea', Paper presented to the *SB08 Melbourne World Sustainable Building Conference*, IISBE, Australia, 22 September 2008

Shin, S. W. (2008d) 'Super tall building with Hangang and urban competitiveness', in *Proceedings of the 9th International Symposium of Korea Super Tall Building Forum*, Federation of Korean Industries (FKI), Korea, pp2–19

Shin, S. W. (2009) 'A Way to Sustainable Super Tall Building Industry', proceedings of 11th international symposium of Korea Super Tall Building Forum, Architectural Institute of Korea, Korea, pp3–19

Yeo, Y.-H. (2008) 'Industry of super tall buildings as new growth power', in *Proceedings of the 10th International Symposium of Korea Super Tall Building Forum*, Federation of Korean Industries (FKI), Korea, pp52–65

第 21 章

公共住宅的小气候：对社区发展的环境方式

约翰·C·Y·吴

引言

　　规划完善的社区能够对社会凝聚，改善卫生条件和比较好地使用资源有所贡献。在城市更新和地方改造中，住宅扮演了关键角色。适当的和可以承受的住宅是社会和经济稳定的一个指标。香港房屋委员会（HKHA）把让居住者能够居住，保证居住者生活环境的质量，特别关注居住者的安全和卫生，作为建设好公共住宅的目标。住宅规划和设计能够有助于推进可持续利用资源，比较好地满足居民正在变化的需要，从而让公共住宅能够使用更长的时间。在这些建筑的建设中，在这些建筑的使用期间，我们应该通过更有效率地使用能源，使用较少的资源和产生比较少的垃圾等方式，为可持续发展的未来有所贡献。

　　作为香港地区接近 1/3 人口租赁住房的提供者和管理者，香港房屋委员会具有独特的能力去推进这个产业向可持续性的方向发展。在绿色建设和住宅管理实践中，香港房屋委员会一直处于先导地位：

- 使用大型模板以减少木材的使用；
- 使用预制的外墙、楼梯、干面板墙壁，以便更好地控制质量和减少建筑垃圾；
- 在旧建筑拆除场地里，对废弃材料进行分类，以便回收和用于土地复垦；
- 在处理大体积家庭垃圾时，采用垃圾压缩系统；
- 与绿色组织合作，实施绿乐无穷的房屋地产项目，提高居民的环保和废物回收意识。

　　自 20 世纪 90 年代后期以来，香港房屋委员会已经在规划和设计公共住宅上使用了可持续发展的观念。1999 年，香港房屋委员会正式制定了它的环境政策，要求香港房屋委员会在公共住宅供应和相关服务中"倡导健康生活、绿色环境和可持续发展"。从此，香港房屋委员会不再使用原先的公共住宅标准，而是采用因地制宜的方式设计公共住宅，以便优化开发潜力。

　　小气候是通过小区域的特殊配置而对大气候所做的局部调整。地形、地面状态、植被和人所创造的建筑和建筑的布局形式均会影响到小气候。2001 年，香港房屋委员会提出了在公共住宅的规划和设计中应用小气候研究成果的建议。小气候研究的这些成果能够优化开发潜力，提高街区的建成环境水平。

在这一章里，我们将要讨论香港房屋委员会把小气候研究成果用于规划设计的经验，以及这些经验怎样推进了可持续发展社区的建设。

可持续发展的社区：综合的方式

香港房屋委员会的关键任务之一就是给香港居民提供可承受的高品质住宅和健康的生活环境。我们认为，这将让我们的租赁户更有效地对社区和地方经济做出他们的贡献。从一个比较广泛的角度讲，我们正在为整个香港特区的可持续发展而努力。为了实现这样一种愿景，我们努力把环境友好、功能和成本有效等方面的考虑综合到设计中去，寻找一种综合的解决方案。

建设可持续性的住宅旨在协调我们社区的经济、环境和社会需要。在规划和设计过程中，我们以综合的方式强调了可持续性的这三个方面。从总体布局到规范阶段的整个过程中，始终在不同水平的细节上把握这些因素。从项目初始，我们就触及这些问题，在开发的早期阶段就把握住社区进步的有价值的机会。

当然，我们不可能单独实现我们的目标。我们把我们的利益攸关者和合作者与社区经济、环境和社会三个方面联系起来；可持续发展的社区需要在最广泛的基础上建立起来和继续发展。

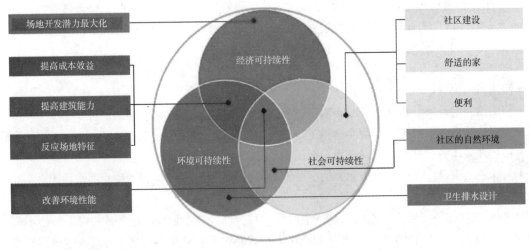

图 21.1　可持续性的三个方面
资料来源：香港屋宇署。

可持续发展的社区：努力实现经济的可持续发展

一个组织的经济绩效是它成功和可持续发展的关键。对于住宅项目的许多方面来讲，从规划设计到施工、运行和维护，成本效益都是一个需要考虑的重要因素。我们根据场地特征和小气候条件，优化场地潜力，改善建筑与结构的效率。通过与场地相和谐的设计，使得资源利用更为经济，能源消费和垃圾得以减量，消除掉可能损害环境的各种影响。

在设计住宅时，最大程度的实现自然通风和自然照明，采用机械化施工以提高建设进度和精度，给租赁者提供高质量，有弹性的生活空间。舒适的住宅是我们身体和精神健康的基础。它们让租赁人对居住地区产生归属感，从而推进社区发展。

2002~2005 年期间，香港房屋委员会对实施建筑材料和部件周期评估（life-cycle assessment，LCA）和周期成本（life-cycle cosring，LCC）的研究成果进行了咨询。现在，设计师都在使用周期评估和周期成本软件帮助他们在新设计时选择建筑材料。随着周期成本的优化，可持续性得到提高，生活环境得以改善。这也在公共住宅建设中推进社区可持续发展。

可持续发展的社区：努力实现社会的可持续发展

过去 50 年间，香港房屋委员会的公共住宅项目一直在推进社会稳定和经济富裕，一直在致力于培育和谐的社区。香港房屋委员会管理着 240 个住宅小区，为香港特区大约 1/3 的人口提供公共住房服务，这是一个富有挑战性的任务。它需要在规划、设计和管理时把租赁者的福利放在首位。香港房屋委员会的目标就是使公共住宅成为香港居民比较好的生活场所，保证我们租赁户对他们的生活环境质量及其安全和卫生条件满意。通过社区参与发展社区和提高社区的社会凝聚力。只有通过与居民一道工作，才可能建立起可持续发展的居住环境。

在规划和设计阶段，让社区参与进来是提高社区发展水平的关键一步。我们已经对若干个模式进行了实验，在油塘邨、马坑山仔、上牛德、角村和蓝田村等公共住宅小区采用了以人为导向的设计。多方面的利益攸关者参与了规划设计：学者、居民、民间团体、地区议员、学校和非政府组织都在一系列工作小组里提出了相关项目的约束条件和机会。这些工作小组帮助参与者了解了他们建成环境的问题和解决办法。小气候研究是预测环境性能的一个客观的工具。它特别适用于公众参与的规划设计过程，向参与者说明环境问题如何得到了关注。

在我们的一个试验项目中，我们与专业人士一道发展一种为此目的的模式，我们组织了一系列社区工作小组以及主题会议，以期把社区各方面人士的智慧综合到建设项目中来。这些工作小组都是一种开放的论坛，鼓励参与者充分表达他们所关心的问题，以有组织和合理里的方式提出设计建议。我们把参与者分成若干比较小的小组，让未来的租赁者和利益攸关者探讨和评价多种选择，从利益竞争和存在选择次序的角度理解开发项目。参与者对他们的社区的未来做出决策，进而产生一种集体所有的感觉。租赁者和利益攸关者还找到了机会去表达他们对自己生活环境的创造性的思考。参与让参与者们建立起了互信的感觉，居民们对此种工作小组十分认可，他们感觉到他们的福利得到了关注，他们的担忧得到了反应。我们还举办了专题展览，强化公众意识，让地方历史遗产得到公众的欣赏，进而形成对这个社区的归属感。

可持续发展的社区：努力实现环境的可持续发展

香港房屋委员会是香港特区最大的开发商，共拥有 68 万套住宅，每年新建 1.5 万套住宅，因此，我们的日常运行能够很大程度地影响地方环境。由于香港处于高密度和高层建筑的环境中，在政治上、技术上还存在着诸多限制，所以，我们设计、施工和管理的目标之一就是为我们的租赁户以及整个社区创造一个比较好的环境，提高公共住宅的环境性能。

自从 2004 年以来，我们所有新设计的公共住宅都要做小气候研究，应用模拟和计算流体动力学技术来加以评估。设计师能够修正总体布局规划和设计方案，以便让建筑形式、方位、建筑配置的优势最大限度地发挥出来，进而让地方风模式、建筑的自然通风、污染物的消散、日照标准、热舒适等方面得到优化，为改善能源效率提供一个基础。小气候研究帮助我们为租赁者和社区提供一个自然的、比较健康的和使用者比较友好的生活环境。

我们已经在 30 个项目中使用了这些小气候模拟技术。应用小气候模拟技术的第一个项目，上牛头角小区阶段 2 和阶段 3，已经在 2009 年完成，按照"香港建成环境评估方法"（HK-BEAM）已经对它做过评估，已经获得了顶级的白金评分。随后进行这种评估的还有2009 年完成的蓝田村小区阶段 7 和阶段 8。

风环境

在 2003 年非典危机之后，香港社会特别关注健康生活方式了。住宅建设项目的风环境不仅仅影响到生活环境的卫生条件，而且也决定了住宅、小区里的公共场所、步行道路、

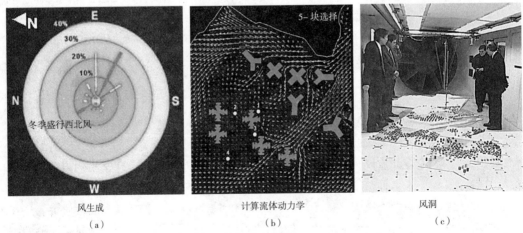

风生成	计算流体动力学	风洞
（a）	（b）	（c）

图 21.2　模拟方法：（a）风生成；（b）计算流体动力学；（c）风洞
资料来源：香港屋宇署。

外部开放空间和附近街区的热舒适。我们在设计公共场所时，一个需要特别考虑的问题就是，如何鼓励居民聚集、相会、偶遇、交谈和社会互动。我们使用小气候研究作为一个城市设计工具去优化居住小区规划，安排小区的建筑配置和建筑方位，建筑形式和建筑的通透性，提高住宅小区及其周边地区的整体风环境质量。

场地风的有效数据

有必要考虑每一个住宅开发场地自然风的特征。我们从地方气象台获取有关风的数据，使用它们来定性地估计主导风向和大小。对于靠近气象站的场地来讲，覆盖参考年大部分时间的主导风对小气候研究至关重要，相反，对于那些地形特殊和远离气象站的场地来讲，需要进行风洞模拟试验来决定地方风的模式。

空气流动评估

空气流动评估是一个指标，它与一个城市的有效风和城市几何形状有关，使用它来评估建筑形式在优化有效风方面的能力。这个指标提出了我们需要什么最小风环境来指导设计和规划，才能产生比较适宜的风渗透，进而让城市的空气流动起来，特别是让步行高程上的空气流通起来。

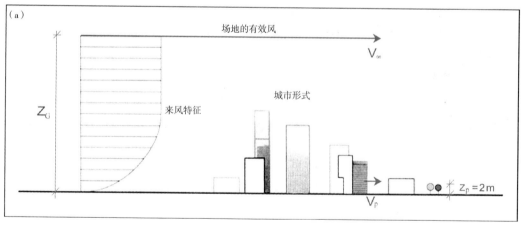

图 21.3 空气流动评估，确保步行高程的通风性能
资料来源：香港中文大学建筑系。

风环境的措施

为了评估一个新开发项目的风环境，我们应用计算流体动力学分析方法来研究，在高层居住楼的低、中、高分区上的风的流动模式以及量级，据此在场地规划和建筑设计选择中，外部通道和开放空间，对周边地区的影响等方面，采取不同的改善措施。在定性和定量基础上，通过比较多种绿色目标的小气候研究结果，客观地做出最优的规划设计选择。

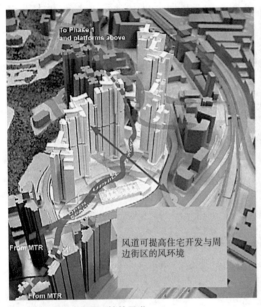

图 21.4　提高广场风环境的风道
资料来源：香港屋宇署。
注：通过开发"前""后"的模拟，可以定量地确定提高主导风渗透的风道设计的效果。在存在主导风的条件下，随着风道增加空气流动速度，给广场里、居住小区的步行通道上的社会聚会和相互作用以及在开放空间里所进行的多种活动带来愉悦。

自然通风和污染物的消散

能量 – 效率住宅和规划精良的社区能够减少能量消费和产生社会的和谐。我们使用小气候研究作为一个建筑设计工具去优化居住小区的配置，详细的建筑布局和窗户开启方案，以提高居住单元和公共场所的自然通风。

自然通风的措施

通过模拟典型居住单元、大厅和公共场所的低、中、高分区上的风的流动模式以及量级，优化设计以提高自然通风，有效地驱散来自厕所和垃圾间的污染物。

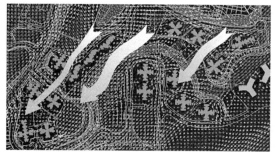

图21.5 提高居住区和周边地区风环境

资料来源：香港屋宇署。

注：在居住区规划和楼宇布局/设置中的环境设计会提高住宅开发和周边相邻街区的风环境。

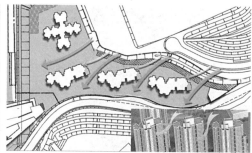

图21.6 通过城市建筑形式的精致设计和居住区的布局，提高步行高程的风环境

资料来源：香港屋宇署。

注：对于那些场地狭窄且呈线型状态的约束场地来讲，把横跨开发场地的小气候研究与高层居住楼布局和方位（偏差在10°）的设计选择进行比较。通过适当的场地总体规划，楼宇之间开放空间的风速能够增加100%~133%。建筑前风环境的改善能够吸引更多的社会交往和步行活动。

日照和遮阳

对于心理健康和增加空间的舒适度来讲，阳光是不可或缺的。我们使用小气候研究作为一个设计工具去优化居住单元和公共场所的阳光渗透，以提高能量效率，改善舒适度和卫生条件，优化开发区内被动和主动开放空间的规划设计。

自然采光的措施

建筑外立面上的阳光量与立面的暴露程度相关。在高密度和高层建筑开发中，居住楼低层通过窗花获得的大部分阳光都是周边建筑表面的反射光。我们采用绩效方式，使用垂直采光系数（落到建筑垂直表面上的全部照度百分比与阴天条件下水平面上瞬时照度之比）作为一个设计指标，以优化自然采光的性能。

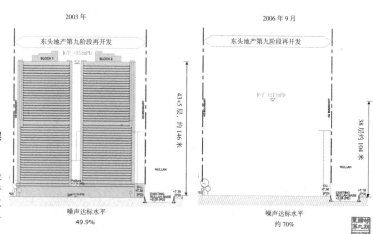

图21.7 裙楼会影响到步行高层的风环境

资料来源：香港屋宇署。

注：比较有或没有裙楼的场地设计，弄清建筑通透性改变对步行高程通风的影响。没有裙楼可以在街道高程增加13%~14%的平均风速和速度比率。

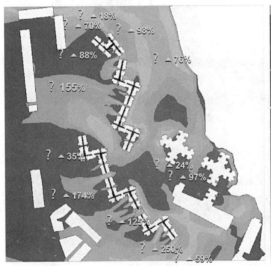

图21.8 平台花园提高了居民楼的小气候质量，把地面层的社会活动结合了起来

资料来源：香港屋宇署。

注：在这个高层建筑的二楼夹着建设一个双层高度的绿色平台，目的是提高建筑的通透性，把地面层的花园延伸到居住空间中来。这个平台式花园把居住公寓楼的内外社会空间结合起来，它提供了一个附加的社会、文化和传统使用空间，给这个居民楼增加了自己独特的标志，增加了居民们对这个社区的归属感。随着这个花园向周边居民的开放，还成为社会交往的平台，增强社区的社会凝聚力。周边的绿色空间过滤了气流，提供了附加的树荫，同时也降低气温。

电梯大堂与平台花园透视图

计划的再开发（具有贯穿性再进入风）

再开发以前（没有贯穿性再进入风）

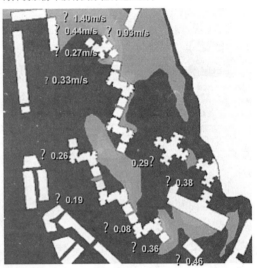

图21.9 贯穿性再进入的风会改善建筑的通透性，有助于居民间的相互交往

资料来源：香港屋宇署。

注：从"有"和"无"模型的定量结果反映了旨在提高建筑通透性的通风再进入设计的效果。在主导风为东风情况下，在围绕开发场地一些选择点上再进入风速的增加，从18%~250%。

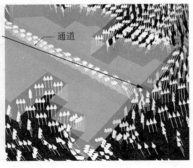

翼墙

通道

主导风

图21.10 翼墙提高共同风道上的自然通风，改善舒适水平，有助于居民在公共场所的社会相互交往

资料来源：香港屋宇署。

注：作为挡风板的翼墙，用于提高那些通风率比较低的居住区的自然通风，其效果可以在"有"和"无"两种情况下的定量描述中反映出来。翼墙大约可以增加风道中的风速2.5%。

遮阳的措施

在设计外部开放空间时，为了鼓励居民聚集、相会、偶遇、交谈和社会互动，遮阳是一个需要认真考虑的因素。模拟对地方特殊背景条件下的年度三维太阳路径，以识别出不同时间和不同季节开放空间里的阳光和阴影模式。这是一种综合的设计方式，用于优化照射到绿地、晨练和户外晾衣空间、遮阳休闲区、儿童游乐和球场、特别是西朝向的开放空间上的阳光。

图 21.11　公寓单元的模块化设计
资料来源：香港屋宇署。
注：小气候研究验证了在提高自然通风方面模块化设计的效果。比较好的自然通风意味着减少机械通风和空调对能源的消耗。自然通风改善舒适度，提供健康的风环境。

采用综合性能基础上的开放空间规划。需要遮阳的活动应当安排在具有适当遮阳的地方（如儿童游乐区），那些终日暴露在阳光下的地方应当安排适当的树木或遮阳篷。这样做的目的是，为多种户外活动创造令人愉快的环境。

对于一些项目，我们在阳光－阴影模拟结果和景观设计的基础上，通过规划从形体上和视觉上把开放空间的绿色引入到住宅小区里。这类设计让居住小区具有独特的气氛和特殊的标志。

太阳热吸收

舒适的住宅为我们的生理和心理健康提供一个基础。我们使用小气候研究作为一个设计工具，最小化住宅单元对太阳热的吸收，以便实现较高的能量效率和较好的舒适感。

图 21.12　模块单元的采光模拟
资料来源：香港屋宇署。
注：性能评估反映了提高居住单元采光的模块设计效果。比较好的居住单元采光意味着减少人工照明的能源消耗。它也能提供比较好的室内氛围和舒适的环境。

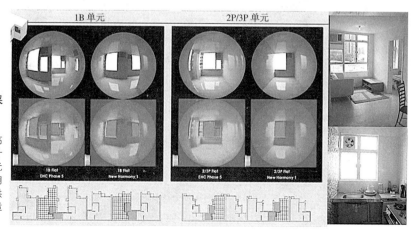

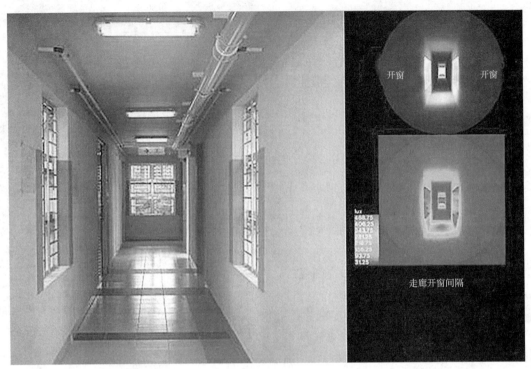

图 21.13　透气窗改善日光射入状态
资料来源：香港屋宇署。
注：用来提高公共区域日照状态的效果可以通过基于性能的评估反映出来。在通风道上的窗户能够节能 13%，有助于居民在公共场所的社会相互交往。

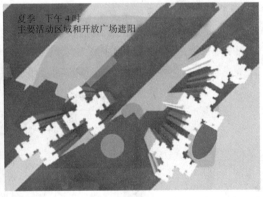

图 21.14　外部开放空间遮阳模拟结果
资料来源：香港屋宇署。

作为指标的整体热转移值

　　建筑立面是一个复杂系统，它由若干成分组成，它们一起产生一个健康的内部环境。通过使用成本有效和维持一个可以接受的环境的高性能立面设计可以节约能量，我们能够

太阳能热增益性能，根据 HK–BEAM 信用体系

图 21.15 减少能量消耗的环境外立面设计
资料来源：香港屋宇署。

使用整体热转移值（Overall thermal transfer value，OTTV）来定量计算这样节约下来的能量，整体热转移值指标与墙面热材料、玻璃、被动式太阳设计、窗户设计和遮阳设施有关。除开作为一种效率指标外，整体热转移值能够用来作为外墙色彩设计的参考值。

环境外立面设计措施

我们使用模拟技术和由通风、热舒适和建筑能量模块组成的计算机软件分析适合居住的住宅内部环境的温度数据。外立面特征对降温载荷、通风率和自然光照度均有影响，它与墙/屋顶的施工，窗户/墙壁比例，玻璃类型、建筑朝向、配置和分割、楼层、外墙装饰和色彩、遮阳设施等紧密相关。我们应用小气候研究来设计太阳阴影设施，以减少建筑外立面和每一个居住单元的太阳热的吸收，从而减少与空调和其他机械通风设施相关的能量消耗。为了优化周期成本，遮阳板预制在外墙框架上，同时还考虑了运输经济和现场安装施工等方面的问题。

独特的环境外立面设计给予小气候相关的居民楼带来了视觉上的意义。它还给每一个独立居住楼某种标志，提高居民的归属感和所有感，推动居民以成为这个社区的一员而感到骄傲。

结论

香港的公共住宅已经给建成环境和社区福利做出了实质性的贡献。随着高级模拟技术的成功，小气候研究已经被证明既是一种有用的设计工具，也是一种改进住宅环境性能的工具。小气候研究给建成环境和社会整体的生活质量带来了长期的效益。

在高密度城市发展中，新住宅开发的环境性能正在越来越引起公众的关注。当人们开始关心相邻地区的开发将如何影响到他们已有的环境时，争议可能发生。小气候研究能够作为一种实践的方式和客观的工具，在规划设计的早期阶段就预测到开发建设后的环境性能。这种研究对公众参与和协商是十分有效的，它将向公众和利益攸关者证明，他们关切的环境问题已经在规划设计时给予了考虑。特区政府已经承诺，通过提高环境水平，建设一个"蓝天和社会和谐的"未来香港。作为社区参与过程的一个平台，小气候研究能够成为有效政策执行的一个部分。

健康的建成环境直接地提高着社区的福利。健康的建成环境能够节约能源，也能够节约与健康相关的开支。通过公众参与开发过程，健康的建成环境引导人们以主人公的身份去建设具有可持续性的环境和可持续发展的社区。

参考文献

Department of Architecture, Chinese University of Hong Kong (2005) *Final Report: Feasibility Study for Establishment of Air Ventilation Assessment System*, Department of Architecture, Chinese University of Hong Kong, November, Hong Kong

第 22 章

高密度生活的设计：高层、高度和谐和高水平设计

黄锦星

高密度生活：最好的或最坏的？

这是一个最好的时期，这是一个最坏的时期。几十年以来，高密度生活一直是许多香港人心中的一种骄傲。无论是奢侈的住宅、中产阶级的住宅还是一般大众的住宅，总而言之，香港的住宅是高层的和高密度的。但是，过去几年以来，在许多香港居民的眼中，高层的和高密度的住宅已经成为地方建成环境最糟糕的代名词。这里是一个香港神话，这里有两种明显对立的看法。

最近几年以来，香港公众一直对新规划的和新展开的高密度开发，特别是海湾前和大规模交通枢纽顶上所做的居住开发项目，进行批判，水平之高前所未有的。这些强大的抵制行动经常而且连续性地成为报上的头几条新闻。九龙站开发项目（参见图22.1）就是这类冲突的典型案例之一。

强大的公众压力正在迫使特区政府对高密度的极度关注给予回应。2007年到2008年是香港的一个历史转折点，香港特区行政长官施政报告首次包括了一个原先没有的章节，"降低开发密度"。

图 22.1　九龙站开发项目
资料来源：作者。
注：最近在九龙站上所做的高密度开发与周边老区所做的高密度开发之间所存在的对比十分明显。

在"高质量城市和高质量生活"的标题下，香港特区行政长官提出了一个"逐步发展"的术语，"逐步发展"意味着全面发展，而不只是经济发展，特别指出了以下香港地方所关心的问题和反制措施：

过去几年来，公众已经对因高密度建筑引起的"墙壁效应"表示关注，这种高密度建筑影响了通风，导致了城市气温的上升。尽管我们目前还没有"墙壁效应"的科学定义，但是，我们相信，对开发密度的稍许降低，就能够增加建筑之间的

距离，更新建筑设计。这将提高建筑的远景和改善通风。

　　特区政府将逐步审查多个地区的总体分区规划，在需要做出变更的地方，修正相关的规划指标，降低开发密度。我们还将审查西线南昌站和元朗站之上的房地产开发方案，以期降低它们的开发密度。之类措施不可避免地会导致公共财政收入的减少，但是，我相信为给香港居民创造一个比较好的生活环境，这样做是值得的。

在这项"高质量城市和高质量生活"政策正在逐步实施的时候，大规模开发项目需要多年才能完成，所以，这项政策的实际效果还需要等待。当然，审视香港高密度城市生活的经验教训是时候了。

1993年——香港的建筑：密度的美学

　　1993年，维托里奥·马尼亚戈·兰普尼亚尼（Vittorio Magnago Lampugnani）等编写的一本堪称经典的著作《香港的建筑：密度的美学》。这本书对香港城市发展做了具有历史深度的评论，从综合的角度考察了这个拥挤城市最近的发展倾向，香港在增加密度的方向已经走过了百年，导致了一个极端紧凑的城市形式。香港已经能够成为实现有效使用土地、能源、基础设施、公共交通和多种其他资源的模范城市，实际上，这座城市还保护了近3/4的没有开发的土地。香港整个土地面积的40%是乡村公园和自然保护地。相对比，高强度的建成区日夜活力无限。

　　在这本书的前言中，当时（香港机场仍在市中心时）香港的政府首席规划师爱德华·乔治·普赖尔（Edward George Pryor）把香港描述为：

　　　　飞进香港启德国际机场给我们提供了一个难得的机会去目睹一座高密度且高层的城市，俯瞰深水港湾的陡峭山峦形成了这座城市的边缘。围绕这个港湾，包括香港岛北部海岸线，九龙、新九龙和荃湾－葵青在内的地区组成了这个都市的建成区，人口400万，占地面积72平方公里。这个建成区里的人口密度达到每平方公里5.5万人，而旺角地区的人口密度高达每平方公里11.7万人。这些拥挤程度的粗略指标对人们如何面对这样的压力产生了疑问。部分答案之一是，生活在如此紧凑社区的中国人经过几个世纪，已经在心理上适应这种生活空间，另一部分答案是，规划师、工程师和建筑师已经在产生高密度城市形式方面具有了创新性的技能，他们良好地设计、建设和管理着香港这座高密度的城市。

　　普赖尔进一步强调，我们能把香港看作一个创新观念的"城市实验室"。当然，从城市设计的角度看，我们已经为此付出了代价。在大约40年间，香港的城市形式已经从水平面转向了垂直面。以实现最少成本最大收益的方式，用钢混的高层建筑替代了5~6层高的建筑。盈利成为城市建设的基本推动力量；但是，这种动机本身也是香港文化遗产的一个部分。无论如何，那些受到空间扩展限制的处于超级城市化压力增长之中的城市都能够从香港获得经验和教训。一般来讲，在20世纪70年代、80年代、90年代和21世纪的第一个10年里，香港居住楼的高层对应为20层、30层、30层、40层乃至50层以上。只要结构和建筑服务等技术还在进步中的话，住宅建筑的高度似乎会无休止地增长下去。显而易见，天空的高度就是建筑的高度。

兰普尼亚尼等（1993）在预测未来时提到过许多规划的高密度开发项目，包括茵怡花园和九龙车站开发项目。在谈及香港高密度开发倾向时，他们的总体意见还是乐观积极的，认为这些开发采用了高层建筑形式和创造高品质舒适程度的高质量设计。

茵怡花园（参见图22.2）是在1996~1997年间分期完成的，这个高密度公共住宅园区的容积率为8，用地面积为2万平方米，合计建设住宅单元3000套，居民总人数达到8000人（即人口密度约为每平方公里40万人）。

这个开发项目可以作为潮湿亚热带地区高层建筑居住可持续性设计的一个展示。为了优化利用夏季主导风，让大多数居民以及周边居民生活在健康和舒适的环境中，在小气候研究的支持下，采用了具有渗透性的阶梯式建筑高度的设计。

图 22.2　茵怡花园公共住宅小区
资料来源：Anthony Ng 建筑设计公司（1993）。
注：茵怡花园是一个高密度公共住宅小区，容积率为8。这个1993年的设计模式成为可持续性高层建筑开发项目的先锋。

另一方面，九龙车站开发项目（参见图22.1）在本书编写时已经完成。这个规划项目把居住、办公、宾馆和购物中心混合地建设在大规模交通枢纽之上，用地面积约为14万平方米，容积率也是8，其中一半面积用于居住开发。这是香港最高的居住建筑，270米，70层楼，它沿港湾而建，进而让居住单元有了良好的海景视线。当然，开发结果充满争议，特别是对周边高密度建筑形式的影响。

2003年——香港的黑暗时期：非典（SARS）

在兰普尼亚尼的《香港的建筑：密度的美学》（1993）的内封面上，作者把飞进香港和看到这座摩天大楼之城描述为一种不可遗忘的经历。丘壑和开放的水域环绕的绝对高密度建筑群的确令人叹为观止。

2003年3月，离启德国际机场不远的淘大花园首先发现了非典病例，这在香港城市发展历史上也是具有里程碑式的事件。

淘大花园（参见图 22.3）地处九龙牛头角地区，香港九龙半岛东北方向上。它是香港特区典型的高密度中产阶级居住区，建于 1980~1987 年期间。它由 A~S 共 19 幢居住楼组成，在一幢三层高的裙楼上又建有购物中心。这些居住公寓楼一般有 33 层楼高，每层共有 8 个单元，单元面积 34~56 平方米不等，平均 45 平方米。这里是 2003 年非典的重灾区，有超过 300 人受到感染。

2003 年 3 月底，这个小区发生了非典。到 4 月中旬，共发生 321 个非典病例。病例主要集中在 E 楼，约占总病例的 41%。C 楼（15%）、B 楼（13%）、D 楼（13%）分别在病例数上排名第二、三、四。其他 11 个楼里共占全部病例的 18%。最开始发现的 107 个病例多生活在 E 楼中，呈垂直分布状态。随后，E 楼的全部居民都被隔离。

图 22.3　淘大花园
资料来源：作者。
注：淘大花园是 20 世纪八九十年代香港私人开发公寓楼的典型代表 – 在裙楼上建设十字形居住楼。能够提及的特征是，狭窄的楼道，垂直在公寓楼每一对翼之间如同一个半封闭的烟道。

在居民返回前，整个居住区做了消毒处理。在 2003 年中，主管部门发现，这个小区的下水道在楼道空间中存在严重渗漏问题，这可能导致了非典病毒的扩散。淘大花园是 20 世纪八九十年代香港私人开发公寓楼的典型代表，其特征包括居住层呈十字平面形式，一般有 8 个单元，在非居住裙楼上为居住公寓层。

除开按照"建筑令"规定达到整体的建筑密度 8~10 之外，居住空间也高密度地围绕中心电梯、楼梯和服务空间布置，这样就在住宅单元外形成了一种非常狭窄的半封闭空间。这种狭窄，似垂直的烟囱，香港人称之为"楼道空间"，设计上的目的是让自然光线和通风可以进入每一个单元的厨房和浴室，以满足建筑规范的最低指令性要求。在这种十字形楼设计中，"楼道空间"的宽度仅为 1.5 米（有时可能更窄，淘大花园的居住楼的楼道空间就小于 1.5 米），由于规范上对其深度没有规定，所以深度可能达到数米。极端狭窄，加上深度和高度，楼道空间非常黑和不透风。

虽然对于许多研究者和专家来讲，产生非典病毒的原因尚不清楚，但是，就高密度生活的规划与设计而言，在如何给香港居民提供健康和宜居生活环境的问题上，出现了大量争论，提出许多重要的问题。

2003 年的非典可以称之为香港的"黑暗时期"，它不仅仅影响了淘大花园，而且也影响到整个特区的居民。这是一个最糟糕的时刻，当然，它也引发了事物向积极方向的转化。

在建筑层次上，香港政府屋宇署已经签署了一系列指示来指导建筑设计，如居住空间、厨房的自然采光和自然通风，机械通风、浴室下水道设计，布置在公共空间里的下水道布局，容易检查和维护；所有这些都旨在为香港特别高密度背景条件下的健康生活找到解决办法。

在规划层次上，香港政府规划署已经指导了一项有关香港通风评估体系（AVA）的可行性研究。为了寻找改善生活环境的措施，由香港特区首席执行官负责和首席秘书领导的"全城清洁策划小组"，在2003年颁布了《改善香港地区环境卫生措施的最终报告》。在这些推荐意见中，"全城清洁策划小组"提出了研究通风评估体系（AVA）实施办法的建议，认为未来所有大型再开发和开发项目均要考虑通风评估问题，在未来的规划中，要包括应用通风评估体系的标准、尺度和机制。

2004年——香港的转折点："绿色感"的兴起

在2003年非典事件之后，香港特区政府在建筑和规划两个层次上采取了新的措施，试图改善环境卫生——从一般公众以及专家的观点看，改善环境卫生意义重大。当然，与全球气候变化的效果看，实际上，地方气候条件正在恶化之中。

按照香港天文台台长在2006年绿色建筑协会"城市气候和城市绿化"论坛上所做报告的说法：

> 与香港城市化同时发生的是，城市气温比乡村气温上升要快，风速变缓、能见度降低，较少的太阳辐射到达地面，蒸发率下降，等等。但是，这些变化对我们意味着什么？对于那些不是那么富裕的人们来讲，这些变化成为一种对他们生活构成威胁的问题。他们还担心，因为新鲜空气和阳光在强度上的减少，他们会受到比自然天敌更多的细菌的攻击。很不幸，弱势群体只能期待沿着海岸或城市地区核心的那些高层建筑阻挡住风，给他们留下不多的阳光。建筑本身意味着让人获益。但是，我们从气象记录上可能看到，建筑已经以不利于健康生活的方式一起改变着。现在是时候重新思考城市生活的基础究竟应该怎样的。

城市气候条件正在恶化，新开发场地的建筑体量和高度正在增加，这种倾向正在引起社会日益增加的反应。香港地区的地方绿色组织"绿色意义"日益香港受到关注，实际上，它是2004年才建立起来的。尽管这个组织刚刚建立起来，然而，这个非政府组织所提出的关键意见是，反对"墙壁效应"式的开发。

大约到了2007年，香港受到类似墙般开发的影响日趋明显，这类开发出现在城市的许多地方，特别是接近港湾的部分，在很大程度上，这种现象出现的原因是以土地收益推动的土地政策，城市规划和建筑法规机制的不健全。尽管到目前为止人们还没有就"墙壁效应"

图 22.4　沿海岸以墙壁方式开发的将军澳新城
资料来源：作者。
注：所有这些高层居住建筑一般都有 50~60 层高，建在一个大裙楼上。除开分区规划要求保留的有限的通风走廊外，整体开发阻挡了海风进入新城内部，那里居住者 30 万人。

的精确定义达成共识，然而，以大规模多层裙楼形式开发建设的居住大楼覆盖了整个场地，为了获得最大的海景，若干居住大楼形成一个连续体，这就是事实。

　　这种"墙壁效应"的开发不仅仅在新城区可以找到，如西九龙（参见图 22.1）和将军澳新城（参见图 22.4），还可以在旧城改造更新的地区看到。这些建筑的高度大约都在 60 层（即比淘大花园高 1 倍）。在大多数情况下，在这些单体建筑间没有空隙。在将军澳的一个居住区，共有 15 幢居民楼，它们一线排开，长 600 米，高 200 米——实际上，这是一堵如山一般的墙壁。

　　在香港，这种"墙壁效应"似的开发倾向已经变的充满争议。在通过从抵制到法庭等多种渠道表达公众意见方面，非政府组织"绿色意义"发挥了重要作用。当然，这类开发对周边邻里环境的实质性影响将延续几十年，直到这些建筑的寿命结束。

　　随着公众绿色的和宜居的城市环境意识日益提高，香港特区政府最终承认了"墙壁效用"的开发问题，也已经考虑了相应的政策，如特首 2007 年的政策所提到的"高质量城市和高质量生活"。相关的措施包括，降低敏感场地的开发强度，特别是那些面对海湾的或在铁路车站之上的那些开发场地，控制建筑高度，规划通过每一个开发场地的战略通风廊道。

图 22.5　九龙区

资料来源：作者。

注：自 20 世纪 90 年代机场搬迁进而放松严格的高度控制以来，九龙地区的许多街区都受到再开发的压力。这些开发项目的规模巨大，建筑高度剧增，形成了类似墙壁效果的建筑群，它们没有照顾到现存的城市结构，严重改变了那里的小气候，如通风和采光。

2008 年以后——香港可持续发展的未来：高密度、高度和谐和高水平的设计

向前看，设计未来宜居的香港应该包括这样一些关键方面——即具有"生态密度"的高层建筑、高质量的城市环境、高质量的设计。

首先，香港的宜居设计将集中在高层建筑上，但是，要努力追求具有"生态密度"的更可持续的建设模式。2008 年温哥华市议会实施的"生态密度宪章"就是这种建设方式的一种反映。温哥华市提出的"生态密度宪章"把环境可持续性作为所有城市规划决定所要实现的目标，这个目标支撑着住宅可承受性和宜居性。生态密度的基本概念承认，高质量的和战略性的局部密度能够让城市更可持续、更宜居和更可承受。正确的地方具有正确的密度能够有助于应对气候变化，减少生态印记。香港建成区城市气候图的开发将有助于确定正确的地方的密度设置。

第二，应当维持和进一步改善高质量城市环境，特别是目前在大规模公共交通枢纽站之上或周边所做的高密度开发项目。这种质量反映在便利和可承受的公共交通、"可以步行"，购物，开放空间，社区公共设施和其他公共服务等方面。把高质量公共场所及其相关公用设施与高密度居住混合起来的社区是优秀的生活场所。

第三，高密度和高层建筑开发的高质量设计需要创新和适当的解决办法，设计不仅仅

提供一个健康的室内生活环境，还要考虑到周边城市生活空间的宜居性。设计质量能够通过更新规划和建筑控制体系以设置新的要求而得以实现，如场地的绿色覆盖率，建筑的透气性，狭窄街道上的建筑退红，甚至绿色建筑比例。我们能够通过获奖项目学习如何采用创新和高质量的设计方式，如那些获得了专业绿色建筑协会绿色建筑奖的建设、研究和规划项目。

高密度生活：我们梦想的城市？

图 22.6 展示了 2008 年 7 月末日出康城的情况，当时刚刚完成了那里的第一期开发项目，一幢 50 层高的居住建筑。这里原先称之为"梦城"，后来更名为"日出康城"。日出康城是由设在将军澳新城的 MTR 公司负责规划的大型居住开发项目，包括大规模公交车站。整个项目的土地开发面积为 33 万平方米，包括 50 幢居住楼和一个综合公共服务设施，2 万个居住单元，容纳 5.8 万人。这个项目分成若干阶段，大约在 2009~2015 年完成。在它完成后，将成为香港特区最大居住开发项目。

图 22.6　日出康城
资料来源：作者。
注：2008 年 7 月末，日出康城完成了 5 幢高 50 层的公寓大厦，剩下的 45 幢具有相似高度的公寓大厦将
　　建设在公交枢纽之上以及相邻土地上。整个项目将容纳 5.8 万人，将成为另一个大规模的高密度生活的"城
　　市实验室"。

Lohas（乐活）是"Lifestyle of health and sustainability"（健康和可持续生活方法）的缩写。这家开发公司从2002年就开始对这个地方进行规划，基本设计目标是建设一个"环境友好的城市"。在2003年非典发生后，又增加了"健康"的目标。2007年，人们对这个项目所产生的"墙壁效应"提出了责难，于是，这家公司进一步承诺，要对整体布局规划的通风性能进行审查。

由于这个项目从规划到建设项目完工大体要进行10年之长，所以，从项目名称到设计的变化从一定程度上反映了香港人对高密度生活的认识改变。它也能够成为一个"城市实验室"，测试我们梦想中的城市究竟是"一场梦"还是现实。

2008年7月，地球的另一边，纽约摩天大楼博物馆举办了一个"垂直城市：香港和纽约"的展览。这个展览强调了在"未来城市：20/21"主题下香港和纽约之间许多比较：

> 香港和纽约都是世界上垂直都市的典型。两个城市均为岛城，都有良好的港湾，都是从殖民港口发展成为国际金融和商业中心。随着它们的成长，摩天大楼成了发展现代城市的基本手段。
>
> 纽约建筑师在20世纪20年代的许多憧憬几十年后在香港成为现实。R·胡德或H·弗雷斯有关与高速公共交通相连的大厦簇团的观念，现在在香港成为现实，如国际商业中心、高架人行道、多层交换枢纽、中层自动扶梯都反映了H·W·科贝特的多层交换站。从许多方面看，香港都是"超级纽约"，20世纪早期纽约建筑师的想法和梦境在香港得以实现和超越。尽管它们具有相似性，然而，就影响它们垂直表达的地理、历史和文化而言，亚洲城市和美国城市差别很大。现在，香港的高层建筑数目、人口密度、公共交通的效率都超过了纽约。香港的垂直密度让人们生活在了比例很小的土地上：就整个特区来讲，3/4以上的土地都被作为自然景观保护起来。这样，香港的建成区仅为259平方公里，700万人生活在每平方英里7万人的人口密度下。曼哈顿的平均密度大约为每平方英里7万人，也就是说，香港岛或以公交为基础的新城的全部人口都生活在曼哈顿的人口密度中。

香港保留了特区3/4的土地，用它们作为乡村公园或自然景观，并具有良好的城市公共服务设施，如高架人行道、公共交通等，考虑到具有可持续未来的设计和愿望，对高层建筑的形式和人口密度的分布应该进行审查。我们的梦境应当超越"超级纽约"的版本。如果"高质量的城市和高质量的生活"是我们共同的梦想，那么我们就需要一个综合考虑到"高层建筑，良好环境和高质量设计"的具体政策和实施计划。香港的最好时期已经到来了。

参考文献

Chief Executive of the Hong Kong Special Administrative Region (2007) 'Years 2007–08 policy address', www.policyaddress.gov.hk/07-08/eng/policy.html, accessed August 2008

Green Sense (2008) 'Hong Kong', www.greensense.org.hk/, accessed August 2008

Lam, C. Y. (2006) 'On Climate Changes Brought About by Urban Living', in Wong, K. S. and Cheng, J. (eds) PGBC Symposium 2006 on Urban Climate and Urban Greenery, Professional Green Building Council, Hong Kong

Lampugnani, V. M. et al (eds) (1993) *Hong Kong Architecture: The Aesthetic of Density*, Prestel, München, New York

Skyscraper Museum (2008) *Vertical Cities: Hong Kong/ New York*, www.skyscraper.org/EXHIBITIONS/VERTICAL_CITIES/walkthrough_intro.php, accessed August 2008

Vancouver City Council (2008) *Eco-Density Charter*, www.vancouver-ecodensity.ca, accessed August 2008

缩写一览表

ach	air changes per hour
ANOVA	analysis of variance
ASA	Acoustical Society of America
ASHRAE	American Society of Heating, Refrigerating and Air-Conditioning Engineers
ASV	actual sensation vote
AVA	air ventilation assessment
BBNP	Bukit Batok Natural Park (Singapore)
BEE_{UD}	building environmental efficiency in urban development
BIPV	building integrated photovoltaic
BIPVS	building integrated photovoltaic system
BRE	Building Research Establishment
BREEAM	Building Research Establishment Environmental Assessment Method
C&D	construction and demolition
CAD	computer-aided design
CASBEE	Comprehensive Assessment System for Building Environmental Efficiency
CASBEE-UD	CASBEE for Urban Development
CBP	Changi Business Park (Singapore)
CC	correlation coefficient
CEPAS	Comprehensive Environmental Performance Assessment Scheme (Hong Kong)
CFA	construction floor area
CFD	computational fluid dynamics
CHP	combined heat and power
CIE	Commission Internationale de l'Eclairage
CIRC	Construction Industry Review Committee
CIRIA	Construction Industry Research and Information Association
CityU	City University of Hong Kong
CIWMB	California Integrated Waste Management Board
CNU	Congress for the New Urbanism
CO	carbon monoxide
CO_2	carbon dioxide
CSIR	Council for Scientific and Industrial Research
CUHK	Chinese University of Hong Kong
CWP	Celmenti Woods Park (Singapore)
dB	decibel
DEM	digital elevation model
DF	daylight factor
EDSL TAS	Environmental Design Solutions Limited (EDSL) Thermal Analysis Simulation software
EMSD	Electrical and Mechanical Services Department (Hong Kong)
ERC	external reflected component
ESCo	energy service company
ESSD	environmentally sound and sustainable development
ET	effective temperature
EU	European Union
FEA	fire engineering approach

FRP	fire resistance period
FSE	fire safety engineering
g/h	grams per hour
GFA	gross floor area
GFA	ground floor area
GIS	geographical information system
GWh	gigawatt hour
ha	hectare
HDB	Housing Development Board
HK-BEAM	Hong Kong Building Environmental Assessment Method
HKHA	Hong Kong Housing Authority
HKIE	Hong Kong Institution of Engineers
HKO	Hong Kong Observatory headquarters
HKPSG	Hong Kong Planning Standards and Guidelines
HKSAR	Hong Kong Special Administrative Region
HMSO	Her Majesty's Stationery Office
HR	humidity ratio
HVAC	heating, ventilating and air conditioning
H/W	height-to-width ratio
INSA	National Institute of Applied Sciences (France)
IBP	International Business Park (Singapore)
I/O	indoor–outdoor ratio/input–output ratio
IOA	Institute of Acoustics (UK)
IPCC	Intergovernmental Panel on Climate Change
IUCN	World Conservation Union (*formerly* International Union for Conservation of Nature)
K	Kelvin
K	potassium
KMO	Kaiser-Meyer-Olkin
kHz	kilohertz
kJ	kilojoule
km	kilometres
KPF	Kohn Pederson Fox
kWh	kilowatt hour
LAI	leaf area index
LCA	life-cycle assessment
LCC	life-cycle costing/cost
LEED®	Leadership in Energy & Environmental Design
LEED-ND®	LEED for Neighbourhood Development
L_{UD}	environmental load in urban development
LVRw	local spatial average wind velocity ratio
MIT	Massachusetts Institute of Technology
MJ	megajoule
MRT	mean radiant/radiation temperature (°C)
MW	megawatt
MWh	megawatt hour
MXD	mixed-use development
NASA	US National Aeronautics and Space Administration

NGO	non-governmental organization
NHT	numerical heat transfer
NIST	US National Institute of Standards and Technology
NO_2	nitrogen dioxide
NRDC	Natural Resources Defense Council
NUS	National University of Singapore
O_3	ozone
OECD	Organisation for Economic Co-operation and Development
OTTV	overall thermal transfer value
P	phosphorus
Pa	pascal
Pb	lead
PBD	performance-based design
PCA	principal components analysis
PET	physiological equivalent temperature
PJ	petajoule
PMV	predicted mean vote
ppb	parts per billion
ppm	parts per million
PV	photovoltaic
Q_{UD}	environmental quality and performance in urban development
R	correlation coefficient
R^2	coefficient of determination
REHVA	Federation of European Heating, Ventilating and Air-Conditioning Associations
RH	relative humidity (%)
RHP	rectangular horizontal plane
RT	reverberation time
RUROS	Rediscovering the Urban Realm and Open Spaces project
SARS	severe acute respiratory syndrome
SBAT	Sustainable Building Assessment Tool
SC	sky component
SO_2	sulphur dioxide
SPeAR®	Sustainable Project Assessment Routine
SPL	sound pressure level
SR	solar radiation intensity
SVF	sky view factor
SVRw	average wind velocity ratio
Temp	air temperature
Tglobe	globe temperature (°C)
TKL	Ta Kwu Ling
TS	thermal sensation
TSV	thermal sensation vote
UC-AnMap	Urban Climatic Analysis Map
UCI	cool island effect
UCL	urban canopy layer
UCLA	University of California, Los Angeles
UC-ReMap	Urban Climatic Recommendation Map
UHI	urban heat island

UN	United Nations
UNESCO	United Nations Educational, Scientific and Cultural Organization
UNFPA	United Nations Population Fund
USGBC	The US Green Building Council
UVA	unobstructed vision area
VDF	vertical daylight factor
vel	wind speed (m/s)
VOC	volatile organic compound
VRw	wind velocity ratio
W/h	watt per hour
WHO	World Health Organization
WMO	World Meteorological Organization
WS	wind speed